化学工业出版社"十四五"普通高等教育规划教材

化工工艺学

范　辉　李　平　任永胜　主　编
白永辉　马清祥　副主编

化学工业出版社
·北京·

内容简介

《化工工艺学》主要介绍了综合利用煤、石油、天然气等原料生产典型化工产品的方法原理、操作条件、工艺流程和设备，主要内容有：绪论、化工原料与资源利用、典型石油加工工艺、典型天然气加工工艺、典型煤化工工艺、通用反应单元工艺、绿色化工工艺等。

本书可作为能源、化工、环保等相关专业师生教学使用，也可供相关领域的工程技术人员阅读参考。

图书在版编目（CIP）数据

化工工艺学 / 范辉，李平，任永胜主编. -- 北京 ：化学工业出版社，2025. 8. --（化学工业出版社“十四五”普通高等教育规划教材）. -- ISBN 978-7-122-48920-3

Ⅰ. TQ02

中国国家版本馆 CIP 数据核字第 20256ZU284 号

责任编辑：王　琪　赵玉清　　装帧设计：刘丽华
责任校对：宋　玮

出版发行：化学工业出版社
（北京市东城区青年湖南街 13 号　邮政编码 100011）
印　　装：高教社（天津）印务有限公司
787mm×1092mm　1/16　印张 16½　字数 419 千字
2025 年 9 月北京第 1 版第 1 次印刷

购书咨询：010-64518888　　售后服务：010-64518899
网　　址：http://www.cip.com.cn
凡购买本书，如有缺损质量问题，本社销售中心负责调换。

定　　价：49.80 元　

前言

“化工工艺学”是高等学校化学工程与工艺、能源化学工程、精细化工、应用化学等专业的专业必修课，是研究由原料经化学加工制取化工产品的一门课程，包括原料综合利用、加工方法原理、生产技术与设备、经济性与合理性、工艺流程优化、安全与环保等内容。

本教材顺应“新工科”背景下更新、拓展教材内容的要求，紧跟行业前沿技术，融入了新时代化工能源行业在化工工艺方面的实践成果。教材以“知识脉络清晰，工业案例典型”为特色，共分7章：绪论章节介绍化工工艺学的定义、研究范畴、化工生产过程的基本组成、工艺流程设计原则、工艺流程图等概念，通过介绍化工工艺的重要性和发展历史，提高学生学习兴趣；化工原料与资源利用章节介绍主要化工原料的分类与性质、化工原料的选择与利用、预处理与储存、资源综合利用与再生等内容，加强基础课程与专业课程之间的衔接，使学生能够明确化工工艺学的基本概念，逐步掌握化工工艺流程分析与对比评价的基本方法，为后续工艺流程案例的学习打下坚实的基础；典型石油化工工艺、典型天然气化工工艺、典型煤化工工艺、通用反应单元工艺等章节，以典型的化工产品的生产工艺和过程为主导，着重讲述化工工艺学的基本理论知识和案例分析，并结合案例介绍工艺中的安全与环保技术，实现对学生工艺流程分析与设计能力的拓展，并培养学生可持续发展的观念和安全意识；绿色化工工艺章节介绍绿色化工与清洁生产、碳排放双控与负碳技术等方面的内容，强化绿色化工理念，培养学生的家国情怀和社会责任感，强化职业道德和工程伦理教育。

本书根据新工科人才培养和工程教育理念，结合编者多年教授“化工工艺学”课程的体会和教学改革经验编写而成。本教材由宁夏大学范辉、李平、任永胜任主编，宁夏大学白永辉、马清祥任副主编。第1章、第4章、第6章由宁夏大学范辉撰写，第2章由宁夏大学任永胜撰写，第3章由中国石化集团宁夏分公司黄金刚撰写，第5章由宁夏大学白永辉撰写，第7章由宁夏大学马清祥撰写。宁夏大学李平负责全书图文内容，范辉负责全书统稿，天津大学王胜平、北京化工大学王周君负责总体策划与全书校对。本书在编写过程中，得到了宁夏工业设计院沈永锋的指导及大力支持，在此表示感谢。

由于水平有限，书中疏漏之处，敬请读者提出批评和改进意见，编者不胜感激。

编者

2025年5月

目录

第 3 章
典型石油加工工艺
029

第 4 章
典型天然气加工工艺
067

第 5 章
典型煤化工工艺
103

第 1 章

绪 论

本章主要内容及要求

- 了解现代化学工业的地位、作用，掌握化工工艺学的定义和研究范畴；
- 了解化工工艺学的历史发展与现状；
- 掌握化工生产过程的基本组成；
- 掌握化工生产过程的工艺流程组织原则与工艺流程图的分类；
- 了解化工生产过程的自动化与智能化技术进展。

1.1 化工工艺学的定义和研究范畴

1.1.1 现代化学工业的地位和作用

随着科技的不断进步与全球经济的深度融合，现代化学工业作为国民经济的重要组成部分，其地位日益凸显，作用越发广泛而深远。化学工业不仅直接参与并推动了社会生产力的飞跃，还在促进农业、保障民生、引领工业升级、驱动科技创新、支撑国防建设、实现绿色发展以及促进产业链协同等多个方面发挥着不可替代的作用。

（1）国民经济基础产业

现代化学工业以其庞大的产业规模和广泛的产业链覆盖，成为支撑国民经济持续健康发展的基础产业之一。它直接或间接地影响着能源、材料、医药、交通、信息等多个关键领域，是经济增长的重要引擎。化学工业的发展水平，往往被视为一个国家或地区工业化程度和经济实力的重要标志。

（2）助力农业现代化

化学工业为农业现代化提供了强有力的支持。化肥、农药、农膜等产品的广泛应用，极大地提高了农作物的产量和质量，有效缓解了人口增长带来的粮食压力。同时，通过生物技术、转基因技术等高科技手段，化学工业还促进了农业资源的可持续利用和生态环境的保护。

（3）保障日常生活

现代人的生活离不开化学工业的产品。从日常的洗涤用品、化妆品、食品添加剂，到医疗用的药品、医疗器械，再到建筑装修材料、电子信息产品等，化学工业的产品几乎渗透到了人们生活的方方面面，极大地提高了生活品质和便利性。

（4）促进工业发展

化学工业是众多工业部门的基础原料供应者，如塑料、橡胶、合成纤维等高分子材料，以及各种金属加工所需的表面处理剂、催化剂等，都是化学工业的重要产品。这些材料和助剂的应用，不仅提升了工业产品的性能和质量，还推动了汽车、电子、纺织、机械等多个行业的快速发展。

（5）推动科技进步

化学工业是科技创新的重要领域之一。在材料科学、生命科学、环境科学等前沿领域，化学工业的研究成果层出不穷，为科技进步提供了强大的动力。同时，化学工业也是新技术、新工艺、新设备的研发和应用基地，推动了整个工业体系的转型升级。

（6）支持国防建设

化学工业在国防建设中同样扮演着举足轻重的角色。从火药、炸药等军事用品的生产，到武器装备的防护涂层、隐身材料、电子元件等关键部件的研发，都离不开化学工业的支持。化学工业的发展水平，直接关系到国防实力的提升和国家安全的保障。

（7）环保与绿色生产

现代化学工业正积极向绿色化、低碳化方向转型。通过开发环保型产品、采用清洁生产技术、实施循环经济模式等措施，化学工业在减少污染排放、提高资源利用效率方面取得了显著成效，为可持续发展贡献了力量。

（8）关联多个行业

化学工业作为一个高度关联性的产业，其发展与众多行业紧密相连。它不仅为上下游产业提供了必要的原材料和中间体，还通过技术创新和产业链延伸，促进了相关行业的协同发展。这种跨行业的关联性和互动性，使得化学工业在推动产业结构优化升级、构建现代产业体系方面发挥着越来越重要的作用。

1.1.2 化工工艺学的定义

化工工艺即化工生产技术，指将原料物质通过化学反应转变为产品的方法和过程，包括实现这一转变的全部化学和物理的措施。化工工艺学，作为化学工程学科的重要组成部分，是研究如何将化学原料通过一系列科学合理的加工过程转化为具有特定价值产品的学问。它不仅关注化学反应本身，还深入原料的选择、加工方法的优化、生产技术的创新、经济性的评估、安全环保的保障以及现代工业进展的推动等多个维度。

1.1.3 化工工艺学的研究范畴

化工工艺学研究的是生产化工产品的学问，就是从许多产品的生产实践中提炼出共性和分析其个性问题，从而指导新的生产工艺的开发。因此，化工工艺学主要研究原料综合利用、加工方法原理、生产技术与设备、经济性与合理性、工艺流程优化、安全与环保等内容。

（1）原料综合利用

化工工艺学的首要任务是实现原料的高效综合利用。这包括原料的筛选与配比，旨在选择成本低廉、来源广泛且对环境友好的原材料；同时，通过合理的配比和预处理，提高原料的转化率和产品质量，减少废弃物的产生，实现资源的最大化利用。

（2）加工方法原理

加工方法原理是化工工艺学的核心基础。它涉及化学反应动力学、热力学、传递过程等基本原理的应用，研究不同加工条件下（如温度、压力、催化剂等）化学反应的速率、选择性及产物分布，为确定最佳加工路线提供理论依据。此外，还包括物理加工方法（如蒸馏、萃取、吸附等）的原理及其应用，以实现产品的有效分离与提纯。

（3）生产技术与设备

生产技术与设备是化工工艺学的重要组成部分。随着科技的不断进步，化工生产技术日新月异，从传统的间歇式操作到现代的连续化、自动化生产，技术革新不断推动生产效率和产品质量的提升。同时，生产设备的研发与选型也至关重要，它直接关系到生产过程的稳定性、安全性和经济性。

（4）经济性与合理性

经济性与合理性是评估化工工艺优劣的重要标准。在工艺设计过程中，需要综合考虑原料成本、能源消耗、设备投资、人力成本等因素，通过经济分析确定最佳工艺方案。此外，合理性还体现在工艺流程的简洁性、操作的便捷性以及废弃物的有效处理等方面，以实现资源的优化配置和环境的可持续发展。

（5）工艺流程优化

工艺流程优化是化工工艺学永恒的主题。通过对工艺流程的深入分析，识别并消除瓶颈环节，采用新技术、新设备对工艺流程进行改造升级，以提高生产效率、降低能耗和物耗、减少污染物排放。同时，还需要关注产品质量的稳定性和均一性，确保产品满足市场需求。

（6）安全与环保

安全与环保是化工工艺学不可或缺的责任与使命。在工艺设计和生产过程中，必须严格遵守安全环保法规和标准，采取有效措施预防和控制事故风险和环境污染。这包括选用低毒、无害的原材料和催化剂、加强生产设备的维护与管理、建立完善的应急响应机制等。

现代工业进展为化工工艺学提供了广阔的发展空间和机遇。随着全球化、信息化、智能化等趋势的加速发展，化工工业正面临着前所未有的变革与挑战。化工工艺学需要紧跟时代步伐，积极探索新技术、新材料、新能源等领域的应用潜力，推动化工工业的转型升级和可持续发展。同时，还需要加强国际交流与合作，借鉴国际先进经验和技术成果，提升我国化工工业的国际竞争力。

1.2 化工工艺学的历史发展与现状

化工工艺学，作为化学与工程学结合的产物，其发展历程源远流长，经历了从简单的手工操作到高度自动化的现代工业生产模式的转变。

（1）古代化学加工

人类历史上最早的化学加工活动可以追溯到远古时代。那时，人们利用自然界中的物质，通过简单的物理或化学方法，满足生活的基本需求。例如，古人利用火烧烤食物，实现了食物的熟化和保存；通过烧制黏土制作陶器，展现了高温下物质形态变化的智慧。此外，酿酒、制盐、冶金等活动也是古代化学加工的重要体现，这些实践虽然原始，但已蕴含了化学反应的基本原理和工艺思想的萌芽。

（2）早期化学工业

随着人类文明的进步和科学技术的积累，化学工业逐渐从手工作坊式的生产方式中脱离出来，形成了具有一定规模的工业生产体系。这一时期，以煤、石油、天然气等化石资源为基础的化学工业开始兴起。18 世纪末至 19 世纪初，随着工业革命的到来，蒸汽机的发明和应用极大地推动了生产力的发展，也为化学工业的发展提供了动力支持。此时，硫酸、硝酸等无机化工产品的生产规模不断扩大，为后续的有机化工和精细化工的发展奠定了基础。

（3）大发展时期

20 世纪是化学工业大发展的黄金时期。随着有机化学、物理化学、分析化学等基础理论研究的深入，以及合成氨、石油化工等重大技术突破的实现，化学工业迎来了前所未有的发展机遇。这一时期，以石油为原料的石油化工工业迅速崛起，成为化学工业的主导力量。通过裂解、重整、合成等复杂工艺过程，石油被转化为乙烯、丙烯、苯等基础有机化工原料，进而生产出塑料、合成纤维、合成橡胶等成千上万种产品，极大地丰富了人们的物质生活。同时，精细化工、高分子材料、生物化工等新兴领域的出现，也为化学工业的发展注入了新的活力。

（4）现代化学工业

进入 21 世纪，化学工业在全球化、信息化、智能化的浪潮中继续前行。现代化学工业不仅注重产品的多样化和高品质化，还更加关注生产过程的安全环保和可持续性。在技术创新方面，新材料、新能源、生物技术、信息技术等前沿科技与化学工业的深度融合，不断催生新的增长点。例如，纳米材料、石墨烯等新型材料的研发与应用，为化工产品的性能提升开辟了新途径；生物基化学品、可降解塑料等绿色产品的出现，推动了化工产业的绿色转型；智能化生产、大数据分析、微反应等技术的应用，则进一步提高了生产效率和产品质量。此外，随着全球环境问题的日益严峻，化学工业也在积极探索节能减排、资源循环利用、碳中和等环保技术，为实现可持续发展贡献力量。

化工工艺学的历史发展是一部从简单到复杂、从低效到高效、从单一到多元的演进史。在现代社会，化学工业作为国民经济的支柱产业之一，将继续发挥其重要作用，推动科技进步和社会发展。

1.3 化工生产过程的基本组成

化工生产过程是一个复杂而精细的系统工程，其基本组成包括原料预处理、化学反应单元、产物分离与提纯以及废弃物处理等环节；工艺流程图通过直观的方式展示了生产过程中的各个环节及其相互关系；控制与调节则是确保产品质量和生产安全的关键；而自动化与智能化的发展则不断推动着化工生产向更高效、更智能、更环保的方向迈进。化工生产过程是一个复杂而精细的系统，其基本组成可以概括为以下几个关键环节。

（1）原料预处理

这是化工生产的起点，涉及对原始物料的筛选、清洗、干燥、破碎、混合等预处理工作，以确保原料符合后续反应或加工的要求。

（2）化学反应单元

此单元是化工生产的核心，原料在此通过特定的化学反应转化为目标产物。根据反应类型（如氧化、还原、酯化、聚合等），需要设计相应的反应器并严格控制反应条件（如温度、压力、催化剂等）。

（3）产物分离与提纯

反应结束后，得到的混合物需要通过物理或化学方法分离出目标产物，并进行提纯处理以达到规定的纯度和质量。常见的分离方法包括蒸馏、萃取、结晶、过滤等。

（4）废弃物处理

化工生产过程中产生的废水、废气、废渣等废弃物必须经过妥善处理，以减少对环境的污染。这包括废弃物的分类、储存、转运以及无害化或资源化利用。

1.4 化工工艺流程设计原则与工艺流程图的分类

1.4.1 化工工艺流程设计原则

工艺流程设计是一项复杂的技术工作，需要从技术、经济、社会、安全和环保等多方面考虑，并要遵循以下设计原则。

（1）技术成熟先进，产品质量优良原则

尽可能采用先进的生产设备和成熟的生产工艺，以保证产品的质量。技术的成熟程度是流程设计首先应考虑的问题，在保证可靠性的前提下，则应尽可能选择先进的工艺技术路线，如果先进性和可靠性二者不可兼得，则宁可选择可靠性大而先进性可满足要求的工艺技术作为流程设计的基础。

（2）节能减排，资源合理利用原则

要科学生产，努力从各方面提高利用率和生产率，从而降低原材料消耗及水、电、汽（气）的消耗，降低投资和操作费用，即降低产品的生产成本，以便获得最佳的经济效益。

（3）安全生产原则

要在生产过程中确保操作人员和机械设备的安全，充分预计生产的危险因素，保证生产的安全稳定性。

（4）环境保护原则

随着新环保法的实施，我国对环境保护的要求越来越严格，任何企业危险有害物质的排放都必须达标，否则将面临严厉的处罚。我们在开始进行工艺路线选择和流程设计时，就必须考虑生产过程中产生的“三废”的来源和防治措施，做到原材料的综合利用，变废为宝，减少废弃物的排放。如果是工艺上的不成熟或工艺路线的不合理而污染问题不能解决，则绝不能建厂。

（5）经济效益原则

这是一个综合的原则，应从原料性质、产品质量和品种、生产能力以及发展等多方面考虑。

1.4.2 工艺流程图的分类

工艺流程图是描述化工生产过程中各个操作单元之间顺序和相互关系的系统图，它通过流程图的形式，直观地展示了原料如何经过一系列加工步骤转化为最终产品。流程图通常包括原料进入点、各加工单元（如反应器、分离器、提纯设备等）、中间产物流向、最终产品输出点以及废弃物处理系统。每个单元还可能附有详细的操作参数和控制要求，以确保整个工艺流程的顺畅进行。

工艺流程图在工业产品从原料到最终成品的工艺过程中起着关键作用，它用于表示这个过程并展示各个步骤之间的关系。根据不同的分类标准和用途，工艺流程图可以划分为以下多种类型。

（1）工艺流程方框图

在工艺流程方框图中，每一个方框代表一个工序、一个步骤或一个单元操作。有关单元操作的基础理论、工艺过程、设备结构，在化工原理、反应工程等理论课程中都有详尽介绍，工艺流程设计者可以利用所学到的知识，将每个单元操作过程的设备采用简图形式表示出来，然后再用物料流程线连接起来，就可得到工艺流程草图。对于单台设备能完成的单元操作，直接将该工序换成相应设备简图即可。

图 1-1 为以煤为原料生产甲醇的方框流程图。

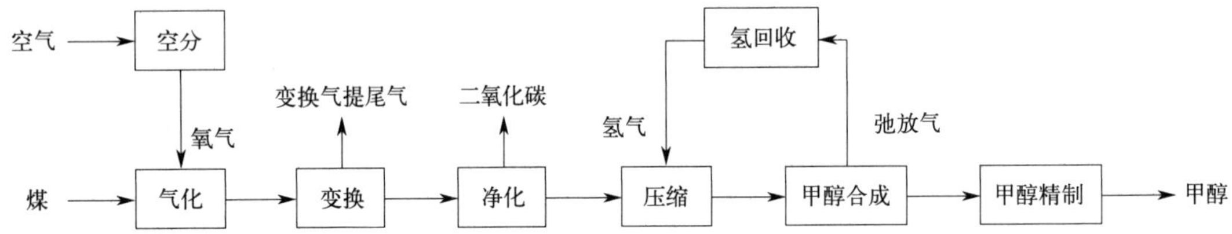

图 1-1 以煤为原料生产甲醇的方框流程图

（2）工艺流程简图

工艺流程简图是在进行工艺计算和设备选型后，进一步对工艺管道进行补充完善，添加管件、阀门、仪表控制点、自动化控制等要素得到的。管道、阀门、仪表、自动化控制的设计主要考虑工艺、操作、安全生产、事故处理、开停车、设备安装和检修等需要。

图 1-2 为 Lurqi 低压法甲醇合成工段的工艺流程简图。

（3）物料流程图

当化工工艺计算即物料衡算和能量衡算完成后，应绘制工艺物料流程图（process flow-sheet diagram，PFD），简称物流图，有些书中称为带物料衡算的工艺流程图。它以图形与表格相结合的方式表达了一个生产工艺过程中的关键设备或主要设备，关键节点的物料性质（如温度、压力）、流量及组成，通过 PFD 可以对整个生产工艺过程和与该工艺有关的基础资料有一个根本性的了解，为设备选型、原料消耗计算、环评等设计提供设计参数，为详细的工艺管道及仪表流程图设计提供依据。

图 1-3 为甲醇合成工段的物料流程图。

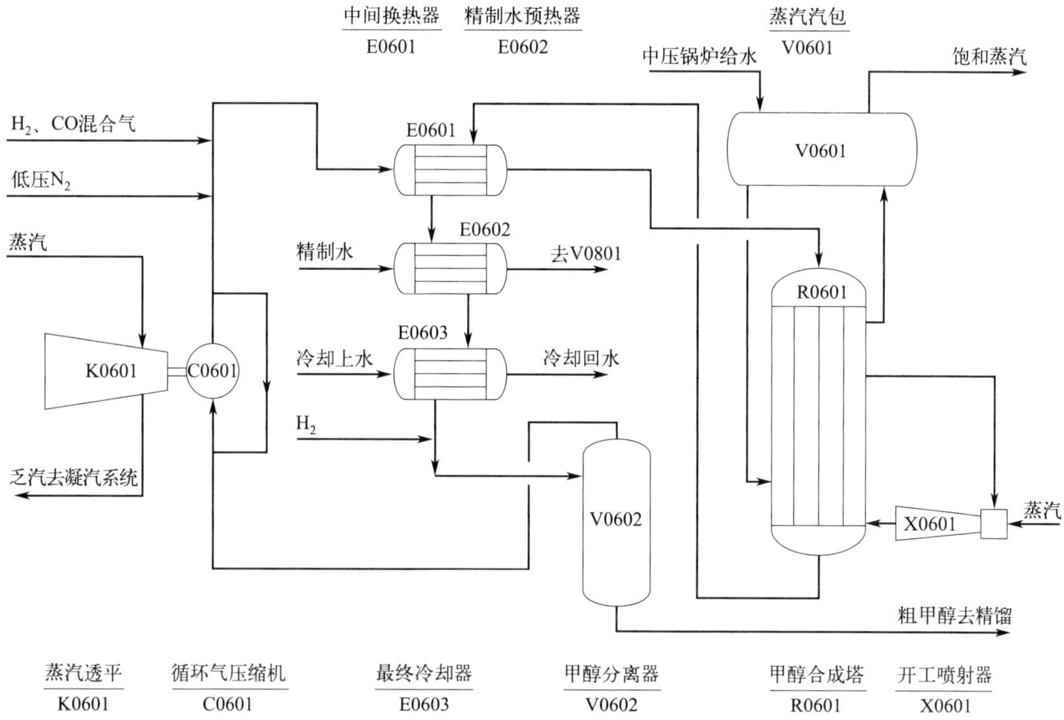

图 1-2　Lurqi 低压法甲醇合成工段工艺流程简图

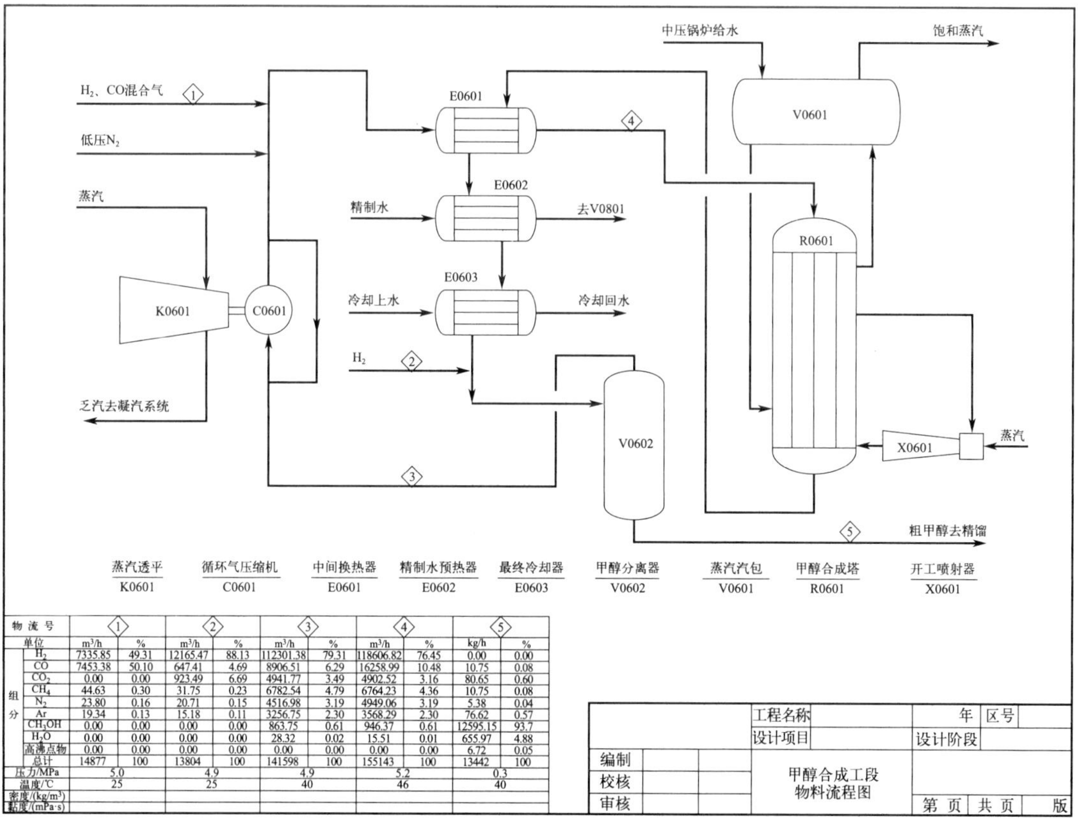

物流号		◇1		◇2		◇3		◇4		◇5	
单位		m^3/h	%	m^3/h	%	m^3/h	%	m^3/h	%	kg/h	%
组分	H_2	7335.85	49.31	12165.47	88.13	112301.38	79.31	118606.82	76.45	0.00	0.00
	CO	7453.38	50.10	647.41	4.69	8906.51	6.29	16258.99	10.48	10.75	0.08
	CO_2	0.00	0.00	923.49	6.69	4941.77	3.49	4902.52	3.16	80.65	0.60
	CH_4	44.63	0.30	31.75	0.23	6782.54	4.79	6764.23	4.36	10.75	0.08
	N_2	23.80	0.16	20.71	0.15	4516.98	3.19	4949.06	3.19	5.38	0.04
	Ar	19.34	0.13	15.18	0.11	3256.75	2.30	3568.29	2.30	76.62	0.57
	CH_3OH	0.00	0.00	0.00	0.00	863.75	0.61	946.37	0.61	12595.15	93.7
	H_2O	0.00	0.00	0.00	0.00	28.32	0.02	15.51	0.01	655.97	4.88
	高沸点物	0.00	0.00	0.00	0.00	0.00	0.00	0.00	0.00	6.72	0.05
	总计	14877	100	13804	100	141598	100	155143	100	13442	100
压力/MPa		5.0		4.9		4.9		5.2		0.3	
温度/℃		25		25		40		46		40	
密度/(kg/m^3)											
黏度/(mPa·s)											

			工程名称		年	区号
			设计项目		设计阶段	
编制			甲醇合成工段 物料流程图			
校核						
审核					第　页　共　页	版

图 1-3　甲醇合成工段物料流程图

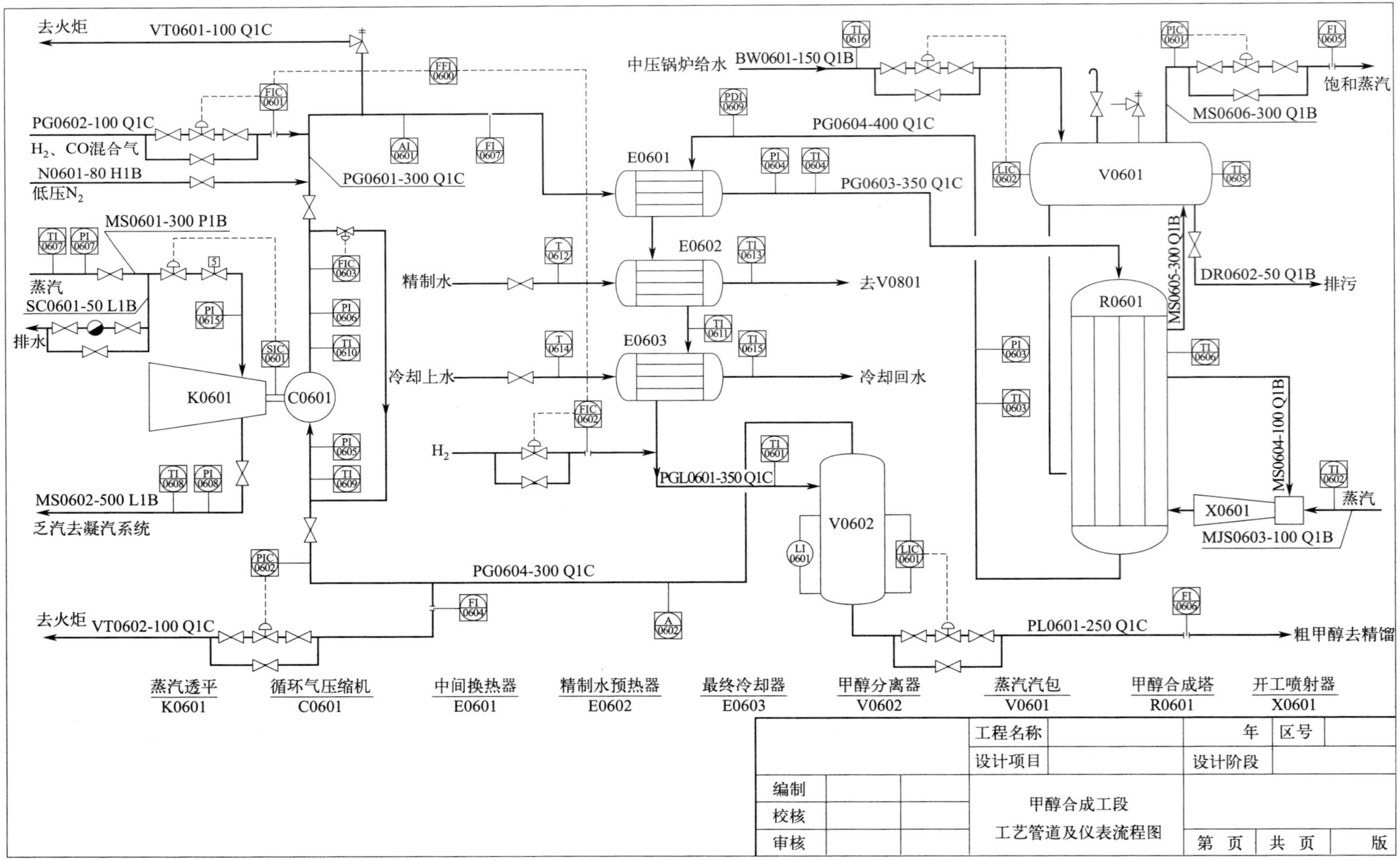

图 1-4 甲醇合成工段的管道及仪表流程图

（4）带控制点工艺流程图

带控制点的工艺流程图由物料流程、控制点和图例三部分组成。它是在工程技术人员完成设备设计且过程控制方案也基本确定之后绘制的，完善后可得到工艺管道及仪表流程图。

（5）工艺管道及仪表流程图

管道及仪表流程图（piping and instrument diagram，P&ID）是在工艺计算结束、工艺方案定稿、控制方案确定之后绘制的，作为正式的设计成果编入设计文件中。管道及仪表流程图能够表示出全部工艺设备、物料管道、阀件以及工艺和自控的图例、符号等。其主要内容一般是设备图形、管线、控制点和必要数据、图例、标题栏等。管道及仪表流程图上常用的图例见标准 HG/T 20519—2009。

图 1-4 为甲醇合成工段的管道及仪表流程图。

1.5 化工生产过程的自动化与智能化

化工生产过程的控制与调节是确保产品质量和生产安全的关键。控制系统通过对生产过程中温度、压力、流量、液位等关键参数的实时监测和调节，实现对生产过程的精确控制。传统的控制方式主要包括人工操作和基于模拟仪表的自动控制；而现代化工生产则更多地采用先进的自动化控制系统，如分布式控制系统（distributed control system，DCS）和可编程逻辑控制器（programmable logic controller，PLC），这些系统能够实现对复杂工艺流程的高效、稳定控制。

随着科技的进步，化工生产过程的自动化与智能化水平不断提高。自动化控制系统能够减少人工干预，提高生产效率和产品质量；而智能化技术则进一步赋予生产系统自我学习、自我优化和自我修复的能力。在自动化方面，现代化工企业普遍采用先进的过程控制技术，如比例积分微分控制（proportional-integral-derivative control，PID）、模糊控制、神经网络控制等，以实现对生产过程的精确控制。在智能化方面，则通过引入大数据、人工智能、云计算等先进技术，对生产过程进行数据挖掘、模型预测和智能决策，从而实现生产过程的优化升级和智能化管理。

在全球产业智能化浪潮中，能源、化工与材料行业正经历由人工智能（artificial intelligence，AI）引领的深度变革。AI 在能源领域的应用已从单一的生产优化迈向全链条智能化，具体表现在以下几个方面。

（1）AI 不仅加速了传统油气开采的降本增效，更通过数据驱动的投资分析推动可再生能源布局，例如风能、氢能项目的风险评估与选址优化。例如，中国石化通过 AI 技术实现地震数据处理效率提升 30%，油藏建模精度提高 20%，并利用“胜小利”大模型辅助决策，显著降低管理成本。

（2）AI 预测模型结合全球供需动态，可精准预判油价波动区间，为企业战略调整提供关键支持。

（3）AI 正在重构化工行业的研发与生产体系。例如，麦肯锡的生成式 AI 模型通过分析数十万种化合物数据库，成功识别出性能更优的分子结构，将研发周期缩短 40%。

（4）AI 正成为新材料研发的“加速器”，AI 通过模拟分子行为与性能预测，可将材料发现效率提升百倍。例如，固态电池电解质材料的设计已借助 AI 实现高通量筛选，显著降低试错成本。

（5）AI 驱动的实时数据分析助力工厂动态调整生产计划，实现对市场需求的快速响应，例如根据市场需求快速切换聚氨酯或特种树脂的产能配置。

2024 年 12 月 26 日，DeepSeek 发布了国产化 V3 版本的大模型。2025 年我国中石化、中石油、中海油等化工能源企业相继宣布接入 DeepSeek 开源大模型，分别接入长城大模型、昆仑大模型和“海能”人工智能模型，标志着中国能源行业向智能化和数字化转型的重大步伐。

练习思考题

1. 化工工艺学的定义和研究范畴是什么？
2. 化工生产过程的基本组成是什么？
3. 简述化工工艺流程设计的原则。
4. 化工工艺流程图有哪些类别？
5. 查阅文献，举例说明化工某生产过程的自动化与智能化的技术进展。

习题参考

第2章

化工原料与资源利用

本章主要内容及要求

- 了解化工原料的分类与性质，掌握煤、石油、天然气、化学矿物、生物质等原料初步加工过程中典型的生产工艺；
- 掌握化工原料的选择原则及化工过程的效率指标，能够评价化工工艺过程的原料利用情况；
- 了解化工原料的预处理方法与化工原料储存的注意事项；
- 了解资源的综合利用与再生的方法与技术。

2.1 化工原料的分类与性质

化工原料是化学工业的基础，其种类繁多，性质各异，直接关系到产品的质量和生产成本。

2.1.1 原料分类

化工原料按其来源和性质大致可分为天然原料和合成原料两大类。天然原料指直接从自然界中获取的原材料，如石油、天然气、煤、矿石、动植物等。这些原料经过初步加工或不经加工即可直接用于化工生产。合成原料指通过化学合成方法制得的原料，如乙烯、丙烯、苯等有机化工原料，以及硫酸、硝酸、纯碱等无机化工原料。这些原料往往是基础化学品，经过进一步加工可得到各种化工产品。

（1）有机化工原料

有机化工原料是含有碳元素的化合物，在化工生产中占有重要地位。根据其结构和性质，有机化工原料可进一步细分为以下几类：

① 烃类原料　仅由碳和氢组成的有机化合物，如甲烷、乙烯、苯等。烃类是石油化工的基础原料，广泛应用于塑料、合成纤维、橡胶等领域。

② 醇类原料　含有羟基（—OH）的有机化合物，如甲醇、乙醇、甘油等。醇类在有机合成、溶剂、燃料等方面有广泛应用。

③ 酸类原料　含有羧基（—COOH）的有机化合物，如乙酸、丙酸、苯甲酸等。酸类主要用于有机合成、食品添加剂、染料等领域。

④ 酯类原料　由酸和醇通过酯化反应生成的有机化合物，如乙酸乙酯、苯甲酸甲酯等。酯类常用作溶剂、香料和塑料增塑剂。

⑤ 其他有机化工原料　包括酮类、醛类、醚类、胺类等多种有机原料，它们在化工生产中各有其独特的用途。

（2）无机化工原料

无机化工原料主要指不含碳或仅含少量碳元素的化合物，其性质和用途与有机原料有显著不同。无机化工原料可细分为以下几类：

① 酸类原料　如硫酸、盐酸、硝酸等，是化工生产中重要的催化剂和反应物。

② 碱类原料　如氢氧化钠、氢氧化钾、氨水等，常用于中和反应、沉淀反应等。

③ 盐类原料　由金属离子（或铵根离子）和酸根离子组成的化合物，如氯化钠、硫酸钠、碳酸钙等。盐类是许多工业产品的基本原料。

④ 氧化物原料　如氧化铁、氧化铝、二氧化硅等，在陶瓷、玻璃、耐火材料等领域有广泛应用。

⑤ 气体原料　如氮气、氧气、氢气、氯气等，是化工生产中不可或缺的气体原料，广泛应用于合成氨、合成甲醇、氯碱工业等领域。

2.1.2　化工原料的性质

化工原料的性质多种多样，包括但不限于以下几个方面。

（1）物理性质

如颜色、气味、密度、熔点、沸点、溶解性等，这些性质直接影响原料的储存、运输和使用。

（2）化学性质

原料在化学反应中的表现，包括反应活性、选择性、稳定性等。化学性质是选择原料和确定反应条件的重要依据。

（3）安全性

许多化工原料具有易燃、易爆、有毒、有害等特性，因此在使用过程中必须严格遵守安全操作规程，确保人员和环境的安全。

（4）环境影响

化工原料的生产和使用可能对环境造成污染，如废水、废气、废渣的排放。因此，在化工生产过程中必须注重环境保护，采取有效措施减少污染物的排放。

化工原料的分类与性质是化工学科的重要组成部分，对于理解化工生产过程和优化工艺条件具有重要意义。随着科技的进步和环保意识的提高，化工原料的选择和使用将更加注重可持续性和安全性。

2.1.3　主要化工原料及其初步加工

化工原料作为化学工业的基础，其种类繁多，来源广泛。不同的原料需要经过相应的初步加工处理，以满足后续化学反应或产品制造的需求。

2.1.3.1 煤及其初步加工

煤不仅可以直接用作燃料，而且可以转变为电、热、气及化工产品。通过采用不同的加工方法和生产工艺，由煤可以制取化肥、塑料、合成橡胶、合成纤维、炸药、染料、医药等多种重要化工原料。在化学工业领域，煤既是燃料，也是重要原料。近代工业革命促进了煤的开采和利用，同时也带来了近代化学工业的兴起。因此，煤在国民经济中占有很重要的地位。

（1）煤的种类和特征

煤是由远古时代植物残骸在适宜的地质环境下经过漫长岁月的天然煤化作用而形成的生物岩。由于成煤植物和生成条件不同，煤一般可以分为三大类：腐植煤、残植煤和腐泥煤。由高等植物形成的煤称为腐植煤。由高等植物中稳定组分（角质、树皮、孢子、树脂等）富集而形成的煤称为残植煤。由低等植物（以藻类为主）和浮游生物经过部分腐败分解形成的煤称为腐泥煤，包括藻煤、胶泥煤和油页岩。在自然界中分布最广、最常见的是腐植煤，如泥炭、褐煤、烟煤、无烟煤就属于这一类。煤是以有机物为主要成分，除含 C 元素外，还含有 H、O、S、P 等元素以及无机矿物质。煤的主要元素组成见表 2-1。

表 2-1　煤的主要元素组成

种类	w(质量分数)/%		
	C	H	O
泥炭	60～70	5～6	25～35
褐煤	70～80	5～6	15～25
烟煤	80～90	4～5	5～15
无烟煤	90～98	1～3	1～3

依据煤化程度和成煤植物种类的不同，腐植煤可大致分为泥炭、褐煤、烟煤及无烟煤四大类。

① 泥炭　泥炭是煤化作用初期的产物，植物遗体尚未完全分解，含水量高，有机质含量丰富，但尚未达到煤的阶段。含水量 w（水）高达 85%～95%，经自然风干后水分 w（水）可降至 25%～35%，含碳量 w（碳）小于 50%。此时相对密度可达 1.29～1.61。其特征为：颜色多为棕褐色至黑色，质地松软，易于压缩，常含有未完全分解的植物残体，如根、茎、叶等。此外，泥炭中还含有一种在成煤过程中开始形成的可用碱抽出、用酸沉淀的新物质（即腐植酸）和可被某些有机溶剂抽出的酸性沥青等。

② 褐煤　褐煤是煤化程度高于泥炭但低于烟煤的煤种，属于低变质煤。相对密度为 1.1～1.4，含碳量 w（C）为 60%～70%，热值为 23～27MJ/kg（相当于 5500～6500kcal/kg）。其特征为：颜色从浅褐色到深褐色不等，水分含量高，发热量较低，热稳定性差，易风化自燃，结构疏松，多孔隙，含氧量较高。

③ 烟煤　烟煤是煤化程度较高的煤种，其煤化程度介于褐煤和无烟煤之间。烟煤可进一步细分为长焰煤、气煤、肥煤、焦煤、瘦煤等多种类型，主要依据挥发分含量、黏结性、结焦性等理化性质进行划分。相对密度为 1.2～1.45，含碳量 w（C）为 75%～90%，热值为 27.2～37.2MJ/kg（相当于 6500～8900kcal/kg）。其特征为：颜色为黑色或暗黑色，具有较高的发热量，燃烧时火焰较长，有烟，适用于多种工业用途，如发电、炼焦、气化等。

④ 无烟煤　无烟煤是煤化程度最高的煤种，几乎不含挥发分，燃烧时无烟或烟很少。相对密度为 1.4～1.8，含碳量 w（C）为 90%以上，热值为 33.4～33.5MJ/kg（相当于 8000～8500kcal/kg）。其特征为：颜色为深黑色，光泽强，硬度大，密度高，燃烧时发热量高且稳定，适用于化工原料、高炉喷吹及民用等领域。无烟煤不是腐植煤煤化程度最深的煤种，它还可转化为石墨，因石墨与煤相比，性质上有很大的差别（如有耐高温、高导热和导电性、晶体结构规整等特性，不含氢、氧、氮等杂质），一般也不用作燃料和生产化工原料气的资源，因此没有将石墨归入煤类。

（2）煤的初步加工

煤作为世界上最重要的化石能源之一，其开采后往往需要经过一系列初步加工处理，以提升其品质、降低运输成本并适应不同的工业需求。煤的初步加工流程包括除尘处理、粉碎处理、干燥处理、筛选与拣矸、选煤与分级以及成型与制浆等多个环节。

① 除尘处理　除尘处理是煤初步加工的第一步，旨在去除煤表面附着的尘土、细粒杂质等，以提高煤的清洁度和后续加工效率。常见的除尘方法包括机械振动除尘、风力除尘、湿式除尘以及更为高效的布袋除尘和静电除尘等。这些技术能够有效减少煤尘污染，保障生产环境的安全与卫生。

② 粉碎处理　粉碎处理是将大块煤破碎成适合后续加工或燃烧的小颗粒的过程。通过颚式破碎机、反击式破碎机、锤式破碎机等设备，可以将煤块破碎至指定粒径范围。粉碎处理不仅便于煤的储存、运输和燃烧，还能提高煤的燃烧效率和热利用率。

③ 干燥处理　干燥处理是为了去除煤中的多余水分，提高煤的发热量和燃烧效率。在煤矿或选煤厂中，常采用热风干燥、蒸汽干燥或自然晾晒等方法对煤进行干燥。干燥后的煤不仅热值更高，还能减少运输过程中的重量损失和成本。

④ 筛选与拣矸　筛选与拣矸是煤初步加工中的重要环节，目的是将煤中的大块矸石、黄铁矿等杂质分离出来，提高煤的纯净度和品质。通过振动筛、滚筒筛等设备，可以根据煤粒的大小和密度进行分级筛选。同时，人工拣矸或机械拣矸技术也被广泛应用于去除煤中的大块杂质。

⑤ 选煤与分级　选煤与分级是煤加工中的关键环节，旨在通过物理或化学方法将煤中的不同成分进行分离，以满足不同用户的需求。选煤方法包括重选、浮选、磁选等，可以根据煤的密度、磁性、表面性质等特性进行分离。分级则是将选出的煤按照粒度、灰分、硫分等指标进行划分，形成不同品质的产品。图 2-1 为选煤厂常用的加工程序。

⑥ 成型与制浆　成型与制浆是煤加工中的特殊工艺，适用于特定用途的煤制品生产。成型工艺主要包括压制成型和挤压成型等，可以将煤粉或煤泥加工成煤球、煤棒等形状规整的产品，便于储存和运输。制浆工艺则是将煤粉与水或黏结剂混合制成煤浆，供化工、冶金等行业使用。煤浆具有流动性好、燃烧效率高等优点，广泛应用于工业领域。

2.1.3.2　石油初步加工

石油是现代工业社会不可或缺的基石，广泛应用于能源、化工、交通、建材、农业等多个领域。作为能源，石油通过提炼可得到汽油、柴油、煤油等燃料，为交通运输、工业生产提供动力；作为化工原料，石油经过裂解、重整等工艺可生产乙烯、丙烯、苯等基本有机化工原料，进而合成塑料、合成纤维、合成橡胶等成千上万种产品。石油的稳定供应对于国家经济发展和社会稳定具有重大意义。

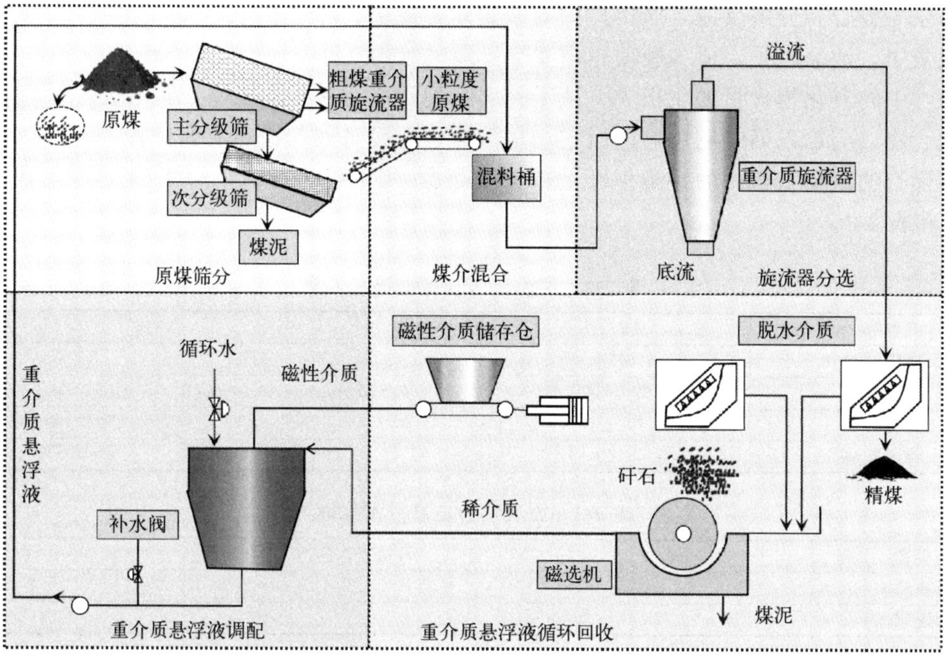

图 2-1　选煤厂常用的加工程序

（1）石油的种类和特征

石油又称原油，存在于地下多孔的储油构造中。它的生成是一个长期而复杂的生物化学和地质化学过程，起源于古代海洋生物和其他有机物质的沉积，这些物质在地下高温高压条件下，经过一系列的生物化学降解、热解、缩聚等反应，最终转化为石油和天然气。这一过程通常需要数百万年甚至更长时间。

石油是一种天然存在的复杂烃类混合物，主要由碳（C）和氢（H）两种元素组成，并含有少量硫（S）、氮（N）、氧（O）以及微量金属元素。它在自然界中主要呈液态存在，但也有气态（天然气）和固态（如沥青矿）的形式。石油的液态形态使其在地下储层中以流体形式聚集，便于开采和利用。

石油是一种有气味的黏稠液体，其色泽一般是黄色到黑褐色或青色。相对密度为 0.75～1.0，平均含碳量 w（C）为 85%～87%，平均含氢量 w（H_2）为 11%～14%，O、S、N 含量合计为 1%，热值为 43.5～46.0MJ/kg。石油的成分极为复杂，主要由烷烃、环烷烃、芳香烃等烃类化合物组成，同时还含有沥青质、胶质等非烃类化合物。这些化合物的不同比例和组合决定了石油的物理性质和化学特性，如密度、黏度、闪点、含硫量等。石油的高能量密度和可燃性是其作为能源和化工原料的基础。

石油中所含硫化物有硫化氢、硫醇（RSH）、二硫化物（RSSR）和杂环化合物等，多数石油含硫总量小于 1%，这些硫化物都有一种臭味，对设备和管道有腐蚀性。有些硫化物如硫醚、二硫化物等本身无腐蚀性，但受热后会分解生成腐蚀性较强的硫醇与硫化氢，燃烧后生成的二氧化硫会污染空气，硫化物还能使催化剂中毒，所以除掉油品中的硫化物是石油加工过程中的重要一环。

石油中的氮化物含量在万分之几至千分之几，胶质越多，含氮量也越高。氮化物主要是吡咯、吡啶、喹啉和胺类等。石油中胶状物质（胶质、沥青质、沥青质酸等）对热不稳定，很容易发生叠合和分解反应，所得产物的结构非常复杂，分子量也很大，绝大部分集中在石油的残渣中，油品越重，所含胶质也越多。

石油中的氧化物含量变化很大，从千分之几到1%，主要是环烷酸和酚类等。它们是有用的化合物，应加以回收利用，同时它们呈酸性，对设备和管道也有腐蚀性。

国际石油市场上常用的计价标准是按比重指数API度和含硫量分类的，其分类标准见表2-2和表2-3。

表2-2　原油按API度分类标准❶

类别	API度	密度(15℃)/(g/cm^3)	密度(20℃)/(g/cm^3)
轻质原油	>34	<0.855	<0.851
中质原油	20～34	0.855～0.934	0.851～0.930
重质原油	10～20	0.934～0.999	0.930～0.996
特稠原油	<10	>0.999	>0.996

表2-3　原油按含硫量分类标准

类别	w(S)/%
低硫原油	<0.5
含硫原油	>0.5

表2-4为我国主要原油的一般性质。

表2-4　国内主要原油的一般性质

项目	大庆原油	大港原油	任丘原油	胜利原油(孤岛)	新疆原油	中原原油
相对密度(d_4^{20})	0.8601	0.8826	0.8837	0.9460	0.8708	0.8466
黏度(50℃)/(Pa·s)	23.85	17.37	57.1	—	30.66	10.32
凝点/℃	31	28	36	−2	−15	33
w(蜡)/%	25.76	15.39	22.8	7.0	—	19.7
w(沥青质)/%	0.12	13.14	2.5	7.8	—	—
w(胶质)/%	7.96		23.2	32.9	11.3	9.5
w(残炭)/%	2.99	3.2	6.7	6.6	3.31	3.8
酸值/(mg KOH/g)	0.014	—	—	—	—	—
w(灰分)/%	0.0027	0.018	0.0097	—	—	—
闪点(开口)/℃	34	<42	70	—	5(闭口)	
w(硫)/%	—	0.12	0.31	2.06	0.09	0.52
w(氮)/%	0.13	0.23	0.38	0.52	0.26	0.17
原油种类	低硫石蜡基	低硫环烷中间基	低硫石蜡基	含硫环烷中间基	低硫中间基	含硫石蜡基

(2) 石油的一次加工和二次加工

石油是化工行业最重要的原料之一，其初步加工主要通过炼油厂完成，包括原油的预处理、常减压蒸馏、催化裂化、加氢裂化及催化重整等过程。原油加工主要分为一次加工和二次加工两个阶段，一次加工，也称原油蒸馏或常减压蒸馏，是原油加工的第一道工序，也是

❶ 注：欧美各国原油密度多用比重指数API度表示，而不用比重表示。两者关系按式API度=(141.5/比重)−131.5换算，且均为60℉(15.6℃)时单位体积的质量。按国家标准比重应改为相对密度，重量应改为质量，温度单位不用℉而用℃或K。

整个炼油过程的基础。此阶段的主要目的是通过物理方法（主要是加热和蒸馏）将原油分割成不同沸点的馏分，为后续加工提供原料。一次加工得到的产品主要是各类直馏产品，如直馏汽油、直馏柴油等，这些产品通常需要进一步加工（如精制、调和）以提高其质量和适用性。此外，重质油（如常压渣油、减压渣油）则是二次加工的重要原料。二次加工是在一次加工基础上，对重质油或一次加工产品进行深度加工的过程，旨在提高轻质油品的收率和质量，同时生产更多高附加值的产品。二次加工的产品种类更加丰富，质量也更高。例如，催化裂化得到的汽油辛烷值较高，适合作为车用汽油；加氢裂化产品则因其低硫、低烯烃含量而更加环保；催化重整产品中的芳烃是化工行业的重要原料。原油的一次加工和二次加工是炼油工业中紧密相连的两个阶段，它们共同构成了石油产品生产的完整链条。一次加工通过物理方法初步分离原油，为二次加工提供原料；而二次加工则通过化学反应进一步转化这些原料，生产出更多高质量、高附加值的石油产品，满足社会经济发展的需求。石油典型的加工工艺过程将在第 3 章进行详细介绍。

2.1.3.3 天然气初步加工

天然气是埋藏在地下的可燃性气体，它可以单独存在，还可与石油和煤伴生，称为油田伴生气（油田气）和煤田伴生气（煤层气）。从组成来看，可将天然气划分为干气和湿气。干气主要成分是甲烷，其次是乙烷、丙烷和丁烷，并含有少量戊烷以上重组分，以及二氧化碳、氮气、硫化氢、氢气等杂质。它稍加压缩不会有液体产生，故被称作干气。属于这一类的有天然气井和煤田伴生气。湿气除甲烷和乙烷等低碳烷烃外，还有 15%～20%或以上的 C_3～C_4 烷烃及少量轻汽油，对它稍加压缩就有汽油析出来，故称湿气。属于这一类的天然气有油田伴生气。天然气的成分随产地不同而有所差异，甚至随开采的时间和气象条件的变化而变化。

代表性的天然气组成见表 2-5。从表中数据可知，含 C_2 以上烷烃越多，天然气的相对密度就越大，故可从测定密度来推知它的性质。

表 2-5　天然气的代表性组成

编号	φ(体积分数)/%					相对密度
	CH_4	C_2 以上烷烃	CO_2	N_2	H_2S	
1	96.5	—	1.4	2.1	—	0.58
2	86.7	9.5	1.7	2.1	—	0.63
3	67.6	31.3	—	1.1	—	0.71
4	23.6	69.7	2.5	1.3	2.9	0.91

油田气是随石油一起开采出来的气体，几乎全是饱和的碳氢化合物，主要含甲烷、乙烷、丙烷和丁烷，以及少量的轻汽油。此外也含有杂质硫化氢、二氧化碳和氢。几种油田气的组成见表 2-6。

表 2-6　油田气的组成

成分	φ(体积分数)/%					
	CH_4	C_2H_6	C_3H_8	C_4H_{10}	C_5H_{12}	CO_2
干气	83.7	0.6	0.2	—	—	11.5
湿气	10.7	17.8	35.7	19.7	8.4	7.5

干气中绝大部分是甲烷，因此是制造合成氨和甲醇的理想原料，由于热值很高，也是很好的燃料。湿气中乙烷以上烃类含量高，对它们加适当压力会被液化，常被称为“液化石油气”（LPG），用作热裂化原料或民用燃料；C_5 以上烷烃稍加压缩即可被凝析出来，常被称为“凝析汽油”，也是热裂化制烯烃的理想原料。

天然气作为清洁能源，在化工领域也有广泛应用。其初步加工主要包括净化、液化等步骤。净化指通过物理或化学方法去除天然气中的水分、硫化物、二氧化碳等杂质，以提高其热值和燃烧效率。液化指在低温下将天然气转化为液态，便于储存和运输。液化天然气（LNG）已成为国际贸易中的重要商品。

天然气水合物又称“可燃冰”“固体瓦斯”和“气冰”，是一种气体分子和水分子在高压低温下形成的类冰状结晶物质，分解为气体后，甲烷含量一般在 80%以上，最高可达 99.9%。天然气水合物分布于深海或陆域永久冻土中，其燃烧后仅生成少量的二氧化碳和水，污染远小于煤、石油等，且储量巨大，资源密度高，全球分布广泛，具有极高的资源价值，因而成为油气工业界长期研究热点。

2.1.3.4 化学矿物加工

化学矿物是化工行业的重要原料来源，如盐、磷矿、硫铁矿等。除石油、天然气和煤以外，我国化学矿产资源丰富，现已探明储量的矿产有磷矿、硫铁矿、自然硫、钾盐、钾长石、含钾页岩、明矾石、硼矿、天然碱、化工灰岩、重晶石、芒硝、钠硝石、蛇纹石、砷矿、锶矿、金红石、镁盐、溴、碘、沸石等 20 多种。在这些矿物中，硫铁矿、重晶石、芒硝及磷矿储量居世界前列，稀土矿的储量则居世界首位。

（1）磷矿

磷矿是生产磷肥、磷酸、单质磷、磷化物和磷酸盐的原料。磷矿分为磷块岩、磷灰石和岛磷矿三种，其中有工业价值的为磷块岩和磷灰石。世界上磷矿资源较丰富的国家有摩洛哥、南非、美国、中国及俄罗斯。我国磷矿主要分布在西南和中南地区。虽然我国磷矿储量居世界第四位，但高品位矿储量较少。由于品位偏低，不仅选矿和矿石富集任务繁重，而且成本也随之升高。因此，立足我国磷矿资源的特点，开发适宜的工艺技术，对合理有效地利用 85%以上的磷矿用于制造磷肥、保护我国磷资源具有重要意义。根据生产方法，磷肥主要分为酸法磷肥和热法磷肥两类。

① 酸法磷肥　酸法加工又称湿法工艺，它是利用硫酸、硝酸、磷酸或混酸分解磷矿粉，可获得过磷酸钙、重过磷酸钙、富过磷酸钙、半过磷酸钙、沉淀磷酸钙、磷酸铵及硝酸磷肥等。

② 热法磷肥　热法加工是指添加某些助剂在高温下分解磷矿石，经过进一步处理制成可被农作物吸收的磷酸盐。热法磷肥主要有钙镁磷肥、脱氟磷肥及钢渣磷肥。

（2）硫铁矿

硫铁矿是一种铁的硫化物矿物，成分为 FeS_2，常含砷、锑、铋、镍、钴等。主要用于制硫酸，近年来，随着天然硫黄的开采及石油和天然气中硫化氢回收制硫黄技术的发展，以硫黄为原料制硫酸的比例显著增大。制硫酸用的硫铁矿有普通硫铁矿、浮选尾砂和含煤硫铁矿三种，我国硫铁矿主要集中在广东、内蒙古、安徽和四川等地，其储量占全国总储量的 85%，由于硫黄价格较低，而硫铁矿开采成本较高，且硫铁矿制酸程序又比硫黄制酸复杂，因此为提高硫铁矿的竞争能力，很多国家采取对硫铁矿进行精选，并将焙烧制二氧化硫炉气后的烧渣加以综合利用或作为炼铁原料。图 2-2 为以硫铁矿为原料生产硫酸的工艺流程简图。

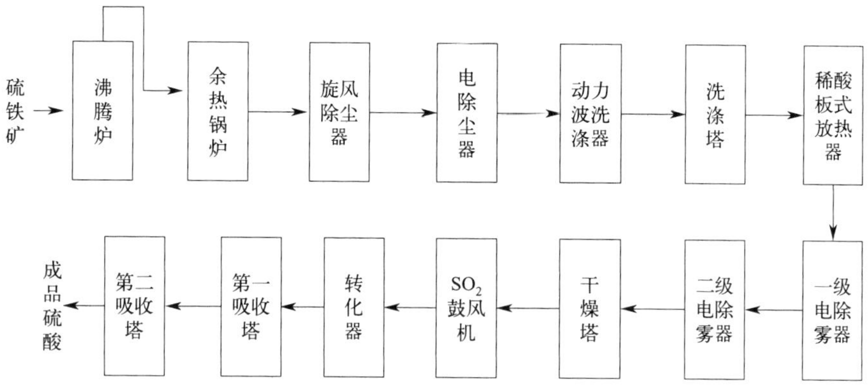

图 2-2　以硫铁矿为原料生产硫酸的工艺流程简图

（3）硼矿

硼矿是生产硼酸、硼砂、单质硼及硼酸盐的原料。世界上拥有硼资源的国家不多，现在除美国、土耳其、俄罗斯外，我国硼资源储量居世界第四位，约有 3900 万吨（以 B_2O_3 计）。我国目前的硼矿，除青海、西藏等地的盐卤型和盐湖固体型硼矿外，多数硼矿埋藏于地下，主要集中于辽、吉、湘、皖、苏等省区，其中辽宁省拥有 2516 万吨，占全国总储量的 65%。虽然我国硼资源相对较丰富，但绝大多数硼矿品位较低，加工利用难度较大。

目前用于生产硼酸和硼砂的硼矿主要为硼镁矿。由硼镁矿制硼砂的工艺主要有碱法加工硼镁矿（又分为常压碱解法和加压碱解法）、碳碱法加工硼镁矿。由于碱法加工不适宜加工品位低的矿粉，且工艺流程长、设备多，现已逐步被碳碱法取代。由硼镁矿制硼酸的工艺主要有盐酸分解萃取分离工艺、硫酸分解盐析分离工艺。

化学矿产绝大部分为非金属矿物，用途十分广泛，除用作生产化肥、酸、碱及其他无机盐化工、精细化工的原料外，还可用于国民经济其他工业领域（如冶金、轻工、石油、电子、建材、金属陶瓷、医药、水泥、玻璃、饲料及食品等）中的基本原料和配料。因此，其加工利用方法众多，工艺过程繁简不一，比较庞杂。

无论是固体还是液体矿床，我国的化学矿产多属于一两种矿物伴生多种有益组分的综合性矿床。因此，需经复杂的采选、冶炼过程方能利用，开发初期投资较大，技术难度也大。但是一旦技术突破，其经济效益是十分可观的。

2.1.3.5　生物质资源加工

生物质泛指农产品（含主要成分为单糖、多糖、淀粉、油脂、蛋白质、萜烯类、木质纤维素的当年生和多年生植物）、林产品（由纤维素、半纤维素和木质素 3 种主要成分组成的木材）、细胞培植产品（以细胞为载体进行培植，使之定向生产某种生物质，如蛋白质等）以及其他来自社会废弃物的产品（产生于公用设施、农业和工业装置的废料）。

利用生物质资源获取化工原料和产品已有悠久的历史。早在 17 世纪，人们已发现将木材干馏可制取甲醇（联产乙酸和丙酮）的方法。自然界中许多含纤维素、半纤维素、淀粉糖类和油脂的生物质均可为化学工业提供原料和产品。

生物质作为化工原料有两条基本途径：一是利用天然物固有的分子结构，如糖类（如淀粉、纤维素）、萜烯、蜡质、脂肪等；二是利用化学或生化方法将天然物分解为基础化学品或中间产品。这里涉及一系列工艺过程，如萃取、热解、气化、催化加氢、化学水解、酶水解、微生物水解等，产生的基础化学品和中间产品可进一步转变为化工产品。

目前规模较大，已工业化的生物质化学转化过程如下。

（1）溶剂

以大米、小麦、高粱、薯类等富含淀粉的物质为原料，来制取乙醇、丁醇和丙酮等溶剂。将含淀粉或其他糖类物质进行水解，使之转化为单糖。然后加入酵母菌进行发酵可制得乙醇。将发酵液进行精馏，产品为95%的乙醇，并副产杂醇油。乙醇进一步转化可制得烯烃、芳烃、醛和羧酸类产品。

$$\underset{\text{（多缩己糖）}}{(C_6H_{10}O_5)_n}\xrightarrow{\text{水解}}\underset{\text{（己糖）}}{C_6H_{12}O_6}\xrightarrow[\text{丙酮-丁醇酶}]{\text{发酵}}CH_3(CH_2)_2CH_2OH+CH_3\underset{\underset{O}{\|}}{C}CH_3+C_2H_5OH+CO_2\uparrow \tag{2-1}$$

（2）麦芽糖和葡萄糖

以淀粉类物质为原料生产麦芽糖和葡萄糖，用作食品调味剂、营养补充剂和医药品。

$$2\underset{\text{（淀粉）}}{(C_6H_{10}O_5)_n}\xrightarrow[\text{淀粉}]{H_2O}\underset{\text{（麦芽糖）}}{C_{12}H_{22}O_{11}}\xrightarrow[\text{酶}]{H_2O}\underset{\text{（葡萄糖）}}{2C_6H_{12}O_6} \tag{2-2}$$

$$C_6H_{12}O_6\xrightarrow{\text{酵母}}2CH_3CH_2OH+2CO_2 \tag{2-3}$$

（3）糠醛和糠醇

含多缩戊糖的生物质水解、发酵制糠醛。麸皮、玉米芯、棉籽皮、花生壳、甘蔗渣等农业副产物和农业废物中含有纤维素和半纤维素。纤维素是多缩己糖，半纤维素则由多缩己糖、多缩戊糖等组成。多缩己糖水解得己糖，经发酵可制得乙醇。多缩戊糖不能用酶发酵，但可用酸加热水解为戊糖，戊糖在酸性介质中加热易脱水而转化为糠醛。

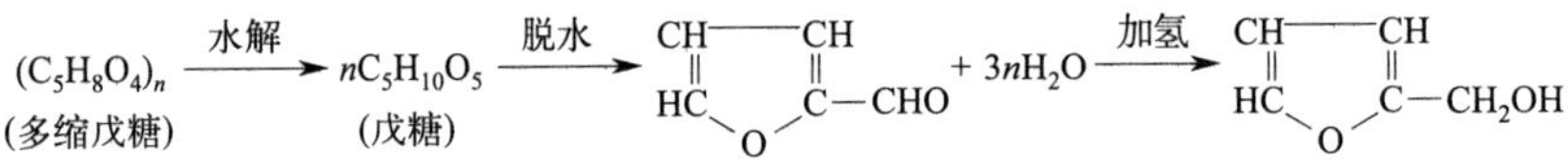

（2-4）

糠醛是基本有机化学工业的一种重要原料，它可以用来生产糠醛苯酚树脂、糠醇树脂、顺丁烯二酸酐、合成纤维、医药品等。而工业上得到糠醛的唯一方法是生物质的水解。所以糠醛生产在生物质的化工利用中占有重要的地位。糠醇大量用来制造铸造用型砂黏结剂、防腐涂料、香料及医药品等。

（4）木糖和木糖醇

以木屑、稻草和玉米芯等为原料可生产木糖和木糖醇。

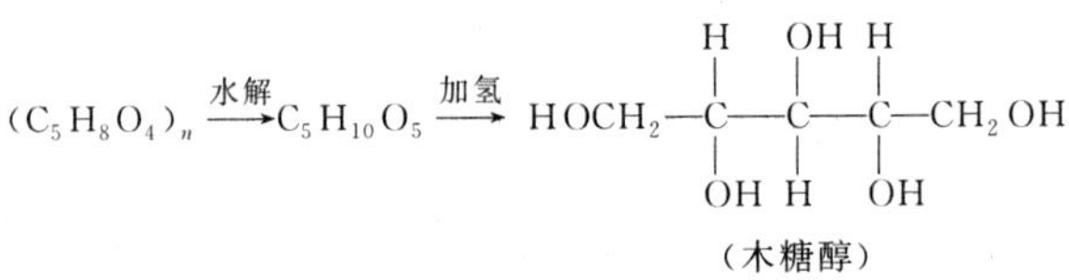

（2-5）

木糖除大量用来制造木糖醇外，还用于染色和制革，亦用作食品调味剂。木糖醇用于制造表面活性剂、乳化剂、各种醇酸树脂、涂料和清漆等，还可代替甘油，用于造纸、日用品及国防工业。此外，由多种植物的花朵中提取香精，由某些植物的茎、叶中提取染料，由某些植物的茎、根提取药材等都有小规模工业生产。由动、植物制得的油脂，也是重要的化工原料，油脂是高级饱和及不饱和脂肪酸的甘油酯，在工业上用量颇大，油脂水解可制得高级脂肪酸和甘油（丙三醇）。脂肪酸经皂化可制得日常生活用的肥皂。将油脂直接加氢，或将高级脂肪酸加氢均可得到高级脂肪醇，后者是制造表面活性剂的重要原料。

（5）生物质气化

生物质气化主要依赖于高温下的热化学反应，生物质在高温下（通常为800～900℃）发生部分氧化或缺氧分解，从而转化为富含 H_2、CO、CH_4 等成分的合成气体。这些气体具有较高的热值，可以用作燃料或进一步转化为其他高品位能源产品。生物质气化作为一种重要的可再生能源转化技术，具有广阔的发展前景和应用空间。

综上所述，化工原料的初步加工是化工生产的重要环节，它关系到后续化学反应能否顺利进行和产品质量的稳定性。通过对煤炭、石油、天然气、化学矿物以及生物质资源等原料的合理加工处理，可以高效地获取高质量的化工原料，为化学工业的发展提供有力支持。

2.2 化工原料的选择与利用

在化工生产中，原料的选择与利用是决定产品质量、生产成本、经济效益及环境影响的关键因素。合理的原料选择不仅能提升生产效率，还能减少资源消耗和环境污染。

2.2.1 化工过程的效率指标

经济效益是原料选择的重要考虑因素之一。需评估原料的价格、供应量、运输成本等因素对生产成本的影响。同时，随着环保意识的提升，原料的环境影响也成为不可忽视的方面。应优先选择可再生、可降解或低污染的原料，减少生产过程中对环境的负面影响。在经济效益与环境保护之间寻求平衡点，实现可持续发展。化工过程的效率指标可以作为评价化工原料利用率的重要依据。常用的效率指标有生产能力、生产强度、原子经济性、环境因子、转化率、选择性和收率等。

（1）生产能力和生产强度

① 生产能力　生产能力指一个设备、一套装置或一个工厂在单位时间内生产的产品量，或在单位时间内处理的原料量。其单位为 kg/h、t/d，或 kt/a、万 t/a 等。

化工过程有化学反应以及热量、质量和动量传递等过程，在许多设备中可能同时进行上述几种过程，需要分析各种过程各自的影响因素，然后进行综合和优化，找出最佳操作条件，使总过程速率加快，才能有效地提高设备生产能力。设备或装置在最佳条件下可以达到的最大生产能力，称为设计能力。由于技术水平不同，同类设备或装置的设计能力可能不同，使用设计能力大的设备或装置能够降低投资和成本，提高生产率。

② 生产强度　生产强度为设备单位特征几何量的生产能力。即设备的单位体积的生产能力，或单位面积的生产能力。其单位为 $kg/(h \cdot m^3)$、$t/(d \cdot m^3)$，或 $kg/(h \cdot m^2)$，或 $t/(d \cdot m^2)$ 等。生产强度指标主要用于比较那些相同反应过程或物理加工过程的设备或装置

的优劣。设备中进行的过程速率高，其生产强度就高。

在分析对比催化反应器的生产强度时，通常要看在单位时间内，单位体积催化剂或单位质量催化剂所获得的产品量，亦即催化剂的生产强度，有时也称时空收率。单位为 $kg/(h \cdot m^3)$、$kg/(h \cdot kg)$。

③ 有效生产周期

$$开工因子=\frac{全年开工生产天数}{365} \tag{2-6}$$

有效生产周期开工因子见式(2-6)，通常在 0.9 左右，开工因子大意味着停工检修带来的损失小，即设备先进可靠，催化剂寿命长。

(2) 原子经济性与环境因子

① 原子经济性　由美国的 B. M. Trost 教授首次提出，原子经济性 AE 定义为：

$$AE=\left(\frac{\sum_i P_i M_i}{\sum_j F_j M_j}\right)\times 100\% \tag{2-7}$$

式中，P_i 为目的产物分子中各类原子数；F_j 为反应原料分子中各类原子数；M_i 与 M_j 分别为目的产物和反应原料的分子中相应各类原子的相对质量。

【例 2-1】环氧丙烷两种制法的原子经济性比较

答：

(1) 氯醇法：

$$C_3H_6+Cl_2+Ca(OH)_2 \longrightarrow C_3H_6O+CaCl_2+H_2O$$

$$AE=\frac{C_3H_6O}{C_3H_6+Cl_2+Ca(OH)_2}\times 100\%=\frac{58}{42+71+74}\times 100\%=31\%$$

(2) 过氧化氢法：

$$C_3H_6+H_2O_2 \longrightarrow C_3H_6O+H_2O$$

$$AE=\frac{C_3H_6O}{C_3H_6+H_2O_2}\times 100\%=\frac{58}{42+34}\times 100\%=76\%$$

② 环境因子　环境因子由荷兰化学家 Sheldon 提出，定义为：

$$E=\frac{废物质量}{目标产物质量} \tag{2-8}$$

原子经济性与环境因子从本质上反映了其合成工艺是否最大限度地利用了资源，避免了废物的产生和由此而带来的环境污染。

(3) 转化率、选择性和收率

化工总过程的核心是化学反应，提高反应的转化率、选择性和产率是提高化工过程效率的关键。

① 转化率　转化率是指某一反应物参加反应而转化的数量占该反应物起始量的分率或百分率，用符号 X 表示。其定义式为式(2-9)。

$$X=\frac{某一反应物的转化量}{该反应物的起始量} \tag{2-9}$$

转化率表征原料的转化程度。对于同一反应，若反应物不仅只有一个，那么，不同反应组分的转化率在数值上可能不同。对于以下反应：

$$\nu_A A+\nu_B B \longrightarrow \nu_R R+\nu_S S \tag{2-10}$$

反应物 A 和 B 的转化率分别是：

$$X_A=(n_{A,0}-n_A)/n_{A,0} \tag{2-11}$$

$$X_B=(n_{B,0}-n_B)/n_{B,0} \tag{2-12}$$

式中，X_A、X_B 分别为组分 A 和组分 B 的转化率；$n_{A,0}$、$n_{B,0}$ 分别为组分 A 和组分 B 的起始量，mol；n_A、n_B 分别为反应后组分 A 和组分 B 的剩余量，mol；ν_A、ν_B、ν_R、ν_S 为化学计量系数。

人们常常对关键反应物的转化率感兴趣，所谓关键反应物指的是反应物中价值最高的组分，为使其尽可能转化，常使其他反应组分过量。对于不可逆反应，关键组分的转化率最大为 100%；对于可逆反应，关键组分的转化率最大为其平衡转化率。

计算转化率时，反应物起始量的确定很重要。对于间歇过程，以反应开始时装入反应器的某反应物料量为起始量；对于连续过程，一般以反应器进口物料中某反应物的量为起始量。但对于采用循环式流程的过程来说（图 2-3），则有单程转化率和全程转化率之分。

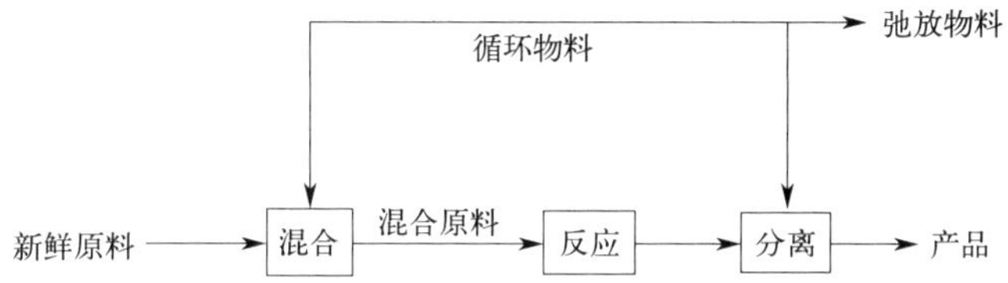

图 2-3　循环式流程方框图

单程转化率是指原料每次通过反应器的转化率，例如原料中组分 A 的单程转化率为式(2-13)。

$$\begin{aligned} X_A &= \frac{\text{组分 A 在反应器中的转化量}}{\text{反应器进口物料中组分 A 的量}} \\ &= \frac{\text{组分 A 在反应器中的转化量}}{\text{新鲜原料中组分 A 的量}+\text{循环物料中组分 A 的量}} \end{aligned} \tag{2-13}$$

全程转化率又称总转化率，是指新鲜原料进入反应系统到离开该系统所达到的转化率。例如，原料中组分 A 的全程转化率为式(2-14)。

$$X_{A,tot}=\frac{\text{组分 A 在反应器中的转化量}}{\text{新鲜原料中组分 A 的量}} \tag{2-14}$$

② 选择性　对于复杂反应体系，同时存在着生成目的产物的主反应和生成副产物的许多副反应，只用转化率来衡量是不够的。因为，尽管有的反应体系原料转化率很高，但大多数转变成副产物，目的产物很少，意味着许多原料浪费了。所以需要用选择性这个指标来评价反应过程的效率。选择性是指体系中转化成目的产物的某反应物量与参加所有反应而转化的该反应物总量之比。用符号 S 表示，其定义式为式(2-15)。

$$S=\frac{\text{转化为目的产物的某反应物的量}}{\text{该反应物的转化总量}} \tag{2-15}$$

选择性也可按式(2-16) 计算：

$$S=\frac{\text{实际所得的目的产物量}}{\text{按某反应物的转化总量计算应得到的目的产物理论量}} \tag{2-16}$$

式(2-16)中的分母是按主反应式的化学计量关系来计算的，并假设转化了的所有反应物全部转变成目的产物。例如反应式(2-10)中，每转化 1mol 的组分 A，理论上应得到$\frac{V_R}{V_A}$ mol 的产物 R。

在复杂反应体系中，选择性是个很重要的指标，它表达了主、副反应进行程度的相对大小，能确切反映原料的利用是否合理。

③ 收率（产率） 收率（或产率）是从产物角度来描述反应过程的效率。符号为 Y，其定义式为式(2-17)。

$$Y=\frac{转化为目的产物的某反应物的量}{该反应物的起始量} \tag{2-17}$$

根据转化率、选择性和收率的定义可知，相对于同一反应物而言，三者有以下关系：

$$Y=SX \tag{2-18}$$

对于无副反应的体系，$S=1$，故收率在数值上等于转化率，转化率越高则收率越高；有副反应的体系，$S<1$，希望在选择性高的前提下转化率尽可能高。但是，通常使转化率提高的反应条件往往会使选择性降低，所以不能单纯追求高转化率或高选择性，而要兼顾两者，使目的产物的收率最高。

对于反应式(2-10)的关键反应物组分 A 和目的产物 R 而言，产物 R 的产率为式(2-19)。

$$Y_R=\frac{\nu_A}{\nu_R}\times\frac{产物\ R\ 的生成量}{反应物\ A\ 的起始量} \tag{2-19}$$

式中，ν_A 和 ν_R 分别为组分 A 和产物 R 的化学计量系数；产物和反应物的量以摩尔为单位。

有循环物料时，也有单程收率和总收率之分。与转化率相似，对于单程收率而言，式(2-19)中的分母是指反应器进口处混合物中的该原料量，即新鲜原料与循环物料中该原料量之和。而对于总收率，式(2-19)中分母是指新鲜原料中该原料量。

④ 质量收率 质量收率是指投入单位质量的某原料所能生产的目的产物的质量，见式(2-20)。

$$Y_m=\frac{目的产物的质量}{某原料的起始质量} \tag{2-20}$$

2.2.2 可获得性与成本

原料的可获得性直接影响到生产的连续性和稳定性。在选择原料时，需考虑其来源是否可靠、供应是否稳定以及运输是否便利等因素。此外，成本也是不可忽视的方面。需在保证原料质量的前提下，尽可能降低采购成本，提高生产效益。

2.2.3 安全性与环保评估

原料的安全性直接关系到生产人员的安全和环境的保护。在选择原料时，需评估其毒性、易燃易爆性、腐蚀性等安全风险，并采取相应的防护措施。同时，还需评估原料在生产过程中可能产生的废弃物、排放物等对环境的影响，并制定相应的环保措施。

2.2.4 质量控制与管理

为确保生产出的产品质量稳定可靠，需对原料进行严格的质量控制与管理。这包括建立原料检验标准、实施原料入库检验、定期复检等制度，以确保原料质量符合生产要求。同时，还需加强对原料储存、运输等环节的管理，防止原料因受潮、变质等因素影响质量。

2.2.5 适用性及应用范围

不同原料具有不同的适用性和应用范围。在选择原料时，需根据产品的具体需求和生产工艺的特点来确定。例如，某些原料可能更适合用于某种特定的化学反应或产品制造过程，而另一些原料则可能因其独特的性能而在某些领域得到广泛应用。因此，在选择原料时，需充分了解其适用性和应用范围，以便更好地满足生产需求。

2.2.6 替代与改进方案

随着科技的不断进步和环保要求的日益严格，化工原料的替代与改进成为行业发展的必然趋势。在生产过程中，应关注新兴原料和替代技术的发展动态，积极尝试采用更环保、更高效的原料和工艺。同时，还需不断优化生产工艺流程和技术参数，提高原料的利用率和产品质量水平。通过不断的替代与改进工作，推动化工行业的可持续发展。

2.3 化工原料的预处理与储存

在化工生产中，原料的预处理与储存是确保生产连续性和产品质量的重要环节。合理的预处理能够去除原料中的杂质，改善其物理化学性质，为后续加工创造有利条件；而科学的储存则能保障原料的安全性、稳定性和可追溯性。

2.3.1 化工原料的预处理

在化工生产过程中，原料的预处理是至关重要的一步，它直接关系到后续工艺的稳定性、产品的纯度和生产效率。恰当的预处理方法能够显著提升原料的适用性，减少生产过程中的问题，并确保最终产品的品质。以下是化工原料预处理中常见的几种方法，包括杂质去除、物理性质的调整、溶解与稀释，以及过滤与澄清等。

（1）杂质去除

杂质的存在会严重影响化工反应的进行和产品的纯度，因此，杂质去除是预处理的首要任务。

常见的杂质去除方法包括以下几种：

① 洗涤法　通过溶剂或水溶液对原料进行洗涤，利用杂质与溶剂之间的溶解性差异将杂质分离。

② 筛分与磁选　利用筛网或磁铁去除原料中的大颗粒杂质和磁性杂质。

③ 化学沉淀　加入特定的化学试剂使杂质以沉淀的形式析出，再通过过滤等手段去除。

④ 吸附与离子交换　利用吸附剂（如活性炭）或离子交换树脂去除溶液中的有色物质、

重金属离子等微量杂质。

（2）物理性质的调整

物理性质的调整主要关注原料的温度、形态、粒度、密度等物理性质的改变，以适应后续工艺的需求。常见的物理调整方法包括以下几种：

① 加热与冷却　加热或降低原料温度的目的主要是为了增加或减缓反应速率，避免副反应的发生，或保持原料的稳定性，通常通过换热单元实现。

② 破碎与研磨　破碎与研磨的目的是将大块的原料破碎成较小的颗粒或粉末，增加原料的比表面积，提高反应速率。

③ 混合与均质化　混合与均质化是将不同组分的原料充分混合，确保各组分在后续工艺中分布均匀。

④ 干燥　干燥的目的是去除原料中的水分，防止水分对后续工艺造成不利影响，同时便于储存和运输。

（3）化学处理

化学处理是指通过化学反应改变原料的化学性质或结构，以满足特定工艺要求。这通常涉及氧化还原、酸碱中和、酯化、水解等化学反应。

（4）溶解与稀释

溶解与稀释是将原料转化为溶液状态或调整溶液浓度的过程。这有助于增加反应物之间的接触面积，提高反应速率，同时便于后续的分离纯化操作。溶解是选择合适的溶剂将原料溶解，形成均匀的溶液。稀释是向溶液中加入溶剂，降低溶质的浓度，以适应后续工艺的需求。

（5）过滤与澄清

过滤与澄清是去除溶液中悬浮物、沉淀物等不溶性杂质的常用方法，能够显著提高溶液的清澈度和纯度。过滤的方法通常是利用多孔介质（如滤纸、滤网）截留不溶性杂质，使清液通过。澄清通常是通过加入澄清剂（如明胶、硅藻土）或采用自然沉降等方法，使悬浮物聚集成大颗粒并沉降到底部，从而得到澄清的溶液。

2.3.2　原料收集分类与稳定性评估

化工原料的收集是预处理的第一步，需根据生产需求和原料特性制订收集计划。收集过程中应注意原料的来源、质量、数量及运输方式等因素，确保原料符合生产标准。收集完成后，应对原料进行分类管理，按照其物理化学性质、用途及危险性等特征进行区分，为后续处理提供便利。

原料的稳定性对生产过程和产品质量具有重要影响。因此，在预处理完成后，需对原料的稳定性进行评估。评估内容包括原料的化学反应性、物理稳定性（如熔点、沸点、密度等）、储存稳定性（如吸湿性、氧化性等）以及与其他原料的相容性等。通过稳定性评估，可以为后续储存和使用提供科学依据。

2.3.3　原料的储存

化工原料的储存是确保安全生产的重要环节，其储存过程中需要注意以下几个方面。

（1）分类储存

① 按性质分类　根据化工原料的化学性质、危险等级和相容性进行分类储存，避免发生意外反应或交叉污染。不相容的化工原料必须分开存放，防止发生化学反应或爆炸。

② 标识清晰　在每个储存容器上都应明确标注化工原料的名称、危险等级、容量等信息，保证操作人员能够快速、准确地识别和处理。

（2）环境控制

储存环境对原料的质量稳定性具有直接影响，因此，需对储存环境进行严格控制，包括温度、湿度、光照、通风等条件。通过安装温湿度计、照明控制系统和通风设备等手段，实现对储存环境的实时监测和调控。同时，还需定期对储存环境进行清洁和维护，防止污染和腐蚀。

① 温湿度控制　化工原料通常对温湿度有一定的要求。储存过程中，要根据不同原料的要求设置温湿度条件。一般来说，温度应控制在5～35℃，湿度控制在40%～70%。

② 通风要求　储存区域必须具备良好的通风条件，避免化工原料在密闭空间中积聚，产生爆炸性气体或有害气体。通风系统应具备足够的风量和流速，保持储存区域空气的循环和新鲜程度。

（3）安全措施

① 防火措施　严格禁止储存易燃、易爆的化工原料与火源同时存放。储存区域应配置消防设施，如灭火器、消防栓等，并保持其完好有效。

② 避光储存　部分化工原料对光线敏感，需要在无光或弱光的环境下储存，以防止原料质量受到影响。

③ 防水防潮　防止化工原料受潮或进水，以保护原料的物理性质，防止因水分与某些原料发生化学反应而导致事故。

化工原料的储存过程中存在各种潜在风险，如泄漏、火灾、爆炸等。为应对这些风险，需制定完善的应急预案。应急预案应明确应急组织机构、应急响应流程、应急物资准备及应急演练等内容。通过定期组织应急演练和培训，提高员工应对突发事件的能力和水平。同时，还需加强与当地消防、环保等部门的沟通和协调，确保在紧急情况下能够得到及时有效的支持及援助。

（4）管理要求

在制定储存规划时，需考虑原料的危险性（如易燃易爆、有毒有害等）、储存量、储存方式(如散装、袋装、桶装等）以及储存区域的防火、防爆、防毒等安全措施。同时，还需规划好原料的进出库路线和应急疏散通道，确保在紧急情况下能够迅速撤离人员。

有效的库存管理和监测是确保原料供应稳定性和生产连续性的重要手段。需建立完善的库存管理制度和信息系统，对原料的入库、出库、库存量及使用情况进行实时跟踪和记录。对储存的化工原料进行定期检查，记录其状态、数量等信息，以及检查储存设施是否完好。发现漏损、变形或损坏的容器应及时修理或更换。建立储存记录，包括入库日期、原料数量、供应商信息等，以便追溯和控制储存情况。尽量按照“先进先出”的原则使用化工原料，避免因长期储存而导致原料性能变化。

（5）遵守法规

化工原料的储存应遵守相关的安全规定和法规，如《中华人民共和国安全生产法》和

《危险化学品安全管理条例》等。对储存区域的管理人员进行培训，使其了解化工原料的性质和储存要求，以便能够正确判断原料的储存状态和采取相应的管理措施。

2.4 化工资源的综合利用与再生

随着全球资源日益紧张和环境问题的加剧，化工资源的综合利用与再生已成为推动化工产业可持续发展的重要途径。通过高效利用现有资源、减少废弃物排放、促进资源循环利用，不仅有助于缓解资源压力，还能降低环境污染，实现经济效益与环境效益的双赢。

资源回收与再生是化工资源综合利用的核心内容之一。通过先进的技术手段，对生产过程中产生的废旧原料、副产品及废弃物进行回收处理，将其转化为可再利用的资源。这不仅可以减少对新资源的依赖，还能降低废弃物处理成本，减轻环境压力。常见的资源回收与再生方式包括物理分离、化学转化、生物降解等。

废弃物资源化是指将原本被视为无用的废弃物，通过一定的技术处理，转化为有价值的资源或产品。在化工领域，废弃物资源化尤为重要。通过科学的处理工艺，如焚烧发电、堆肥化、资源化再利用等，可以将化工废弃物转化为能源、肥料或其他有用物质，实现废弃物的减量化、无害化和资源化。

共生伴生资源是指在同一矿床或生产过程中同时产出的多种有价值的矿产资源或化学元素。在化工生产中，充分利用共生伴生资源，不仅可以提高资源利用率，还能降低生产成本。通过优化生产工艺，实现多种资源的同步提取和综合利用，是提高化工资源利用效率的重要途径。

节能减排技术是化工资源综合利用的关键支撑。通过采用先进的节能设备和工艺技术，降低生产过程中的能耗和排放，实现资源的节约和环境的保护。例如，采用高效热交换器、余热回收系统、新型催化剂等节能减排技术，可以显著提高化工生产的能效水平，减少温室气体和污染物的排放。

循环经济模式是一种以实现资源高效利用和循环利用为核心的经济形态。在化工领域，构建循环经济模式，通过资源的循环利用和废弃物的资源化利用，形成闭环经济系统。这不仅可以减少资源消耗和废弃物排放，还能促进产业转型升级和可持续发展。

练习思考题

1. 煤、石油和天然气在性质和初步加工方面有哪些不同？
2. 煤的种类有哪些？各有何特征？
3. 简述石油产品的分类、产品的沸点范围及其用途。
4. 原油为何要进行预处理？简述原油预处理的主要工艺流程。
5. 何为原油的一次加工、二次加工？
6. 天然气的热值高、污染少，是一种清洁能源，在能源结构中的比例逐年提高，同时也是石油化工的重要原料资源。天然气有哪些主要的工业用途？
7. 常用的化学矿物生产化工产品的过程有哪些？请举例说明。
8. 常用的生物质生产化工产品的过程有哪些？请举例说明。
9. 化工原料的预处理方法有哪些？
10. 化工原料的储存应注意哪些方面？
11. 试分析一种化工产品生产过程在资源的综合利用与再生方面存在哪些利弊。

习题参考

第 3 章

典型石油加工工艺

本章主要内容及要求

- 了解原油预处理和常减压蒸馏的原理及目的；
- 了解延迟焦化原理和工艺流程；
- 掌握催化裂化和加氢裂化原理、工艺流程；
- 掌握催化重整与芳烃抽提原理、工艺流程；
- 掌握烃类热裂解的化学原理，了解裂解炉技术进展，掌握裂解气分离与精制流程的组织。

3.1 原油的预处理和常减压蒸馏

3.1.1 原油的预处理

在油田脱过水后的原油仍然含有一定量的盐和水，所含盐类除有一小部分以结晶状态悬浮于油中外，绝大部分溶于被油包裹的水滴中形成较为稳定的油包水型乳化液。原油含盐和水对后续的加工工序带来不利影响，水会增加燃料消耗和蒸馏塔塔顶冷凝器的负荷。原油中所含无机盐主要是氯化钠、氯化钙、氯化镁等，其中以氯化钠的含量 w（NaCl）为最多，约为 75%，这些盐类受热后易水解生成盐酸腐蚀设备，也会在换热器和加热炉管壁上结垢。增加热阻，降低传热效果，严重时甚至会烧穿炉管或阻塞管路。由于原油中盐类大多残留在重馏分油和渣油中，所以还会影响油品二次加工过程及其产品的质量。因此在进入炼油装置前要将原油中的盐含量脱除至小于 3mg/L，水含量 w（水）小于 0.2%。

由于原油与水形成的是一种比较稳定的乳化液，炼油厂广泛采用的是加破乳剂和高压电场联合作用的脱盐方法，即所谓电脱盐脱水。为了提高水滴的沉降速率，电脱盐过程是在 80～120℃甚至更高（如 150℃）的温度下进行的。图 3-1 所示为二级电脱盐原理流程图。原油自油罐抽出与破乳剂和洗涤水按比例混合后，经预热送入一级电脱盐罐，进行第一次脱盐脱水。在电脱盐罐内，在破乳剂和高压电场（强电场梯度为 500～1000V/cm，弱电场梯度为 150～300V/cm）的共同作用下，乳化液被破坏，小水滴凝聚成大水滴，经过沉降分离排出污水（主要是水及溶解在其中的盐，还有少量的油）。一级电脱盐的脱盐效率为 90%～95%。经一级脱盐后的原油在与破乳剂及洗涤水混合后送入二级电脱盐罐，进行第二次脱盐脱水。通常二级电脱盐罐排出的水含盐量不高，可将它回流到一级混合阀前，这样既节省用水又减少含盐污水的排出量。在电脱盐罐前注水的目的是溶解原油中的结晶盐，同时也可减弱乳化剂的作用，有利于水滴的凝聚。经过两次电脱盐工序后，原油中的含盐和含水量已能达到要求，可送炼油车间进一步加工。

在加工含硫原油时，还需向经脱水和脱盐的原油中加入适量的碱性中和剂和缓蚀剂，以减轻硫化物对炼油设备的腐蚀。

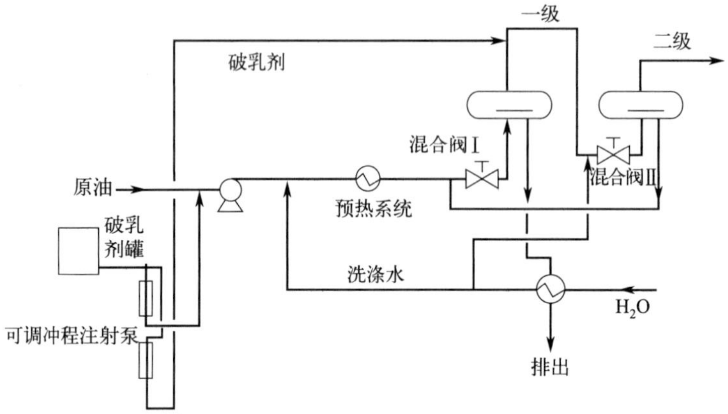

图 3-1 二级电脱盐原理流程图

3.1.2 常减压蒸馏

原油的常减压蒸馏工艺流程示意图如图 3-2 所示。经脱盐脱水后的原油预热至 210～250℃后进入初馏塔。轻汽油和水蒸气由塔顶蒸出，冷却到常温后进入分离器，分离掉水和不凝气体，得到轻汽油，也称石脑油。不凝气体为原油拔顶气，占原油质量的 0.15%～0.4%，其中乙烷占 2%～4%，丙烷约占 30%，丁烷占 50%左右，其余为 C_5 及 C_5 以上组分，可用作燃料或生产烯烃的裂解原料。轻汽油一部分作为回流，一部分作为汽油组分，当含硫量较低时亦可用作重整原料油。初馏塔塔底油料为拔顶油，又称拔顶原油，经加热炉加热至 360～370℃进入常压塔，塔顶压力为 0.13～0.17MPa（表压），塔顶出汽油，第一侧线出煤油，第二侧线出轻柴油，第三侧线出重柴油。为与油品二次加工所得汽油、煤油和柴油区分开来，在它们前面冠以“直馏”两字，以表示它们是由原油直接蒸馏得到的。将沸点高于 350℃的高压塔釜重油（又称常压渣油）在加热炉中加热至 390～400℃，进入减压塔，减压塔塔顶压力一般为 1～5kPa。采用减压操作是为了避免在高温下重组分的分解（裂解）。

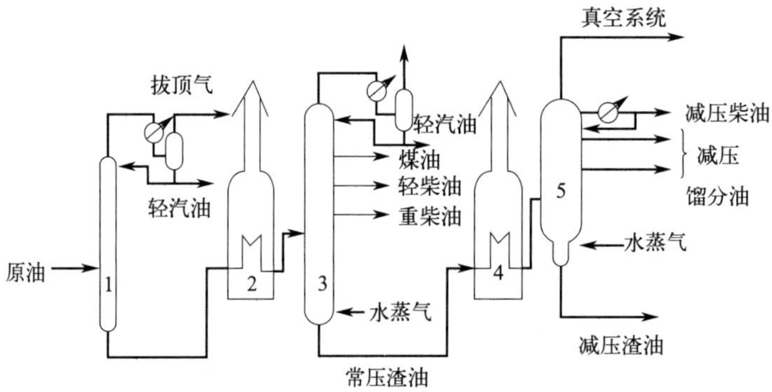

图 3-2 原油常减压蒸馏工艺流程示意图

1—初馏塔；2—常压加热炉；3—常压塔；4—减压加热炉；5—减压塔

减压塔侧线油和常压塔三、四线油总称为“常减压馏分油”，用作炼油厂的催化裂化等装置的原料。表 3-1 是国内某石油化工厂以大庆原油为原料，常压蒸馏工序所控制的温度、产率等指标参数。

表 3-1　常压蒸馏塔切割馏分部分指标参数

位置	塔板层数	温度/℃	油品种类	产率/%
常压塔塔顶	40	95～100[0.005MPa(表压)]	汽油	5.0
常压一线	29～31	145～150	煤油	9.1
常压二线	17～19	267～270	轻柴油	6～7
常压三线	13～15	330～335	重柴油	6～7
常压塔塔釜	0	345～350	重油	65～75

在我国某些炼油厂减压塔切割的油品常用来生产润滑油，此时该塔塔顶出柴油馏分，减压一线出轻质润滑油馏分，减压二线出中质润滑油馏分，减压三线出重质馏分油馏分，塔釜为减压渣油。

3.2　延迟焦化

3.2.1　延迟焦化工艺流程

绝大多数原油经过常减压蒸馏后，只能提供 30%左右的汽油、煤油和柴油等轻质油品，其余是重质馏分油和残渣油，若不经过二次加工，它们只能作为润滑油原料或重质燃料油。但国民经济和国防上大量需要的是汽油、煤油、柴油等轻质油品。此外，直馏汽油辛烷值很低，通常仅 40～50，远不能满足汽油发动机对汽油辛烷值的要求。辛烷值是表示汽油在汽油发动机中燃烧时的抗爆性指标。将汽油试样与由异辛烷（辛烷值规定为 100）和正庚烷（辛烷值规定为 0）配成的混合液在标准试验汽油机中进行比较，当油样的抗爆性和某一混合液相当时，该混合液中异辛烷的体积分数即为该油样的辛烷值。此值越大，汽油的抗爆性越好，因此应当大力发展改变分子结构的化学加工方法来提高油品的质量。

根据化学加工过程中有无催化剂的存在，原油蒸馏后的加工可分为热加工过程和催化加工过程。热加工过程有热裂化、减黏裂化和延迟焦化等工艺，主要用于加工重质原料油，生产轻质原油产品，以提高轻质油的收率。但热裂化所得产品由于含烯烃多，安定性很差，目前一般仅用于生产三烯三苯的石油化工工艺中。延迟焦化可处理减压渣油等重质贫氢油料，除可生成轻质油品和石油焦外，还可为催化裂化提供原料，因此现在仍然是原油深度加工的重要方法，为大多数炼油厂所采用。

延迟焦化是将渣油以高流速流过加热炉管，加热到反应所需的温度 500～505℃，然后进入焦炭塔，在焦炭塔里靠自身带入的热量进行裂化、缩合反应，使渣油深度反应转化为气体、汽油、柴油、蜡油和固体产品焦炭的过程。热渣油在炉管里虽然已达到反应温度，但由于焦油的流速很快，停留时间很短，裂化和缩合反应来不及发生就离开了加热炉，而把反应推迟到焦炭塔中进行，所以称为延迟焦化。

减压渣油是各族烃类的复杂混合物，在裂化温度下主要发生两类反应：一类是裂解反应，为吸热反应；另一类是缩合反应，为放热反应。裂解产生较小的分子，而缩合则生成较大的分子。但总的来说，裂解反应是主要的，因此由渣油可转化为气体、汽油、柴油、蜡油和石油焦等产品。

延迟焦化工艺流程示意图如图 3-3 所示。重质原料油经冷凝回流换热后，被泵入加热炉对流室内加热到 350℃左右，进入焦化分馏塔下部，与来自焦炭塔顶部的高温油气（430～435℃）直接换热。一方面把原料油中的轻质油蒸发出去，同时又加热了原料油（390～395℃）。经换热的塔底原料油和循环油一起，用泵打进加热炉辐射室，迅速加热升温到 500℃左右后进入焦炭塔底部。高温渣油在焦炭塔内停留足够时间进行裂化、缩合反应，最后生成的焦炭逐渐集结在焦炭塔内。而反应生成的高温油气自塔顶进入分馏塔下部，与原料换热后，经分馏得到焦化气、汽油、柴油和蜡油，余下的重质油作为循环油和原料一起重新再去焦化。

加热炉是延迟焦化的关键设备：一是要为整个装置提供热量，将渣油加热到 500℃的高温，并且热量要均匀，消除局部过热以防止炉管结焦；二是为了加快流速、缩短油在炉管中的停留时间，需向炉管注入 1%左右的水。

至少需要两个焦炭塔轮换使用。当一个塔中焦炭达到 2/3 左右高度时，便进行切换。切换周期一般为 48h，其中结焦 24h，除焦等其他操作 24h。切换下来的焦炭塔必须立即用水蒸气汽提出残油气，接着再用水冷，最后进行水力出焦。即用 10MPa 以上的高压水通过切焦器，经钻孔、扩孔后，沿塔自下而上将焦炭切割下来。

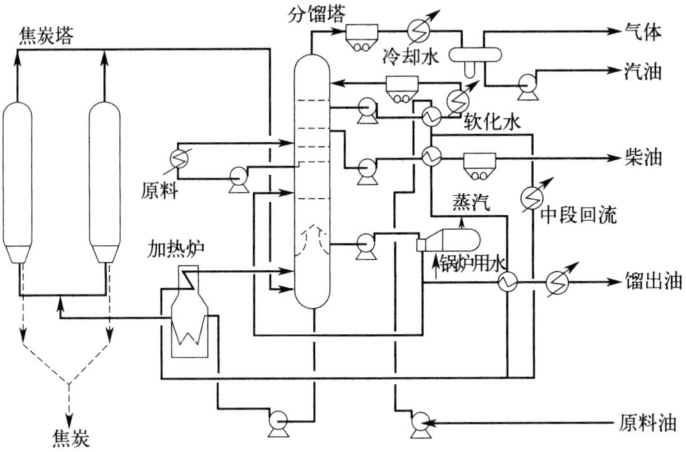

图 3-3 延迟焦化工艺流程示意图

3.2.2 延迟焦化主要操作条件

（1）反应温度

反应温度一般指加热炉辐射管出口温度，是重要的操作条件。温度太低，焦化反应深度和速度降低，焦炭中挥发分增加，质量变坏；温度过高，焦化反应过深，使汽油、柴油继续裂解，降低了汽柴油产率，而且使焦炭变硬，使除焦困难。加热炉出口温度一般控制在 495～505℃。

（2）系统压力

压力高，反应深度大，气体和焦炭收率高，液体收率低，焦炭的挥发成分也会增加。原则上是在克服系统阻力损失的前提下，采用较低压力，以得到较多的蜡油。一般低压焦化控制分馏塔塔顶油气分离器压力（表压）为 0.15～0.17MPa。

（3）分馏塔操作温度

分馏塔操作温度不宜高于400℃，温度过高容易结焦。通常操作温度范围是：分馏塔塔底380～400℃，分馏塔塔顶110～120℃，柴油抽出线温度275～285℃。

（4）循环比

循环比是指焦化分馏塔塔底循环油量与原料油量之比。若用加热炉进料量与原料油量之比表示，则称联合循环比。循环比加大，焦化汽油、柴油的收率提高，焦化馏出油收率减少，焦炭和焦化气收率增加。虽然轻油产量增加，但装置加工能力下降。因此，目前有采用较小循环比，提高焦化馏出油的产量以增加催化裂化或加氢裂化原料的趋向。

3.2.3　延迟焦化产品分布

不同原料油生产的延迟焦化产品分布见表3-2。由表可见，焦化气含有20%～35%的不饱和烃和30%左右的甲烷，是制氢的好原料。焦化汽油含有较多的烯烃，安定性差，即使储存很短时间，颜色也会发生变化，必须经过酸碱洗涤再蒸馏，或经过加氢精制才能作为汽油的调和组分出厂。焦化柴油也因含烯烃和非烃化合物多，安定性也不好，需再次加工才能应用。馏出油主要作为催化裂化、加氢裂化的原料。

表3-2　延迟焦化产品分布

主要工艺参数		大庆减压渣油	胜利减压渣油	鲁宁管输减压渣油	辽河减压渣油
炉出口温度/℃		500	500	500	500
联合循环比		1.30	1.45	1.43	1.43
产品分布/%	气体	8.3	6.8	8.3	9.9
	石脑油	15.7	14.7	15.9	15.0
	柴油	36.3	35.6	32.3	25.3
	馏出油	25.7	19.0	20.7	27.2
	焦炭	14.0	23.9	22.8	24.6
液体收率/%		77.7	69.3	68.9	65.5

3.3　催化裂化和加氢裂化

3.3.1　催化裂化

原油通过常减压蒸馏的方法可以获得汽油、煤油和柴油等轻质液体燃料，但产量不高，约占石油总量的25%，而且主要是直链烷烃，辛烷值低，只有50左右，不能直接用作发动机燃料。而有些油料，例如减压塔塔釜流出的渣油，其产量很大，约占原油质量的30%。还有常减压馏分油、润滑油制造和石蜡精制的下脚油、催化裂化回炼油、延迟焦化的重质馏分油等，沸点范围是300～550℃，分子量较大，在工业上用处不大。因此，可利用这些油料通过裂解反应增产汽油。此外，在少数场合也利用轻质油品作裂解原料油，例如，以生产航空汽油为主要目的时，常常采用直馏初柴油（瓦斯油）、焦化汽油、焦化柴油等作裂解原料，这样做除可显著地增产汽油外，还可提高所得汽油和柴油的品质。

催化裂化是在热和催化剂的共同作用下，使重质油发生裂化反应，转变为裂化气、汽油、柴油等轻质油品和化工原料的过程。这一技术通过降低重质油的大分子烃类化合物的分子量，提高其经济价值和使用性能。

（1）催化裂化的反应类型

催化裂化的反应类型复杂多样，主要包括以下几种：

① 单体烃的分解（裂化）反应　重质油中的大分子烃类在高温和催化剂的作用下裂解成较小分子的烃类。

② 异构化反应　烃类分子在催化剂表面发生结构重排，生成新的异构体，而不改变其分子量。

③ 氢转移反应　催化裂化特有的反应之一，涉及氢原子在烃类分子间的转移，影响产品的分布和性质。

④ 芳构化反应　烷烃或环烷烃在催化剂作用下转化为芳香烃的反应。

⑤ 叠合（缩合）反应　烃类分子在催化剂表面发生聚合或缩合，生成分子量更大的化合物，甚至形成焦炭。

⑥ 烷基化反应　烯烃与烷烃在催化剂作用下发生烷基化反应，生成新的烃类化合物。

（2）催化裂化催化剂

催化裂化催化剂根据其成分和结构的不同，可以分为多种类型，主要包括以下几种：

① 硅酸铝型催化剂　如无定形硅酸铝和沸石型硅酸铝催化剂，广泛应用于固定床、移动床和流化床催化裂化装置中。

② 分子筛催化剂　如 ZSM-5、Y 型分子筛等，具有更高的催化活性和选择性，是现代催化裂化装置中广泛使用的催化剂类型。

③ 其他类型催化剂　如稀土元素改性的超稳 Y 型分子筛催化剂等，通过引入稀土元素等改性剂，进一步提高催化剂的性能。

（3）催化裂化工艺流程

催化裂化的工艺流程主要包括三个主要部分：原料油催化裂化、催化剂再生和产物分离。

原油催化裂化工艺流程示意图见图 3-4。原料油经过预处理后，通过提升管反应器的喷嘴喷入高温催化剂床层，与催化剂充分混合并发生裂化反应。反应温度通常在 480～530℃，压力在 0.14～0.2MPa（表压）范围内。

催化裂化反应器有固定床、移动床和流化床三种。该流程采用流化床催化裂化反应器，催化剂是平均粒径为 60～80μm 的微球，故又称微球型催化剂。催化剂在反应器中呈流化状态，油品加热到反应温度，在催化剂作用下发生裂解反应。如图 3-4 所示，反应过程中，有少量粒径较小的催化剂随裂解产物一起进入旋风分离器实现分离，气体上升，而催化剂下降至流化层，继续参与催化反应。由于反应过程中会生成焦炭并沉积在催化剂上，导致催化剂活性下降，因此，需要通过烧去焦炭的方式使催化剂再生，恢复其活性。这一过程通常在再生器中进行，利用空气与催化剂上的焦炭发生燃烧反应。积满焦炭而又失去了活性的催化剂，由于粒大且重，沉在流化层下层，并通过输送管送往再生器中。在此，通入空气烧焦，催化剂粒子变小，活性恢复并被加热到一定温度，再返回反应器重新使用。因此，再生器不仅恢复了催化剂的活性，而且也提供了裂解反应所需的温度和大部分热量。

由于使用了催化剂，与热裂化相比，烷烃分子链的断裂在中间而不是在末端，因此产物

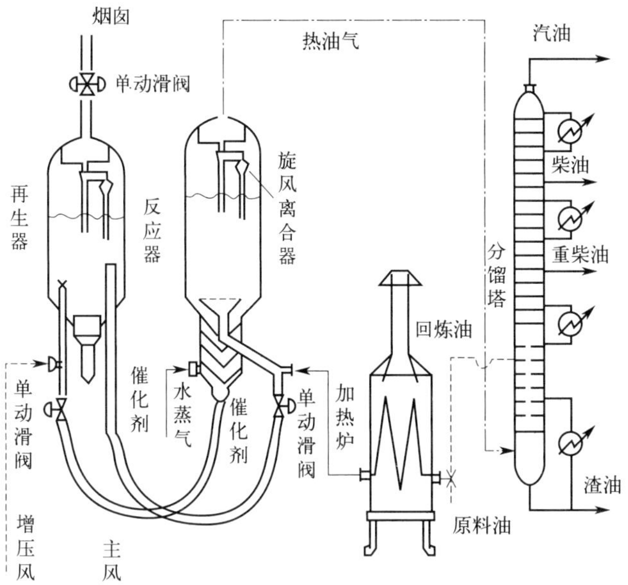

图 3-4　原油催化裂化工艺流程示意图

以 C_3、C_4 和中等大小的分子（即从汽油到柴油）居多，C_1 和 C_2 的产率明显减少。异构化、芳构化（如六元环烷烃催化脱氢生成苯）、环烷化（如烷烃生成环烷烃）等的反应在催化剂作用下得到加强，从而使裂解产物中异构烷烃、环烷烃和芳香烃的含量增多，使裂化汽油的辛烷值提高。在催化剂作用下，氢转移反应（缩合反应中产生的氢原子与烯烃结合成饱和烃的反应）更易进行，使得催化汽油中容易聚合的二烯烃类大为减少，汽油安定性较好。当然，催化裂化和热裂化一样，也会发生聚合、缩合反应，从而使催化剂表面结焦。由于进行的裂解、缩合（脱氢）、芳构化等反应都是吸热的，因此从总体上说，和热裂化一样，催化裂化也是吸热的。催化裂化产物主要是气体（称为催化裂化气）和液体。裂化反应生成的产物经过分馏系统分离成不同沸点的馏分，如裂化气、汽油、柴油等。裂化气中含有丙烯、丁烯等烯烃组分，具有较高的化工利用价值。

固体产物（焦炭）生成量不多，且在催化剂再生器中已被烧掉。催化裂化气产率为原料总质量的 10%～17%，其中乙烯含量为 3%～4%，丙烯为 13%～20%，丁烯为 15%～30%，烷烃约占 50%，具体组成举例如表 3-3 所示。

表 3-3　催化裂化气组成举例

组成	H_2	CH_4	C_2H_6	C_2H_4	C_3H_8	C_3H_6	n-C_4H_{10}	i-C_4H_{10}	n-C_4H_8	i-C_4H_8	反-2-C_4H_8	顺-2-C_4H_8	n-C_5H_{12}	i-C_5H_{12}
φ/%	0.1	3.2	4.1	2.9	7.0	20.3	4.6	18.4	9.2	6.2	8.5	6.0	6.3	2.9

据统计，一个处理能力为 1.2×10^6 t/a 的催化裂化装置，可副产乙烯 5000～7000t，丙烯 38000t，异丁烯 12000t，正丁烯 45000t，剩余约 50%的烷烃，是生产低级烯烃的裂解原料装置。因此，催化裂化气实际上是一个很有经济价值的化工原料气源。在国内外的大中型炼油厂中，都建有分离装置，将催化裂化气中的烯烃逐个地分离出来，经进一步提纯后用作生产高聚物的单体或有机合成原料。

催化裂化柴油占裂化原料油质量的 30%～40%，其中轻柴油的质量占柴油总质量的 50%～60%。催化裂化柴油中含有大量芳烃，是抽提法回收芳烃的原料。经抽提后，可大大提高柴油的十六烷值，改善柴油的品质。抽提所得芳烃中含有甲基萘，经加氢脱烷基后可制萘（又称石油萘，以示与焦化制得的萘相区别）。柴油中含有烯烃，安定性差，因此柴油出厂前还需经过加氢处理。

分出汽油和柴油的重质油馏分，可以返回催化裂化装置作原料用，故又称回炼油（因里面包含较多的催化剂微粒，容易磨损燃油泵和堵塞燃料油喷嘴，不宜作燃料使用），但因含重质芳烃多，易结焦，也不是理想的催化裂化原料油，现多用作加氢裂化原料油。

3.3.2 加氢裂化

加氢裂化是催化裂化技术的改进。在临氢条件下进行催化裂化，可抑制催化裂化时发生的脱氢缩合反应，避免了焦炭的生成。操作条件为压力 6.5～13.5MPa，温度 340～420℃，可以得到不含烯烃的高品位产品，液体收率可高达 100%以上（因有氢加入油料分子中）。原料可以是城市煤气厂的冷凝液（俗称凝析油）、重整后的抽余油、由重质石脑油分馏所得的粗柴油、催化裂化的回炼油等。

（1）加氢裂化的工艺特点

① 加氢裂化生产灵活性大，使用的原料范围广，高硫、高氮、高芳烃的劣质重馏分油都能加工，并可根据需要调整产品方案。因此，加氢裂化过程逐渐成为炼油工业中最先进、最灵活的过程。

② 加氢裂化产品收率高、质量好，产品中含不饱和烃和重芳烃少，由于通过加氢反应可以除去有害的含硫、氮、氧的化合物，因此非烃类杂质更少，故产品的安定性好，无腐蚀。加氢裂化副产气体以轻质异构烃为主。

③ 加氢裂化抑制了焦炭生成，因为焦炭生成量少，所以不需要再生催化剂，可以使用固定床反应器。总的反应过程是放热的，所以反应器中需冷却，而不是加热。加氢裂化催化剂是具有加氢活性和裂化活性的双功能催化剂。主要有非贵金属（Ni、Mo、W）催化剂和贵金属（Pd、Pt）催化剂两种。这些金属的氧化物与氧化硅-氧化铝或沸石分子筛组成双功能催化剂。其中催化剂加氢活性功能由上述金属或金属氧化物提供，裂化活性功能由氧化硅-氧化铝或沸石分子筛提供。

（2）加氢裂化的产品组成

表 3-4 为加氢裂化产品的组成。由表可见，加氢裂化产品中的加氢减压柴油，虽仍是重质油，但与减压柴油比较，烷烃含量增加，重芳烃的含量显著减少，可作裂解制烯烃的原料。

表 3-4　减压柴油加氢裂化产品的组成

组分名称	原料组成 w/%	加氢裂化产品组成 w/%		
	减压柴油	加氢轻油	加氢汽油	加氢减压柴油
烷烃	22.5	24	27.7	74
环烷烃	39.0	43.2	56.1	24.6
芳烃	37.5	32.6	16.2	1.2

加氢裂化的缺点是所得汽油的辛烷值比催化裂化低，必须经过重整来提高其辛烷值；加氢裂化需在高压下进行，并且消耗大量的氢，所以操作费用和生产设备的成本比催化裂化高。工业上，加氢裂化是作为催化裂化的一个补充，而不是代替催化裂化。例如，它可以加

工从催化裂化得到的沸点范围在汽油以上的、多环芳烃含量较多的油料，而这些油料是很难进一步催化裂化的。

3.4 催化重整

催化重整是将轻质原料油，如直馏汽油、粗汽油等，经过催化剂的作用，使油料中的烃类重新调整结构，生成大量芳烃的工艺过程。此法最初是用来生产高辛烷值的汽油，随着有机化工的发展，对芳烃的需求量骤增，由煤干馏所得芳烃已远远不能满足市场的需要，而重整油料中芳烃的含量高达30%～60%，有的甚至高达70%，比催化裂化汽油中的芳烃含量高得多，因此很自然就成为获取芳烃的重要途径。

3.4.1 催化重整的主要反应类型

催化重整是在铂催化剂作用下，使环烷烃和烷烃发生脱氢芳构化反应而生成芳烃。主要反应类型包括以下几种。

（1）环烷烃脱氢芳构化：

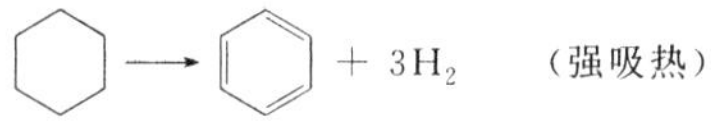

(3-1)

（2）环烷烃异构化脱氢生成芳烃：

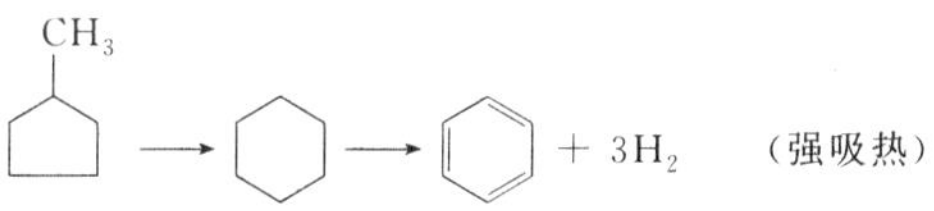

(3-2)

（3）烷烃脱氢芳构化：

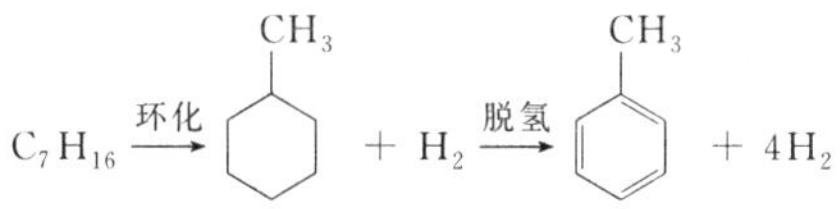

(3-3)

除上述三类主要反应外，还有正构烷烃的异构化、加氢裂化等反应。正构烷烃的异构化反应对提高汽油辛烷值有利。但加氢裂化反应的发生，不利于芳烃的生成且降低了液体收率，因而应尽量抑制这类反应。

3.4.2 催化重整工艺流程

表3-5为大庆油催化重整汽油的典型组成和性质。

表3-5　大庆油催化重整汽油的典型组成和性质

<table>
<tr><th colspan="2">项目</th><th>数值</th><th colspan="2">项目</th><th>数值</th></tr>
<tr><td colspan="2">密度(20℃)/(g/cm³)</td><td>0.7892</td><td colspan="2">干点/℃</td><td>8</td></tr>
<tr><td rowspan="4">馏程/℃</td><td>初馏点</td><td>52</td><td colspan="2">收率/%</td><td>85.5</td></tr>
<tr><td>w=10%</td><td>69</td><td rowspan="3">族组成/%</td><td>w(烷烃)</td><td>35.2</td></tr>
<tr><td>w=50%</td><td>110</td><td>w(环烷烃)</td><td>0.5</td></tr>
<tr><td>w=90%</td><td>149</td><td>w(芳烃)</td><td>64.2(其中,苯18)</td></tr>
</table>

由表 3-5 可见，重整原料油经过催化重整后，可得到总质量 85.5%的催化重整汽油，其中芳烃的含量高达 64.2%，因此是获取芳烃的好原料。从重整油中提取芳烃，工业上常用液-液抽提的方法，即用一种对芳烃和非芳烃具有不同溶解能力的溶剂（如三乙二醇醚、环丁砜等），将所需的芳烃抽提出来，使芳烃和溶剂分离，洗涤后获得基本上不含非芳烃的各种芳烃化合物。再经精馏得到产品苯、甲苯和二甲苯。催化重整工艺流程示意图如图 3-5 所示，催化重整装置有两个组成部分，原料预处理部分以及由催化重整、抽提和精馏等组成的反应及分离部分。

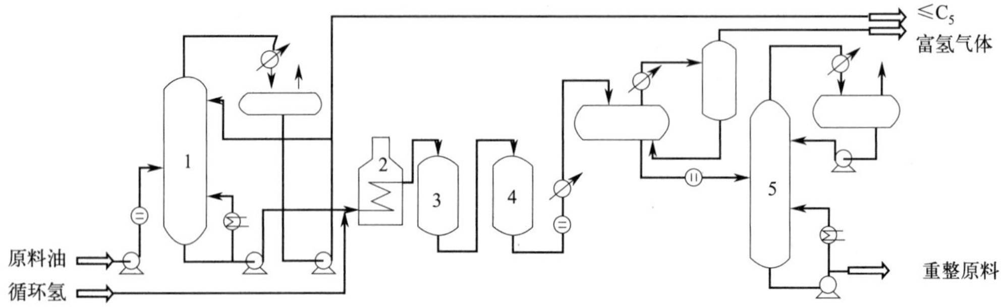

(a) 原料预处理部分

1—预分馏塔；2—预加氢加热炉；3，4—预加氢反应器；5—脱水塔

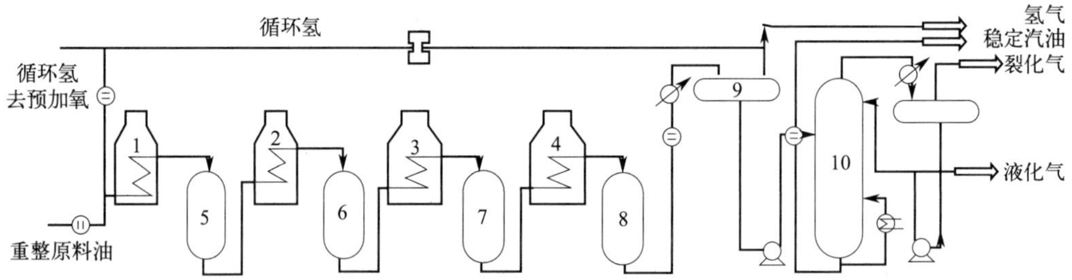

(b) 反应及分离部分

1，2，3，4—重整加热炉；5，6，7，8—重整反应器；9—高压分离器；10—稳定塔

图 3-5　催化重整工艺流程示意图

催化重整流程催化重整的原料油不宜过重，一般终沸点不得高于 200℃，通常是以轻汽油为原料。重整过程中对原料杂质含量有一定的要求。如砷、铅、钼、汞、硫、氮等都会使催化剂中毒而失去活性。特别是铂催化剂对砷最为敏感，要求原料油中含砷量不大于 0.1μg/g。如图 3-5 所示，原料油在预分馏塔进行分馏，沸点低于 60℃的馏分从塔顶馏出，经过冷凝和分离后，一部分回流，一部分作为轻馏分收集。从预分馏塔底部引出的 60～145℃的原料油，泵送到预加氢加热炉与氢气混合加热到 340℃，送至预加氢反应器，在压力 1.8～2.5MPa 和硅酸铝催化剂的作用下，进行脱硫、脱氮等反应，同时还吸附砷、铅等易使铂催化剂中毒的化合物。预加氢反应后，反应物进入分离器及脱水塔，脱除预加氢生成的硫化氢、氨及水等。从脱水塔底部获得预处理后的重整原料油进入第一加热炉，根据催化剂类型的不同，炉的出口温度控制在 490～530℃，反应压力一般为 2～3MPa。进入第一重整反应器，由于生成芳烃的反应都是强吸热反应（反应热为 627.9～837.2kJ/kg，重整进料），因此，一般重整反应分成四个反应器，中间加热以补偿热量消耗。经连续四次反应后便完成重整反应。再经加氢除烯烃及稳定塔和脱戊烷塔处理，塔底得重整油。重整油中芳烃经抽提后，所余下的部分称为抽余油，可混入商品汽油，也可作为裂解制乙烯的原料。将抽

提出来的混合芳烃经精馏后可分别得到纯苯、甲苯、二甲苯。

3.5 烃类热裂解

烃类热裂解通常是指石油系烃类原料在隔绝空气和高温的条件下，烃类分子发生碳链断裂或脱氢反应，生成分子量较小的乙烯、丙烯等烯烃和烷烃，还联产丁二烯和芳烃等基本有机化工产品的反应过程。由于在裂解过程中加入了稀释剂水蒸气，因此也称蒸汽裂解。乙烯、丙烯和丁二烯等低级烯烃分子中具有双键，因此化学性质活泼，能与许多物质发生加成、共聚或自聚等反应，生成一系列重要的产物，是有机化学工业的重要原料。自然界中不存在烯烃，工业上获取低级烯烃的主要方法就是将烃类裂解。

裂解原料按其常温常压下的物态可分为气态烃和液态烃两大类，一般采用轻油、柴油和重油等。一方面，随着科学技术的发展和裂解技术的改进，其发展趋势一方面是提高热强度，从而提高裂解温度和缩短停留时间，强化生产和能量的回收利用，提高乙烯收率；另一方面是裂解原料向重质化和多样化发展，以适应当今日益紧缺的石油资源的变化，提高经济效益。

石油烃裂解的主要任务是最大限度地生产乙烯，同时联产丙烯、丁二烯以及苯、甲苯、二甲苯等产品。裂解后的产物，不论是气态还是液态产物都是多组分的混合物，为制得单一组分的主要产品，尚需净化与分离。一般分离后除乙烯、丙烯产品外，还会获得多种联产物与副产物。

3.5.1 热裂解过程的化学反应与反应机理

烃类热裂解是极其复杂的，反应过程除得到烯烃和芳烃外，还有环烷烃、环烯烃、二烯烃、炔烃、沥青或炭黑等副产物生成。即使是单一组分裂解，例如乙烷热裂解，其产物也含有氢气、甲烷、乙烯、丙烷、丙烯、丁烯、丁二烯、芳烃和 C_5 以上组分，还含有未反应的乙烷。目前，已知烃类热裂解的化学反应有脱氢、断链、二烯合成、异构化、脱氢环化、脱烷基、叠合、歧化、聚合、脱氢交联和焦化等一系列十分复杂的反应，在裂解产物中已经鉴别出的化合物多达百种以上。

在烃类热裂解的反应变化过程中，从其反应先后顺序看，可以将它们分成两个阶段。第一阶段称为一次反应，由原料根据自由基连锁反应机理，裂解生成氢气、甲烷、乙烯和丙烯及含有 C_{n-1} 的烯烃（n 为原料中的碳原子数），这些都是生成目的产物的反应，在确定工艺条件时要保证有利于它们的进行。第二阶段进行的反应称为二次反应，主要包括三类反应：由一次反应生成的烯烃进一步裂解；烯烃氢化及脱氢反应生成烷烃、双烯烃和炔烃；由多个分子缩合成为较大的稳定结构，如环烯烃或芳烃，甚至最后生成焦或炭。二次反应不仅消耗了原料，降低了烯烃收率，而且生成的焦或炭堵塞设备及管道，影响裂解操作的稳定性。因此，确定生产工艺条件要有利于促进一次反应的进行，抑制二次反应的发生，以确保最大程度获得乙烯、丙烯等目的产物。

3.5.1.1 烃类热裂解的一次反应

烃类热裂解的一次反应与裂解原料有关，分别叙述如下。

（1）烷烃热裂解

烷烃热裂解主要发生脱氢反应和断链反应。

脱氢反应：

$$C_nH_{2n+2} \rightleftharpoons C_nH_{2n} + H_2 \tag{3-4}$$

例如：

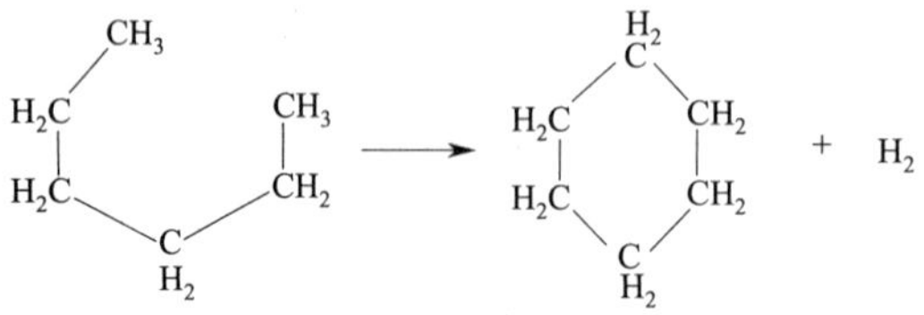
（3-5）

$$C_6H_{12} \longrightarrow C_6H_6 + 3H_2 \tag{3-6}$$

断链反应：

$$C_nH_{2n+2} \longrightarrow C_mH_{2m} + C_kH_{2k+2} \quad m+k=n \tag{3-7}$$

断链反应较脱氢反应更易进行，这是因为脱氢反应需要更多的能量。正构烷烃最利于生成乙烯、丙烯，分子量越小则生成烯烃的总收率越高。异构烷烃较同碳原子数的正构烷烃更易分解，烯烃总收率则低于正构烷烃，随着分子量的增大，这种差别逐渐减小。在高温高压下，断链反应多发生在烷烃碳链的端部，生成低分子烯烃和甲烷较多。甲烷是最稳定的烷烃，但是在高温和长停留时间的条件下可分解为碳和氢，还可脱氢缩合生成乙烯、乙烷和乙炔，正构烷烃还可发生环化反应生成环烷烃，进一步脱氢生成芳烃。

例如乙烷热裂解的主要反应有：

$$C_2H_6 \rightleftharpoons C_2H_4 + H_2 \tag{3-8}$$

$$C_2H_6 \longrightarrow 0.5C_2H_4 + CH_4 \tag{3-9}$$

$$C_2H_4 \rightleftharpoons C_2H_2 + H_2 \tag{3-10}$$

$$C_2H_2 \rightleftharpoons 2C(s) + H_2 \tag{3-11}$$

因此，烷烃热裂解的热力学反应规律具体如下：

① 都是吸热反应；

② 断链反应比脱氢反应有利；

③ 低分子烷烃碳链两端断裂比在分子中部的键断裂有利，高分子烷烃则相反；

④ 乙烷只发生脱氢。

（2）环烷烃热裂解

油品中所含的环烷烃一般是带侧链的环戊烷和环己烷，在高沸点馏分中，含有带长侧链的稠环烷烃。在裂解过程中，环烷烃可发生开环分解反应，生成乙烯、丙烯、丁烯、丁二烯，也可发生脱氢反应，生成环烯烃和芳烃，脱氢生成芳烃的反应优先于断链生成烯烃的反应。带侧链的环烷烃裂解时，首先是侧链断裂，然后才进行开环和脱氢，如乙基环戊烷裂解，发生侧链断裂。

（3-12）

多环烷烃裂解反应更为复杂，除具有单环烷烃所发生的反应外，还能发生开环脱氢，生成单环烯烃和单环芳烃。一般裂解原料中环烷烃含量增加，乙烯产率下降，丁二烯、芳烃产率增加。侧链烷基比烃环容易裂解，因此带长侧链环烷烃较无侧链环烷烃裂解的乙烯产率高。五碳环烷烃较六碳环烷烃难裂解。

环己烷裂解：

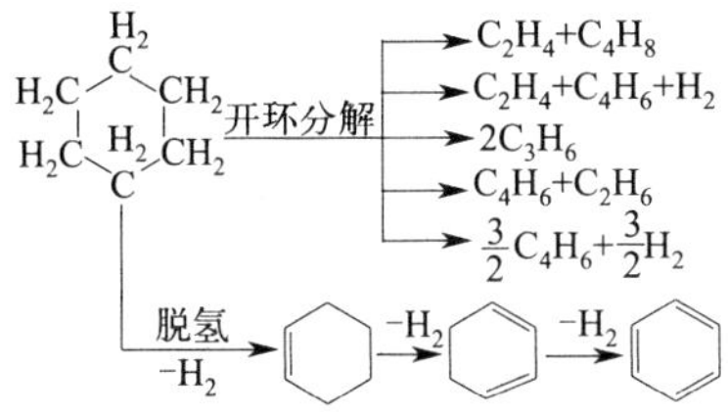

(3-13)

因此环烷烃含量增加，乙烯收率下降，丁二烯、芳烃收率增加。

(3) 芳香烃热裂解

芳烃分子中苯环的热稳定性高，不易使芳环断裂。其裂解反应主要有两类：一是芳烃脱氢缩合反应生成联苯、稠环芳烃，最终生成分子量越来越大、氢含量越来越少的高分子物质，直至结焦；二是发生断侧链和侧链脱氢反应，生成烯烃和芳烃。因此芳烃含量高的油品不适合用作乙烯生产的裂解原料。

$$\text{Ar-C}_n\text{H}_{2n+1} \longrightarrow \text{ArH} + \text{C}_n\text{H}_{2n}$$
$$\text{Ar-C}_n\text{H}_{2n+1} \longrightarrow \text{Ar-C}_k\text{H}_{2k+1} + \text{C}_m\text{H}_{2m} \tag{3-14}$$

$$\text{Ar-C}_n\text{H}_{2n+1} \longrightarrow \text{Ar-C}_n\text{H}_{2n-1} + \text{H}_2 \quad n=k+m \tag{3-15}$$

芳烃的缩合反应：

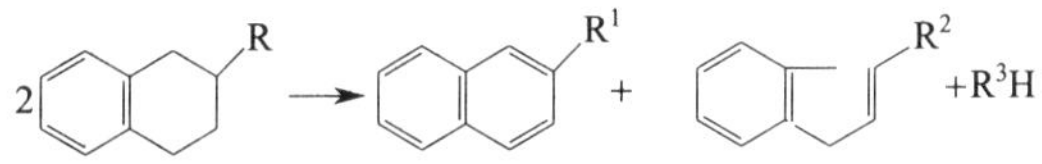

(3-16)

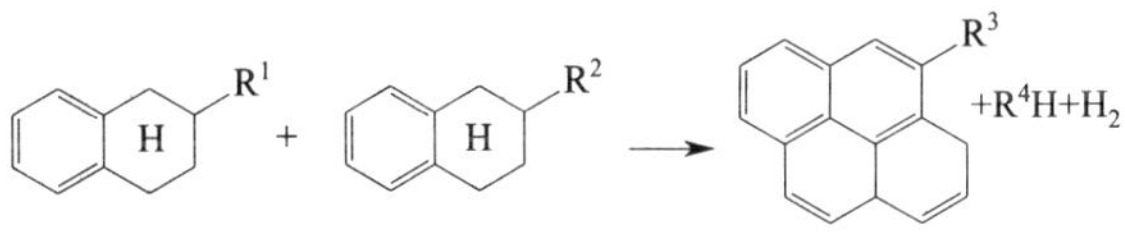

(3-17)

继续脱氢缩合生成焦油直至结焦。

烷基芳烃的侧链发生断链生成苯、甲苯、二甲苯，烷基芳烃的侧链发生脱氢生成苯乙烯和氢气。

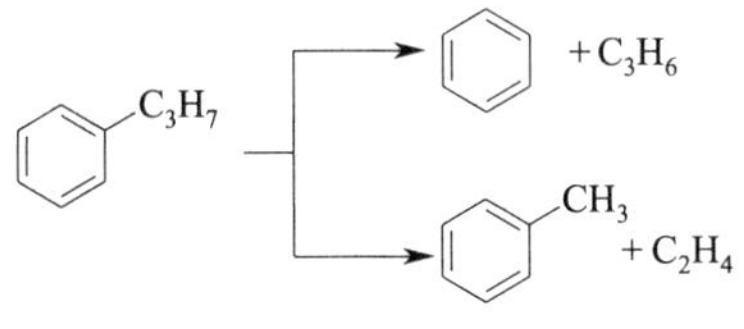

(3-18)

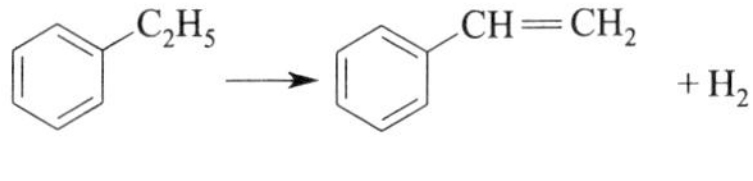

(3-19)

(4) 烯烃热裂解

烯烃可断链或脱氢生成乙烯、丙烯或二烯烃、炔烃。在热裂解过程中，同时还可发生两个相同的烯烃分子生成两个不同烃分子的歧化反应，以及烯烃和烯烃合成为环烯烃，进一步脱氢生成芳烃的反应。此外，在高温下烯烃容易发生异构化反应，6 个或更多碳原子的烯烃易发生芳构化反应。烯烃裂解时可以由大分子变为小分子，但很多反应是使裂解目的产物变为副产物，降低了低分子烯烃的收率，因此应尽量避免这类反应。

① 断链反应

$$C_{n+m}H_{2(n+m)} \longrightarrow C_nH_{2n} + C_mH_{2m} \tag{3-20}$$

② 脱氢反应

$$C_4H_8 \longrightarrow C_4H_6 + H_2 \tag{3-21}$$

$$C_2H_4 \longrightarrow C_2H_2 + H_2 \tag{3-22}$$

③ 歧化反应

$$2C_3H_6 \longrightarrow C_2H_4 + C_4H_8 \tag{3-23}$$

$$2C_3H_6 \longrightarrow C_2H_6 + C_4H_6 \tag{3-24}$$

$$2C_3H_6 \longrightarrow C_5H_8 + CH_4 \tag{3-25}$$

④ 双烯合成反应

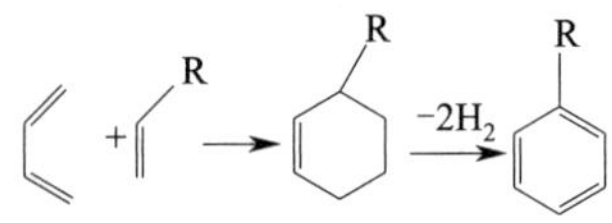

(3-26)

例如：

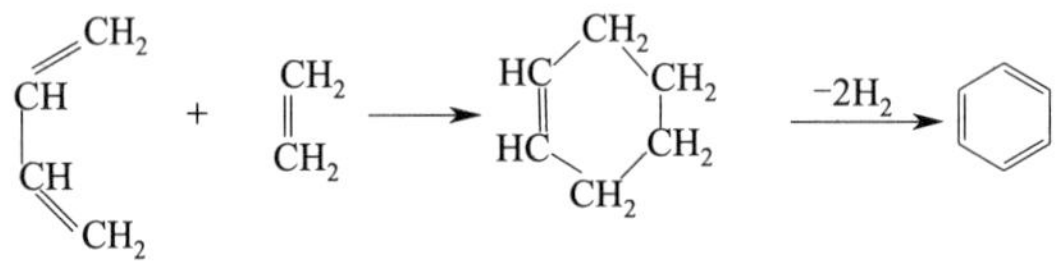

(3-27)

⑤ 芳构化反应

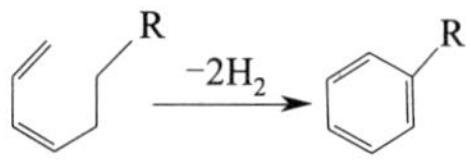

(3-28)

3.5.1.2 烃类热裂解的生炭结焦过程

烃类经高温裂解反应可逐步脱氢，最终生成碳稠合物，此过程一般称为“生炭”，即炭化过程。当生成的碳稠合物中含碳量约为95%以上并含有少量氢时，一般称为“结焦”，即焦化过程。生炭结焦反应属于二次反应。一般认为生炭结焦的途径有两个：一个是由一次反应得到的乙烯，在700～1000℃高温下继续脱氢，经乙炔生成炭；另一个是各种烃类裂解时都可能生成芳烃，芳烃经多次脱氢，最终生炭结焦。采用不同的原料在裂解过程中生炭结焦的途径有所不同。

3.5.1.3 烃类热裂解反应机理和动力学

（1）反应机理

裂解过程的反应机理，就是在高温条件下原料烃进行裂解反应的具体历程。烃类热裂解反应属于自由基反应机理。所谓自由基就是一种具有未成对电子的原子或原子基团，它具有很高的化学活性。在通常条件下，自由基都是反应的中间产物，不能稳定存在，很容易与其他自由基或分子进行反应。自由基链式反应是由链引发、链传递和链终止三个基本阶段构成。下面以乙烷为例讨论烃类裂解反应机理。

链引发：

$$C_2H_6 \xrightarrow{k_1} \dot{C}H_3 + \dot{C}H_3 \tag{3-29}$$

链传递：

$$\dot{C}H_3 + C_2H_6 \xrightarrow{k_2} CH_4 + \dot{C}_2H_5 \tag{3-30}$$

$$\dot{C}_2H_5 \xrightarrow{k_3} C_2H_4 + \dot{H} \tag{3-31}$$

$$\dot{H} + C_3H_6 \xrightarrow{k_4} H_2 + \dot{C}_2H_5 \tag{3-32}$$

链终止：

$$\dot{C}_2H_5 + \dot{C}_2H_5 \longrightarrow C_4H_{10} \tag{3-33}$$

$$\dot{H} + \dot{H} \longrightarrow H_2 \tag{3-34}$$

自由基反应三个过程的特点如下：

① 链引发　这是裂解反应的开始，在此阶段需要断裂分子中的化学键，它所要求的活化能与断裂化学键所需能量是同一数量级。裂解是靠热能引发的，因而高温有利于反应系统较高浓度的自由基，使整个自由基链反应的速率加快。乙烷链引发主要是断裂 C—C 键生成自由基 CH_3，因为需要更多能量，所以 C—H 键的引发较小。

② 链传递　又称链增长，是一种自由基转化为另一种自由基的过程。从性质上可分为两种反应，即自由基的分解反应和自由基的夺氢反应。这两种链传递反应的活化能都比链引发的活化能小，是生成烯烃的反应，可以影响裂解反应的转化率和生成小分子烯烃的收率。

③ 链终止　是自由基之间相互结合生成分子的反应，反应的活化能为零。

在乙烷裂解时，若链反应不受阻，则所有乙烷最终全部生成乙烯和氢气。实际上由于自由基的活泼性，使其互相碰撞结合为正常分子造成链终止。此时，整个反应再从“链引发”重新开始一个新的链反应。烯烃、环烷烃、芳烃也是按自由基链反应机理方式进行裂解反应的。

（2）动力学

烃类裂解的一次反应基本符合一级反应动力学规律，其速率方程式为：

$$r = \frac{-\mathrm{d}c}{\mathrm{d}t} = kc \tag{3-35}$$

式中，r 为反应物的消失速率，mol/(L·s)；c 为反应物浓度，mol/L；t 为反应时间，s；k 为反应速率常数，s^{-1}。

一次反应为一级反应，当浓度由 $c_0 \rightarrow c$，时间由 $0 \rightarrow T$，对上式积分得：

$$\ln \frac{c_0}{c} = kt \tag{3-36}$$

以转化率 $a(x)$ 表示时：

$$c = \frac{c_0(1-a)}{a_V} \tag{3-37}$$

代入式(3-36) 得：

$$\ln \frac{a_V}{1-x} = kt \tag{3-38}$$

已知反应速率常数随温度的变化关系式为式(3-39)。

$$\lg k = \lg A - \frac{E}{2.303RT} \tag{3-39}$$

式中，k 为反应速率常数，s^{-1}；A 为比例系数；E 为活化能，J/mol；R 为理想气体常数，J/(mol·K)。某些低分子量烷烃及烯烃裂解反应的 A 和 E 值见表 3-6，根据已知 T、t、a_V 求出给定温度下的转化率 x。

表 3-6 几种低分子量烷烃及烯烃裂解反应的 A 和 E 值

化合物	$\lg A$	E/(J/mol)
C_2H_6	14.6737	302290
C_3H_6	13.8334	281050
C_3H_8	12.6160	249840
i-C_4H_{10}	12.3173	239500
n-C_4H_{10}	12.2545	233680
n-C_5H_{12}	12.5479	231650

烃类热裂解过程除了一次反应外还伴随着大量的二次反应，烃类热裂解的二次反应动力学是相当复杂的。据研究，二次反应中，烯烃的裂解脱氢和生炭等反应都是一级反应，而聚合、缩合、结焦等反应都是大于一级的反应，二次反应动力学的建立仍需做大量的研究工作。动力学方程的用途之一是可以用来计算原料在不同裂解工艺条件下裂解过程转化率的变化，但不能确定裂解产物的组成。

3.5.2 烃类热裂解反应的影响因素

3.5.2.1 裂解原料

裂解原料大致可分为两大类：一类是气态烃，如天然气、石油伴生气和炼厂气；另一类是液态烃，如轻油（即汽油）、煤油、柴油、原油闪蒸油馏分、原油和重油等。气态原料价格便宜，裂解工艺简单，烯烃收率高，特别是乙烷、丙烷是优良的裂解原料。但是，气态原料特别是炼厂气，数量有限，组成不稳，运输不便，建厂地点受炼厂的限制，而且不能得到更多的联产品。因此，除充分利用气态烃原料外，还必须大量利用液态烃，液态原料资源多，便于输送和储存。可根据具体条件选定裂解方法和建厂规模，虽然乙烯收率比气态原料低，但能获得较多的丙烯、丁烯及芳烃等联产品，因此液态烃特别是轻油是目前世界上广泛使用的裂解原料。表 3-7 列出了不同原料在管式炉内裂解的产物分布。表 3-8 列出了生产 1t 乙烯所需原料量及联产副产物量。

表 3-7 不同原料裂解的主要产物

裂解原料	收率/%				
	乙烯	丙烯	丁二烯	混合芳烃	其他
乙烷	84.0	1.4	1.4	0.4	12.8
丙烷	44.0	15.6	3.4	2.8	34.2
正丁烷	44.4	17.3	4.0	3.4	30.9
轻石脑油	40.3	15.8	4.9	4.8	34.2
全沸程石脑油	31.7	13.0	4.7	13.7	36.8
抽余油	32.9	15.0	5.3	11.0	35.8
轻柴油	28.3	13.5	4.8	10.9	42.5
重柴油	25.0	12.4	4.8	11.2	46.6

表 3-8 生产 1t 乙烯所需原料量及联产副产物量

项目	原料量及联产副产物量/t			
	乙烷	丙烷	石脑油	轻柴油
原料量	1.3	2.38	3.18	3.79
联产副产物量	0.2995	1.38	2.60	2.79
其中				
丙烯	0.0374	0.386	0.47	0.538
丁二烯	0.0176	0.075	0.119	0.148
混合芳烃	—	0.095	0.49	0.50

烃类裂解所得产品收率与裂解原料的性质密切相关，原料烃的族组成、含氢量、芳烃指数、特性因数对裂解产物分布的影响如下。

（1）族组成（简称 PONA 值）

在管式裂解炉的裂解条件下，原料越轻，乙烯收率越高。对于炼厂气、油田气等气态烃，它们的组成多数都能测知，因此，从它们的成分的裂解性质及其互相影响关系，基本上可求得其产物分布。但是对于液态烃原料，例如石脑油，已测知所含的化合物就有四五十种，要了解每个组分的裂解性质及其共裂解的关系从而求得其产物分布，很难做到。原料烃越重，所含的烃类化合物数目越多，有些还不能测定，因此只能找出一个比较简便又能够表征其裂解反应特征的参数，以预估该原料烃的产物分布。最简便又可以说明其裂解特征的方法之一是分析其族组成，即 PONA 值（各族烃的质量百分含量）。P 指烷族烃，N 指环烷族烃，O 指烯族烃，A 指芳香族烃。在裂解化学反应一节中已讨论了它们的裂解规律，因此，原料的 PONA 值常常被用来判断其是否适宜作裂解原料的重要依据。

（2）原料含氢量

原料含氢量是指原料中氢质量的百分含量。测定其原料的含氢量比测定其族组成更简单。烃类裂解过程也是在裂解产物中重新分配的过程。原料含氢量对裂解产物分布的影响规律，大体上和 PONA 值的影响是一致的。相同碳原子数时，烷烃含氢量最高，环烷烃含氢量次之，芳烃含氢量最低。含氢量高的原料，裂解深度可深一些，产物中乙烯收率也高。对重质烃的裂解，按目前技术水平，气态产物的含氢量控制在 18%（质量分数）左右，液态产物含氢量控制在稍高于 7%～8%（质量分数）为宜。因为液态产物含氢量低于 7%～8%（质量分数）时，就易结焦，堵塞炉管和急冷换热设备。

含氢量与裂解产物分配的关系可概括为：含氢量，P>N>A；液体产物收率，P<N<A；乙烯收率，P>N>A；容易结焦倾向，P<N<A。

（3）芳烃指数

芳烃指数即美国矿务局关联指数（U. S. bureau of mines correlation index，BMCI），用于表征柴油等重质馏分油中烃组分的结构特性。正构烷烃的 BMCI 值最小（正己烷为 0.2），芳烃则相反（苯为 99.8）。因此烃原料的 BMCI 值越小，乙烯收率越高；相反烃原料的 BMCI 值越大，不仅乙烯收率低，且裂解时结焦的倾向性也越大。

（4）特性因素

特性因素是用作反映石脑油、轻柴油等油品的化学组成特性的一种因素，用 K 表示。烷烃的 K 值最高，芳烃则反之，因此原料烃的 K 值越大，乙烯的收率越高。

（5）几种烃原料的裂解结果比较

表3-9列举了乙烷、丙烷、石脑油、轻柴油、重柴油作原料的裂解产物，由表3-9可见，原料不同，裂解产物组成是不同的，裂解条件也有差异。适宜的裂解条件是最大可能的乙烯收率、合适的裂解周期（清焦周期），以保证年开工率。

表3-9　不同原料的裂解产物分布（单程）

项目		乙烷	丙烷	石脑油	轻柴油
原料规格		94%	95.7%	43～159℃	173～391℃
裂解条件	辐射管出口温度/℃	737	810	820	790
	辐射管出口压力/kPa	154.7	100	100	107
	水蒸气/油（质量比）	0.33	0.4	0.6	0.75
裂解产物组成（质量分数）/%	H_2	3.08	1.26	0.8	0.6
	CH_4	7.45	20.35	13.7	10.1
	C_2H_4	43.0	29.97	26.1	23.0
	C_2H_6	37.3	3.78	4.0	4.2
	C_3H_6	3.27	20.33	16.0	14.75
	C_3H_8	3.27	19.26	0.6	0.3
	C_4	1.1	3.58	12.4	9.65
	C_5^+	4.64	0.92	25.8	19.0
	燃料油			25.8	17.25

① 原料由轻到重，相同原料量所得乙烯收率下降，或者说生产1t乙烯所需的原料量增加。

② 原料由轻到重，裂解产物中液体燃料油增加，产气量减少。在乙烯厂内，燃料一般由本厂所产的气体（如深冷分离出的氢气、甲烷气体）及燃料油供给，如果气体量减少，则要多耗液体燃料，减少液体产量。

③ 原料由轻到重，联产物量增大，为了降低乙烯成本，必然要考虑联产物的回收和综合利用，由此增加了装置和投资。

对相同裂解原料而言，裂解所得产品收率取决于裂解过程的工艺参数。

3.5.2.2　裂解温度

裂解过程是非等温过程，反应管进口处物料温度最低，出口处温度最高，由于测定方便，一般均以裂解炉反应管出口处物料温度表示裂解温度。实际生产中所用原料多为石油的某个馏分，裂解温度对烯烃收率的影响如图3-6所示，不同原料在相同温度下进行裂解反应时，烯烃总收率相差很大。这表明必须根据所用原料的特性，采用适宜于原料裂解反应的温度才能得到最佳的烯烃收率。同时还必须注意产品的分布。例如，提高温度有利于烷烃生成乙烯，而丙烯及丙烯以上较大分子的单烯烃收率有可能下降，氢气、甲烷、炔烃、双烯烃和芳烃等将会增加。因此，需要对产品的要求做综合全面的考虑，选择最佳的操作温度。

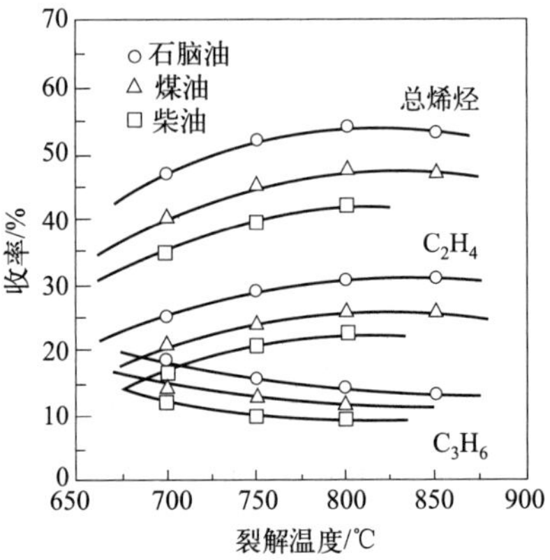

图3-6　裂解温度对烯烃收率的影响

从自由基反应机理分析，温度对一次反应产物分布的影响是通过各种链式反应的相对量实现的，提高裂解温度可增大链引发速率，产生的自由基增多，有利于提高一次反应所得的乙烯和丙烯的收率。从热力学分析，裂解是吸热反应，需要在高温下才能进行，温度越高对生成乙烯、丙烯越有利，对烃类分解成碳和氢的副反应则更有利，即二次反应在热力学上占优势。因此，裂解生成烯烃的反应必须控制在一定的裂解深度范围内。所以，单纯从热力学上分析还不能确定反应的适宜温度。从动力学分析，因为二次反应的活化能比一次反应的活化能小，所以提高温度，石油烃裂解生成乙烯的反应速率的提高大于烃分解为碳和氢的反应速率，即有利于提高一次反应对二次反应的相对速率，但同时也提高了二次反应的绝对速率。因此，应选择一个最适宜的裂解温度，控制适宜的反应时间，发挥一次反应在动力学上的优势，而克服二次反应在热力学上的优势，既可提高转化率，又可得到较高的乙烯收率。

3.5.2.3 裂解压力

烃类裂解反应的一次反应是体积增大、反应后分子数增加的反应，聚合、缩合、结焦等二次反应是分子数减少的反应。从热力学分析，降低反应压力有利于提高一次反应的平衡转化率，不利于二次反应进行。表 3-10 列出了乙烷分压对裂解反应的影响，在反应温度与停留时间相同时，乙烷转化率和乙烯收率随乙烷分压升高而下降，所以降低压力有利于抑制二次反应。

表 3-10 乙烷分压对裂解反应的影响

反应温度/K	停留时间/s	乙烷分压/kPa	乙烷转化率/%	乙烯收率/%
1073	0.5	49.04	60	75
1073	0.5	98.07	30	70

从化学动力学分析，烃类热裂解反应的一次反应大多是一级反应，而二次反应大多是高于一级的反应。压力并不能改变反应速率常数，但可通过浓度影响反应速率。当压力减小时，相当于反应物的浓度变小，可以增大一次反应对二次反应的相对速率，有利于提高乙烯收率，减少结焦，增加裂解炉的运转周期。由上可见，降低裂解反应压力无论从热力学还是动力学分析，对一次反应是有利的，且能抑制二次反应。

烃类裂解是在高温条件下进行，若采用负压操作，容易因密封不好而渗漏空气，引起爆炸事故。同时还会多消耗能源，对后续分离过程中的压缩操作不利。为此，通常在不降低系统总压的条件下，在裂解气中添加稀释剂以降低烃分压。稀释剂可以是惰性气体或水蒸气，一般都采用水蒸气，它除了具有稳定、无毒、廉价、易得、安全等特点外，还具有以下优点：

① 水蒸气分子量小，降低烃类分压作用显著；

② 水蒸气热容大，有利于反应区内温度的均匀分布；

③ 水蒸气易从裂解产物中分离，不会影响裂解气的质量；

④ 水蒸气可以抑制原料中的硫化物对裂解管的腐蚀作用；

⑤ 水蒸气在高温下能与裂解管中的积炭或焦发生氧化作用，有利于减少结焦、延长炉管使用寿命；

⑥ 水蒸气对炉管金属表面有钝化作用，可减缓炉管金属内的镍、铁等对烃类分解生炭反应的催化作用、抑制结焦速度。

水蒸气用量以稀释比表示，即以水蒸气与烃类的质量比表示，稀释比的确定主要受裂解原料性质、裂解深度、产品分布、炉管出口总压力、裂解炉特性以及裂解炉后急冷系统处理能力的影响。当采用易结焦的重质原料时，水蒸气量要加大，对较轻原料则可适当减少。水蒸气作为稀释剂在丙烷裂解过程中的作用可见图 3-7。各种原料裂解的水蒸气稀释比列于表 3-11。

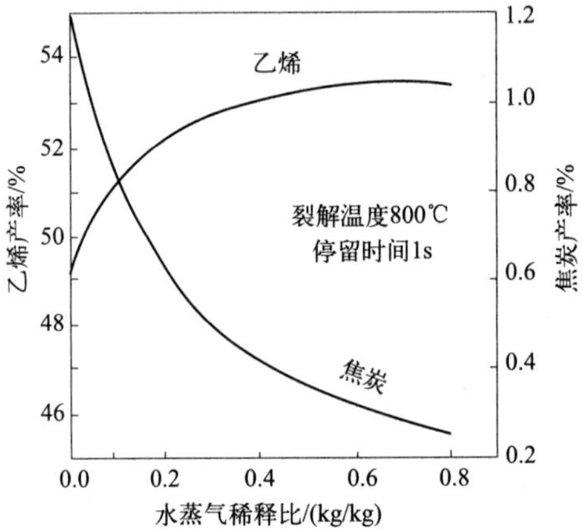

图 3-7 丙烷裂解水蒸气稀释比对乙烯收率和焦炭产率的影响

表 3-11 不同裂解原料的水蒸气稀释比（管式炉裂解）

裂解原料	原料含氢量(w)/%	结焦难易程度	水蒸气/烃比/(kg/kg)
乙烷	20	较不易	0.25～0.4
丙烷	18.5	较不易	0.3～0.5
石脑油	14.16	较易	0.5～0.8
轻柴油	约 13.6	很易	0.75～1.0
原油	约 13.0	极易	3.5～5.0

表 3-12 则为水蒸气稀释比对公用工程的影响。当水蒸气用量比过高时，为了达到相同的出口温度，需增大炉管表面的热强度，这样就需采用耐更高温度的炉管材料。实际上水蒸气的用量比也有最佳值，高于此最佳值，不仅对提高乙烯收率作用不大，而且使能耗增加。

表 3-12 水蒸气稀释比对公用工程的影响

项目	稀释比(水蒸气/烃)/(kg/kg)	
	0.6	1.2
燃料	100	116
高压水蒸气	100	125
冷却水	100	170
回收热量	100	135

3.5.2.4 停留时间

裂解反应的停留时间是指从原料进入辐射段开始，到离开辐射段所经历的时间，是影响裂解反应选择性、烯烃收率和结焦生炭的主要因素，即裂解原料在反应高温区内停留的时间。停留时间与裂解温度有密切关系，从动力学看，二次反应是连串反应，停留时间要相应长一些，目的是以此控制二次反应，让裂解反应停留在适宜的裂解深度上，裂解温度越高，允许停留的时间则越短。因此，在相同裂解深度之下可以有各种不同的温度-停留时间组合，所得产品收率也会有所不同。由图 3-8 中粗柴油裂解温度和停留时间的关系可见，温度和停留时间对乙烯和丙烯的收率有较大的影响。在同一停留时间下，乙烯和丙烯的收率曲线随温度的升高都有个最大值，超过最大值后继续升温，因二次反应的影响其收率都会下降，而在高裂解温度下，乙烯和丙烯的收率均随停留时间缩短而增加。

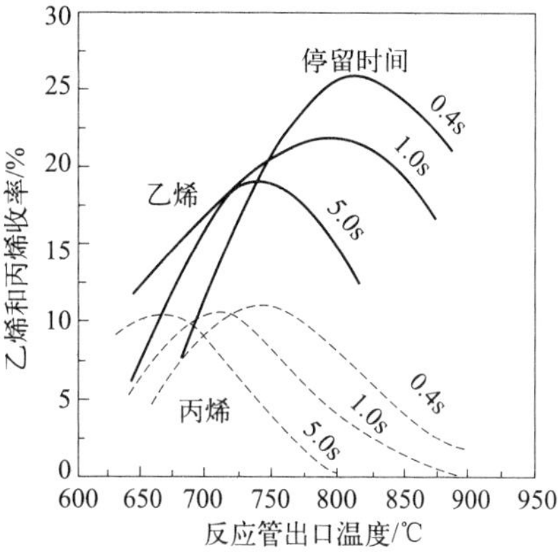

图 3-8 温度和停留时间对粗柴油裂解的影响

由图 3-8 裂解温度与停留时间对粗柴油裂解结果的影响可见，裂解温度高，停留时间短，相应的乙烯收率提高，但丙烯收率下降。

提高温度、缩短停留时间的效应如下：

① 正构烷烃裂解时能得到更多的乙烯，而丙烯以上的单烯烃收率有所下降；

② 能抑制芳烃的生成，减少液体产物和焦的生成；

③ 可利用温度-停留时间的影响效应，来调节产物中乙烯/丙烯的比例，以适应市场的变化需要。

3.5.2.5 动力学裂解深度函数

单一低级烷烃裂解时，由于原料及反应产物的组成都能比较精确地分析得到，其转化率较易求得，故可用转化率指标来衡量其裂解程度。对低级烷烃混合裂解，通常是选定某个浓度最大的组分或选其中一个有代表性的组分作为衡量裂解过程的当量组分而确定其转化率，但当乙烷与丙烷混合裂解而乙烷的浓度又较大时，下列情况必须考虑：乙烷裂解生成丙烷的量实际上可以忽略不计，而丙烷生成乙烷的量较为可观（表 3-11），此时的乙烷来自两个方面，一是未转化的乙烷，二是丙烷裂解生成乙烷，因此用乙烷的转化率去衡量混合物的裂解深度就不明确。选择丙烷作当量组分，以其转化率去衡量其裂解深度则较为可行。对于轻石脑油裂解，常以正戊烷为代表来计算转化率，因为裂解过程并不生成正戊烷。

对于较重质原料如全沸程石脑油、煤油、柴油的裂解，由于其组成复杂，每个成分的裂解性能也不相同，某一种烃在裂解过程中消失了，而另一种烃在裂解时又可能生成它，因此无法以转化率来衡量其裂解深度。采用“动力学裂解深度函数（KSF）”作为衡量裂解深度的标准，则综合考虑了原料性质、停留时间和裂解深度效应，故能较合理地反映裂解进程的程度，KSF 的定义式为式(3-40)。

$$\mathrm{KSF}=\int k_5\,\mathrm{d}t \tag{3-40}$$

式中，k_5 为正戊烷的反应速率常数，s^{-1}；t 为反应时间，s。

此法之所以选定正戊烷作为衡量裂解深度的当量组分，是因为在任何轻质油中，正戊烷总是存在的，它在裂解过程中只有减少，不会增加。其裂解余下的量亦能测定，选定它作当量组分，足以衡量原料的裂解深度。

公式中的 k_5 与温度 T 密切相关。由 Arrhenius Equation 方程：

$$k = A\exp\left(-\frac{E_a}{RT}\right) \tag{3-41}$$

式中，k 为反应速率常数；A 为指前因子；E_a 为表观活化能；R 为摩尔气体常数；T 为热力学温度。因而 KSF 关联了温度 T 和反应停留时间 t 这两个因素，就比较全面地描述了裂解过程的实际情况。但是，在计算 KSF 值时，要先知道沿反应管长的温度分布和相应温度下的 k_5，由此得到全部积分时间，才能计算 KSF 值。不过在某些情况下，可以通过测定原料中正戊烷的浓度 C_1 及产物中正戊烷的浓度 C_2 来计算。对式(3-40)，当反应停留时间由 $0 \rightarrow t$，而 k_5 在某一温度下已综合反映了正戊烷的反应速率，则可以积分为：

$$\text{KSF} = k_5 t \tag{3-42}$$

对于正戊烷裂解，按一级反应动力学方程式：

$$r = -\frac{dC}{dt} = k_5 C \tag{3-43}$$

当正戊烷的浓度从 $C_1 \rightarrow C_2$，A 为常数，积分结果是：

$$k_5 t = \ln\frac{C_1}{C_2} \tag{3-44}$$

代入式(3-42) 得：

$$\text{FSF} = \ln\frac{C_1}{C_2} \tag{3-45}$$

设 α 为正戊烷的转化率，α_V 为体积增大率，则式(3-40) 改写为：

$$\text{KSF} = \ln\frac{\alpha_V}{1-\alpha} = 2.3\lg\frac{\alpha_V}{1-\alpha} \tag{3-46}$$

这样，就把 KSF 与转化率数据关联起来。例如，已知 KSF＝2.3，并假定 $\alpha_V=1$，则可从式（3-46）近似算得轻油中正戊烷的转化率 $\alpha=0.9$；或已知轻油中正戊烷的转化率 $\alpha=0.9$，则计算得其裂解深度 KSF＝2.3。

要注意 $\alpha=0.9$ 是指轻油中正戊烷的转化率而不是轻油整体的转化率，KSF＝2.3 是表征这种油品达到了那样一种裂解深度水平。

动力学裂解深度函数对于关联转化率数据、设计和估价裂解炉管的性能是有一定价值的。因为它将裂解温度和停留时间的影响按动力学方程式组合起来。这种组合的结果与动力学分析一致，但在精确计算上有缺点，因为需要详细确定反应物在流经裂解炉管时的温度分布，并由此计算停留时间及其相应的动力学裂解深度函数，这一工作由计算机完成更方便。

KSF 值的大小对产物分布的影响可以用图 3-9 和图 3-10 来说明。

图 3-9 是石脑油裂解时，KSF 数值对产物分布的影响。图中 KSF 值分为三个区。

① KSF＝0～1 为浅度裂解区。此区内原料饱和烃（C_5^+）的含量迅速下降，产物乙烯、丙烯、丁烯等含量接近直线上升。但是，因为是浅度裂解，低级烯烃量是不多的。

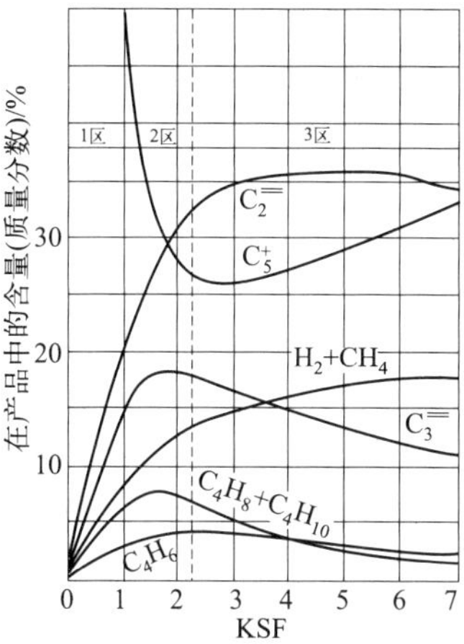

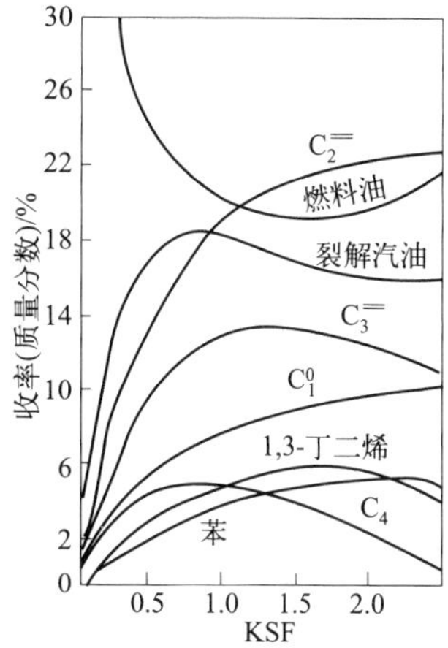

图 3-9 石脑油为原料时裂解深度与产物分布的关系（原料组成、烃分压、停留时间一定）

图 3-10 柴油为原料时裂解深度与产物分布的关系

② KSF＝1～2.3 为中度裂解区。在这区内 C_5^+ 烃含量继续下降，乙烯含量继续上升，但其增加速度逐渐减慢。丙烯、丁烯在 KSF＝1.7 左右时出现峰值，因为乙烯和丙烯在此区内有二次反应发生，既有生成，也有消失，两种反应消长的结果使得出现了峰值。

③ KSF＞2.3 为深度裂解区。在此区内一次反应实际上已经停止，产物的组成进一步发生变化是二次反应所造成的。C_5^+ 以上馏分中原有的饱和烃经过裂解反应达到了最低值，而随着裂解深度的加深，丙烯、丁烯进一步分解，烯烃脱氢缩合生成稳定的芳烃液体，使丙烯和丁烯的含量下降，C_5^+ 的含量回升（组成已变化）。乙烯的峰值出现在 KSF＝3.5～6.5，丁烯的峰值在 KSF＝2.5 处，二者均是反应的综合结果。

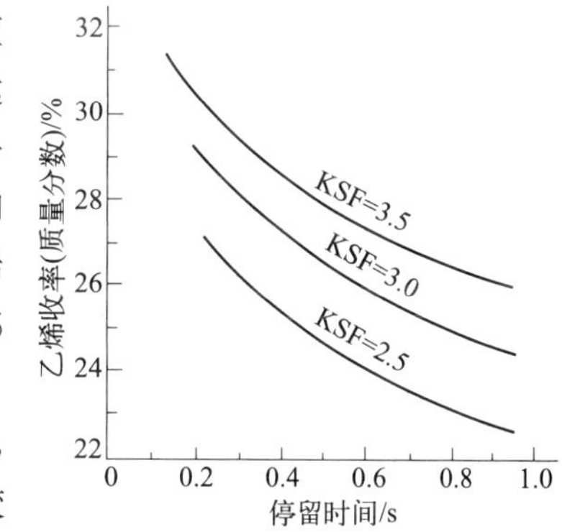

图 3-11 KSF 一定时不同停留时间对乙烯收率的影响（基准：进料水蒸气/油比，出口压力恒定）

图 3-10 是以柴油为原料裂解时 KSF 与产物分布的关系，它和石脑油裂解有相似的特点，但容许的裂解深度 KSF 值较低，产物收率也较低。KSF 是关联温度与停留时间的函数，如果保持 KSF 值一定，为求取高的乙烯收率必须相应地使温度与停留时间相匹配，即须服从高温短停留时间的原理来选择相应的值（图 3-11）。

3.5.3 管式裂解炉

管式裂解炉主要由炉体和裂解管两大部分组成，炉体用钢构件和耐火材料砌筑，分为对流室和辐射室，原料预热管及蒸汽加热管安装在对流室内，裂解管布置在辐射室内，在辐射室的炉侧壁和炉顶或炉底，安装一定数量的烧嘴。由于裂解管布置方式和烧嘴安装位置及燃烧方式的不同，管式裂解炉的炉型有多种。近年来，各国竞相发展垂直管双面辐射管式裂解炉，炉型各具特色，具有代表性的炉型有美国鲁姆斯（Lummus）公司开发的短停留时间 SRT 型裂解炉、美国斯通-韦勃斯特（S&W）公司开发的超选择性 USC 型裂解炉、美国凯洛格（Kellogg）公司开发的MSF毫秒型裂解炉、日本三菱公司开发的M-TCF型倒梯台炉等十几种。尽管各种炉型外观结构各具特色，但其共同点都是按高温、短停留时间、低烃分压的裂解原理进行设计制造的。

（1） SRT型裂解炉

图3-12是Lummus公司的SRT（short residence time）型裂解炉构型。一个裂解炉由4组裂解管组成，可以用气态烃和轻质液态烃作原料，裂解温度800～1000℃，停留时间越短，所需裂解温度越高。SRT-Ⅰ型裂解炉采用多程等径辐射盘管，从SRT-Ⅱ型裂解炉开始，SRT型裂解炉均采用分支变管径辐射盘管，随着炉型的改进，辐射盘管的程数逐步减少。其Ⅳ、Ⅴ、Ⅵ型裂解炉均采用双程分支变径管。由于裂解反应是体积增大的反应，辐射炉管径采用先细后粗，小管径有利于强化传热，使原料迅速升温，缩短停留时间，管列后部管径变粗，有利于减小阻力降，降低烃分压，减少二次反应。在相同质量流速下，辐射炉管越短，压降越小，停留时间越短，乙烯收率越高。SRT型炉成功开发了以入口侧强烈加热来缩短高温侧停留时间的分支炉管技术，以及以减少出口侧压头损失为目的的异型管技术。SRT-Ⅴ型炉还在辐射管第一程直接采用了变径管，管内安装纵向传热用翅片，大大增加了炉管对物料的传热面积，使管内温度更接近理想的温度分布，有利于物料迅速裂解，加快一次反应速率，提高了烯烃的选择性。相应的出口侧炉管温度比SRT-Ⅳ型炉低，减少二次反应和结炭，运转周期比SRT-N型更长。通过上述一系列技术改造，反应停留时间由SRT-Ⅰ炉的0.6～0.7s缩短至SRT-Ⅴ炉的0.21～0.3s。SRT型裂解炉每经过一次改型，都使乙烯收率提高1%～2%。

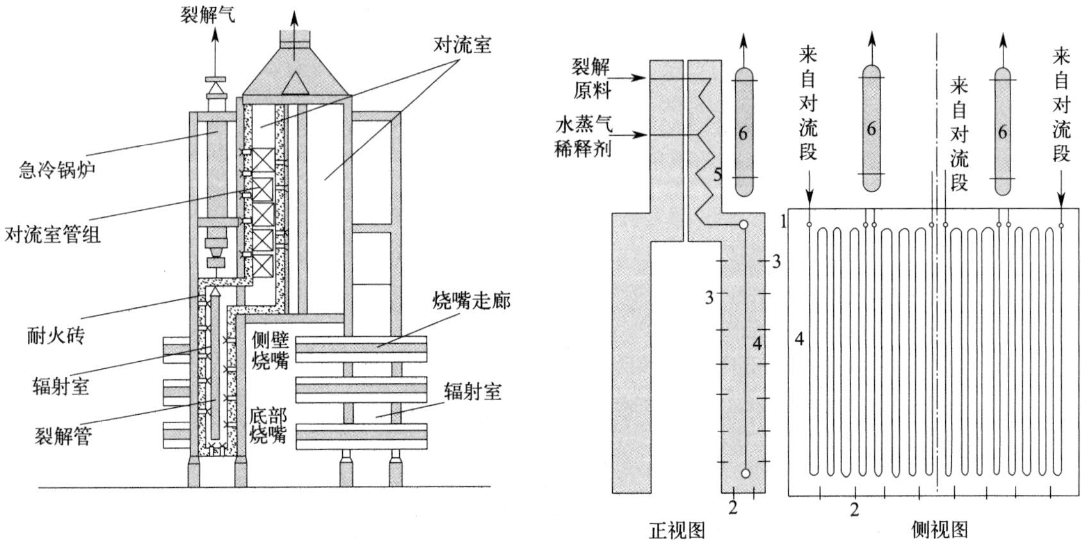

图3-12　SRT型裂解炉构型

（2）超选择性USC型裂解炉

S&W公司开发的超选择性USC型裂解炉，采用了USX单套式和TLX管壳式急冷器双级串联使用，USX是第一级急冷，TLX是第二级急冷，构成三位一体的裂解系统，其裂解炉结构剖面图如图3-13所示。S&W公司认为，在低烃分压的条件下，停留时间对裂解选择性的影响远比烃分压的影响显著，停留时间与质量流速成反比，与辐射盘管长度成正比。由于质量流速的提高受阻力降的限制，因此，缩短停留时间最有效的途径就是缩短辐射盘管的长度，在给定的裂解深度和质量流速下，只有通过缩小辐射管直径，增加表面热强度才能达到此目的。辐射盘管直径缩小，在相同的生产能力下，意味着辐射盘管的数量要增加，辐射盘管有 W 形和 U 形两种，与 SRT 型炉不同，它们均为不分支变径管，每台 USC 型炉有 16 组、24 组或 32 组管，每组 4 根，呈 W 形，4 程 4 次变径，直径依次为 63.5mm、69.9mm、76.2mm、82.9mm，管长 43.9m，停留时间 0.35s；U 形辐射盘管为 2 程两次变径，直径依次为 51mm、63.5mm，管长 26.9m，停留时间 0.2～0.25s。USC 型裂解炉原料为乙烷到柴油之间的各种烃类，用轻柴油作裂解原料可以 100 天不停炉清焦，乙烯收率 27.7%，丙烯收率 13.65%。

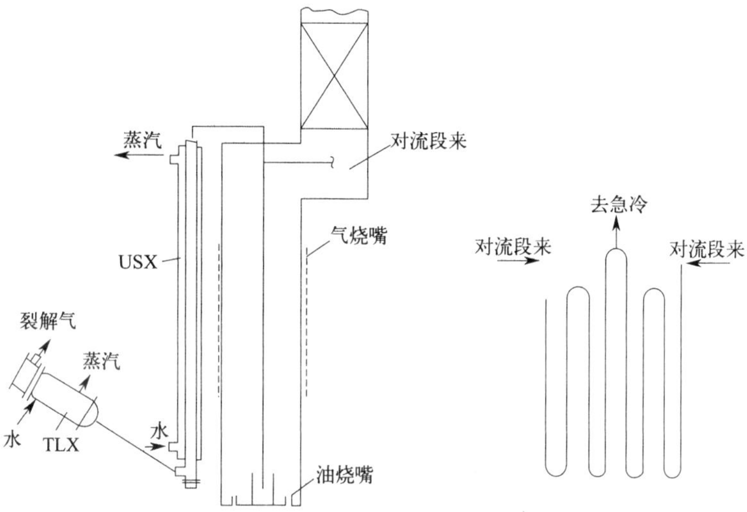

图 3-13 USC 裂解炉结构剖面图

(3) MSF 毫秒型裂解炉

MSF 毫秒型裂解炉是 Kellogg 公司于 1978 年开发成功的。裂解炉系统见图 3-14，其特点是辐射管为单程直管，管内径为 24～28mm，管长为 10～13m，热通量大，物料在炉管内停留时间可缩短到 0.045～0.1s，是普通裂解炉停留时间的 1/6～1/4，因此，MSF 炉又称超短停留时间炉。此炉炉管的排列结构满足了裂解条件的要求，达到了高温、短停留时间和低烃分压，乙烯收率比其他炉型高，以石脑油为原料时，裂解温度为 800～900℃，乙烯单程收率可达到 32%～35%。

炉管布置如图 3-15 所示，原料烃和稀释水蒸气混合物在对流段预热至物料横跨温度后，通过两根横跨管和猪尾管由裂解炉底部送入辐射管，物料由下向上流动，由辐射室顶部出辐射管进入第一废热锅炉。物料的横跨温度是指裂解原料和稀释蒸汽混合物在对流段预热的出口温度，也就是辐射段入口温度。猪尾管的作用是使裂解原料均匀地分配到每根炉管中去(其他炉型则采用限流孔板、文丘里管来实现)。毫秒炉辐射段炉管结构比较简单，所以对原料变化适应性较强。原料可以为乙烷、液化气、石脑油、轻柴油甚至减压柴油，但它更适合于裂解液态原料。毫秒炉是各类管式裂解炉中裂解深度最高的炉子，由于停留时间大幅度缩短，裂解温度高，因此裂解所得产品中炔烃的含量大幅度提高，比停留时间为 0.3～0.4s 的普通裂解炉高出 80%以上，甲基乙炔和丙二烯等的收率可增加近一倍。这为后续的裂解气分离带来一定的麻烦，C_2 馏分和 C_3 馏分的加氢脱炔必须大大加强。由于毫秒炉管径小，因此单管处理能力较低，单台裂解炉炉管数量大。此外，毫秒炉的最大缺陷是清焦周期过短。一般管式裂解炉为 40～45 天，而毫秒裂解炉在深度裂解条件下，石脑油裂解清焦周期仅 7～10 天，在中等深度裂解条件下其清焦周期仅 12～15 天。清焦周期过短将造成裂解炉频繁切换操作，对乙烯装置的稳定运转和提高生产率显然是不利的。

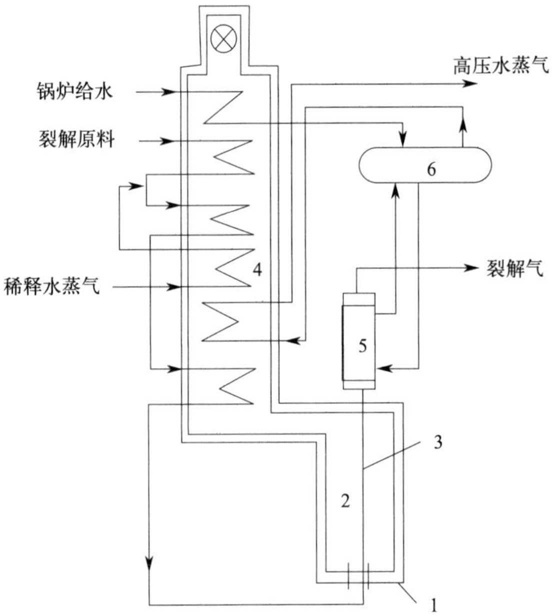

图 3-14　MSF 毫秒型裂解炉

1—烧嘴；2—辐射段；3—裂解炉管；4—对流段；5—急冷换热器；6—汽包

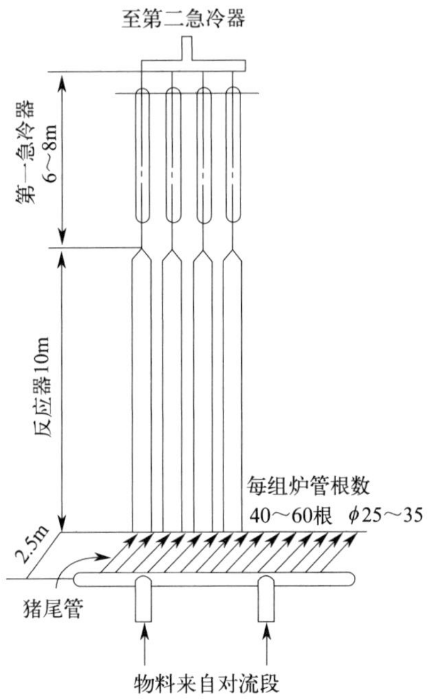

图 3-15　MSF 毫秒型裂解炉炉管布置示意图

（4） GK 型裂解炉

荷兰 KTI 公司开发的各种 GK 型裂解炉分支变径管，大体上均保持沿管长截面积不变。各种 GK 型裂解炉分支变径管的结构如图 3-16 所示。早期采用的 GK-Ⅰ型立管式裂解炉为多程等径辐射盘管，为提高单炉生产能力有时采用双排盘管。GK-Ⅱ型裂解炉的辐射盘管改进为混排多程分支变径盘管。一般为 6 程，前 4 程为双排小管径炉管，第五和第六程为单排大管径炉管，其停留时间为 0.4～0.5s。GK-Ⅲ型裂解炉改进为单排 4 程分支变径管，第一和第二程为 4 根小管径炉管（如 ϕ98mm×65mm），第三和第四程为 2 根大管径炉管（如 ϕ138mm×8mm）。由于管径减小，管长缩短，停留时间随之缩短至 0.4s 以下。GK-Ⅳ型裂解炉的辐射盘管改为混排 4 程分支变径管。第一和第二程为 4 根双排小管径管，第三程为两根管径稍大的单排管，第四程为 1 根大管径单排管，停留时间缩短至 0.3s 以内。为进一步将停留时间缩短到 0.2s 以内，需要进一步减少管程、缩短管长。在保证合理清焦周期的前提下，KTI 公司开发了 GK-Ⅴ型裂解炉，采用双程分支变径管。第一程炉管为 2 根小管径盘管（如 59mm），第二程炉管为 1 根大管径炉管（如 83mm）。由于管长大幅度缩短，停留时间控制在 0.2s 左右，裂解选择性明显得到改善。

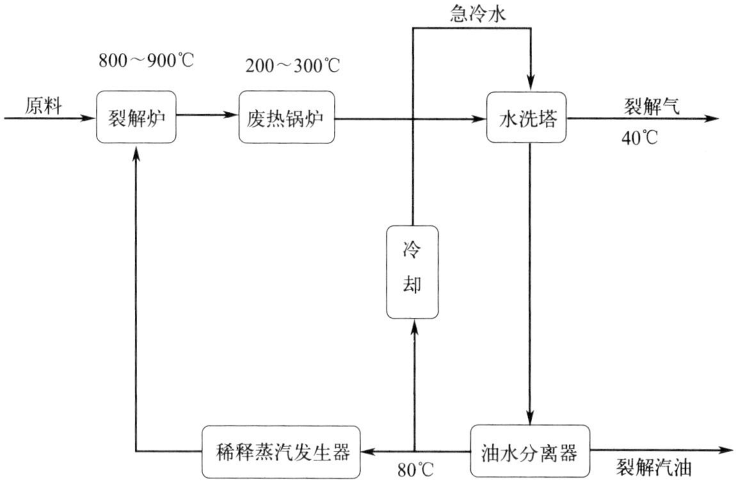

图 3-16　轻烃裂解装置裂解气预分馏过程示意图

随着辐射盘管结构的改进，GK 型裂解炉工艺参数和裂解选择性也随之改善。在最高管壁温度大体相同的条件下，随着管程的减少，管长的缩短，其停留时间随之缩短，裂解温度相应可以提高，裂解产品的烯烃收率也随之提高。

（5） LSCC 型裂解炉

Linde 公司的 LSCC 型裂解炉有三种炉型，辐射盘管均为分支变径管，LSCC4-2 型盘管为 6 程混排分支变径管，前 4 程为 2 根内径 64mm 的双排管，第五和第六程为 1 根内径 135mm 的单排管。每根辐射盘管长度为 55m，停留时间可控制在 0.4s 左右，单管生产能力较强。LSCC2-2 型辐射盘管为 4 程混排分支变径管，首两程为内径 78mm 的双排管，第三和第四程为内径 112mm 的单排管。每根盘管长度为 36～42m，由于管长缩短，停留时间可控制在 0.26～0.38s。单管生产能力较 LSCC4-2 型盘管略低。LSCC1-1 型盘管第一程为 2 根内径 43mm 的炉管，第二程为 1 根内径 62mm 的炉管，盘管总长为 17～19m，停留时间为 0.16～0.2s，属于双程分支变径管，沿管长截面积大体不变，由于 LSCC1-1 型辐射盘管管长进一步缩短，停留时间在 0.2s 以内，其裂解选择性明显得到改善。除炉管排布上有所创新外，Linde 公司还推出了双辐射段共用一个对流段的双辐射裂解炉，可在同一台裂解炉上同时进行 2 种裂解原料的热裂化操作，提高了生产的灵活性。

上述的各种炉管仅是管构型各异，但都是向高温、短停留时间、低分压的目标努力，都是为了提高馏分油裂解的选择性，提高乙烯收率，并降低原料消耗定额。各种构型炉管的选用可根据原料、技术条件等，全面综合考虑。管式炉裂解法生产乙烯的优点是工艺成熟，炉型结构简单，操作容易，便于控制；乙烯、丙烯收率高，动力消耗少，裂解炉热效率高，裂解气和烟道气的余热大部分可以回收利用；原料适应范围日益扩大，且可大规模连续化生产。缺点是管式裂解炉不能用重质烃（重柴油、重油、渣油等）为原料，主要原因是在裂解时炉管易结焦，造成清焦操作频繁，生产周期缩短；生产中稍有不慎，还会堵塞炉管，酿成炉管烧裂等事故；若采用高温短停留工艺，这就要求裂解炉管能耐更高的温度，目前还难以解决。

管式炉裂解法虽还存在不足，有待于不断改进和完善，但它仍将是生产乙烯的主要方法。裂解炉是乙烯装置的关键设备，裂解炉区则是乙烯装置的核心。裂解炉区的投资占乙烯装置投资的25%～30%，裂解炉出口裂解气中的烯烃收率决定了装置的烯烃产量，影响到装置的能耗和经济效益，裂解炉急冷锅炉的超高压蒸汽产量影响到装置的公用工程消耗和能量消耗，裂解炉所消耗的燃料占乙烯装置能耗的70%～80%。可见，裂解炉区的重要性在乙烯装置中占据核心的位置。

（6）管式炉的结焦与清焦

烃类在裂解过程中由于聚合、缩合等二次反应的发生，不可避免地会结焦或生炭，沉积在炉管的内壁上。结焦程度将随裂解深度的加深和原料的重质化，以及炉子运行周期加长而变得严重。炉管结焦焦层在管壁内厚度增加，传热效果变差，为了满足管内反应物料温度，就得加大燃料量，当达到管材极限温度时易出事故，此时应停炉清焦。最高管壁温度是控制炉子运转周期的限制因素，另外由于结焦引起管内径减小，当处理同样原料量时，则管内线速度增加，此时压降增大。为了保证出口压力相同，必须增加进口压力，结果平均压力增大，裂解性能变坏，当裂解选择性降到一定程度时，需要停炉清焦。

添加结焦抑制剂可抑制结焦，抑制剂有硫化物［单质硫、噻吩、硫醇、NaS水溶液、$(NH_4)_2S$、$Na_2S_2O_3$、KHS_2O_3、$(C_2H_5)_2SO_2$、二苯硫醚、二苯基二硫］、聚有机硅氧烷、碱土金属氧化物（如CH_3COOK、K_2CO_3、Na_2CO_3等）和含磷化合物等。当裂解温度高于850℃时，抑制剂就不起作用了。合理控制裂解炉和急冷锅炉的操作条件，如控制裂解深度，也可延长运转周期。

停炉清焦法是将进料及出口裂解气切断后，用惰性气体或水蒸气清扫管线，逐渐降低炉管温度，然后通入空气和水蒸气烧焦。不停炉清焦（也称在线清焦法）分为交替裂解法和水蒸气、氢气清焦法两种。交替法是当重质烃原料（如柴油等）裂解时，裂解一段时间后切换轻质烃（如乙烷）为裂解原料，并加入大量水蒸气，这样可以起到清焦作用，当压降减小后，再切换原来的裂解原料。水蒸气、氢气法是定期将原料切换成水蒸气、氢气，方法同上。其特点也是达到了不停炉清焦的目的，对整个裂解炉系统，可以将炉管组轮流进行清焦。

3.5.4 裂解气的急冷

从裂解炉出来的裂解气含有烯烃和大量水蒸气，温度高达800℃以上，烯烃反应性强。若任它们在高温下长时间停留，仍会继续发生二次反应，引起结焦和烯烃的损失，因此必须使裂解气急冷以终止反应。急冷的方法有两种：一种是直接急冷；另一种是间接急冷。直接急冷的急冷剂用油或水，急冷下来的油、水密度相差不大，分离困难，污水量大，不能回收高品位的热能。所以目前裂解装置都是先用间接急冷，后用直接急冷，最后用洗涤的办法。经急冷换热器冷却后的裂解气温度尚在400℃以上（馏分油裂解时），此时由急冷油直接喷淋冷却。在预分馏系统中可进一步回收急冷油的热量，副产低位能的低压蒸汽。采用间接急冷的目的，首先是回收高品位热能，产生高压蒸汽驱动三机，同时终止二次反应。间接急冷的关键设备是急冷换热器，急冷换热器与汽包所构成的水蒸气发生系统，称为急冷废热锅炉。急冷换热器常遇到的问题就是结焦，用重质原料裂解时，常常是急冷器结焦先于炉管，故急冷器的清焦影响裂解操作周期。为减少结焦倾向，应控制两个指标：一是停留时间一般控制在 0.04s 以内；二是裂解气出口温度要求高于裂解气的露点，在一般条件下裂解原料含氢量越低，裂解气的露点越高，因而急冷换热器出口温度应根据原料而确定。

间接急冷虽能回收高品位的能量并减少污染，但对急冷换热器的技术要求高，管外必须同时承受很大的温度差和压力差。同时，为了达到急速降温，急冷换热器必须有高热强度，且传热性能好、停留时间短。另外，对急冷换热器要考虑冷管内的结焦清焦操作，还要考虑裂解气的压降损失等问题，操作条件极为苛刻。

3.5.5 裂解气的预分馏与净化

裂解炉出口的高温裂解气经废热锅炉冷却，再经急冷器进一步冷却后，裂解气的温度可以降到 200～300℃。将急冷后的裂解气进一步冷却至常温，并在冷却过程中分馏出裂解气中的重组分（如燃料油、裂解汽油、水分)，这个环节称为裂解气的预分馏。经预分馏处理的裂解气再送至压缩工序，随后进行净化和深冷分离。裂解气的预分馏过程有以下作用：①降低裂解气温度，保证裂解气压缩机的正常运转，并降低裂解气压缩机的功耗；②分馏出裂解气中的重组分，减少进入压缩分离系统的进料负荷；③将裂解气中的稀释蒸汽以冷凝水的形式分离回收，循环使用，以减少污水排放量；④回收裂解气低位能热量，由急冷油回收的热量发生稀释蒸汽，并可由急冷水回收的热量进行分离系统的工艺加热。

3.5.5.1 轻烃裂解装置裂解气预分馏过程

因为轻烃裂解装置所得裂解气的重质馏分甚少，尤其乙烷和丙烷裂解时，裂解气中燃料油含量甚微，所以，裂解气预分馏过程主要是在裂解气进一步冷却过程中分馏裂解气中的水分和裂解汽油馏分。

如图 3-16 所示，裂解炉出口高温裂解气经第一废热锅炉回收热量副产高压蒸汽后，还可经第二（和第三）废热锅炉进一步冷却至 200～300℃，然后进入水洗塔。在水洗塔中，塔顶用急冷水喷淋冷却裂解气。塔顶裂解气冷却至 40℃左右送至裂解气压缩机。塔釜的油水混合物经油水分离器分离出裂解汽油和水，裂解汽油经汽油汽提塔汽提后送出装置。而分离出的水（约 80℃)，一部分经冷却送至水洗塔塔顶作为喷淋（称为急冷水)，另一部分则送至稀释蒸汽发生器发生稀释蒸汽。急冷水除部分用冷却水冷却（或空冷）外，部分可用于分离系统工艺加热（如丙烯精馏塔再沸器加热)，由此回收低位能热量。

3.5.5.2 馏分油裂解装置裂解气预分馏过程

馏分油裂解装置所得裂解气中含有相当量的重质馏分，这些重质燃料油馏分与水混合后会因乳化而难以进行油水分离。因此，在馏分油裂解装置中，必须在冷却裂解气的过程中先将裂解气中的重质燃料油馏分分馏出来，然后再进一步送至水洗塔冷却，并分离其中的水和裂解汽油。

如图 3-17 所示，裂解炉出口高温裂解气经废热锅炉回收热量后，再经急冷器用急冷油喷淋降温至 220～230℃，进入油洗塔（或称预分馏塔)，塔顶用裂解汽油喷淋，塔顶温度控制在 100～110℃，保证裂解气中的水分从塔顶带出油洗塔。塔釜温度则随裂解原料的不同而控制在不同水平。石脑油裂解时，塔釜温度为 180～190℃，轻柴油裂解时则可控制在

190～200℃。塔釜所得燃料油产品，部分经汽提并冷却后作为裂解燃料油产品输出。另外部分（称为急冷油）送至稀释蒸汽系统作为发生稀释蒸汽的热源，由此回收裂解气的热量。经稀释蒸汽发生系统冷却后的急冷油，大部分送到急冷器以喷淋高温裂解气，少部分急冷油还可进一步冷却后作为油洗塔中段回流。

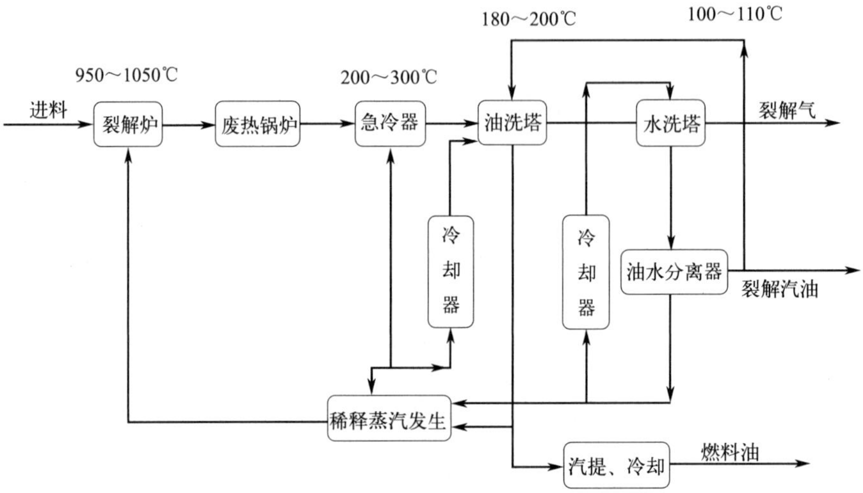

图 3-17　馏分油裂解装置裂解气预分馏过程示意图

油洗塔塔顶裂解气进入水洗塔，塔顶用急冷水喷淋，塔顶裂解气降至 40℃左右送入裂解气压缩机。塔釜约 80℃，在此，可分离出裂解气中大部分水分和裂解汽油。塔釜油水混合物经油水分离后，部分水（称为急冷水）经冷却后送入水洗塔用作塔顶喷淋，另一部分水则送至稀释蒸汽发生器发生稀释蒸汽，以供裂解炉使用。油水分离所得裂解汽油馏分，部分送至油洗塔作为塔顶喷淋，另一部分则作为产品经汽提并冷却后送出。

3.5.5.3　裂解气净化

裂解气经预分馏过程处理后的温度被降至常温，并且从中已分馏出裂解汽油和大部分水分，其典型组成见表 3-13。表中的 C_4 和 C_5 分别表示混合 C_4 组分和混合 C_5 组分。C_6～204℃馏分中富含芳烃，是抽提芳烃的重要原料。由表 4-12 可以看出，不同的裂解原料得到的裂解气组成是不同的。为获得较多乙烯，最好的裂解原料是乙烷；为获得较多的 C_4 混合烃，最好的原料是石脑油和轻柴油。

表 3-13　不同裂解原料的典型裂解气组成（裂解气压缩机进料）

裂解气组分	组成/%				
	乙烷	轻烃	石脑油	轻柴油	减压柴油
H_2	34.00	18.20	14.09	13.18	12.75
$CO+CO_2+H_2S$	0.19	0.33	0.32	0.27	0.36
CH_4	4.39	19.83	26.78	21.24	20.89
C_2H_2	0.19	0.46	0.41	0.31	0.46
C_2H_4	31.51	28.81	26.10	29.34	29.62

续表

裂解气组分	组成/%				
	乙烷	轻烃	石脑油	轻柴油	减压柴油
C_2H_6	24.35	9.27	5.78	7.58	7.03
C_3H_4	—	0.52	0.48	0.54	0.48
C_3H_6	0.76	7.68	10.30	11.42	10.34
C_3H_8	—	1.55	0.34	0.36	0.22
C_4'S	0.18	3.44	4.85	5.21	5.36
C_5'S	0.09	0.95	1.04	0.51	1.29
C_6～204℃馏分	—	2.70	4.53	4.58	5.05
H_2O	4.36	6.26	4.98	5.40	6.15
平均分子量	18.89	24.90	26.83	28.01	28.38

由表 3-13 可见，经预分馏系统处理后的裂解气是含氢和各种烃的混合物，其中还含有一定的水分、酸性气体（CO_2、H_2S 等）、一氧化碳等杂质。为了得到合格的分离产品，可利用各组分沸点的不同，在加压低温条件下经多次精馏分离。

表 3-14 列出了聚合级乙烯和丙烯的规格，可见对各类杂质的限量要求很高。因此，在进行精馏分离之前，通常采用吸收、吸附或化学反应的方法，脱除裂解气中的水分、酸性气体、一氧化碳和炔烃等杂质。

表 3-14　聚合级乙烯和丙烯的产品规格

聚合级乙烯规格				
组分	物理量	A	B	C
$C_2^{=}$	x/%	>99.9	≥99.9	99.9
C_1^0 C_2^0	浓度/(μL/L) 浓度/(μL/L)	1000	500 500	<1000 —
$C_3^{=}$	浓度/(μL/L)	<250	—	<50
$C_2^{\equiv}$	浓度/(μL/L)	<10	<10	2
S	浓度/(μL/L)	<10	<4	<1
H_2O	浓度/(μL/L)	<10	<10	<1
O_2	浓度/(μL/L)	<5	—	<1
CO	浓度/(μL/L)	<10	—	<5
CO_2	浓度/(μL/L)	<10	<100	<5
聚合级丙烯规格				
组分	物理量	A	B	C
$C_3^{=}$	x/%	≥99.9	99.9	98
$C_2^{=}$	浓度/(μL/L)	<50	<500	—
$C_4^{=}$	浓度/(μL/L)	<20	<10	—
$C_3^{=}$	浓度/(μL/L)	<5	<20	<10
$C_2^{\equiv}$	浓度/(μL/L)	—	<10	
C_2^0	浓度/(μL/L)	—	<100	—
C_3^0	浓度/(μL/L)	<5000	<5000	—
S	浓度/(μL/L)	<1	<10	<5

续表

聚合级丙烯规格				
组分	物理量	A	B	C
CO	浓度/(μL/L)	<5	<10	<10
CO_2	浓度/(μL/L)	<5	<1000	<20
O_2	浓度/(μL/L)	<1	<5	—
H_2	浓度/(μL/L)	—	<10	—
H_2O	浓度/(μL/L)	—	<10	<10

(1) 碱洗法脱除酸性组分

裂解气中的酸性组分主要是指二氧化碳、硫化氢，此外还有少量的有机硫化物，如氧硫化碳（COS）、二硫化碳（CS_2）、硫醚（RSR′）、硫醇（RSH）和噻吩等。裂解气中含有的酸性组分对裂解气分离装置以及乙烯和丙烯衍生物加工装置都会有很大危害。对裂解气分离装置而言，CO_2 会在低温下结成干冰，造成深冷分离系统设备和管道堵塞；H_2S 将造成加氢脱炔催化剂和甲烷化催化剂中毒。对下游生产装置而言，当氢气、乙烯、丙烯产品中酸性气体含量不合格时，可使下游加工装置的聚合过程或催化反应过程的催化剂中毒，也可能严重影响产品质量。因此，在裂解气精馏分离之前，需将裂解气中的酸性气体脱除干净。一般要求将裂解气中含硫量降至 1μL/L 以下，CO_2 含量降至 5μL/L 以下。工业上常采用碱洗法（如 NaOH）脱除酸性杂质，而当裂解原料含硫量过高时（如含硫量超过 0.2%），为降低碱耗量，可考虑增设可再生的溶剂吸收法（常用乙醇胺溶剂）脱除大部分酸性气体，然后再用碱洗法做进一步净化。两段碱洗法工艺流程简图如图 3-18 所示，乙醇胺溶剂脱除酸性气体工艺流程简图如图 3-19 所示。

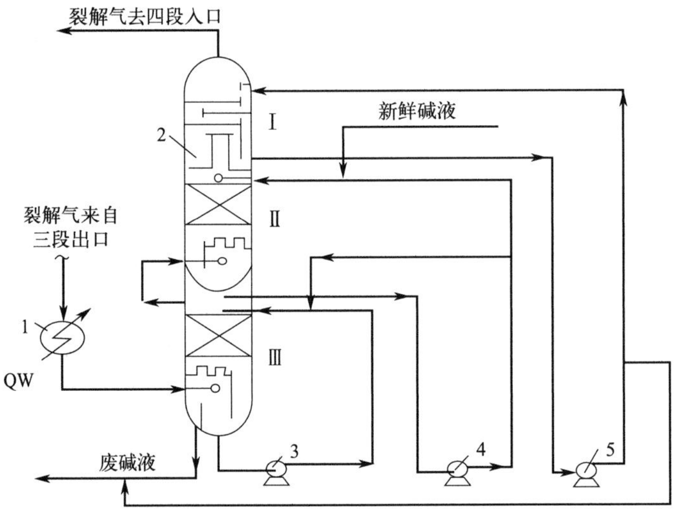

图 3-18　两段碱洗法工艺流程简图

1—加热器；2—碱洗塔；3，4—碱洗循环泵；5—水洗循环泵

(2) 吸附法脱除水分

裂解气经预分馏系统处理后送入裂解气压缩机进行压缩。在压缩机入口，裂解气中的水分为入口温度和压力条件下的饱和含水量。在裂解气压缩过程中，随着压力的升高，可在段

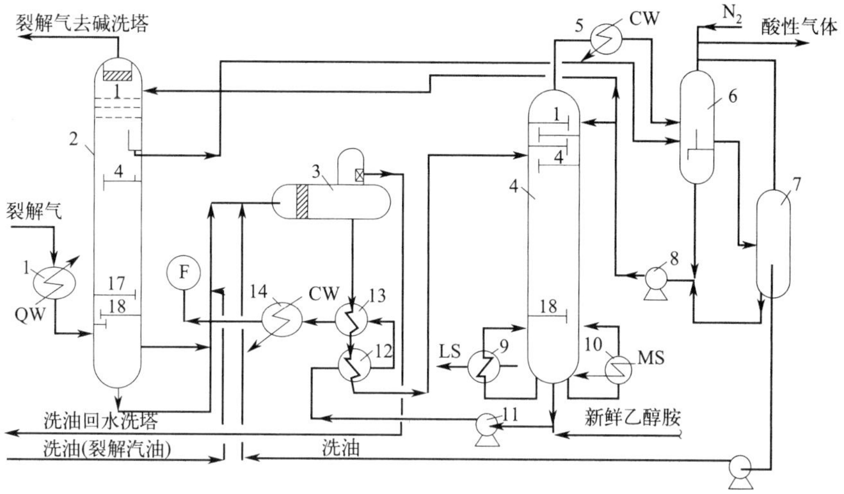

图 3-19 乙醇胺溶剂脱除酸性气体工艺流程简图

1—加热器；2—吸收塔；3—汽油-胺分离器；4—汽提塔；5，14—冷却器；
6，7—分离器；8—回流泵；9，10—再沸器；11—胺液泵；12，13—换热器

间冷凝过程中分离出部分水分。通常，裂解气压缩机出口压力为 3.5～3.7MPa，经冷却至 15℃左右即送入低温分离系统，此时，裂解气中饱和含水量为 600～700μL/L。这些水分带入低温分离系统会在低温下结冰而造成设备和管道的堵塞，因而需要进行干燥脱水处理。为避免低温系统冻堵，通常要求将裂解气中含水量脱除至 1pL/L 以下，对应的进入低温分离系统的裂解气露点在 70℃以下。

水分在低温下除了结冰而造成冻堵之外，在加压和低温条件下，水分与烃类还会生成白色结晶状态的水合物（如 $CH_4 \cdot 6H_2O$、$C_2H_6 \cdot 7H_2O$、$C_3H_8 \cdot 8H_2O$）。这些水合物也会在设备和管道内积累而造成堵塞现象。因此，为保证乙烯生产装置的稳定运行，需要对裂解气进行脱水处理。

脱水方法有多种，如冷冻法、吸收法、吸附法。现在乙烯装置广泛采用的是以 3A 分子筛为吸附剂的吸附法，均采用两床操作（一床脱水，一床再生和冷却，交替进行）。当进行脱水操作时，为避免因气速过大而扰动床层，裂解气从上进入分子筛床层，脱水后裂解气由固定床底部送出。当进行分子筛再生时，被加热的干燥载气（甲烷或氢气、氮气）由床层底部进入，气流向上流动，再生作用由下而上，以保证床层底部的分子筛完全再生。再生载气经冷却和分离后送燃料系统。

（3）加氢法脱除炔烃和二烯烃

裂解气中含有少量炔烃和二烯烃，如乙炔、丙炔和丙二烯等。炔烃的含量与裂解原料和裂解操作条件有关，对一定裂解原料而言，炔烃的含量随裂解深度的提高而增加。在相同裂解深度下，高温短停留时间的操作条件将生成更多的炔烃。炔烃常常对乙烯和丙烯下游产品的生产过程带来麻烦。它们可能使催化剂中毒，缩短催化剂寿命；过多的乙炔积累可能引起爆炸，形成不安全因素；还可能生成一些副产物，影响产品质量。因此，大多数乙烯和丙烯衍生物的生产均对原料乙烯和丙烯中的炔烃含量提出比较严格的要求。通常要求乙烯产品中乙炔含量低于 5μL/L，而对丙烯产品而言，则要求甲基乙炔含量低于 5μL/L，丙二烯含量低于 10μL/L。

最常采用的脱除乙炔的方法是溶剂吸收法和催化加氢法。

① 溶剂吸收法　溶剂吸收法是使用溶剂吸收裂解气中的乙炔以达到净化目的，同时也相应回收一定量乙炔。催化加氢法是将裂解气中的乙炔加氢生成乙烯或乙烷，由此达到脱除乙炔的目的。溶剂吸收法与催化加氢法各有优缺点。当裂解气中炔烃含量不多，且不需要回收乙炔时，一般采用催化加氢法脱除乙炔，当需要回收乙炔时，则采用溶剂吸收法。在对裂解气中的乙炔进行选择性催化加氢时，其主反应是生成乙烯，同时还会深度加氢生成乙烷，当反应温度比较高时，乙炔发生低聚生成绿油和裂解生炭的副反应。加氢脱炔反应大多采用Co、Ni、Pd 作为催化剂的活性中心，用 Fe 和 Ag 作助催化剂，用 α-Al_2O_3 作载体。

② 催化加氢法　用催化加氢法脱除裂解气中的炔烃有前加氢和后加氢两种不同的工艺技术。前加氢是在裂解气未分离甲烷、氢气馏分前进行（即在脱甲烷塔前），利用裂解气中的氢气对炔烃进行选择加氢，所以又称自给氢催化加氢过程。因为不用外供氢气，所以流程简单，但氢气量不易控制，氢气过量可使脱炔反应的选择性降低。另外，前加氢脱炔所处理的气体组成复杂，要求催化剂活性高且不易中毒。而且，催化剂用量大，反应器的体积也大，催化剂的寿命短，氢炔比不易控制，操作稳定性比较差。

后加氢工艺过程是指裂解气在分离出 C_2 和 C_3 馏分后，再分别对其进行催化加氢，以脱除 C_2 馏分中的乙炔以及 C_3 馏分中的甲基乙炔和丙二烯。采用后加氢方案时，C_2 馏分加氢脱炔的过程安排在脱乙烷之后，C_3 馏分加氢脱炔的过程则安排在脱丙烷之后。采用后加氢流程时，C_2 和 C_3 馏分进料中均不含有氢气，需要根据炔烃含量定量供给氢气。因此，当裂解气分离装置采用后加氢方案时，必须从裂解气中分离提纯氢气，以作为加氢反应的氢源。后加氢脱炔所处理的馏分组成简单，反应器体积小，而且易控制氢炔比，使选择性提高，有利于提高乙烯收率，催化剂不易中毒，使用寿命长。

3.5.6　裂解气的分离与精制

裂解气的工业分离法主要有两种，即深冷分离法和油吸收精馏分离法。此外，还有吸附分离法、络合分离法以及膨胀机法等。在现代乙烯工业生产中，为了得到高纯度乙烯，主要采用深冷分离法。

工业上通常将冷冻温度低于－100℃的，称为深度冷冻，简称深冷。深冷分离就是在－100℃左右低温下，将净化后裂解气中除氢和甲烷以外的烃类全部冷凝下来，利用各种烃的相对挥发度不同，在精馏塔内进行多组分精馏，分离出各种烃。

在脱甲烷塔系统中，有些在－170～－100℃超低温下操作的换热设备，如冷凝器、换热器和气-液分离罐等，由于温度低，冷量容易散失，为了防止散冷，减少与环境接触的表面积，通常把这些低温设备集装在填满绝热材料（珠光砂）的方形容器内，习惯上称之为冷箱。

3.5.6.1　裂解气的多段压缩

裂解气中各组分在常温常压下均为气态，采用精馏法分离时需在很低的温度下进行，消耗冷量甚大；而在较高压力下分离，虽然分离温度可以提高，但需多消耗压缩功，且因分离温度提高，而引起重组分聚合，并使烃类相对挥发度降低，增加了分离的难度。因此，选择适宜的压力和温度，对裂解气的分离具有重要意义。一般认为裂解气分离的经济合理的操作压力约为 3MPa，为此裂解气进入分离系统的压力应提高到 3.7MPa 左右。

在裂解气绝热压缩过程中，随着压力升高，其温度会随之上升，为避免温升过大造成裂解气中双烯烃大量聚合，一般采用多段压缩，段间设置中间冷却，限制裂解气在压缩过程中的温升。裂解气分段压缩合理的段数，主要是由压缩机各段出口温度所限定。通常要求正常操作时各段裂解气出口温度低于100℃，段间冷却采用水冷，相应各段入口温度一般均为38～40℃。在此限定条件下，裂解气压缩的单级压缩比被限制在2.2以下，相应裂解气压缩一般均需采用五段。若在某一段之间冷却时，先水冷后再用丙烯制冷剂冷却，使下一段入口温度降至38℃以下，从而可以提高该段压缩比并保证出口温度低于100℃，减少压缩段数。尽管段间采用丙烯制冷剂冷却会增加冷冻功耗，但可以减少设备投资、降低段间阻力降。必须注意，裂解气段间冷却的温度受水合物形成的限制，为防止水合物形成而堵塞设备和管道，加压后裂解气温度不宜低于15℃。

3.5.6.2 深冷制冷循环

为了获得低温条件，可以选择某一沸点为低温的液体介质使其蒸发，而冷却介质则被冷却。将气化的制冷剂压缩到一定压力，再经冷却使其液化，由此形成压缩-冷凝-膨胀-蒸发的单级压缩制冷循环。通常选用可以降低制冷装置投资、运转效率高、来源容易、毒性小的介质作为制冷剂。对乙烯装置而言，产品为乙烯、丙烯，已有储存设施，且乙烯和丙烯具有良好的热力学特性，因而均选用乙烯和丙烯作为乙烯装置制冷系统的制冷剂。如表4-14中低级烃类的主要物理常数所示，丙烯常压沸点为－47.7℃，可作为－40℃温度级的制冷剂。乙烯常压沸点为－103.8℃，可作为－100℃温度级的制冷剂。采用低压脱甲烷分离流程时，可能需要更低的制冷温度，此时常采用甲烷制冷。甲烷常压沸点为－161.5℃，可作为－160～－120℃温度级的制冷剂。

并不是所有制冷剂经压缩后，用水冷却就能被液化。以丙烯为制冷剂构成的蒸气压缩制冷循环中，其冷凝温度可采用38～42℃的环境温度（冷却水或空气冷却）。而在以乙烯为制冷剂构成的蒸气压缩制冷循环中，由于受乙烯临界点的限制，乙烯制冷剂不可能在环境温度下冷凝，其冷凝温度必须低于其临界温度（9.7℃），此时，可采用丙烯制冷循环为乙烯制冷循环的冷凝器提供冷量。为制取更低温度级的冷量，还需选用沸点更低的制冷剂。例如，选用甲烷作为制冷剂时，其临界温度为－82.5℃，则选用乙烯制冷循环为甲烷制冷循环的冷凝器提供冷量，如此构成图3-20所示的甲烷-乙烯-丙烯三元复叠制冷循环系统。

复叠式制冷循环是能耗较低的深冷制冷循环，其主要缺陷是制冷机组多，又需有储存制冷剂的设施，相应投资较大，操作较复杂。而在乙烯装置中，所需制冷温度的等级多，所需制冷剂又是乙烯装置的产品，储存设施完善，加上复叠制冷循环能耗低，因此，在乙烯装置中仍广泛采用复叠制冷循环。

3.5.6.3 裂解气的精馏分离

精馏法分离是深冷分离工艺的主体，任务是把 C_1 到 C_5 馏分逐个分开，对产品乙烯和丙烯进行提纯精制。为此，深冷分离工艺必须设脱甲烷、脱乙烷、脱丙烷、脱丁烷和乙烯、丙烯产品塔。不同分离工艺流程的主要差别在于精馏分离烃类的顺序和加氢脱炔烃的安排，共同点是先分离不同碳原子数的烃，再分离相同碳原子数的烯烃和烷烃。

图3-21所示为裂解气分离流程的分类。其中流程A是先用脱甲烷塔由塔顶从裂解气中分离出氢气和甲烷，塔釜液则送至脱乙烷塔，由脱乙烷塔塔顶分离出乙烷和乙烯，塔釜液则

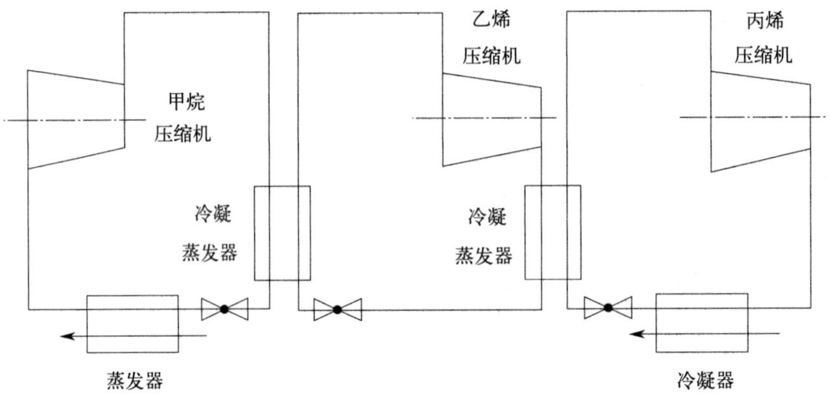

图 3-20　甲烷-乙烯-丙烯三元复叠制冷循环系统

送至脱丙烷塔。最终由乙烯精馏塔、丙烯精馏塔、脱丁烷塔分别得到乙烯、乙烷，丙烯、丙烷，混合 C_4、裂解汽油等产品。由于这种分离流程是按 C_1、C_2、C_3……顺序进行切割分馏，通常称为顺序分离流程。流程 B 和流程 C 是从乙烷开始切割分馏，通常称为前脱乙烷分离流程，流程 C 和流程 D 则是从丙烷开始切割分馏，通常称为前脱丙烷流程。因为它们催化加氢脱炔工序的位置不同，又分为前加氢和后加氢流程。顺序分离流程一般按后加氢的方案进行组织，而前脱乙烷和前脱丙烷流程则既有前加氢方案，也有后加氢方案。

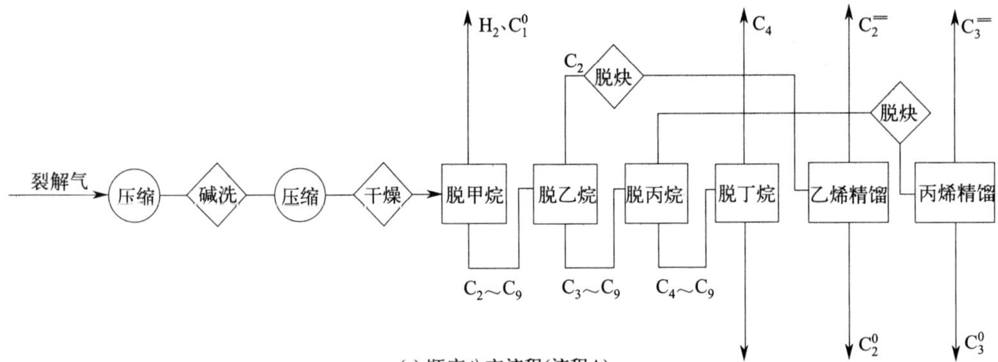

(a) 顺序分离流程(流程A)

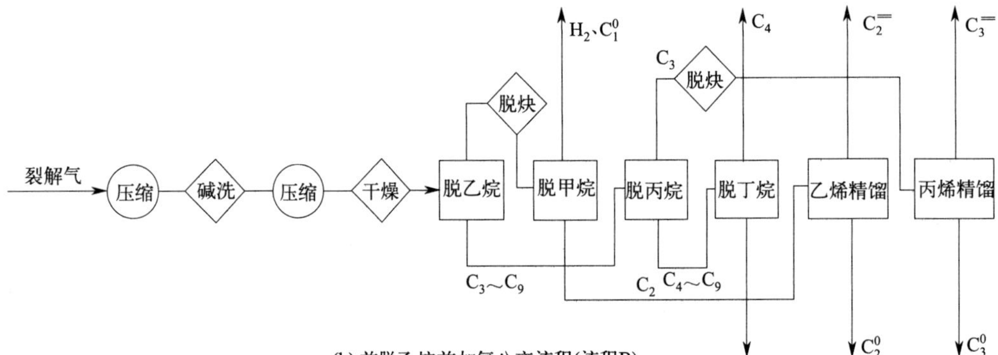

(b) 前脱乙烷前加氢分离流程(流程B)

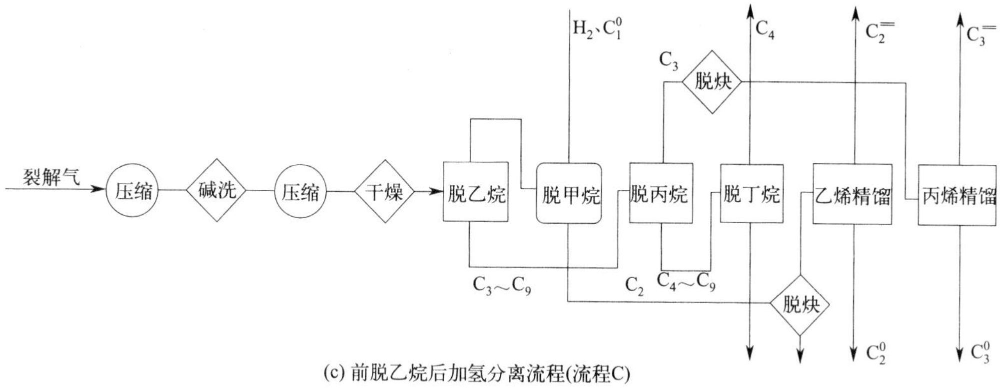

(c) 前脱乙烷后加氢分离流程(流程C)

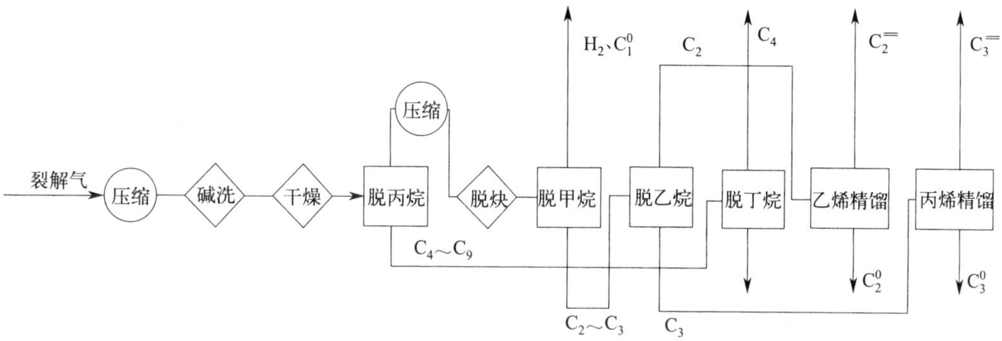

(d) 前脱丙烷前加氢分离流程(流程D)

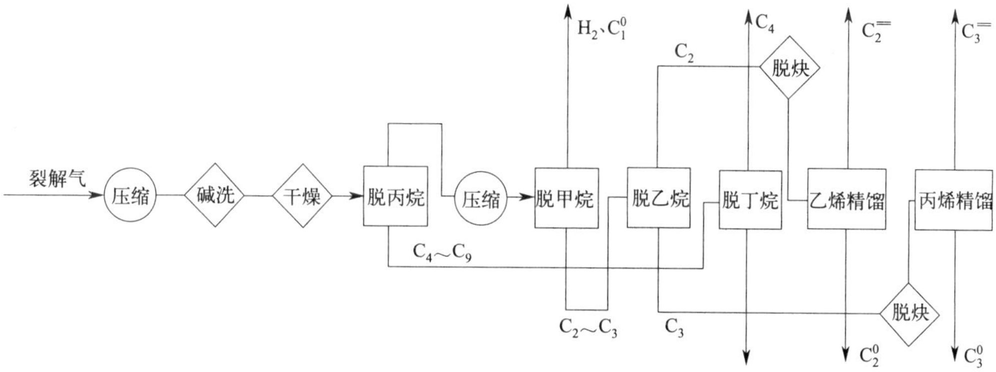

(e) 前脱丙烷后加氢分离流程(流程E)

图 3-21　裂解气分离流程

表 3-15 列出 3 种分离流程各塔的操作条件，由此可见，脱甲烷塔顶部温度随操作压力而改变。因为升高塔的压力可提高乙烯的露点温度，对减少乙烯随甲烷和氢气从塔顶逸出是有利的。若设定塔顶乙烯的逸出量，那么升高塔的压力可提高塔顶温度。反之，压力降低，则塔顶温度应降低。因此，从避免采用过低制冷温度考虑，应尽量采用较高的操作压力，但当压力达到 4.4MPa 时，塔底甲烷对乙烯的相对挥发度已接近于 1，难以进行甲烷和乙烯分离。现在工业上将操作压力为 3.0～3.2MPa 称为高压脱甲烷；将采用 1.05～1.25MPa 称为

中压脱甲烷；将采用 0.6～0.7MPa 压力称为低压脱甲烷。

表 3-15　塔关键组分相对挥发度和操作条件

塔名称	关键组分		操作条件			平均相对挥发度
	轻	重	顶温/℃	釜温/℃	压力/MPa	
脱甲烷塔	CH_4	C_2H_4	−96	0	3.4	7.22
脱乙烷塔	C_2H_6	C_3H_6	−12	76	2.88	2.82
脱丙烷塔	C_3H_8	$i\text{-}C_4H_{10}$	−9	72	0.75	2.24
乙烯精馏塔	C_2H_4	C_2H_6	−69	−49	0.57	1.77
丙烯精馏塔	C_3H_6	C_3H_8	26	35	1.23	1.10

降低脱甲烷塔操作压力可以达到节能的目的，但是，由于操作温度较低，材质要求高，增加了甲烷制冷系统，投资可能增大，且操作复杂。因此，目前除 Lummus 公司采用低压脱甲烷法、KTI/TPL 法和 Linde 公司采用中压脱甲烷法外，其余大多数生产厂家仍广泛采用高压脱甲烷法。

三种分离流程中，顺序分离流程技术比较成熟，流程的效率、灵活性和运转性能都好，对裂解原料适应性强，综合经济效益高，为避免丁二烯损失，一般采用后加氢，但流程较长，裂解气全部进入深冷系统，制冷量较大。前脱乙烷分离流程一般适合于分离含重组分较少的裂解气，由于脱乙烷塔的塔釜温度较高，重质不饱和烃易于聚合，故也不宜处理含丁二烯较多的裂解气，脱炔可采用后加氢，但最适宜用前加氢，因为可以减少设备。操作中的主要问题在于脱乙烷塔压力及塔釜温度较高，会引起二烯烃聚合，发生堵塞。前脱丙烷分离流程因先分去 C_4 以上馏分，使进入深冷系统的物料量减少，冷冻负荷减轻，适用于分离较重裂解气或含 C_4 烃较多的裂解气，可采用前加氢或后加氢，前者所用设备较少。目前，世界上主要乙烯生产装置基本上都采用顺序分离流程。

练习思考题

1. 简要叙述常减压工艺流程。

2. 原油催化裂化、加氢裂化、催化重整等过程的目的和主要产物分别有哪些?

3. 解释烷烃、环烷烃及芳烃的裂解反应规律，造成裂解过程结焦生炭的主要反应是哪些?

4. 在原料确定的情况下，从裂解过程的热力学和动力学出发，为了获取最佳裂解效果，应选择什么样的工艺参数（停留时间、温度、压力……）? 为什么?

5. 为了降低烃分压，通常加入稀释剂，试分析稀释剂加入量确定的原则是什么?

6. Lummus 公司的 SRT 型裂解炉由Ⅰ型发展到Ⅵ型，它的主要改进是什么? 采取的措施是什么? 遵循的原则是什么? 大胆地设想下一步将怎么改?

7. 裂解气出口的急冷操作目的是什么? 可采取的方法有几种? 你认为哪种好? 为什么?

8. 裂解气进行预分离的目的和任务是什么? 裂解气中要严格控制的杂质有哪些? 这些杂质存在的害处? 用什么方法除掉这些杂质? 这些处理方法的原理是什么?

9. 裂解气分离流程各有不同，其共同点是什么? 试绘出顺序分离流程、前脱乙烷后加氢流程、前脱丙烷后加氢流程简图，指出各流程的特点、适用范围和优缺点。

10. 根据本章所学知识，试设计一个简单的流程表述烃类热裂解从原料到产品所经历的主要工序及彼此的关系。

习题参考

第4章

典型天然气加工工艺

本章主要内容及要求

- 掌握天然气蒸汽转化制合成气的工艺原理、工艺条件、工艺流程及主要设备；
- 掌握天然气制乙炔的工艺原理、工艺条件、工艺流程及主要设备。

4.1 天然气制合成气

合成气是以CO和H_2为主要组分的混合气，如图4-1所示，是合成液体燃料、甲醇、酸酐等多种产品的原料。合成气可由煤或焦炭、生物质等固体燃料气化产生，也可由天然气和石脑油等轻质烃类制取，还可由重油经部分氧化法生产。本章主要介绍天然气制合成气。天然气制合成气生产工艺是将天然气这一优质、清洁、环境友好的能源转化为合成气的过程。

4.1.1 天然气蒸汽转化过程工艺原理

因为天然气中甲烷含量在90%以上，而甲烷在烷烃中是热力学最稳定的，其他烃类较易反应，因此在讨论天然气制合成气过程时，只需考虑甲烷与水蒸气的反应。如原料为各种气态烃的混合物（如拔顶气，即由炼油厂初馏塔塔顶分出的气体混合物等），除甲烷以外还有C_2H_6、C_3H_8等其他高级烷烃，在进行蒸汽转化的过程中，都是先生成甲烷后再与水蒸气发生反应，且在高温条件下，这些高级烃类与水蒸气反应的平衡常数都非常大，可以认为高级烃的转化反应是完全的，有的原料还含有微量烯烃，在有氢气的条件下先转化为烷烃，再进行上述反应。因此，气态烃的蒸汽转化过程可用甲烷蒸汽转化来代表。

4.1.1.1 甲烷水蒸气转化反应和化学平衡

甲烷水蒸气转化过程的主要反应有：

$$CH_4+H_2O \rightleftharpoons CO+3H_2 \quad \Delta H_{298}^{\ominus}=206kJ/mol \tag{4-1}$$

$$CH_4+2H_2O \rightleftharpoons CO+4H_2 \quad \Delta H_{298}^{\ominus}=165kJ/mol \tag{4-2}$$

$$CO+H_2O \rightleftharpoons CO_2+H_2 \quad \Delta H_{298}^{\ominus}=-41.2kJ/mol \tag{4-3}$$

可能发生的副反应主要是析碳反应，它们是：

$$CH_4 \rightleftharpoons C+2H_2 \quad \Delta H_{298}^{\ominus}=74.9kJ/mol \tag{4-4}$$

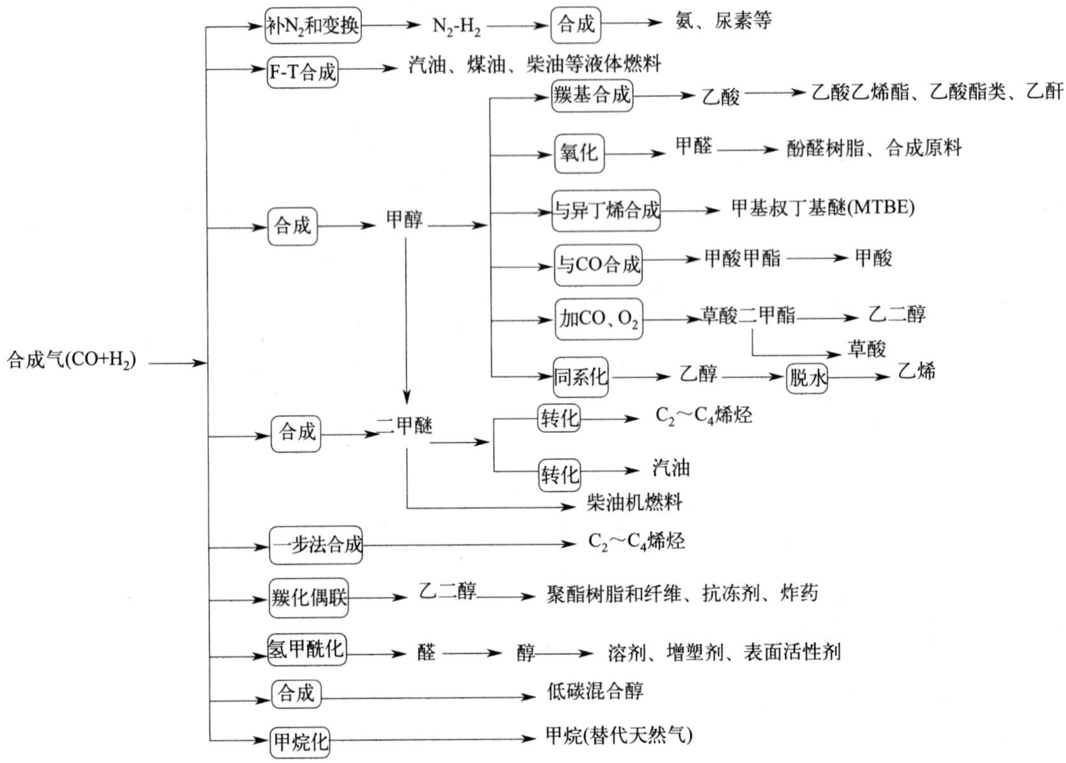

图 4-1　由合成气为原料生产的主要化工产品

$$2CO \rightleftharpoons C+CO_2 \quad \Delta H_{298}^{\ominus}=-172.5\text{kJ/mol} \tag{4-5}$$

$$CO+H_2 \rightleftharpoons C+H_2O \quad \Delta H_{298}^{\ominus}=-131.4\text{kJ/mol} \tag{4-6}$$

以上列举的主反应和副反应均是可逆反应。其中，甲烷水蒸气转化主反应式(4-1)、式(4-2) 是强吸热的，甲烷裂解副反应式(4-4) 也是吸热的，其余为放热反应。

甲烷水蒸气转化反应必须在催化剂存在下才有足够的反应速率。倘若操作条件不适当，析碳反应严重，生成的碳会覆盖在催化剂内外表面，致使催化活性降低，反应速率下降。析碳更严重时，床层堵塞，阻力增加，催化剂毛细孔内的碳遇水蒸气会剧烈汽化，致使催化剂崩裂或粉化，迫使停工，经济损失巨大。所以，对于烃类蒸汽转化过程要特别注意防止析碳。

现在暂且不考虑副反应来讨论主反应的化学平衡。CO、H_2、CH_4、H_2O、CO_2 5 种物质由 C、H、O 3 种元素组成，因此 3 个主反应中只有其中 2 个是独立的，通常认为反应式(4-1) 和式(4-3) 是独立反应，式(4-2) 是这两个反应加和的结果。反应达平衡时，产物含量达到最大值，而反应物含量达最小值。列出这两个独立反应的化学平衡常数式再加上物料衡算式，联立求解此方程，就可以计算出平衡组成（一般用摩尔分数表示）。

反应式(4-1) 的平衡常数式为式(4-7)：

$$K_{p_1}=\frac{p(CO)p^3(H_2)}{p(CH_4)p(H_2O)} \tag{4-7}$$

式中，K_{p_1} 为甲烷与水蒸气转化生成 CO 和 H_2 的平衡常数；$p(CO)$、$p(H_2)$、p

(CH_4)、$p(H_2O)$ 分别为 CO、H_2、CH_4、H_2O 的平衡分压。

反应式(4-3) 的平衡常数式为式(4-8)：

$$K_{p_2}=\frac{p(CO_2)p(H_2)}{p(CO)p(H_2O)} \tag{4-8}$$

式中，K_{p_2} 为一氧化碳变换反应的平衡常数；$p(CO_2)$、$p(H_2)$、$p(CO)$、$p(H_2O)$ 分别为 CO_2、H_2、CO、H_2O 的平衡分压。

在压力不太高时，K_p 仅是温度的函数。表 4-1 列出了不同温度时上述两个反应的平衡常数。

表 4-1 甲烷水蒸气反应和一氧化碳变换反应的平衡常数

温度/℃	$CH_4+H_2O \rightleftharpoons CO+3H_2$	$CO+H_2O \rightleftharpoons CO_2+H_2$
	$K_{p_1}=\frac{p(CO)p^3(H_2)}{p(CH_4)p(H_2O)}$	$K_{p_2}=\frac{p(CO_2)p(H_2)}{p(CO)p(H_2O)}$
200	4.614×10^{-12}	227.9
220	—	150.9
250	8.397×10^{-10}	86.5
270	—	61.9
300	6.378×10^{-8}	39.22
350	2.483×10^{-6}	20.34
450	8.714×10^{-4}	7.31
550	7.714×10^{-2}	3.434
650	2.686	1.923
700	1.214×10	1.519
800	1.664×10^{2}	1.051
900	1.440×10^{3}	0.733
1000	9.100×10^{3}	0.542

注：此表摘自南京化工研究院翻译的《合成氨催化剂手册》(ICI 公司 1970 年出版)；分压单位为 atm(1atm＝0.101325MPa)。

有时平衡常数与温度的关系也可用公式表达，由这些公式也可求出某温度下的平衡常数。

例如，反应式(4-1) 的 K_{p_1} 和反应式(4-3) 的 K_{p_2} 的公式分别为：

$$\lg K_{p_1}=-\frac{9874}{(T/K)}+7.141\lg(T/K)-0.00188(T/K)+9.4\times10^{3}(T/K)^2-8.64 \tag{4-9}$$

$$\lg K_{p_2}=\frac{2059}{(T/K)}-1.5904\lg(T/K)+1.817\times10^{-3}(T/K)-5.65\times10^{-7}(T/K)^2+8.24\times10^{-11}(T/K)^3+1.531 \tag{4-10}$$

各组分的平衡分压和平衡组成要用平衡时的物料衡算来计算。若反应前体系中组分 CH_4、CO、CO_2、H_2O、H_2、N_2 的物质的量 (mol) 分别为 $n(CH_4)$、$n(CO)$、$n(CO_2)$、$n(H_2O)$、$n(H_2)$、$n(N_2)$，设平衡时 CH_4 反应式(4-1) 的转化量 (mol) 为 n_x，CO 反应式(4-3) 的转化量为 n_y，总压为 p (绝对压力)。

组分 i 的摩尔分数 y_i 和分压 p_i 分别为：

$$y_i=\frac{n_i}{\sum n_i} \tag{4-11}$$

$$p_i = y_i p = \left(\frac{n_i}{\sum n_i}\right) p \tag{4-12}$$

式中，n_i 为组分 i 的物质的量，mol。

根据物料衡算可计算出反应后各组分的组成和分压，见表 4-2 所列。若反应达平衡，该表中各项则代表各对应的平衡值，可将有关组分的分压代入式(4-9) 和式(4-10)，整理后得到

$$K_{p_1} = \frac{[n(CO)+n_x-n_y][n(H_2)+3n_x+n_y]^3}{[n(CH_4)-n_x][n(H_2O)-n_x-n_y]} \times \frac{p^2}{(\sum n_i+2n_x)^2} \tag{4-13}$$

$$K_{p_2} = \frac{[n(CO_2)+n_y][n(H_2)+3n_x+n_y]}{[n(CO)+n_x-n_y][n(H_2O)-n_x-n_y]} \tag{4-14}$$

表 4-2　气体在反应后各组分和分压

组分	反应前物质的量	反应后		
		物质的量	摩尔分数	分压
CH_4	$n(CH_4)$	$n(CH_4)-n_x$	$\frac{n(CH_4)-n_x}{(\sum n_i)+2n_x}$	$\frac{n(CH_4)-n_x}{(\sum n_i)+2n_x}p$
CO	$n(CO)$	$n(CO)+n_x-n_y$	$\frac{n(CO)+n_x-n_y}{(\sum n_i)+2n_x}$	$\frac{n(CO)+n_x-n_y}{(\sum n_i)+2n_x}p$
CO_2	$n(CO_2)$	$n(CO_2)+n_y$	$\frac{n(CO_2)+n_y}{(\sum n_i)+2n_x}$	$\frac{n(CO_2)+n_y}{(\sum n_i)+2n_x}p$
H_2O	$n(H_2O)$	$n(H_2O)-n_x-n_y$	$\frac{n(H_2O)-n_x-n_y}{(\sum n_i)+2n_x}$	$\frac{n(H_2O)-n_x-n_y}{(\sum n_i)+2n_x}p$
H_2	$n(H_2)$	$n(H_2)+3n_x+n_y$	$\frac{n(H_2)+3n_x+n_y}{(\sum n_i)+2n_x}$	$\frac{n(H_2)+3n_x+n_y}{(\sum n_i)+2n_x}p$
N_2	$n(N_2)$	$n(N_2)$	$\frac{n(N_2)}{(\sum n_i)+2n_x}$	$\frac{n(N_2)}{(\sum n_i)+2n_x}p$
总计	$\sum n_i$	$(\sum n_i)+2n_x$	1	p

根据反应温度查出或求出 K_{p_1} 和 K_{p_2}，再将总压和气体的初始组成代入式(4-13) 和式(4-14) 两式，解出 n_x 和 n_y，那么，平衡组成和平衡分压即可求出。平衡组成是反应达到的极限，实际反应距平衡总是有一定距离的，通过对一定条件下实际组成与平衡组成的比较，可以判断反应速率快慢或催化剂活性的高低。在相同反应时间内，催化剂活性越高，实际组成越接近平衡组成。

平衡组成与温度、压力及初始组成有关，图 4-2 显示了 CH_4、CO 及 CO_2 的平衡组成与温度、压力及水碳比（H_2O/CH_4 物质的量比）的关系，H_2 的平衡组成可根据组成约束关系（式$\sum y_i=1$）求出。

下面分析在什么情况下会有碳析出，如何避免或尽量减少析碳的可能性。三个析碳反应也是可逆的，见式(4-4)～式(4-6)，它们的平衡常数式分别为：

$$K_{p_3} = \frac{p^2(H_2)}{p(CH_4)} \tag{4-15}$$

$$K_{p_4} = \frac{p(CO_2)}{p^2(CO)} \tag{4-16}$$

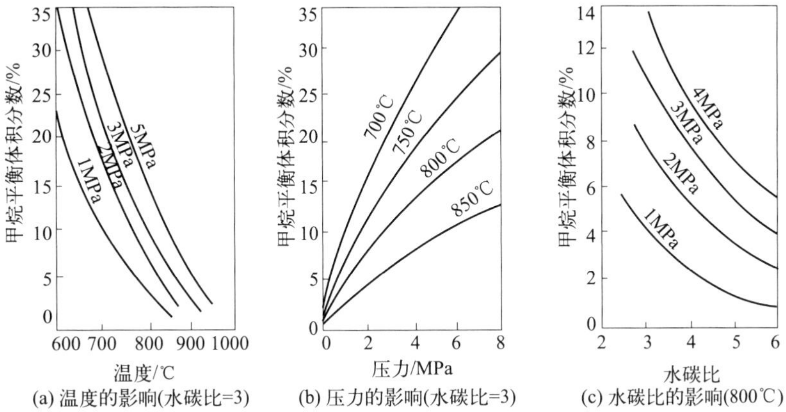

图 4-2 影响甲烷蒸汽转化平衡组成的因素

$$K_{p_5}=\frac{p(H_2O)}{p(H_2)p(CO)} \tag{4-17}$$

式中，K_{p_3}、K_{p_4}、K_{p_5} 为反应式(4-4)、式(4-5) 和式(4-6) 的平衡常数；$p(H_2)$、$p(CH_4)$、$p(CO_2)$、$p(CO)$ 和 $p(H_2O)$ 为各组分的平衡分压。

这些平衡常数与温度的关系列于表 4-3 和表 4-4。

表 4-3 反应式(4-4) 和式(4-5) 的平衡常数

温度/℃	K_{p_3}	K_{p_4}
327	0.01	5.35×10^5
427	0.1116	3.74×10^3
527	0.7087	9.108×10
627	3.077	5.193
727	10.17	0.5264
827	27.20	0.082
927	62.19	0.0175
1027	126.1	0.0048
1127	231.1	0.0016

注：各组分平衡分压的单位为 atm，1atm＝0.101325MPa。

表 4-4 反应式(4-6) 的平衡常数

温度/℃	600	800	1000	1200	1400
K_{p_5}	17370	21.4	0.354	0.0224	0.00316

注：平衡常数单位为 atm，1atm＝0.101325MPa。

由表 4-3 看，在高温下不利于还原析碳，却有利于碳被水蒸气所气化，温度越高、水蒸气比例越大，则越有利于消碳；如果气相中 H_2、CO_2 分压很大时，均有利于抑制析碳。由表 4-4 可知，高温有利于甲烷裂解析碳，不利于一氧化碳歧化析碳。

由热力学第二定律可知，在任何化学反应自发进行的过程中，反应自由焓总是减小的。自由焓变化可用下式表达：

$$\Delta G=-RT\ln K_p+RT\ln J_p=RT\ln(J_p/K_p) \tag{4-18}$$

式中，ΔG 为反应自由焓变化（亦即自由能变化）；T 为反应温度；R 为气体常数；K_p 为反应平衡常数；J_p 为反应体系中各组分的压力商（产物和反应物实际分压的关系）。

对于反应式(4-4)：

$$J_{p_3}=\frac{p^2(H_2)}{p(CH_4)} \tag{4-19}$$

对于反应式(4-5)：

$$J_{p_4}=\frac{p'(H_2O)}{p'(CO)p'(H_2)} \tag{4-20}$$

对于反应式(4-6)：

$$J_{p_5}=p'(H_2O)/p'(CO)p'(H_2) \tag{4-21}$$

式(4-19)～式(4-21)中各组分的分压均为体系在某指定状态时的实际分压，而非平衡分压。可由温度、压力查出 K_p，再根据指定组成和总压计算 J_p，最后由 J_p/K_p 是否小于 1 来判断该状态下有否析碳发生。

当 $J_p/K_p<1$ 时，由式(4-18) 可知，此时 $\Delta G<0$，反应自发向右进行，有析碳；当 $J_p/K_p=1$ 时，由式(4-18) 可知，此时 $\Delta G=0$，反应达平衡，是热力学析碳的边界；当 $J_p/K_p>1$ 时，由式(4-18) 可知，此时 $\Delta G>0$，反应不能自发进行，体系不析碳。

甲烷水蒸气转化体系中，水蒸气是一个重要组分，由各析碳反应生成的碳与水蒸气之间存在如式(4-22) 的平衡：

$$H_2O+C \rightleftharpoons CO+H_2 \tag{4-22}$$

通过热力学计算，可求得开始析碳时所对应的 H_2O/CH_4 物质的量比，称为热力学最小水碳比。不同温度、压力下有不同的热力学最小水碳比。

综上所述，影响甲烷水蒸气转化反应平衡的主要因素有温度、水碳比和压力。

（1）温度的影响

甲烷与水蒸气反应生成 CO 和 H_2 是吸热的可逆反应，高温对平衡有利，即 H_2 及 CO 的平衡产率高，CH_4 平衡含量低。一般情况下，当温度提高 10℃，甲烷的平衡含量可降低 1%～1.3%。高温对一氧化碳变换反应的平衡不利，可以少生成二氧化碳，而且高温也会抑制一氧化碳歧化和还原析碳的副反应。但是，温度过高，会有利于甲烷裂解，当高于 700℃ 时，甲烷均相裂解速率很快，会大量析出碳，并沉积在催化剂和器壁上。

（2）水碳比的影响

水碳比对于甲烷转化影响重大，高的水碳比有利于甲烷的蒸汽重整反应，在 800℃、2MPa 条件下，水碳比由 3 提高到 4 时，甲烷平衡含量由 8%降至 5%，可见水碳比对甲烷平衡含量影响是很大的。同时，高水碳比也有利于抑制析碳副反应。

（3）压力的影响

甲烷蒸汽转化反应是体积增大的反应，低压有利于平衡，当温度为 800℃、水碳比为 4 时，压力由 2MPa 降低到 1MPa 时，甲烷平衡含量由 5%降至 2.5%。低压也可抑制一氧化碳的两个析碳反应，但是低压对甲烷裂解析碳反应平衡有利，适当加压可抑制甲烷裂解。压力对一氧化碳变换反应平衡无影响。

总之，从反应平衡考虑，甲烷水蒸气转化过程应该用适当的高温、稍低的压力和高水碳比。

4.1.1.2 甲烷蒸汽转化反应的动力学分析

(1) 动力学方程式

由于甲烷蒸汽转化过程比较复杂，迄今还没有一个公认的甲烷蒸汽转化反应的动力学方程式。但从已发表的几种表达式不同的动力学方程（表 4-5）来看，甲烷的反应级数为一级这点是一致的。

表 4-5 甲烷蒸汽转化反应的动力学方程

序号	反应动力学方程	催化剂	压力/MPa	温度/℃
1	$r=k\dfrac{p(CH_4)p(H_2O)}{10p(H_2)+p(H_2O)}$	Ni-Al_2O_3	0.1	400～700
2	$r=kp(CH_4)$	Ni	0.1	340～640
3	$r=k\dfrac{p(CH_4)}{1+\alpha\dfrac{p(H_2O)}{p(H_2)}+bp(CO)}$	Ni	0.1	800～900
4	$r=k\dfrac{p(CH_4)}{p^{0.5}(H_2O)}$	Ni-Al_2O_3		
5	$r=kp(CH_4)$	Z-105	0.1～2.6	600～850
6	$r=kp(CH_4)p(H_2O)$	Z-105	3.0	650～800

(2) 扩散作用对甲烷蒸汽转化反应的影响

对于甲烷蒸汽转化这种气固催化反应，气体的扩散速率对反应速率有显著的影响。经研究发现，在工业反应条件下，外扩散的影响较小，而内扩散有显著影响。图 4-3 表明，随着催化剂粒度增大，反应速率和催化剂内表面利用率明显降低，这也表明了内扩散所起的作用。因此，工业生产中采用较小的催化剂颗粒或将催化剂制成环状或带槽沟的圆柱状都将会提高转化反应的速率。

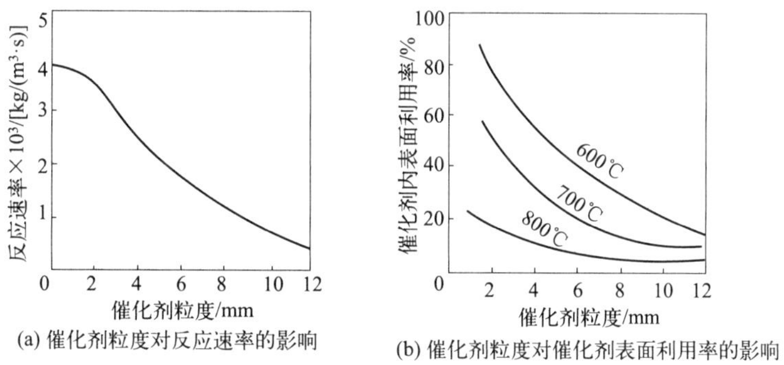

图 4-3 甲烷蒸汽转化时催化剂粒度的影响

(3) 过程析碳及处理

在工业生产中特别要注意，在转化反应的同时可能会有反应式(4-4)、反应式(4-5) 和反应式(4-6) 的析碳反应发生。这些副反应生成炭黑，会覆盖在催化剂表面，堵塞微孔，使甲烷转化率下降，出口气体中残余甲烷增多，同时使局部反应区产生过热而缩短反应管使用寿命，甚至还会使催化剂粉碎而增大床层阻力。

从热力学分析可知，反应式(4-4)为吸热、体积增加的可逆反应，反应式(4-5)和反应式(4-6)为放热、体积缩小的可逆反应，因此温度和压力对上述反应的析碳有不同影响。为控制析碳，主要通过增加水蒸气用量以调整气体组成和选择适当的温度、压力来解决。

动力学研究表明，上述3个反应都是可逆反应，在转化过程中是否有碳析出，还取决于碳的沉积（正反应）速率和脱除（逆反应）速率。从碳的沉积速率看，CO歧化反应式（4-5）生碳速率最快；从碳的脱除速率看，对于高活性催化剂，碳与水蒸气的反应，即反应式(4-6)的逆反应速率最快，且碳与二氧化碳作用，即反应式（4-5）的逆反应速率比其正反应速率快10倍左右。因此，从动力学分析可知，只有用低活性催化剂时才存在析碳问题。

防止析碳的主要措施是适当提高水蒸气用量，选择适宜的催化剂并保持活性良好，控制含烃原料的预热温度不要太高等。生产中出现析碳的部位常在距离反应管进口30%～40%的一段，这是由于该段甲烷浓度和温度都较高，析碳反应速率大于脱除碳速率，因而有碳析出。由于碳沉积在催化剂表面，有碍甲烷蒸汽转化反应进行，因而在管壁会出现高温区，称为“热带”。可通过观察管壁颜色，或由反应管阻力变化加以判断。若已有析碳，可采取提高水蒸气用量、降压、减量的办法将其除去。当析碳较重时，可停止送原料气，保留蒸汽，提高床层温度，利用反应式（4-6）的逆反应除碳，也可采用空气与蒸汽的混合物“烧碳”。

（4）气态烃类蒸汽转化催化剂

烃类蒸汽转化是吸热可逆反应，高温对反应有利。但即使在1000℃的温度下反应速率也很慢，必须用催化剂来加快反应。烃类蒸汽转化催化剂要求耐高温性能好、活性高、强度好、抗析碳性能优。从技术经济上综合考虑，目前工业转化催化剂都采用镍催化剂，镍是其唯一的活性组分。在制备好的镍催化剂中，镍是以NiO状态存在，体积分数以4%～30%为宜。一般含镍量高的催化剂活性也高。为使镍晶体尽量分散，达到较大的比表面积并阻止镍晶体的熔结，常用Al_2O_3、MgO、CaO等作为载体，这些组分同时还有助催化作用，可进一步改善催化剂的性能。

制备好的镍催化剂中镍通常以NiO的形式存在，没有催化活性，使用前必须进行还原。工业生产中，常用的还原剂有氢气加水蒸气或甲烷加水蒸气。加入水蒸气是为了提高还原气流的气速，促使气流分布均匀，同时抑制烃类的裂解。为保证还原彻底，还原温度以高一些为好，一般控制在高于转化的温度。已还原的活性镍催化剂在设备停车或开炉检查时，为防止被氧化剂（水蒸气或氧气）迅速氧化而放热熔结，应当有控制地让其缓慢降温和氧化。

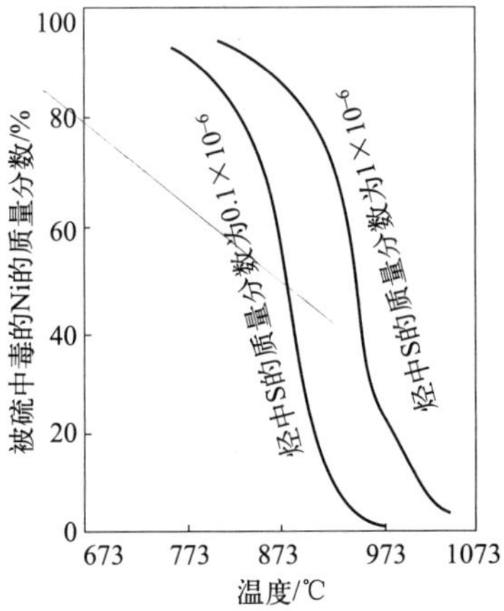

图4-4　硫对镍催化剂的毒害作用

还原的活性镍催化剂对硫、卤素和砷等毒物很敏感。硫对镍的中毒属于可逆的暂时性中毒，已中毒的催化剂，只要使原料中含硫量降到规定的标准以下，催化剂的活性就可以完全恢复。硫对镍催化剂的毒害作用如图4-4所示。卤素也是镍催化剂的有害毒物，其作用与硫相似，也是属于可逆性中毒。但砷中毒属于不可逆的永久性中毒，在砷中毒严重时必须更换催化剂。通常要求原料气中硫、卤素和砷的质量分数必须小于 0.5×10^{-6}。

4.1.2 甲烷蒸汽转化的生产方式

4.1.2.1 甲烷蒸汽转化的二段转化

甲烷蒸汽转化常在加压下进行，一般要求转化气中甲烷少于 0.5%。要使甲烷有高的转化率，需采用较高的转化温度，通常在 1000℃以上，而目前耐热合金钢管还只能达到 800～900℃。因此甲烷蒸汽转化时，生产上采用二段转化。

一段转化炉温度在 600～800℃，二段转化炉温度在 1000～1200℃。从一段转化炉出来的转化气掺和一些加压空气后进入装有催化剂的二段转化炉，配入空气使带入的氮气在最终转化气中达到 $n(CO+H_2):n(N_2)=3\sim3.1$ 的要求。在二段转化炉中发生的是部分氧化反应。由于氢气与氧气之间有极快的反应速率，首先发生的是氢气与氧气的燃烧反应，使氧气在催化剂床层上的空间就差不多全部被氢气消耗，反应释放出的热量迅速提高炉内的转化温度，使温度高达 1200℃以上。随即在催化剂床层进行甲烷和一氧化碳与蒸汽的转化反应。二段转化炉相当于绝热反应器，总过程是自热平衡的。二段转化炉内的温度、压力对转化气中残余甲烷含量的影响如图 4-5 所示。由于二段转化炉中反应温度超过 1000℃，即使在稍高的转化压力下，甲烷也可转化得相当完全。

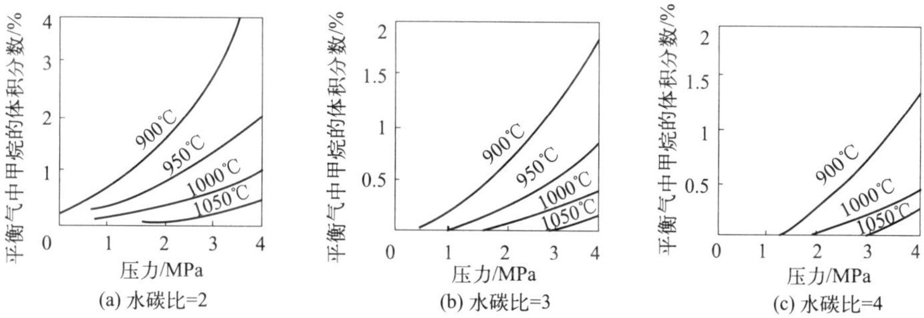

图 4-5 甲烷蒸汽转化时二段转化的影响因素

4.1.2.2 甲烷蒸汽转化的工艺条件

工艺条件对转化反应及平衡组成有明显的影响。在原料一定的条件下，平衡组成主要由温度、压力和水碳比决定。反应速率还受催化剂的影响。此外，空间速度决定反应时间，从而影响转化气的实际组成。

（1）压力

升高压力对体积增加的甲烷转化反应不利，平衡转化率随压力的升高而降低。但工业生产中，转化反应一般都在 2～4MPa 的加压条件下进行，其原因主要有以下几点：

① 烃类蒸汽转化是体积增加的反应，而气体压缩功是与体积成正比的，因此压缩原料气要比压缩转化气更节省压缩功。

② 由于转化是在过量水蒸气条件下进行，经 CO 变换冷却后，可回收原料气大量余热。其中水蒸气冷凝热占很大比重。压力越高，水蒸气分压也越高，其冷凝温度也越高，利用价

值和热效率也较高。

③ 由于蒸汽转化加压后，变换、脱碳到氢氮混合气压缩机以前的全部设备的操作压力都随之提高，可减小设备体积，降低设备投资费用。

④ 加压情况下可提高转化反应和变换反应的速率，减少催化剂用量和反应器体积。

（2）温度

一般来说，升高温度能加快反应速率，有利于甲烷转化反应（吸热）。但工业生产中，操作温度还应考虑生产过程的要求、催化剂的特征和转化炉材料的耐热能力等。提高一段转化炉的反应温度，可以降低一段转化气中的剩余甲烷体积分数。但因受转化反应管材料耐热性能的限制，一段转化炉出口温度不能过高，否则将大大缩短炉管的使用寿命。目前一般使用 HK-40 高镍铬离心浇铸合金钢管，使用温度限制在 700～800℃。

二段炉出口温度不受金属材料限制，主要依据转化气中的残余甲烷体积分数设计。如果要求二段炉出口气体中甲烷的体积分数小于 0.5%，出口温度应在 1000℃左右。工业生产表明，一、二段转化炉出口温度都比出口气体组成相对应的平衡温度高，出口温度与平衡温度之差称为“平衡温距”ΔT，即：

$$\Delta T = T - T_e \tag{4-23}$$

式中，T 为实际出口温度；T_e 为与出口气体组成相对应的平衡温度。

平衡温距 ΔT 与催化剂活性和操作条件有关，其值越低，实际温度越接近平衡温度，说明催化剂的活性越好。工业设计中，一、二段转化炉平衡温距通常分别为 10～15℃ 和 15～30℃。

（3）原料配料中的水碳比

增大原料气中的水碳比，对转化反应和变换反应均有利，且防止析碳副反应的发生。但蒸汽耗量加大，增大了气流总量和热负荷。过高的水碳比，不仅不经济，而且使炉管的工作条件（热流密度和流体阻力）恶化。工业上比较适宜的水碳比为 3～4，并视其他条件和转化条件而定。

（4）空间速度

气态烃类催化转化的空间速度有以下几种表示方式：

① 原料气空速　以干气或湿气为基准，每立方米催化剂每小时通过的含烃原料的标准立方米数。

② 碳空速　以碳数为基准，将含烃原料中所有烃类的碳数都折算为甲烷的碳数，即每立方米催化剂每小时通过甲烷的标准立方米数。

③ 理论氢空速　假设含烃原料全部转化为氢，理论氢空速是指每立方米催化剂每小时通过理论氢的标准立方米数。

空间速度表示催化剂处理原料气的能力。催化剂活性高，反应速率快，空速可以大些。在保证出口转化率达到要求的情况下，提高空速可以增大产量，但同时也会增大流体阻力和炉管的热负荷。因此，空速的确定应综合考虑各种因素。图 4-6、图 4-7 给出了一、二段转化炉空速与压力的关系。

一般来说，一段转化炉不同炉型采用的空速有很大差异。二段转化炉为保证转化气中残余甲烷含量在催化剂使用的后期仍能符合要求，空速应该选择低一些。

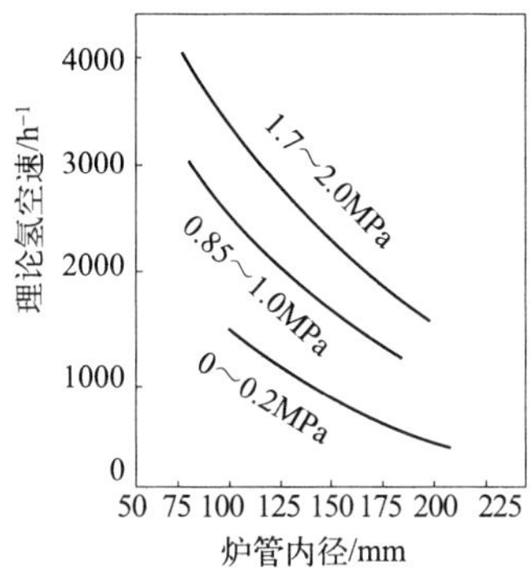

图 4-6　一段转化炉空速与压力的关系

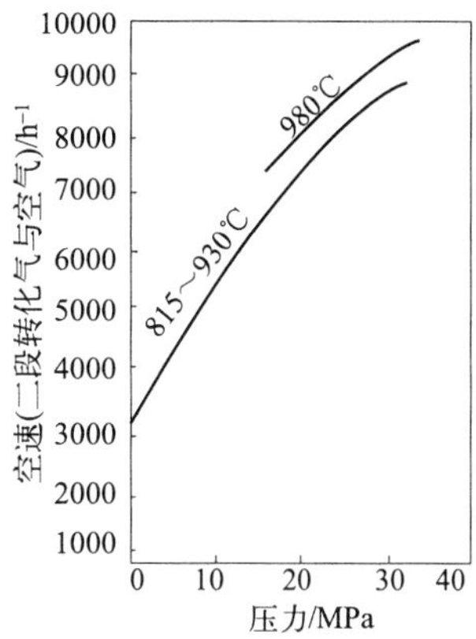

图 4-7　二段转化炉空速与压力的关系

4.1.2.3　工艺流程

目前采用的甲烷蒸汽转化法有美国凯洛格法、英国帝国化学公司 ICI 法、丹麦托普索法等。除一段转化炉和烧嘴结构不同外，其余均大同小异，包括一、二段转化炉，原料预热和余热回收。现在以凯洛格法流程为例做介绍，其流程图如图 4-8 所示。

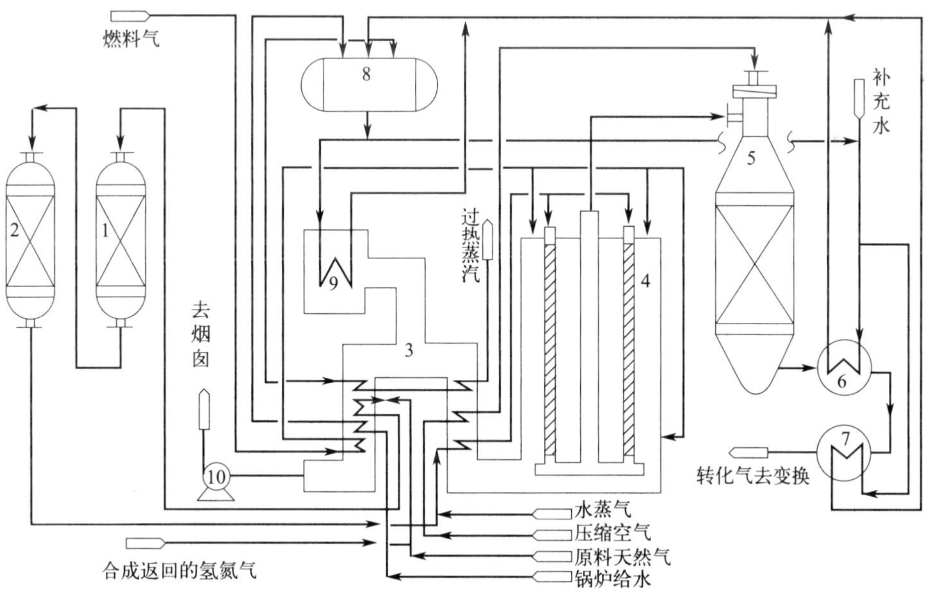

图 4-8　天然气蒸汽转化工艺流程

1—钴-钼加氢反应器；2—氧化锌脱硫罐；3—对流段；4—辐射段（一段炉）；5—二段转化炉；6—第一废热锅炉；7—第二废热锅炉；8—汽包；9—辅助锅炉；10—排风机

天然气经脱硫后，硫的质量分数小于 0.5×10^{-6}，然后在压力 3.6MPa、温度 380℃左右配入中压蒸汽，达到一定的水碳比（约 3.5），进入一段转化炉的对流段预热到 500～520℃，然后送到一段转化炉的辐射段顶部，分配进入各反应管，从上而下流经催化剂层。转化管直径一般为 80～150mm，加热段长度为 6～12m。气体在转化管内进行蒸汽转化反应，从各转化管出来的气体由底部汇集到集气管，再沿集气管中间的上升管上升，温度升到850～860℃时，送去二段转化炉。

空气经过加压到3.3～3.5MPa，配入少量水蒸气，并在一段转化炉的对流段预热到450℃左右，进入二段炉顶部与一段转化气汇合并燃烧，使温度升至1200℃左右，再通过催化剂层，出二段炉的气体温度为1000℃，压力为3.0MPa，残余甲烷体积分数在0.3%左右。

从二段炉出来的转化气依次送入2台串联的废热锅炉以回收热量，产生蒸汽。从第二废热锅炉出来的气体温度约为370℃，送往变换工序。燃烧天然气从辐射段顶部喷嘴喷入并燃烧，烟道气的流动方向自上而下，与管内的气体流向一致。离开辐射段的烟道气温度在1000℃以上。进入对流段后，依次流过混合原料气、空气、蒸汽、原料天然气、锅炉水和燃烧天然气各个盘管，温度降到250℃时，用排风机排往大气。

为了平衡全厂蒸汽用量而设置的一台辅助锅炉，也是以天然气为燃料，烟道气在一段炉对流段的中央位置加入，因此与一段炉共用一半对流段、一台排风机和一个烟囱。辅助锅炉和几台废热锅炉共用一个汽包，产生10.5MPa的高压蒸汽。

4.1.2.4 主要设备

（1）一段转化炉

一段转化炉是烃类蒸汽转化的关键设备。其基本结构由包括有若干根反应管与烧嘴、炉膛的辐射段以及回收热量的对流段组成。由于反应管长期处于高温、高压和气体腐蚀的条件下，需采用耐热的合金钢管，因此造价昂贵。整个转化炉的投资约占全厂的30%，而反应管的投资则为转化炉的一半。

工业上使用的一段转化炉有多种形式，例如侧壁烧嘴一段转化炉（图4-9）、顶部烧嘴方箱转化炉（图4-10）、梯台炉和圆筒炉等。它们的结构形式不同，但工作原理基本一致，反应管竖排在炉膛内，管内装催化剂，含烃气体和水蒸气的混合物由炉顶进入自上而下进行反应。管外炉膛设有烧嘴，燃烧产生的热量以辐射方式传给管壁。

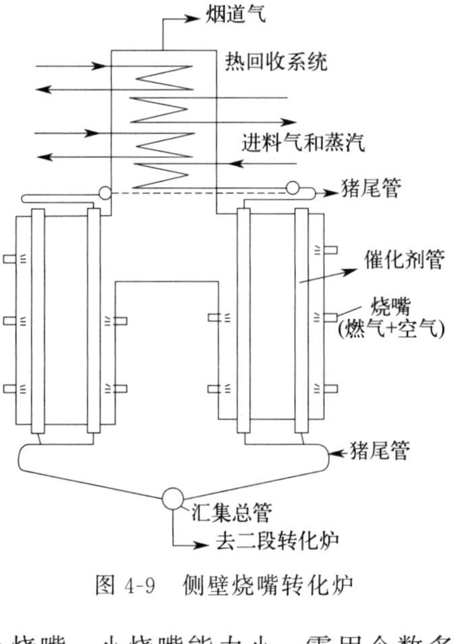

图4-9　侧壁烧嘴转化炉

一台大型天然气转化炉具有多达400多根以上的反应管，管子分列几排至10排，每排并联几十根，由总管、支管、分气管（又称猪尾管）和集气管把它们联结起来，形成一个整体。反应管很长，但直径较小，这样有利于传热。常见反应管的内径为71～122mm，总长6～12m。

烧嘴的结构形式也多，根据炉子的形式和要求的不同，可以采用大容量烧嘴或小容量烧嘴。大烧嘴燃烧发热量大，需用个数少，一般3～4根反应管配一个烧嘴。小烧嘴能力小，需用个数多，一根反应管需配2～3个烧嘴。大烧嘴一般带有较长火焰的火炬烧嘴，而小烧嘴多为无焰板式或碗式烧嘴。

在对流段，烟道内设有几组换热盘管。蒸汽与原料等被加热介质按照一定的顺序在各组盘管中被加热。各组换热器的排列次序取决于被加热物料的温度要求。如果安排合理，系统的有效能利用最好，热回收效果佳。

（2）二段转化炉

二段转化炉是在1000℃以上高温下把残余的甲烷进一步转化，它是合成氨生产中温度最高的催化反应过程。另外，在这一段里，因加入空气燃烧一部分转化气，可能会出现转化气和空气混合不均匀导致超温，温度有时高达2000℃，因此要求二段转化炉有相应结构，以免温度过高烧熔催化剂（镍熔点1455℃）和毁坏衬里。

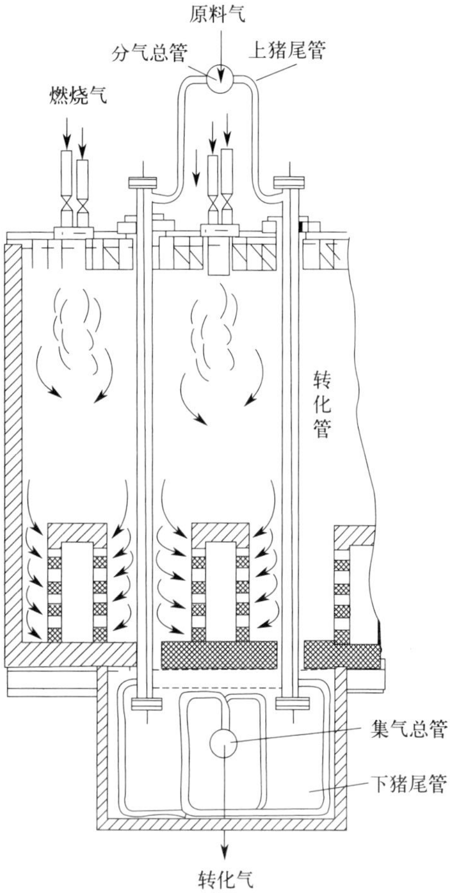

图 4-10 顶部烧嘴方箱转化炉

二段转化炉为一立式圆筒，壳体材质是碳钢，内衬耐火材料，炉外有水夹套。图 4-11(a) 为凯洛格型二段转化炉，图 4-11(b) 为空气分布器。

一段转化气从顶部的侧壁进入炉内，空气从炉顶直接进入空气分布器。空气分布器为夹层式，如图 4-11(b) 所示，由不锈钢制成，外面喷镀有抗高温材料。空气先通过夹层，从内层底部的中心孔进到里层，再由喷头上的3排50个小管喷出，空气流过夹层对喷头表面和小管有冷却作用。空气从小管喷出后，立即与一段转化气混合燃烧，温度高达1200℃，然后高温气体自上而下经过催化剂床层，甲烷在此与水蒸气反应。为了避免燃烧区的火焰直接冲击催化剂，在床层之上铺上一层六角形耐火砖，其耐火温度可高达1870℃，中间的37块砖无孔，其余每块砖上开有$\phi 9.5$mm小孔9个。炉外的水夹套是为了防止外壳超温。除这种办法外，还可以在壳体外刷变色油漆，当耐火衬里被破坏时，温度升到一定程度，颜色发生相应改变，即说明炉内该处衬里已失效，以便及时采取相应的措施。

4.1.3 粗合成气的净化

无论用何种方法生产出的粗合成气，都含有一定数量的二氧化碳、一氧化碳、硫化物等对合成反应不利的成分，在进入下游反应工段之前都必须除去。

4.1.3.1 粗合成气的脱硫

粗合成气中的硫化物主要是硫化氢，其次是有机硫。它们的存在能够使各种催化剂中毒，且腐蚀管道设备，所以在进一步加工之前，必须先进行脱硫。

随着科学技术的发展，脱硫的方法日益增多，根据脱硫剂的物理形态，可分为干法脱硫和湿法脱硫两种，而干法脱硫和湿法脱硫又可分为若干类，如表 4-6 所示。一般来说，有机硫的脱除以干法为主，为使总硫精脱到1×10^{-6}以下，只能用干法（如ZnO法）；原料气中H_2S含量低而含CO_2较高时，可选用改良ADA湿法；H_2S、CO_2含量高，选用物理吸收法（如低温甲醇洗涤法）；原料气中H_2S高达30～45g/m^3，可选用乙醇胺脱硫法。

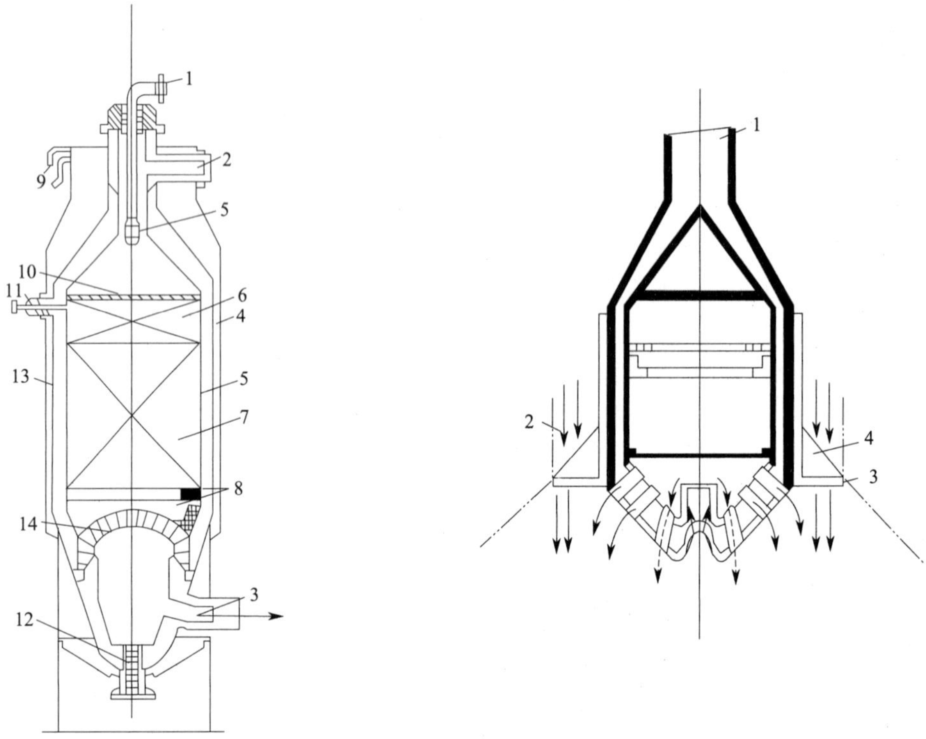

(a) 凯洛格型二段转化炉

1—空气蒸汽入口；2—一段转化气；3—二段转化气；4—壳体；
5—耐火材料衬里；6—耐高温的铬基催化剂；7—转化催化剂；
8—耐火球；9—夹套溢流水；10—六角形砖；11—温度计套管；
12—人孔；13—水夹套；14—拱形砌体

(b) 夹层式空气分布器

1—空气蒸汽入口；2—一段转化气；
3—多孔形环板；4—筋板

图 4-11　甲烷二段转化炉结构示意图

(1) 干法脱硫

干法脱硫是用固体吸收剂吸收粗合成气中的硫化物，一般只有当粗合成气中硫化氢质量浓度不高，标准状态下在 $3\sim5g/m^3$ 才适用。常用的干法脱硫有氧化锌脱硫法、钴-钼加氢脱硫法等。

① 氧化锌脱硫法　以氧化锌为脱硫剂的干法脱硫，是近代合成氨厂广泛采用的精细脱硫的方法，可脱除无机硫和有机硫，脱硫反应为：

$$ZnO+H_2S \rightleftharpoons ZnS+H_2O \tag{4-24}$$

$$ZnO+C_2H_5SH \rightleftharpoons ZnS+C_2H_5OH \tag{4-25}$$

$$ZnO+C_2H_5SH \rightleftharpoons ZnS+C_2H_4+H_2O \tag{4-26}$$

表 4-6　合成氨原料气脱硫的方法概况

方法		脱硫剂(催化剂)	脱硫条件(硫容)	再生方法	脱硫程度
湿法	砷碱法	As_2O_3 和 Na_2CO_3 溶液	常压，38～42℃，$w(CO_2)$为 15%以下，pH 为 7.5～8	鼓空气	约 100×10^{-6}(净制气)
	改良砷碱(CV)法	As_2O_3 和 As_2O_5 的 Na_2CO_3 的溶液	常温～150℃，常压～7.5MPa，CO_2 高低均可(气体中 H_2S 为 $4\sim5kg/m^3$)	鼓空气	$<2\times10^{-6}$

续表

方法		脱硫剂(催化剂)	脱硫条件(硫容)	再生方法	脱硫程度
湿法	蒽醌二磺酸钠(ADA)法	Na_2CO_3,ADA($NaVO_3$、酒石酸钾、钠酒石酸)	常压～2MPa,15～45℃,气体中 H_2S 为 3～5g/m^3	鼓空气	$10\times10^{-6}\sim20\times10^{-6}$
	氨水碱化法	氨水(对苯二酚)-乙醇胺(MEA)	常温常压,pH 为 8.8(气体中 H_2S 小于 0.5kg/m^3),常压～2MPa,25～40℃	鼓空气	$50\times10^{-6}\sim100\times10^{-6}$ $2\times10^{-6}\sim10\times10^{-6}$
	萘醌法	Na_2CO_3(1,4-萘醌)	常温常压,pH 为 8.4(气体中 H_2S 小于 0.1kg/m^3)	鼓空气	约 30×10^{-6}
	乙醇胺法	二乙醇胺(DEA)的 15%水溶液	适用于低 CO_2(1.6%以下)高 H_2S 气体	加热到 105℃	
	二异丙醇法	二异丙醇胺(ADIP)的 15%～30%水溶液	40℃以下,常压～2.5MPa	加热	$<10\times10^{-6}$
	环丁砜法	环丁砜+乙醇胺	加压(约 4MPa)常温	加热(127℃)	$<5\times10^{-6}$
干法	分子筛法	分子筛	常压～4MPa,20～90℃	蒸汽再生	0.4×10^{-6}
	锰矿法	锰矿还原成 MnO	常压,400℃,可脱有机硫(10%)	不回收	$<3\times10^{-6}$
	活性炭法	活性炭	20～50℃,常压～3MPa,活性炭吸附 H_2S 并使其分解	多硫化铵液浸取	1×10^{-6}
	氧化锌法	ZnO	250～400℃,常压或加压,常与钴-钼加氢配合,可脱有机硫(15%～30%)	不可回收	$0.5\times10^{-6}\sim1\times10^{-6}$
	氢氧化铁法	褐铁矿、氧化铁屑	常压～2MPa,常温(不再生时,0.50kg/kg 活性氧化铁;再生时 2.5kg/kg),脱有机硫,用 400℃	加水,露于空气再生或不再生	$1\times10^{-6}\sim2\times10^{-6}$

有氢存在时，有些有机硫化物先转化成硫化氢，再被氧化锌吸收。

$$CS_2+4H_2 \rightleftharpoons 2H_2S+CH_4 \tag{4-27}$$

$$COS+H_2 \rightleftharpoons H_2S+CO \tag{4-28}$$

但氧化锌对噻吩（C_4H_4S）的转化能力很差。

氧化锌与硫化氢反应的平衡常数为：

$$K_p=\frac{p(H_2O)}{p(H_2S)} \tag{4-29}$$

不同温度下氧化锌与硫化氢反应的平衡常数见表 4-7。

表 4-7　不同温度下氧化锌与硫化氢反应的平衡常数

温度/℃	200	300	400	500
K_p	2×10^8	6.25×10^6	5.55×10^5	1.15×10^5

由平衡常数可知，在通常情况下脱硫相当完全。有机硫的脱除可认为是氧化锌对某些有机硫化合物的热分解有催化作用，使之分解为碳氢化合物和硫化氢，硫化氢再被吸收。多数有机硫化物在 400℃以下就发生热分解。氧化锌工业脱硫的温度在 200～450℃范围内选择，脱无机硫温度控制在 200℃左右，脱有机硫温度则在 350～450℃范围内。

工业上使用的氧化锌脱硫剂都做成与催化剂一样的多孔结构，脱硫的反应是在氧化锌的微孔内表面上进行的。除了温度、空速等操作条件影响脱硫效率外，氧化锌颗粒的大小、形状和内部孔结构也影响脱硫效率。颗粒的孔容积越大，内表面越发达，脱硫的效果就越好。

氧化锌脱硫用硫容（每千克氧化锌脱硫剂能吸收 H_2S 的质量，单位 kg）来表示其脱硫性能的好坏。硫容值越大，则氧化锌脱硫的本领就越强。通常氧化锌脱硫的硫容平均为 0.15～0.20kg/kg，最高达 0.3kg/kg。硫容与温度的关系如图 4-12 所示，以 C7-2 型氧化锌脱硫剂为例，在一定温度范围（0～430℃），硫容随温度升高而增加，但超过一定温度（430℃），吸附饱和后，硫容会有所下降。氧化锌脱硫后，出口气体的含硫量小于 1×10^{-6}。使用过的氧化锌不可再生，因此适用于脱微量硫。当原料气中含硫量较高时，氧化锌脱硫法常与湿法脱硫或其他干法脱硫（如活性炭脱硫）配合使用。

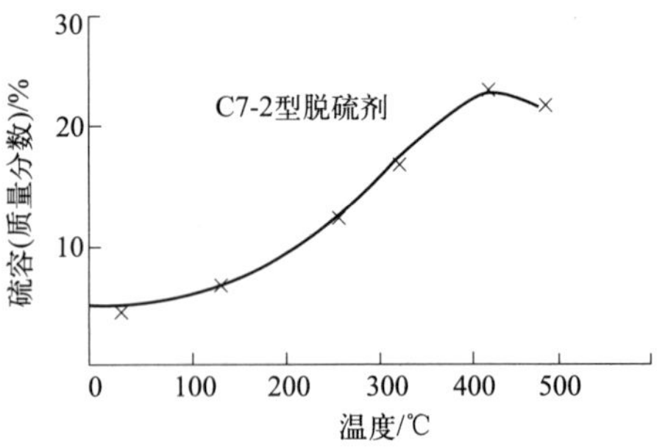

图 4-12　氧化锌脱硫剂（C7-2 型）的硫容量（空速为 $700h^{-1}$，进口 H_2S 为 5×10^{-5}，出口 $H_2S<1\times10^{-6}$）

② 钴-钼加氢脱硫法　钴-钼加氢脱硫法是脱除含氢原料中有机硫十分有效的预处理措施。钴-钼加氢催化剂几乎可使天然气、石脑油原料中的有机硫全部转化成硫化氢，再用氧化锌吸收可把总硫脱除到 2.00×10^{-8} 以下。在有机硫转化的同时，也能使烯烃加氢转变为饱和的烷烃，从而减少下一工序蒸汽转化催化剂析碳的可能性。

钴-钼加氢催化剂是以氧化铝为载体，由氧化钴和氧化钼所组成。钴-钼催化剂要经硫化后才能呈现活性。硫化后活性组分主要是 MoS_2，其次是 Co_9S_8。通常认为 MoS_2 提供催化活性，而 Co_9S_8 主要是保持 MoS_2 具有活性的微晶结构，以阻止产生 MoS_2 活性衰退的微晶集聚过程。使用过程中，当催化剂表面积累胶质或结炭而导致催化活性下降时，可以通蒸汽再生，或通入含少量空气的氮气（氧气的体积分数为 1%～1.5%），在 500～550℃的温度下将积炭燃烧而再生。

钴-钼加氢催化剂上，有机硫发生加氢的分解反应为：

$$RSH+H_2 \longrightarrow RH+H_2S \tag{4-30}$$

$$RSR'+2H_2 \longrightarrow RH+R'H+H_2S \tag{4-31}$$

$$R\text{-}S\text{-}S\text{-}R'+3H_2 \longrightarrow RH+R'H+2H_2S \tag{4-32}$$

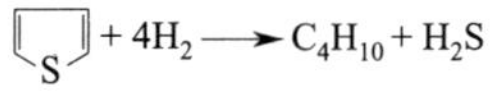

(4-33)

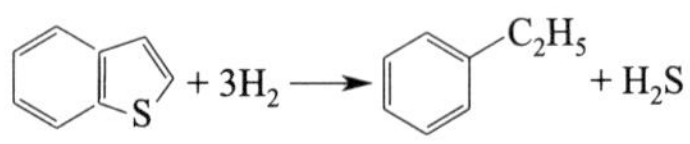

(4-34)

$$CS_2+2H_2 \longrightarrow C+2H_2S \tag{4-35}$$

$$COS+H_2 \longrightarrow CO+H_2S \tag{4-36}$$

$$CS_2+2H_2O \longrightarrow CO_2+2H_2S \tag{4-37}$$

$$COS+H_2O \longrightarrow CO_2+H_2S \tag{4-38}$$

有机硫加氢分解反应是放热反应，平衡常数值随温度的升高而降低。工业生产上，操作温度在 340～400℃范围内，平衡常数值还很大。在此条件下，有机硫的加氢分解实际上是完全的。

钴-钼加氢的工艺条件根据原料烃性质、净化度要求以及催化剂的型号来决定。操作温度为 340～400℃，操作压力则因不同型号催化剂而异。加氢所需的氢量一般维持反应后气体中有 5%～6%的氢气；入口空间速度气态烃为 500～1500h^{-1}，液态烃为 0.5～6h^{-1}。

（2）湿法脱硫

干法脱硫的优点是既能脱除有机硫，又能脱除无机硫，而且可以把硫脱至极精细的程度（1×10^{-6} 以下）。其缺点是脱硫剂不能再生，或再生非常困难；而且干法脱硫设备庞大，占地很多。因此不适用于脱除大量无机硫，只有天然气、油田气、炼厂气等含硫较低时才采用干法脱硫。

当需要脱除大量无机硫时，采用湿法脱硫有明显的优点。首先脱硫剂是便于输送的液体物料；其次脱硫剂可以再生并能回收富有价值的化工原料硫黄，从而构成一个连续脱硫的循环系统。因此当原料气中含硫量较高时，根据工艺要求采用湿法一次脱硫，或湿法粗脱串联干法精脱，以达到工艺上和经济上都合理的目的。

湿法脱硫方法很多，根据脱硫过程的特点可分为化学吸收法、物理吸收法和化学-物理综合吸收法三类。化学吸收法是以弱碱性吸收剂吸收原料气中的硫化氢，吸收液（富液）在温度升高和压力降低时分解而释放出硫化氢，解吸后的吸收液（贫液）循环使用。这类方法有改良的蒽醌二磺酸钠法、一乙醇胺法[式(4-39)]、二异丙醇胺法等。物理吸收法是用溶剂选择性地溶解原料气中的硫化氢，吸收液在压力降低时释放出硫化氢，溶剂可再循环利用，如聚乙二醇二甲醚法等。化学-物理综合吸收法就是将化学、物理两种吸收法结合起来，如环丁砜法等。

$$HO—CH_2—CH_2—NH_2+H_2S \longrightarrow (HO—CH_2—CH_2—NH_3)\cdot HS \qquad (4\text{-}39)$$

本书主要介绍改良的蒽醌二磺酸钠法。改良的蒽醌二磺酸钠（anthraguione disulphonic acid，ADA）法为化学吸收，又称改良 ADA 法，在湿法脱硫中运用最为普遍。该法是在早期 ADA 法溶液中添加适量的偏钒酸钠作载氧剂、酒石酸钠及少量三氯化铁和乙二胺四乙酸（EDTA）作活化剂，脱硫效果和经济效益大大改善。

① 改良的 ADA 脱硫法原理

a. 在脱硫塔内，以 pH 为 8.5～9.2 的稀碱液（碳酸钠溶液）吸收硫化氢（H_2S），生成硫氢化物（NaHS）和碳酸氢钠（$NaHCO_3$）。反应方程式为：

$$Na_2CO_3+H_2S \longrightarrow NaHS+NaHCO_3 \qquad (4\text{-}40)$$

当气体中含有二氧化碳、氰化氢和氧气时，还会与碱发生副反应，生成 NaCNS、$Na_2S_2O_3$ 和 Na_2SO_4 等。反应方程式如下：

$$2NaHS+2O_2 \longrightarrow Na_2S_2O_3+H_2O \qquad (4\text{-}41)$$

$$Na_2CO_3+CO_2+H_2O \longrightarrow 2NaHCO_3 \qquad (4\text{-}42)$$

$$Na_2CO_3+2HCN \longrightarrow 2NaCN+H_2O+CO_2 \qquad (4\text{-}43)$$

$$NaCN+S \longrightarrow NaCNS \qquad (4\text{-}44)$$

$$2NaCNS+5O_2 \longrightarrow Na_2SO_4+2CO_2+SO_2+N_2 \qquad (4\text{-}45)$$

所以，一定要防止硫以氰化钠形式进入再生塔，以免影响 ADA 的再生。生成 NaCNS 和 Na_2SO_4 也消耗了碱，对循环脱硫过程不利。因此当溶液中 NaCNS 和 Na_2SO_4 积累到一定程度后，必须引出一部分溶液，补充相应数量的新鲜溶液，以保持正常生产。

b. 在液相中，硫氢化物（NaHS）被偏钒酸钠（$NaVO_3$）迅速氧化成硫（S），同时偏钒酸钠被还原成焦钒酸钠（$Na_2V_4O_9$）。

反应方程式为：

$$2NaHS+4NaVO_3+H_2O \longrightarrow Na_2V_4O_9+4NaOH+2S\downarrow \qquad (4\text{-}46)$$

c. 还原性的焦钒酸钠与氧化态的 ADA 反应，生成还原态的 ADA，同时焦钒酸钠被 ADA 氧化，再生成偏钒酸钠。

反应方程式为：

$$Na_2V_4O_9 + 2ADA(\text{氧化态}) + 2NaOH + H_2O \longrightarrow 4NaVO_3 + 2ADA(\text{还原态}) \quad (4\text{-}47)$$

d. 还原态的 ADA 被空气中的氧气氧化成氧化态的 ADA，恢复了 ADA 的氧化性能。

反应方程式为：

$$2ADA(\text{还原态}) + O_2 \longrightarrow 2ADA(\text{氧化态}) + H_2O \quad (4\text{-}48)$$

e. 溶液再生与循环使用。

在脱硫过程中，吸收液中的 ADA 和偏钒酸钠经过一系列反应后，分别被还原和氧化，形成还原态的 ADA 和焦钒酸钠。这些还原态的物质需要在氧化槽中被空气中的氧气氧化，恢复其氧化性能，以便循环使用。经过再生的吸收液被泵回脱硫塔，继续吸收硫化氢，形成硫氢化物，并再次进入上述脱硫反应过程。这样，吸收液在脱硫塔和氧化槽之间循环使用，实现了连续脱硫。

② 改良 ADA 法的主要操作条件

a. 溶液的 pH 值　溶液的 pH 值对气体吸收程度有很大影响，如图 4-13 所示。提高溶液的碱度，气体中的硫化氢的吸收程度也提高。当 pH 值达到 8.8 时，吸收已基本完全；pH 值再提高，吸收液中硫化合物转化成硫代硫酸钠的量增大。吸收液是循环利用的，硫代硫酸钠的积累，降低了碳酸钠和偏钒酸钠的溶解度，也影响硫的回收。通常 pH 值以 8.5～9.2 为宜。

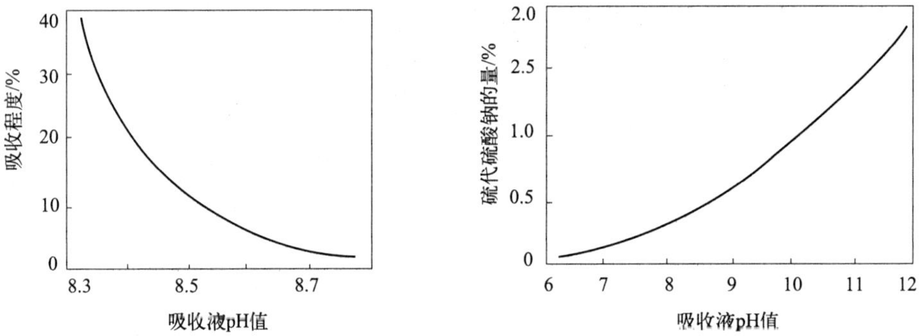

(a) pH值对吸收程度的影响　　(b) pH值对生成硫代硫酸钠的影响

图 4-13　脱硫时 pH 值的影响

b. 钒酸盐含量的影响　溶液中偏钒酸钠与硫氰化物的反应是相当快的，一般 5min 即可完成。为防止硫化氢局部过量生成“钒-氧-硫”的黑色沉淀，应使偏钒酸钠量比理论值稍大，且使溶液中 ADA 含量必须等于或大于偏钒酸含量的 1.69 倍，工业上实际采用 2 倍左右。

c. 温度　温度对脱硫的影响如图 4-14 所示。过高的温度促使大量的硫代硫酸钠副反应发生，低的吸收温度则使吸收和再生速度变慢，生成的单质硫粒径也只有 0.5～5μm 而不易分离。生产中常维持溶液的吸收温度为 40～50℃。

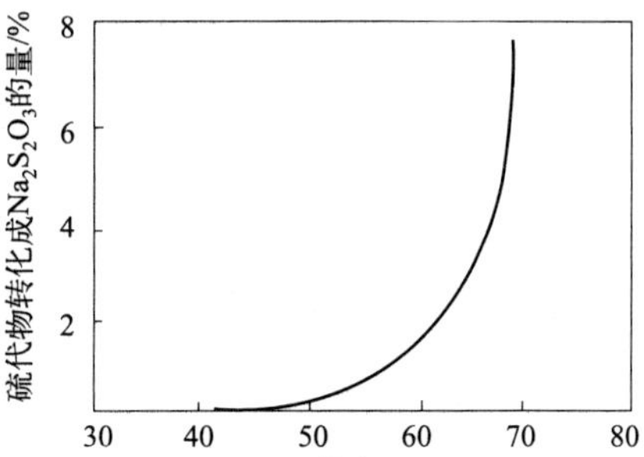

图 4-14　脱硫时温度的影响

d. 压力　用改良 ADA 法脱硫时，一般在加压和常压下进行。吸收压力的大小取决于原料气本身的压力或脱硫工序在合成氨流程中的部位。加压可提高设备的生产强度，减少设备容积，提高气体的净化度。但吸收压力过高，氧气在溶液中的溶解度增大，会加快副反应的速率。

e. 再生空气用量和再生时间　再生空气量除满足氧化还原态 ADA 的需要外，还应使硫呈泡沫状悬浮在溶液表面上，以便溢流回收。标准状态下一般再生塔空气量控制在 $80\sim120m^3/(m^2\cdot h)$ 为宜。溶液在再生塔中停留时间一般为 30～40min，不宜太长，否则会大大增加再生器容积。

③ 改良 ADA 法的工艺流程　改良 ADA 法的工艺流程简图如图 4-15 所示。

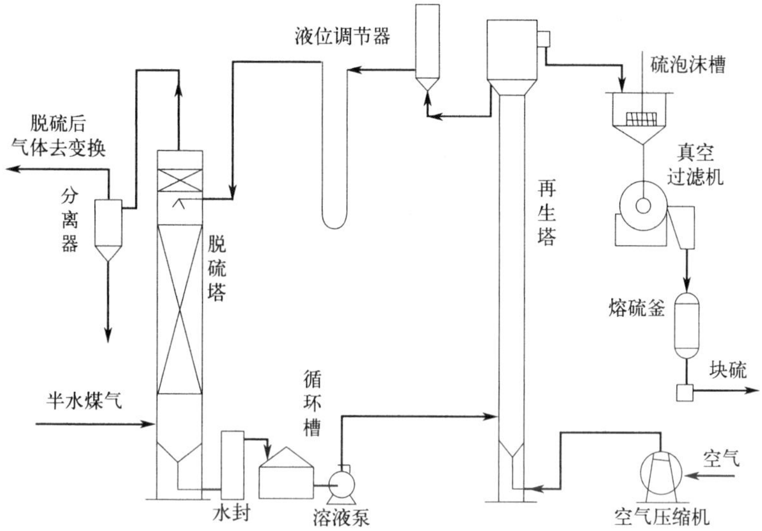

图 4-15　改良 ADA 法的工艺流程简图

含有硫化氢的原料气从脱硫塔底部进入，与塔顶喷淋下的溶液逆流接触，气体中的硫化氢被溶液吸收而脱除，从脱硫塔顶部出来送往下一工序。吸收硫化氢后的溶液从脱硫塔底部引出，经循环槽用泵打入再生塔进行再生，空气由塔顶排出，析出的硫泡沫由塔顶的扩大部分上部溢流入硫泡沫槽，用真空过滤机分离出硫黄，滤液返回循环槽（图中未示出）。氧化后的溶液再由再生塔顶部扩大部分的下部出口引出，经液位调节器进入脱硫塔循环使用。

4.1.3.2　一氧化碳变换

用不同原料制得的合成气，均含有一定量的一氧化碳。一般固体燃料气化制得的水煤气中一氧化碳的体积分数为 35%～37%，半水煤气中一氧化碳的体积分数为 25%～34%，天然气蒸汽转化制得的转化气中一氧化碳的体积分数较低，一般为 12%～14%。由于下游合成需要不同，在合成气进入持续合成之前，必须进行一氧化碳与氢气比例的调节，即变换反应：

$$CO+H_2O(g)\rightleftharpoons CO_2+H_2 \qquad \Delta H_{298}^{\ominus}=-41.2kJ/mol \tag{4-49}$$

这样，既能把大部分一氧化碳变为易于清除的二氧化碳，又制得了等物质的量的氢气，而所消耗的只是廉价的水蒸气。因此，一氧化碳变换既是粗合成气的净化过程，又是合成气制造的继续。少量残余的一氧化碳再通过其他净化法如甲烷化加以脱除。

工业中，一氧化碳变换均在有催化剂的条件下进行。20 世纪 60 年代以前，主要采用以

Fe_2O_3 为主体的催化剂，使用温度为 350～550℃。由于一氧化碳变换反应为可逆放热反应，受操作温度的限制，气体经变换后仍有 3%左右的一氧化碳。20 世纪 60 年代以来，由于脱硫技术的发展，使得在更低温度下使用活性高而抗毒性差的 CuO 催化剂成为可能，CuO 催化剂的操作温度在 200～280℃，该温度下残余一氧化碳可降至 0.3%左右。

为了区别上述两种温度范围的变换过程，将前者称为中温变换（或高温变换），而后者称为低温变换。所用催化剂分别称为中变（或高变）催化剂及低变催化剂。

（1）变换反应热力学

一氧化碳和水蒸气的变换反应为放热反应，平衡常数随温度升高而降低。平衡常数可用式(4-50) 计算：

$$K_p=\frac{p(CO_2)p(H_2)}{p(CO)p(H_2O)} \tag{4-50}$$

式中，K_p 为一氧化碳和水蒸气转化生成 CO_2 和 H_2 的平衡常数；$p(CO)$、$p(H_2)$、$p(CO_2)$、$p(H_2O)$ 分别为 CO、H_2、CO_2、H_2O 的平衡分压。

根据分压定律式(4-12)，变换反应的平衡常数可以写成：

$$K_p=\frac{y(CO_2)y(H_2)}{y(CO)y(H_2O)} \tag{4-51}$$

式中，$y(CO)$、$y(H_2)$、$y(CO_2)$、$y(H_2O)$ 分别为 CO、H_2、CO_2、H_2O 的平衡摩尔分数。

在变换反应温度范围内，平衡常数与温度 T(K) 的关系为：

$$K_p=\exp\left\{2.3026\left[\frac{2185}{(T/K)}-\frac{0.1102}{2.3026}\ln(T/K)+0.6218\times10^{-3}(T/K)-1.0604\times10^{-7}(T/K)^2-2.218\right]\right\} \tag{4-52}$$

变换过程可能发生的副反应有：

$$2CO \rightleftharpoons C+CO_2 \tag{4-53}$$

$$CO+3H_2 \rightleftharpoons CH_4+H_2O \tag{4-54}$$

$$CO_2+4H_2 \rightleftharpoons CH_4+2H_2O \tag{4-55}$$

当水蒸气与 CO 物质的量比（简称水碳比）较低时，更有利于这些副反应发生。CO 歧化会使催化剂积炭；甲烷化反应会消耗氢气，因此都要被抑制。

（2）变换反应动力学

在有关一氧化碳变换反应动力学的研究工作中，由于使用催化剂的性能、型号的差异以及实验条件不同，整理出来的变换动力学方程式各异。

铁基催化剂上一氧化碳中温变换反应本征动力学方程为：

$$r=kp_{(CO)}p_{(CO_2)}^{-0.5}\left(1-\frac{p_{(CO_2)}p_{(H_2)}}{K_p p_{(CO)}p_{(H_2O)}}\right) \tag{4-56}$$

铜基催化剂上一氧化碳低温变换反应本征动力学方程为：

$$r=kp_{(CO)}p_{H_2O}^{0.2}p_{(CO_2)}^{-0.5}p_{H_2}^{-0.2}\left(1-\frac{p_{(CO_2)}p_{(H_2)}}{K_p p_{(CO)}p_{(H_2O)}}\right) \tag{4-57}$$

式中，k 为反应速率常数。

对于变换反应，一般认为内扩散的影响不能忽略。内表面利用率不仅与催化剂的尺寸、结构以及反应活性有关，而且与操作温度和压力等因素有关。通过计算发现，对同一尺寸的催化剂，在相同压力下，提高操作温度，则一氧化碳扩散速率也相应增加，但在催化剂内表面上反应的速率常数增加更为迅速，总的结果是随温度升高，内表面利用率降低。在相同的温度和压力下，小颗粒的催化剂具有较高的内表面利用率，这主要是因为催化剂的尺寸越小，毛细孔的长度越短，内扩散阻力越小的缘故。对同一尺寸的中变催化剂，在温度相同时提高压力，反应速率会增大，而一氧化碳有效扩散系数又显著减小，故内表面利用率降低。

（3）催化剂

① 中变催化剂　只有在催化剂存在时，一氧化碳变换反应速率才能满足工业生产的要求。目前广泛应用的中变催化剂是以 Fe_2O_3 为主体，以 Cr_2O_3 为主要添加物的多成分铁铬系催化剂。近年来，随着重油部分氧化法的发展，所制得的原料气含硫量高，又逐渐开始采用耐高硫的钴钼系变换催化剂。国产中变催化剂的性能如表 4-8 所示。

表 4-8　国产铁铬系中变催化剂的性能

项目		B104	B106	B109	B110
旧型号		C4-2	C6	C9	C10
成分		Fe_2O_3、MgO、Cr_2O_3，少量 K_2O	Fe_2O_3、Cr_2O_3、MgO，$w(SO_3)<0.7\%$	Fe_2O_3、Cr_2O_3、K_2O，$w(SO_4^{2-})\approx 0.18\%$	Fe_2O_3、Cr_2O_3、K_2O，$w(S)<0.06\%$
规格/mm		圆柱体，$\phi 7\times(5\sim15)$	圆柱体，$\phi 9\times(7\sim9)$	圆柱体，$\phi 9\times(7\sim9)$	片剂，$\phi 5\times5$
堆积密度/(kg/L)		1.0	1.4～1.5	1.5	1.6
400℃还原后比表面积/(m^2/g)		30～40	40～50	>70	55
400℃还原后空隙率/%		40～50	约 50		
使用温度范围(最佳活性温度)/℃		380～550 (450～500)	360～520 (375～450)	300～530 (350～450)	300～530 (350～450)
操作条件	进口气体温度/℃	≥380	≥360	300～350	350～380
	$n(H_2O)/n(CO)$ (物质的量比)	3～5	3～4	2.5～3.5	原料气中 CO 体积分数为 13% 时为 3.5～3.7
	常压下干气空速/h^{-1}	300～400	300～500	300～500，800～1500 (1MPa 以上)	原料气中 CO 体积分数为 13%时为 2000～3000 (3～4MPa)
	H_2S 允许量/(g/m^3)	<0.3	<0.1	<0.05	

铬系催化剂中 $w(Fe_2O_3)$ 一般为 80%～90%，$w(Cr_2O_3)$ 为 7%～11%，并含有 K_2O (K_2CO_3)、MgO 及 Al_2O_3 等成分。在催化剂的各种添加物中，以 Cr_2O_3 最为重要。它的主要作用是将活性组分 Fe_2O_3 分散，使之具有更细的微孔结构和较大的比表面积，防止 Fe_3O_4 的结晶成长，使催化剂耐热性能提高，延长使用寿命，提高催化剂的机械强度，抑制析碳副反应等。添加 K_2CO_3 也能提高催化剂的活性。单独添加极少量的 K_2CO_3 就有一定促进效果，如同时添加 Cr_2O_3 和 K_2CO_3，则效果更佳。添加 MgO 及 Al_2O_3 虽不能提高催化剂的活性，但可增强催化剂的耐热性，而且 MgO 还具有良好的抗硫化氢的能力。铁铬系催化剂中，Fe_2O_3 对一氧化碳变换反应无催化作用，需要还原成 Fe_3O_4 才具有活性。在生产中，通常用含氢气或 CO 的气体进行还原。

近年来开发的中变钴钼催化剂，以氧化铝为载体，有效组分为氧化钴（3%～3.5%）和三氧化钼（10%～15%），并加入少量碱金属氧化物。在使用前，用含硫化氢的气体硫化，实际起催化剂作用的是硫化钴和硫化钼。钴钼催化剂不受硫化物的毒害。它的活性温度比铁铬催化剂低，在250～400℃就可使用，机械强度大于铁铬催化剂，不会将硫化氢还原成单质硫，从而不致黏附堵塞设备。使用方法比铁铬催化剂简单，铁铬催化剂在使用前要经过仔细还原，还原条件明显影响催化剂的活性、机械强度和使用寿命。

② 低变催化剂　目前工业上应用的低变催化剂以氧化铜为主体，还原后的活性组分是细小的铜结晶，在操作温度下极易烧结，比表面积小，从而催化剂活性下降，寿命缩短。为此在催化剂中加入氧化锌和氧化铝，使微晶铜有效地被分隔开来不致长大，从而提高了催化剂的活性和热稳定性。低变催化剂中 $w(CuO)$ 为15.3%～31.2%，$w(ZnO)$ 为32%～62.2%，$w(Al_2O_3)$ 为30%～40.5%。

使用低变催化剂前，需用氢气或一氧化碳将其还原成具有活性的微晶铜。氧化铜还原是强烈的放热反应，因此必须严格控制还原条件，将催化层温度控制在230℃以下。

硫化物和氯化物是低变催化剂的主要毒物，硫化物使低变催化剂永久性中毒。催化剂中硫的质量分数为0.1%时，变换率下降10%；硫的质量分数为1%时，变换率下降80%。硫化物除了来自原料气以外，还可能来自中变催化剂，所以在中变催化剂进行还原时，应注意“放硫”完全，以免低变催化剂中毒。在一些装置中，于低变催化剂上部装入ZnO作为防硫保护层。氯化物对低变催化剂的作用较硫化物大5～10倍，它能破坏催化剂结构造成永久性中毒。氯化物主要来源于水蒸气或变换炉冷激用的冷凝水。为了保护催化剂，要求蒸汽中氯的体积分数低于 3.0×10^{-8}。

（4）变换过程工艺条件

① 温度　变换反应是可逆的放热反应，因此存在最佳反应温度。在原始气体组成和催化剂一定的条件下，变换反应式(4-49)正逆两向的反应速率均随温度的升高而增大，而平衡常数则随温度的升高而减小。在低温阶段反应远离平衡时，增加温度使变换过程总速率增加；当温度增至某一值时，反应速率达到最大；超过这一温度后，由于平衡的限制和逆反应的影响，增加温度总的反应速率反而下降。对应的最大反应速率时的温度称为在该条件下的最佳反应温度。随着反应的进行，气体组成随时都在变化，每一瞬时组成都对应着一个最佳温度。过程之初，一氧化碳变换率低，最佳温度高；随着反应的进行，变换率逐渐增加，最佳温度逐渐下降，形成一定的最佳温度分布。把不同变换率下的各最佳点连接成曲线，称为最佳温度分布曲线。如果变换按最佳温度分布曲线进行，则整个过程的反应速率最大，在相同的生产力下所需催化剂用量最少。最佳温度 T_{op} 与平衡温度 T_e 的关系为：

$$T_{op}=\frac{1914}{\lg\left[\dfrac{E_2}{E_1}\times\dfrac{(y^{\circ}(H_2)+y^{\circ}(CO)X)(y^{\circ}(CO_2)+y^{\circ}(CO)X)}{(y^{\circ}(CO)-y^{\circ}(CO)X)(n-y^{\circ}(CO)X)}\right]+1.782} \tag{4-58}$$

式中，E_1、E_2 分别为正逆反应的活化能；$y^{\circ}(CO)$、$y^{\circ}(H_2)$、$y^{\circ}(CO_2)$、$y^{\circ}(H_2O)$ 分别为CO、H_2、CO_2、H_2O 的初始摩尔分数；n 为水蒸气与水煤气的物质的量比；X 为CO的转化率。

图4-16是一个两段绝热反应、段间间接换热的 T-X 操作状况图。T_e 为平衡温度线；T_{op} 为适宜温度线；A 点为进入第一段催化剂层的状态；B 点为离开第一段催化剂层的状态；C 点为进入第二段催化剂层的状态；D 点为离开第二段催化剂层的状态；AB、CD 分

别为一、二段绝热反应操作线，BC 为段间间接换热降温线，绝热操作线方程可由热量衡算导出。

显然，绝热反应分段越多，则操作越接近最佳反应温度曲线，但流程越复杂。根据原料气中的 CO 的体积分数，一般多将催化剂床层分为一段、二段或多段，段间进行冷却。冷却的方式有两种：一是间接换热式，用原料气或饱和蒸汽进行间接换热；二是直接冷激式，用原料气、水蒸气或冷凝水冷激进行直接冷却。

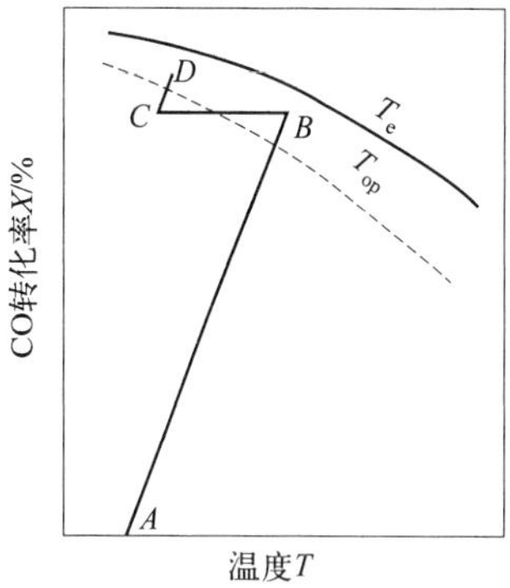

图 4-16 CO 变换过程的 T-X 图

a. 中间间接冷却式多段绝热反应器　这是一种反应时与外界无热交换，冷却时将反应气体引至热交换器中进行间接换热降温的反应器。如图 4-17(a) 所示，实际操作温度变化线如图 4-17(b) 所示，图中 E 点是入口温度，一般的催化剂的起始活性温度高 20℃。在第一段中绝热反应温度直线上升，当穿过最佳温度曲线后，离平衡曲线越来越近，反应速率明显下降，若继续反应到平衡需很长时间，而且此时的平衡转化率并不高。所以当反应进行到 F 点，不超过催化剂活性温度上限时，将反应气体引至热交换器进行冷却，反应暂停，冷却线为 FG，转化率不变，FG 为水平线，G 点温度不应低于催化剂活性温度下限，然后再进入第二段反应，可以接近最佳温度曲线，以较高的速率达到较高的转化率，当段数增多时，操作温度更接近最佳温度曲线，如图 4-17(b) 中虚线所示。

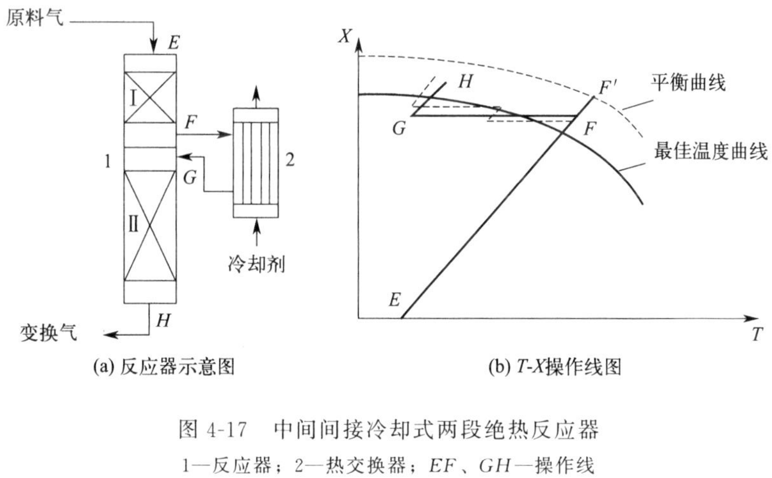

图 4-17 中间间接冷却式两段绝热反应器

1—反应器；2—热交换器；EF、GH—操作线

反应器分段太多，流程和设备太复杂，过程上并不合理，也不经济。具体段数由水煤气中一氧化碳含量、要达到的转化率以及催化剂活性温度范围等因素决定，一般 2～3 段即可满足高转化率的需求。

b. 原料气冷激式多段绝热反应器　这是一种向反应器中添加冷原料气进行直接冷却的方式。图 4-18(a) 是这种反应器的示意图，图 4-18(b) 是它的操作线图，图中 FG 是冷激线，冷激过程虽无反应，但因添加了原料气，反应物一氧化碳的初始量增加，根据转化率定义可知，转化率降低，为了达到相同的转化率，冷激式所用催化剂量要比中间冷却式多些，不过冷激式的流程简单，省去热交换器，原料气也有一部分不需预热。

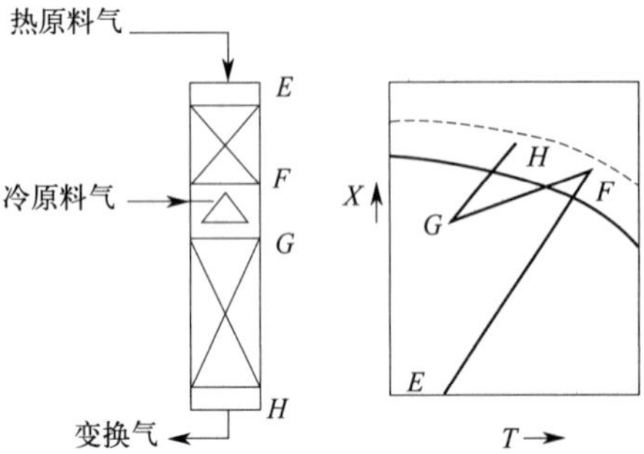

(a) 反应器示意图　(b) T-X操作线图

图 4-18　原料气冷激式两段绝热反应器

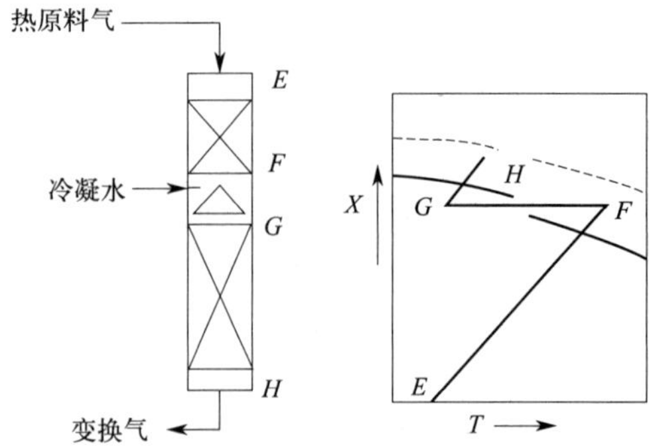

(a) 反应器示意图　(b) T-X操作线图

图 4-19　水蒸气或冷凝水冷激式两段绝热反应器

c. 水蒸气或冷凝水冷激式多段绝热反应器　变换反应需要水蒸气参加，故可利用水蒸气作冷激气，因水蒸气热容大，降温效果好，若用系统中的冷凝水来冷凝，由于气化吸热更多，降温效果更好。用水蒸气或冷凝水使水碳比增高，对反应平衡和速率均有影响，故第一段和第二段的平衡曲线和最佳反应温度曲线是不相同的。因为冷激前后既无反应，又没添加一氧化碳，原料转化率不变，所以冷激线 FG 是一水平线，图 4-19(a) 和 (b) 分别为此类反应器示意图和操作线图。

② 压力　压力对变换反应的平衡几乎没有影响，但提高压力将使析碳等副反应易于发生，所以单就平衡而言，加压并无好处。但从动力学角度分析，加压可提高反应速率，因为变换催化剂在加压下比常压下活性更高（图 4-20）。加压变换设备体积小，布置紧凑。加压变换过程的湿变换气中水蒸气冷凝温度高，有利于热能回收。一般小型氨厂操作压力为 0.7～1.2MPa，中型氨厂为 1.2～1.8MPa，以煤为原料，纯氧气化的大型氨厂压力可达 5.2MPa，以烃类为原料的大型合成氨厂压力为 3.0MPa。

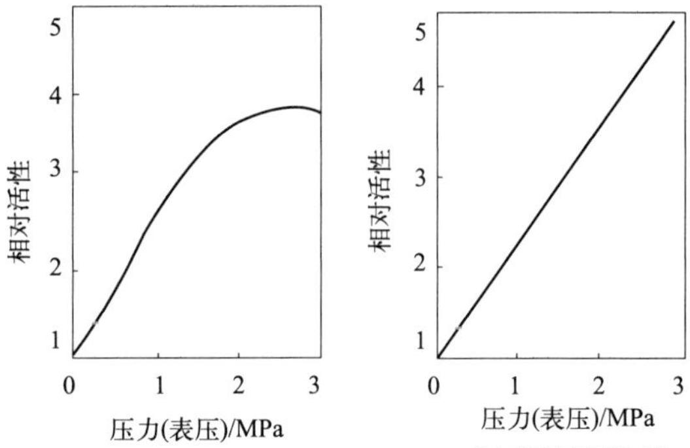

(a) 某中变催化剂　(b) 某低变催化剂

图 4-20　加压下催化剂的活性

③ 水蒸气比例　水蒸气比例是指水蒸气与原料气中一氧化碳的物质的量比或蒸汽与干原料气的物质的量比。增加水蒸气用量，一氧化碳平衡变换率提高，反应速率加快，可阻止催化剂还原，避免析碳及生成甲烷的副反应。同时可使原料气中一氧化碳体积分数下降，绝热温升 λ 减小，所以改变水蒸气用量是调节床层温度的重要手段。但是水蒸气用量也不宜过高，否则不仅蒸汽消耗量增加，而且床层压降太大，反应温度难以维持。中变水蒸气比例一般为 3～5。

(5) 变换反应的工艺流程

综上所述，一氧化碳变换工艺的流程组织应作如下考虑。若一氧化碳体积分数较高，则应采用中温变换，因为中变催化剂操作温度范围较宽，而且价廉、寿命长，大多数合成氨原料气中 CO 均高于 10%，故都可先通过中变除去大部分一氧化碳。对一氧化碳体积分数高于15%者，一般可考虑适当分段，段间进行冷却降温，尽量靠近最适宜温度操作。其次，根据原料气的温度与湿含量情况，考虑适当预热和增湿，合理利用余热。如允许变换气中残余CO的体积分数在3%左右，则只采用中变即可。如要求在0.3%左右，则将中变和低变串联使用。下面介绍两种典型的变换工艺流程。

① 中变-低变串联流程　以烃类蒸汽转化制氢为例（图4-21），CO的体积分数为13%～15%的原料经废热锅炉降温，在压力3MPa、温度370℃下进入高变炉，因原料气中湿含量较高，一般不需添加水蒸气，反应后气体中一氧化碳降至3%左右，温度为425～440℃，通过高变废热锅炉冷却到330℃。高变气继续进入甲烷化炉进气预热器，温度降至220℃后进入低变炉，出炉温度在240℃左右，残余一氧化碳的体积分数降至0.3%～0.5%。低变气还可进一步回收余热，气体离开变换系统后进入二氧化碳吸收塔。

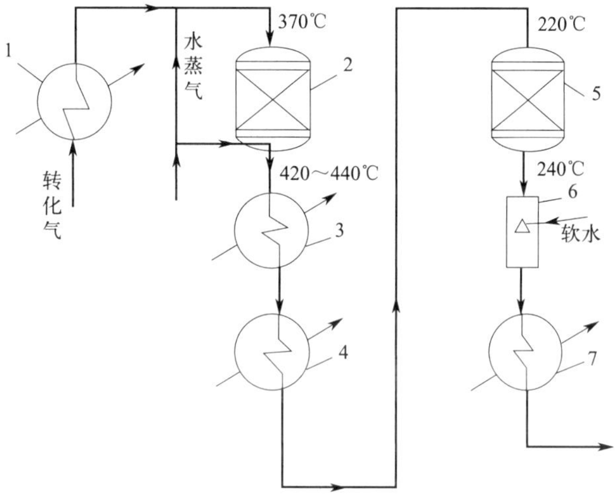

图4-21　一氧化碳中变-低变串联流程图

1—废热锅炉；2—高变炉；3—高变废热锅炉；4—甲烷化炉进气预热器；5—低变炉；6—饱和器；7—釜液再沸器

② 多段变换流程　多段变换流程图如图4-22所示。原料气进入饱和塔下部与水循环泵打来并经水加热器加热的热水逆流接触，气体被加热到160～190℃，水被冷却至135～150℃。然后气体由塔顶逸出，在管道内与外供的高压蒸汽混合后，经换热器和中间换热器加热至400℃左右进入变换炉一段。这里，约有80%的一氧化碳被变换成氢气，反应热使气体温度升至520℃左右，引出到中间换热器降温至420℃后，进入变换炉二段。此时，气体中一氧化碳体积分数降至3.5%以下，温度约430℃，由炉底部逸出，依次经换热器、水加热器、热水塔降温至160℃后，送下一工段处理。

4.1.3.3　二氧化碳的脱除

经变换后的气体中含有较多的二氧化碳，回收的二氧化碳可作为制造尿素、纯碱、碳酸氢铵的重要原料，习惯上把脱除和回收二氧化碳的过程称为“脱碳”。

像脱硫一样，二氧化碳的脱除有多种方法，应根据原料气的组成、净制要求、前后工序关系、生产规模、环境安全等因素综合考虑，这些方法的概况列于表4-9。本书主要介绍工业常见的苯菲尔法脱碳。

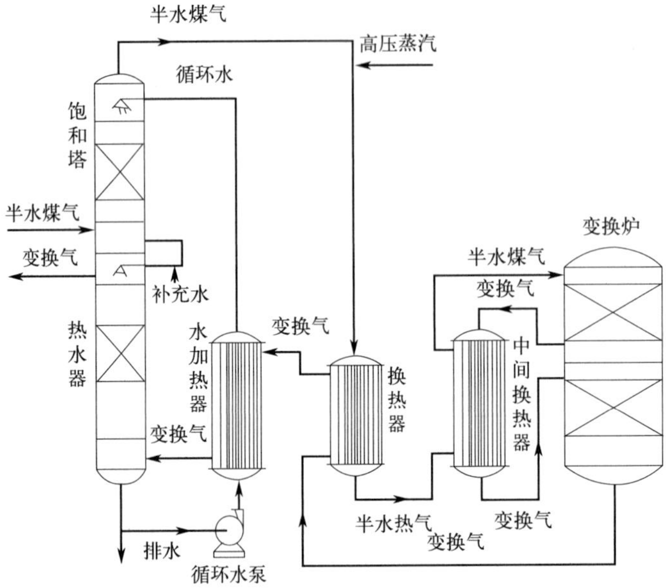

图 4-22　多段变换流程图

表 4-9　变换气脱二氧化碳的方法

方法	吸收剂	吸收条件	耗气量	吸收效率	备注
加压水法	水	1.2～1.3MPa，常温	—	出口 CO_2 为 1%	简单，但净化度不高，耗能多，回收率低
碳酸丙烯酯法	碳酸丙烯酯	1.2～1.3MPa，常温	—	0.8%～1%或更高，可脱 H_2S	操作费用比水洗降低 40%～50%，不需外热，设备少，CO_2 纯度高，脱部分有机硫
低温甲醇法	甲醇	2.8MPa，约 40℃	—	10×10^{-6}，并可脱 H_2S、HCN 等	能耗少，溶剂吸收能力强，但流程复杂，溶剂损耗大，设备多
聚乙二醇二甲醚法	聚乙二醇二甲醚、二异丙醇胺	约 2.8MPa，约 40℃	—	0.1%	腐蚀性小，溶液稳定，溶剂成本高
甲基吡咯烷酮法	*N*,2-甲基吡咯烷酮	约 4MPa，25℃	—	3.5×10^{-5}，脱 H_2S	无腐蚀，溶剂成本高
环丁砜法	环丁砜、一乙醇胺（二异丙醇胺）、水	4MPa，40℃	3.1kg/m^3	0.3%	吸收能力强，蒸汽耗量低，但乙醇胺会变质
乙醇胺法	一乙醇胺溶液（15%～20%）	2.7MPa，约 43℃	4.6kg/m^3	0.2%	乙醇胺会降解
氨水法	氨水（14%～16%）	0.8～1.2MPa，25～28℃	—	0.2%	设备大，有腐蚀，能利用 CO_2 生产固体肥料
含砷热钾碱法（G-V 法）	K_2O（180～200kg/m^3）、As_2O_3（120kg/m^3）、As_2O_5（20kg/m^3）	约 2.7MPa，60～70℃（上段）	2.1 kg/m^3	0.3%～0.6%	设备少，吸收率高，回收 CO_2 浓度高，但耗蒸汽，吸收液有毒
氨基乙酸法	K_2O（250kg/m^3）、氨基酸（50kg/m^3）、V_2O_5（2～3kg/m^3）	约 2.7MPa，124℃	—	—	吸收效率较高，无毒

续表

方法	吸收剂	吸收条件	耗气量	吸收效率	备注
二乙醇胺热钾碱法	$w(K_2CO_3)$为25%，二乙醇胺的质量分数为3%～6%，$w(V_2O_5)$为0.2%～0.6%	约2.7MPa，60～70℃（上段）	1.7～2.1 kg/m^3	0.2%	吸收容量略低于含砷热钾碱法，对碳钢有腐蚀
有机胺硼酸盐热钾碱法	$w(K_2CO_3)$为25%，有机硼酸盐的质量分数为5%，$w(V_2O_5)$为0.5%	约2.7MPa，80℃（上段）	2 kg/m^3	0.1%	二乙醇胺热钾碱法的改进
碱液吸收法	NaOH（约50kg/m^3）	对（1.00～2.00）$\times 10^{-4}CO_2$在加压下常温吸收	—	5×10^{-6}	中小厂和老厂对气体的最后净制

（1）苯菲尔法脱碳原理

二乙醇胺催化热钾碱法脱除 CO_2 称为苯菲尔法脱碳。碳酸钾水溶液呈强碱性，吸收 CO_2 的化学反应式为：

$$K_2CO_3 + CO_2 + H_2O \rightleftharpoons 2KHCO_3 \tag{4-59}$$

为了提高其反应速率以及增加 $KHCO_3$ 的溶解度，吸收在较高温度（105～130℃）下进行，故称热碳酸钾法。同时在此温度范围内，吸收温度与再生温度基本相同，可节省吸收液再生时所消耗的热量，但在此温度下吸收 CO_2 的速度仍然太慢，且吸收液对设备腐蚀也很严重。

脱碳后气体的净化度与 K_2CO_3 水溶液中 CO_2 的平衡分压有关。溶液 CO_2 的平衡分压越高，达到平衡后气体中残余的 CO_2 越高，气体的净化度就越低。此外，K_2CO_3 水溶液中 CO_2 的平衡分压还与 K_2CO_3 溶液的浓度、溶液中 K_2CO_3 转变成 $KHCO_3$ 的转化率以及吸收时的温度有关，温度升高，则 CO_2 的平衡分压增大。图4-23为 CO_2 在苯菲尔脱碳溶液上的平衡分压。

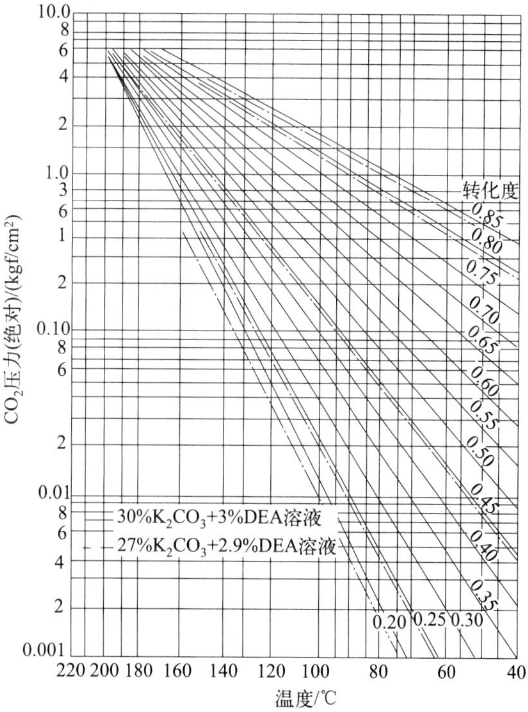

图4-23　苯菲尔脱碳溶液上 CO_2 的平衡分压

（$1kgf/cm^2 = 98.0665kPa$）

在 K_2CO_3 的溶液中加入少量活化剂，如二乙醇胺［$CH_2CH(OH)_2NH_2$，简称DEA］可以改变吸收反应历程，从而大大加快吸收 CO_2 的速度，同时还可降低液面上 CO_2 的平衡分压，使脱碳气的净化度提高。表4-10列出了DEA对碳酸钾溶液平衡分压和吸收系数的影响。

表 4-10　DEA 对碳酸钾溶液平衡分压和吸收系数的影响

项目	数值			
DEA 的质量分数/%	0	1	2	3
相对吸收系数	0.413	—	0.692	1.000
相对 CO_2 分压/(kgf/cm^2)	1.94	1.61	—	1.00

这种加入了 DEA 的碳酸钾溶液在吸收脱除 CO_2 的同时，还能除去原料气中的 H_2S 等酸性组分。

碳酸钾溶液吸收 CO_2 后，K_2CO_3 转变为 $KHCO_3$，溶液的 pH 值减小，吸收能力下降。需要将溶液再生，释放出 CO_2，使溶液恢复吸收能力。再生反应为：

$$2KHCO_3 \rightleftharpoons K_2CO_3 + CO_2 + H_2O \quad (4\text{-}60)$$

(2) 苯菲尔法脱碳工艺条件

加热有利于碳酸氢钾的分解。为了使 CO_2 从溶液中充分解吸出来，一般将溶液加热至沸点，使大量的水蒸气逸出，有利于降低气相中 CO_2 的分压，起到汽提作用。再生时压力越低，对再生的效果越好。但为了简化流程和便于将解吸出的 CO_2 送到后续工段，其压力一般高于大气压约 0.015MPa，而再生温度为该压力下溶液的沸点温度。再生温度和再生压力与溶液的组成有关。

在实际操作过程中，考虑到在高温下高浓度碳酸钾溶液对设备的腐蚀以及在低温下易析出结晶的特点，通常在吸收时，采用碳酸钾的质量分数为 25%～30%，活化剂 DEA 的质量分数为 2.5%～5%。溶液中一般还需加入偏钒酸钾（KVO_3）或 V_2O_5 为缓蚀剂，让其与铁作用，在设备表面形成一层氧化铁保护膜，使设备免受热钾碱溶液和 CO_2 的腐蚀。溶液中 KVO_3 的质量分数为 0.6%～0.9%，并要求溶液中五价钒的质量分数为总钒的 20%以上。此外溶液中还需加入微量的有机硅酮类、聚醚类以及高级醇类等有机化合物作为抑制发泡的消泡剂。

(3) 苯菲尔法脱碳工艺流程

苯菲尔法脱除 CO_2 的工艺流程图如图 4-24 所示。低变气用水淬冷到露点，进入低变气再沸器，放出大量冷凝热作为再生热源。喷水淬冷的目的是降低气体进再沸器的温度，减少壳侧热碱液的腐蚀，同时又能提高再沸器的传热效果。低变气体进分离罐分出冷凝水，然后入吸收塔底部，从下而上与热碱液逆流接触，CO_2 被吸收后，气体中还残余约 1.0×10^{-3} 的 CO_2。从塔顶出来的气体进入液滴分离罐，除去夹带溶液，溶液回到储槽，由液滴分离罐出来的气体到下一工段甲烷化。

目前苯菲尔脱碳工序普遍采用两段吸收、两段再生流程。吸收塔有两个进液口，从塔中部进入的是来自再生塔中部的半贫液，贫液由再生塔底部流出，经锅炉给水预热器，进入吸收塔顶部，自上而下再与半贫液汇合。一部分贫液进吸收塔前，先入过滤器除去杂质，以防止起泡。入过滤器的液量约占贫液总量的 1/10。吸收塔底部的富液利用本身的压力到再生塔顶部，由于吸收塔压力很高，所以富液可以驱动一台水力透平回收能量。富液经水力透平减压，在再生塔顶部就闪蒸出一些 CO_2。吸收液自上而下与热气体（水蒸气与 CO_2 的混合物）逆流接触，溶解的 CO_2 不断放出。半贫液从再生塔中抽出，入吸收塔中部。小部分溶液（约占总量的 1/4）再进一步再生，最后流入变换气再沸器和蒸汽再沸器，保持沸腾状态，使溶液中 CO_2 脱除到规定范围，返回再生塔底部。贫液经锅炉给水预热器被锅炉给水冷却，送吸收塔顶部。由再生塔出来的 CO_2 经洗涤后，入冷凝器冷却，并进液滴分离罐分

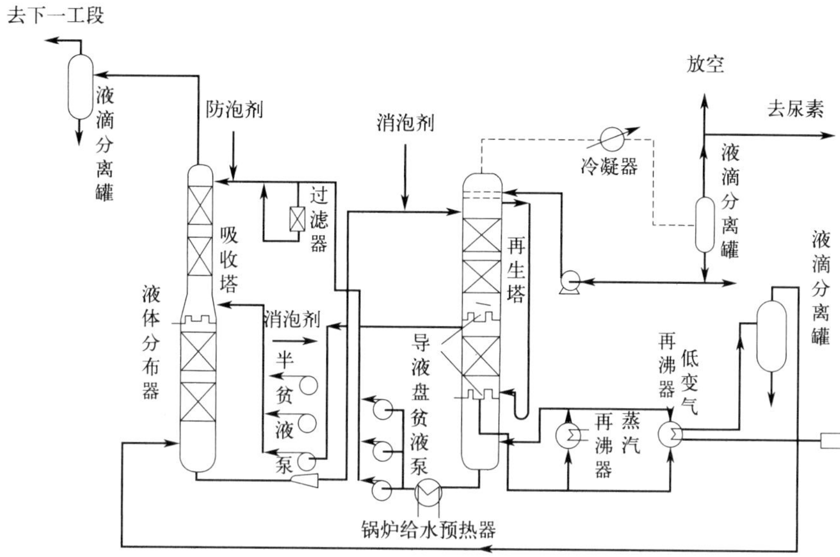

图 4-24　苯菲尔法的工艺流程图

出冷凝水后，送往氨加工车间。在吸收塔顶部、中部和再生塔顶部，设有消泡剂注入口，根据需要加入。

4.1.3.4　少量一氧化碳的脱除

经过变换，原料气中还含有少量的一氧化碳和二氧化碳。如合成气用于合成氨，一氧化碳的存在会使合成催化剂暂时中毒，因此应在进入合成塔之前脱除，使一氧化碳的质量分数降到规定的 1×10^{-5} 以下。脱除合成氨原料气中残余一氧化碳的方法有甲烷化法和液氮洗涤法等。

甲烷化法是 20 世纪 60 年代开发的新方法，它是在一定的温度和催化剂存在时，使原料气中的一氧化碳与氢气作用而生成甲烷。这种方法流程简单，不消耗化学品，催化剂寿命达 2～5 年。但甲烷化法消耗原料气中的氢气。生成的甲烷虽然对合成氨催化剂无害，可它在合成反应中是惰性气体，降低了反应气中有效组分的浓度。因此此法只适用于低温变换后残余一氧化碳少的转化气。

液氮洗涤法是用液氮在 1.8～2.5MPa 和 −190℃ 左右的条件下洗涤转化气。液氮洗涤时，一氧化碳和甲烷等冷凝入液氮中。吸收后的液氮经过分馏，一氧化碳馏分予以回收，液氮循环使用。液氮洗涤可以同时脱除一氧化碳和甲烷，气体净制程度较高，但需空气分离装置。此法主要用在焦炉气分离以及重油部分氧化、煤富氧气化的制氨流程中。通常把液氮洗涤一氧化碳称为氮洗。

下面介绍甲烷化脱除一氧化碳的工艺。

（1）甲烷化法反应原理

甲烷化法脱一氧化碳是使一氧化碳加氢生成甲烷，其反应如下：

$$CO+3H_2 \rightleftharpoons CH_4+H_2O \tag{4-61}$$

在脱除一氧化碳的同时，CO_2 也进行加氢，其反应如下：

$$CO_2+4H_2 \rightleftharpoons CH_4+2H_2O \tag{4-62}$$

在某种条件下，还会有以下副反应发生：

$$2CO \longrightarrow C+CO_2 \tag{4-63}$$

$$Ni+4CO \longrightarrow Ni(CO)_4 \tag{4-64}$$

反应CO与CO_2甲烷化的平衡常数如表4-11所示。由于甲烷化反应是强烈的放热反应，低温有利于正反应，平衡常数较高。在200～400℃范围内，CO和CO_2都趋向于生成甲烷，而在高于600℃的范围，则逆反应易于进行。

表4-11　甲烷化反应的平衡常数

温度/℃	$K_p=\frac{p(CH_4)p(H_2O)}{p(CO)p^3(H_2)}$	$K_p=\frac{p(CH_4)p^2(H_2O)}{p(CO_2)p^4(H_2)}$
200	2.05×10^{15}	9.06×10^{12}
250	1.07×10^{13}	1.27×10^{11}
300	1.46×10^{11}	3.70×10^{9}
350	3.80×10^{9}	1.85×10^{8}
400	1.66×10^{8}	1.36×10^{7}
500	9.65×10^{5}	2.05×10^{5}

工业反应温度为300～400℃时，因K_p值极大和氢分压高，一氧化碳可认为是全部转化。

需要注意的是，甲烷化反应是强烈的放热反应，在绝热条件下造成反应物系温度的显著升高。在氢氮混合气中，每1%CO_2的绝热温升为60℃，每1%CO的绝热温升为72℃。原料气中CO和CO_2含量的波动会引起炉温大幅度的变化，应适当控制以免催化剂超温。

在实际生产中，甲烷化反应中一氧化碳分解和羰基镍生成反应是不会出现的。因为甲烷化工业反应温度在300～400℃，在这个范围内，一氧化碳的分解速率很慢。而羰基镍的反应，温度越低、压力越高，对其生成越有利。通过计算发现，在300～400℃，羰基镍的平衡含量极少。

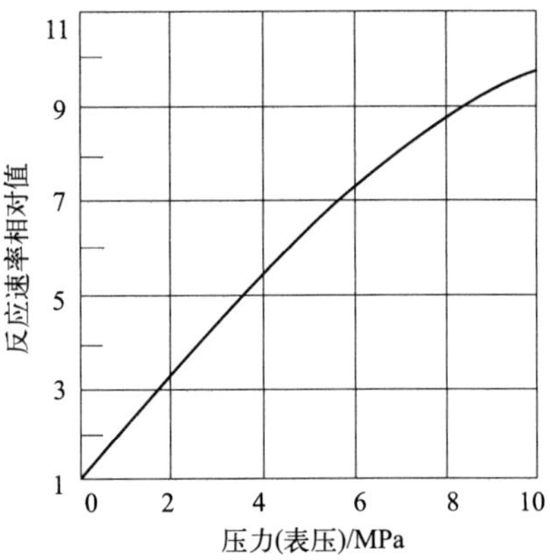

图4-25　操作压力对甲烷化催化剂活性的影响

甲烷化反应的动力学研究得出，包括扩散在内的宏观反应速率常数k随温度上升而增大，但并不剧烈，以280℃的$k=1.0$计，360℃时为2.50，420℃时为4.34，可以推测扩散对过程起重要作用。此外，在催化剂上反应速率随操作压力的增大而提高，其关系如图4-25所示，但增长值并不大。

我国目前使用的甲烷化催化剂是镍催化剂。以镍为主要活性成分，以氧化铝为载体，镍以NiO形式存在。使用前先以氢气或脱碳后的原料气还原，其反应式如下：

$$NiO+H_2 \longrightarrow Ni+H_2O \tag{4-65}$$

$$NiO+CO \longrightarrow Ni+CO_2 \tag{4-66}$$

虽然这些还原反应热效应不大，但催化剂一经还原就有活性。用原料气还原时，为了避免床层温升过高，必须尽可能控制碳氧化物体积分数在1%以下。还原后的镍催化剂会自燃，要防止与氧化性气体接触。当前面工序出现事故，有高浓度的碳氧化物进入甲烷化反应器时，床层温度会迅速上升，这时应立即切断原料气。还原后的催化剂不能用含有一氧化碳的气体升温，以防止低温时生成羰基镍。

除羰基为甲烷化催化剂的毒物以外，硫、砷和卤素也能使它中毒，即使这些元素仅为微量，也会大大降低催化剂的活性和寿命。硫对甲烷化催化剂的危害比对甲烷水蒸气转化催化剂大得多，因其操作温度较低，用无硫气体继续操作也不会使催化剂活性恢复，而对转化催化剂就不然。因此，硫对甲烷化催化剂的危害是累积的。气体含 0.1×10^{-6} 的硫可使催化剂的寿命从 5 年缩短到 1 年。催化剂吸收 0.5%的硫，活性几乎全部丧失。甲烷化催化剂中硫吸附量与活性的关系如表 4-12 所示。

表 4-12 甲烷化催化剂中硫吸附量与活性的关系

催化剂吸附硫的质量分数/%	0.1	0.15～0.2	0.3～0.4	0.5
活性(新催化剂为 100%)/%	80	50	20～30	<10

对砷来讲，吸附量达到 0.1%时，催化剂活性可丧失。在用低温变换的净化流程中，一般不会有硫进入甲烷化反应器，但脱碳系统采用砜胺法、砷碱法时，必须小心操作，以免把这些含有硫和砷的溶液带入。在采用这些方法脱除 CO_2 时，为了防止中毒，也可在催化剂床层前加氧化锌作保护剂。

由于前面工序对原料气进行深度精制，以及对进口气体中碳氧化物含量的严格限制，在正常情况下不会发生甲烷化催化剂的中毒和烧结，而且本身强度较高，催化剂的寿命可达 3～5 年。取出或者准备再用时，催化剂应该有控制地用预先氧化的方法钝化。

(2) 甲烷化法工艺流程

在甲烷化的反应过程中，因考虑到催化剂的升温活化和气体中 CO、CO_2 的含量变化，还需采用其他热源，所以甲烷化有两种流程：一种是基本上用甲烷化后的气体来预热甲烷化前的气体，不足量由高变气给出少量热量补充；另一种是完全利用外来热源（高变气或其他）。现介绍后一种流程，如图 4-26 所示。

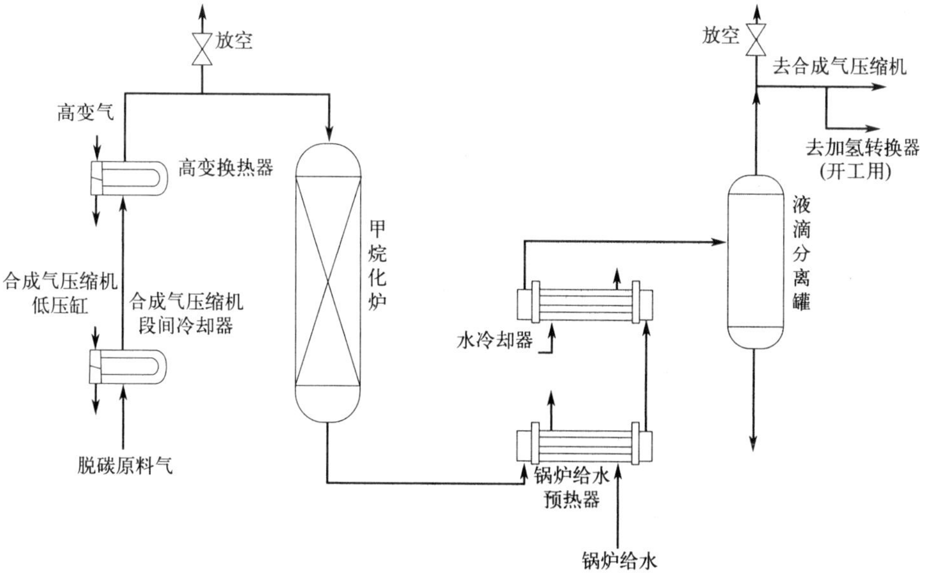

图 4-26 甲烷化法工艺流程简图

从 CO_2 吸收塔来的气体，进入合成气压缩机低压缸出口换热器，并预热到所需温度，然后进入高变换热器，加热到反应所需的温度，进入甲烷化炉。反应后的气体温度升高后，首先进入锅炉给水预热器降温，然后进入水冷器冷却。气体进入液滴分离罐，分出水分后送往合成气压缩机。

4.2 天然气制乙炔

乙炔是一种有机合成的重要原料，20 世纪 70 年代以来，由于石油的开发带来了很多的乙烯和丙烯资源，所以在很多的情况下廉价的乙烯和丙烯取代了乙炔的位置，但是乙炔由于它自身的特点，在化工当中仍占有一席之地。乙炔的生产原料是石油和天然气，电石法是一种比较古老的合成乙炔的方式，这里重点介绍部分氧化法天然气制乙炔的工艺方法。

利用天然气制乙炔的方法主要有天然气部分氧化法、电弧法、蓄热炉裂解法及等离子法。电弧法通过电弧炉中两极形成的电弧产生的高温使甲烷裂解为乙炔，电耗高，电极寿命短，副产物炭多。蓄热炉裂解法将燃料烃类和空气进行完全燃烧，燃烧产生的热积蓄在热容较大的耐火材料中，再使天然气和耐火材料接触，从耐火材料吸收热量裂解为乙炔，经济性差。等离子法生产乙炔，首先需要通过特定的设备产生等离子体，原料气体中的碳氢键在等离子体作用下发生断裂，生成碳原子和氢原子，这些原子进一步发生重组反应，生成乙炔（C_2H_2）和其他产物。等离子法成本较高，且工业成熟度较低。天然气部分氧化法制乙炔是其中相对成熟的工艺，天然气部分氧化法制乙炔工艺在生产乙炔的同时可副产大量的含氢合成气，是目前规模化生产的主要技术。

1945 年 BASF 公司首先在德国实现了甲烷部分氧化制乙炔的工业化，称为 BASF 法或 Sachsse 法，其单炉生产能力为 7000t/a，是目前世界上采用最多的生产方法。意大利 Montecatini 公司在其基础上开发了加压部分氧化法，采用甲醇提纯乙炔。为了防止烧嘴板下部表面结炭，美国 Monsanto 公司开发了旋焰烧嘴，在乙炔炉烧嘴的主流道中加入旋涡器，使气体产生旋转，燃烧时形成旋转火焰，同时可以增大燃烧的强度。比利时 SBA 公司先后开发了 SBA-Ⅰ型、SBA-Ⅱ型乙炔炉，和美国 Kellogg 公司合作开发了 SBA-Kellogg 乙炔炉。苏联国家氮气工业和有机合成产品科学研究设计院开发了一种采用部分氧化法的一型旋焰乙炔炉，其单炉生产能力达到 10000t/a。2003 年 BASF 公司采用改进的部分氧化法在美国路易斯安那州新建了一套乙炔生产装置，采用丁烷作原料，产品乙炔全部用于生产 1,4-丁二醇。

国内重庆天然气化工研究院开发了 10000t/a 的旋焰乙炔炉，采用轻油淬冷，不但使裂解气迅速降温回收热量，而且还可以联产乙烯。1978 年，我国四川维尼纶厂引进传统乙炔生产装置，生产乙炔，并联产甲醇，成为国内最大的乙炔生产厂家。在不断改进的基础上，生产能力达到 6.75×10^4 t/a。该装置自动化水平较高，操作方便，安全、可靠，其乙炔炉设计、制造水平至今仍具有领先水平，但还存在一些问题，主要表现在天然气脱硫工艺落后、余热没有充分利用、综合利用程度不够等方面。

天然气部分氧化法制乙炔是一种高温下进行的过程，其需要燃烧部分提供热量给剩余的 CH_4，使其分解产生 C_2H_2，同时生成大量的合成气。1t 乙炔大约副产 1 万 m^3 合成气，适合于用作燃料或生产甲醇或烃类。随着石油资源的日渐减少和供需矛盾的日益增加，以其他资源如天然气和煤代替石油为原料，生产基本化学化工原料的乙炔生产工艺方法和技术得到了进一步发展。近年新疆、内蒙古等大气田的发现，为发展大规模天然气制乙炔奠定了基础。在我国天然气资源比较丰富的地区，应大力推广技术比较成熟的天然气部分氧化法制乙炔，这对我国化学工业发展，特别是西部的发展具有重大意义。

4.2.1 天然气部分氧化法制乙炔反应原理

部分氧化法是由天然气与氧气在乙炔裂解炉内同时发生燃烧和裂解反应生产乙炔的方法，烃类氧化反应的速率远比烃类裂解反应的速率快，因而可以使氧化燃烧与热裂解的过程在同一空间内完成。

裂解过程的主要反应是氧化反应、裂解反应和水煤气反应，此外还有乙炔的分解反应和聚合反应等。其主要反应式如下。

目标反应（裂解反应）：

$$2CH_4 \longrightarrow C_2H_2 + 3H_2 \tag{4-67}$$

氧化反应：

$$CH_4 + O_2 \longrightarrow CO + H_2O + H_2 \tag{4-68}$$

$$CH_4 + 2O_2 \longrightarrow CO_2 + 2H_2O \tag{4-69}$$

水气变换反应：

$$CO + H_2O \longrightarrow CO_2 + H_2 \tag{4-70}$$

乙炔分解反应：

$$C_2H_2 \longrightarrow 2C + H_2 \tag{4-71}$$

总反应式为：

$$45CH_4 + 30.25O_2 \longrightarrow 8C_2H_2 + 3.5CO_2 + 25.5CO + 54H_2 + 28H_2O \tag{4-72}$$

烃类的生成自由能与温度关系如图 4-27 所示，从热力学分析，烃类裂解制乙炔，必须在高温条件下进行。烃类裂解制乙烯时，如温度过高，乙烯就会进一步脱氢转化为乙炔，但乙炔在热力学上很不稳定，易分解为碳和氢气。可见，甲烷裂解为乙炔时，也经过中间产物乙烯，但会很快进行脱氢氧化生成乙炔。

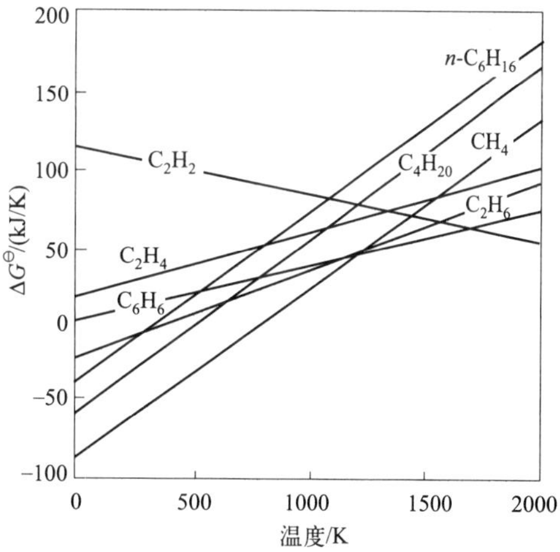

图 4-27 烃类的生成自由能与温度关系

乙炔裂解的动力学基于 Kassel 简化动力学模型。此模型提出了如下连串反应机理：

$$2CH_4 \xrightarrow{k_1} C_2H_6 + H_2 \tag{4-73}$$

$$C_2H_6 \xrightarrow{k_2} C_2H_4 + H_2 \tag{4-74}$$

$$C_2H_4 \xrightarrow{k_3} C_2H_2 + H_2 \tag{4-75}$$

$$C_2H_2 \xrightarrow{k_4} 2C + H_2 \tag{4-76}$$

并认为各项反应均为一级反应，研究指出上述反应中 $k_2 \gg k_1$，则上述方程式可简化为：

$$2CH_4 \xrightarrow{k_1} C_2H_4 + 2H_2 \tag{4-77}$$

$$C_2H_4 \xrightarrow{k_3} C_2H_2 + H_2 \tag{4-78}$$

$$C_2H_2 \xrightarrow{k_4} 2C + H_2 \tag{4-79}$$

其中乙炔裂解为二级反应，但研究认为，乙炔的裂解反应不是简单的二级反应，而应包含体系中第三体的影响，其反应机理为：

$$C_2H_2 + M \xrightarrow{k_4} 2C + H_2 + M \tag{4-80}$$

因此，甲烷热裂解系列反应的动力学关系可表示为：

$$\frac{dC_{C_2H_4}}{dt} = \frac{1}{2}k_1C_{CH_4} - k_3C_{C_2H_4} \tag{4-81}$$

$$\frac{dC_{C_2H_4}}{dt} = k_3C_{C_2H_4} - k_4C_{C_2H_2}C_M \tag{4-82}$$

$$-\frac{dC_{CH_4}}{dt} = k_1C_{CH_4} \tag{4-83}$$

式中，C_{CH_4}、$C_{C_2H_4}$、$C_{C_2H_2}$、C_M 分别为各物质的量浓度，$kmol/m^3$。反应速率常数分别为：

$$k_1 = 4.5\times10^{13}\exp[-4.575\times10^4/(T/K)] \tag{4-84}$$

$$k_3 = 2.58\times10^8\exp[-2.011\times10^4/(T/K)] \tag{4-85}$$

$$k_4 = 4.57\times10^4\exp[-2.069\times10^3/(T/K)] \tag{4-86}$$

则对应的反应速率 R_1、R_3、R_4 可分别定义为：

$$R_1 = k_1C_{CH_4}, R_3 = k_3C_{CH_4}, R_4 = k_4C_{CH_4}C_M \tag{4-87}$$

当温度很高时，$k_3 > k_4$，乙炔的生成速率大于乙炔的分解速率，可获得较高产率的乙炔。故烃类裂解生产乙烯必须满足下列三个重要的条件：供给大量的反应热；反应区温度要求很高；反应时间特别短（0.001～0.01s 以下），而且反应物一离开反应区即要被急冷下来，才能终止二次反应，避免乙炔的损失。

4.2.2 天然气部分氧化法制乙炔工艺流程

天然气部分氧化热解制乙炔的工艺包括两个部分：一个是稀乙炔制备单元；另一个是乙炔的提浓单元。工艺流程简图如图 4-28 所示。

压力为 1.5MPa 的氧气与压力为 0.35～0.5MPa 的天然气分别经过过滤器除去机械杂质后送往预热炉预热至 650℃，再送往乙炔炉。乙炔炉由混合室、燃烧器、反应室骤冷装置（三环水淬冷）和壳体构成，预热后的氧气和天然气在混合室快速混合后，经由燃烧器进入反应室，混合气在燃烧器出口处着火，向乙炔炉燃烧器供给一些氧气，以使天然气-氧气混合气燃烧稳定，氧气经由燃烧器喷嘴送入反应室。天然气在反应室中进行氧化和热分解反应。正常操作时，反应室底部会有一些炭黑沉积，采用液压制炭机构定期清除炭黑，三环水淬冷排出的含炭黑水从乙炔炉底部排出，送往含炭黑水总管。

温度为 85℃的裂解气由乙炔炉侧部接管引出，送往淋洗冷却塔冷却并除去部分炭黑。淋洗冷却塔为上下 2 段的泡罩塔，从乙炔炉送来的裂解气和来自就地循环冷却水系统的冷却水在塔中逆流接触，将裂解气冷却到 35℃并除去部分炭黑后送入裂解气总管。淋洗冷却塔后裂解气总管上设有 1 条将裂解气送入火炬系统的管线，在装置开车和停车置换或裂解装置

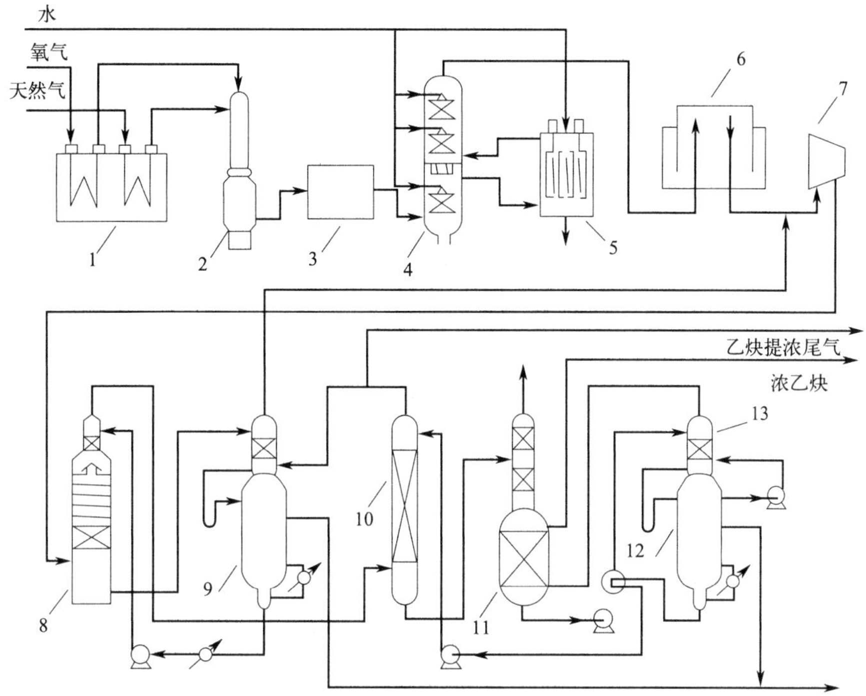

图 4-28　天然气部分氧化热解制乙炔工艺流程简图

1—预热炉；2—反应器；3—炭黑沉降槽；4—淋洗冷却塔；5—电除尘器；6—稀乙炔气柜；
7—压缩机；8—预吸收塔；9—预解吸塔；10—主吸收塔；11—逆流解吸塔；12—真空解吸塔；13—二段解吸塔

保护系统动作时使用。在淋洗冷却塔后裂解气总管上安装有水封，一旦裂解气总管压力超过水封设定压力值，裂解气排放到稀乙炔气柜火炬系统。淋洗冷却塔底部的含炭黑水送往炭黑水总管。

裂解气在淋洗冷却塔下段冷却到60℃后送入电除尘器。电除尘器采用湿法板式电滤器，设计电压7.8万伏，实际电压4万～6万伏，电流200mA。裂解气通过电除尘器电晕电极与沉淀电极之间形成的电场，在电场作用下，炭黑粒子移向沉淀电极并沉淀在沉淀电极上。裂解气通过电除尘器除去精细炭黑后返回洗涤塔上段，从淋洗冷却塔上段顶部进入裂解气总管，再进入裂解气压缩单元。电除尘器电极定期用来自就地循环冷却水系统的水进行清洗，清洗时停止向电极供应电，并停止向该电除尘器供应裂解气，从电除尘器底部排出的含炭黑水进入炭黑水总管。

从裂解单元洗涤塔来的裂解气、从预解吸塔来的循环气以及当裂解气不足时一部分来自主吸收塔的合成气通过压缩机升压至1.1MPa后，进入淋洗冷却塔与冷却水逆流接触冷却后送往提浓单元。裂解气中乙炔的体积分数在8%左右，在压缩机入口裂解气和循环气的混合气中乙炔的体积分数在10%左右。提浓单元裂解气和循环气的混合气用*N*-甲基吡咯烷酮（NMP）作溶剂，根据含碳不同的炔烃在溶剂中溶解度不同以及压力、温度不同，该物质在溶剂中溶解度不同，通过吸收和解吸等过程，将乙炔从混合气中回收出来。经过提浓单元，混合气被分离成合成气、乙炔（产品）、高级炔及同系物的混合物3种馏分。

从压缩单元来的裂解气和循环气的混合气和从塔顶流下的NMP溶剂在预吸收塔中逆流接触，丁二炔和其他高级炔类按其在NMP中的溶解度及其分压的不同，在此塔中被吸收，同时，也吸收部分乙炔。脱除丁二炔及高级炔后的混合气送往乙炔主吸收塔，吸收液由预解吸塔回收循环利用。

乙炔主吸收塔为填料塔，从丁二炔吸收塔出来的脱除了丁二炔和高级炔的混合气与从塔顶喷下的 NMP 溶剂（20℃）逆流接触，由于进此塔的 NMP 溶剂进塔前用冷冻水冷却，温度比丁二炔吸收塔的溶剂温度低，乙炔和 NMP 溶剂中溶解度高于乙炔的气体被完全吸收，不溶于 NMP 溶剂的气体（H_2、CO_2 等）从该塔顶部排出。吸收了乙炔的溶剂借裂解混合气的压力排往逆流解吸塔。逆流解吸塔为填料塔，压力接近大气压，来自乙炔主吸收塔吸收了乙炔的溶剂和来自二段解吸塔含乙炔及高级炔类的粗乙炔气逆流接触，由于压力降低，高级炔在溶剂中的溶解度加大，在塔的上部，乙炔和溶解度比乙炔低的气体被解吸出来。

来自逆流解吸塔的含高级炔、水、部分乙炔的溶剂混合物进入二段解吸塔上段，由于溶剂温度的升高，乙炔被解吸出来，部分高级炔也被解吸出来，解吸出来的乙炔和部分高级炔（粗乙炔）送往逆流解吸塔底部。出二段解吸塔上段的溶剂（含水、高级炔）借重力流入真空操作的二段解吸塔下段的真空解吸塔。在二段解吸塔下段的上部，由于压力为真空，余下的乙炔几乎全部被从溶剂中解吸出来，解吸出来的乙炔和部分高级炔用真空泵送往二段解吸塔上段，在二段解吸塔下段的底部，由于真空和加热，所有进入系统的水分和高级炔均从溶剂中逐出。二段解吸塔下段底部排出的溶剂（不含高级炔）冷却到 35℃后送往溶剂储槽。

部分氧化法也存在不足之处：部分氧化法是通过甲烷部分燃烧作为热源来裂解甲烷，因此形成的高温环境温度受限，而且单吨产品消耗的天然气量过大；部分氧化法必须建立空分装置以供给氧气，因有氧气参加反应，使生产运行处于不安全范围内，因而须增设复杂的防爆设备。氧气的存在还使裂解气中有氧化物存在，增加了分离和提浓工艺段的设备投资；裂化气组成比较复杂，C_2H_2 为 8.54％、CO 为 25.65％、CO_2 为 3.32％、CH_4 为 5.68％、H_2 为 55％，这给分离提浓工艺的消耗及人员配置等诸方面都带来了麻烦，从而增加了运行成本。

练习思考题

1. 以天然气为原料合成氨的生产过程主要分为哪几个工序？
2. 天然气水蒸气转化制合成气的主要反应有哪些？各反应的相态、反应热、转化率等有什么特点？
3. 天然气水蒸气转化制合成气的主要副反应有哪些？其危害是什么？如何抑制析碳？
4. 水蒸气转化过程的水碳比指的是什么？水碳比的选择需考虑哪些因素？
5. 为什么采用二段转化？二段转化的供热方式各有什么不同？
6. 粗合成气中的硫成分有哪些？干法脱硫和湿法脱硫的适用范围有何区别？
7. 氧化锌脱硫的硫容与温度有何关系？适用何场合脱硫？
8. 改良 ADA 法脱硫的主要化学反应和脱硫原理是什么？
9. CO 变换工序的反应原理和主要任务是什么？为什么要分中温变换和低温变换？
10. 苯菲尔脱碳的脱碳原理是什么？为何又称热钾碱法？
11. 甲烷化反应是水蒸气转化的逆反应，它们的反应条件和催化剂有什么不同？
12. 天然气制乙炔方法主要有哪些？各种方法的原理是什么？

习题参考

第 5 章

典型煤化工工艺

本章主要内容及要求

- 掌握煤化工工艺的基本原理和技术，掌握煤的气化、液化、焦化等主要工艺过程的基本原理、工艺流程、设备结构和操作条件；
- 能够运用所学知识分析和解决煤化工生产过程中的实际问题，例如工艺分析、设备选型、故障诊断等；
- 关注煤化工领域的新技术、新工艺、新设备，了解煤化工行业的发展方向和政策法规；
- 了解煤化工行业面临的挑战和机遇，树立可持续发展的理念，为开发清洁、高效、低碳的煤化工技术贡献力量。

煤是一种重要的化石能源和化工原料，在全球能源结构和经济发展中占据重要地位。煤化工是实现煤炭资源高效清洁利用的重要途径。煤化工是指以煤为原料经化学加工转化成气体、液体和固体并进一步加工成一系列化工产品的工业过程，主要包含气化、液化、焦化、合成等一系列复杂的技术过程，这些过程需要解决高温、高压、催化剂、分离纯化等一系列技术难题，涉及化学反应工程、热力学、动力学等学科。按照产业发展历程和成熟度，分为传统煤化工和现代煤化工两大类。传统煤化工泛指煤的气化、液化、焦化及焦油加工、电石乙炔化工等，也包括利用煤的性质通过氧化、溶剂处理制化学品以及以煤为原料制备煤基材料等。而现代煤化工技术是指以煤气化为龙头，以一碳化学为基础，合成各种燃料油和化工产品的煤洁净利用技术。图 5-1 所示为典型传统煤化工路线与现代煤化工产业的范畴内容。

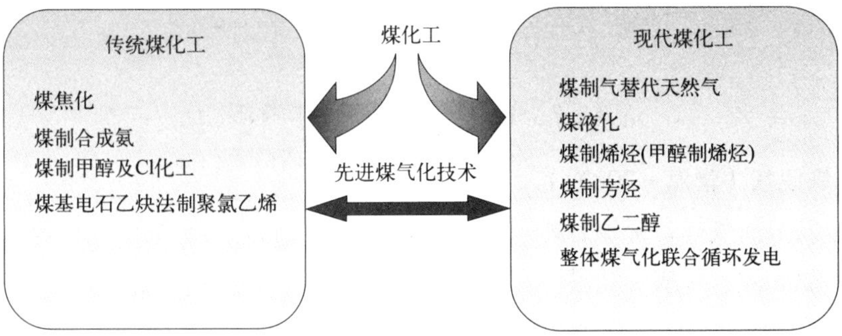

图 5-1　传统煤化工和现代煤化工对比

作为我国能源供应的压舱石和稳定器，煤炭在我国的主体能源地位在未来相当长的一段时间内不会改变。长期以来"富煤、贫油、少气"的资源禀赋，造成我国以煤炭为主的能源消费结构。21 世纪初，国际油价持续走高，为煤化工发展提供了广阔的市场空间。我国自 2000 年起加速发展现代煤化工技术，目前已形成煤制油、煤制气、煤制烯烃、煤制乙二醇等主流技术路线，构建了全球规模最大的煤基能源化工体系，在技术装备国产化率、系统集成度、产品多元化等方面取得显著突破。在当前全球能源转型背景下，煤化工技术正在向高端化、多元化、低碳化方向升级发展。本章将系统解析典型煤化工工艺的技术原理、应用现状及创新方向，为煤炭清洁高效利用提供理论与实践指导。

5.1 煤焦化

煤焦化（又称炼焦）是煤在高温（900～1100℃）隔绝空气条件下进行干馏的热解过程，主要生产冶金焦炭，同时副产焦炉煤气、煤焦油和粗苯等高附加值化学品。它是煤化工与钢铁工业的桥梁，冶金焦炭是钢铁冶炼的还原剂和燃料核心，而副产品则广泛应用于化工、能源等领域。该技术起源于古代炼焦实践，18 世纪因焦炭炼铁推动工业革命，20 世纪实现自动化与环保升级（如干熄焦技术），21 世纪聚焦绿色转型，通过焦炉煤气制氢、智能焦炉优化能耗（中国占全球 68%产能），成为现代冶金与清洁能源融合的典型范例。煤焦化技术具有资源综合利用的特点，但传统工艺存在能耗高、污染排放等问题，现代技术正逐步向清洁化、高效化方向升级。

5.1.1 煤的成焦过程机理

煤成焦过程本质是煤在高温缺氧条件下的定向碳结构重构，形成气态（煤气）、液态（焦油）和固态（焦炭）产物。大致可分为三阶段，具体示意图如图 5-2 所示。

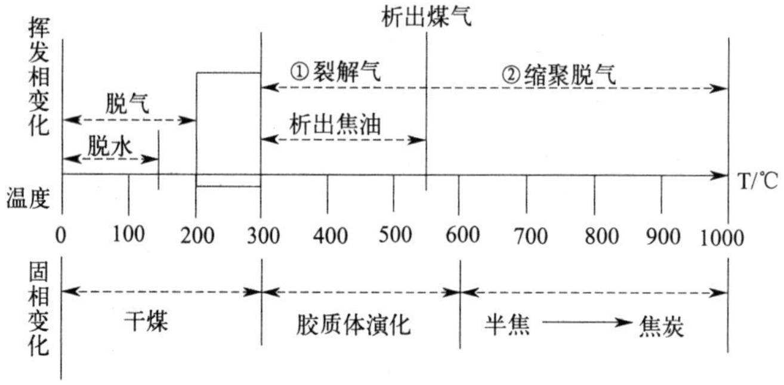

图 5-2 煤的成焦过程机理阶段特征

（1）干燥脱气（常温～300℃）

脱除水分及吸附气体，含氧官能团（—COOH、—OH）初步分解，释放 CO/CO_2，煤体收缩形成初始孔隙，形成干燥煤。

（2）黏结形成半焦（300～600℃）

煤中有机质开始发生热分解，以解聚和分解反应为主，煤黏结成半焦。通常烟煤在 300℃后开始软化，伴随有小分子气体（如 H_2、CH_4、CO 等）和煤焦油析出，中等煤化度烟煤在此期间的一定温度范围内生成气、液、固三相共存胶质体。

（3）熟化成焦（600 ~ 1100℃）

是半焦变成焦炭的阶段，此阶段以缩聚反应为主，半焦进一步脱除残留的挥发分，产生大量煤气（以 H_2 为主），半焦经收缩形成有裂纹的焦炭，焦炭的芳香族结构更加致密，石墨化程度提高。焦炭的孔隙率、强度和反应性趋于稳定。

5.1.2 现代焦化厂炼焦工艺

现代焦化厂炼焦工艺以优质炼焦煤为原料，通过配煤破碎、高温干馏（1000～1100℃密闭炭化室）、煤气净化（脱硫脱氨洗苯）及干法熄焦（余热发电）四大核心环节，生产冶金焦炭与净煤气，并回收焦油、粗苯等副产品。主要的流程包括以下几个步骤。

首先，煤炭经过接收、储存、粉碎和混合后，由装煤车装入焦炉的炭化室。在焦炉中，煤炭在高温下进行干馏，生成焦炭和煤气。

煤气通过上升管导出后，经过冷却、脱硫、脱氨等净化处理，回收焦油、粗苯和硫铵等副产品。具体过程如下。

从焦炉排出的高温煤气（700～800°C），含有焦油、氨、苯、硫化氢等化学产品。通过初冷器将焦炉煤气冷却至 80～85°C，使部分焦油和氨水冷凝。电捕焦油器通过电场作用去除煤气中的焦油雾，使焦油含量降至 0.05g/m^3 以下。通过气液分离器分离煤气中的液态焦油和氨水。焦油送往焦油加工装置，进一步分离成轻油、酚油、萘油、沥青等。氨水送往氨水处理系统，回收氨。在脱氨塔中去除煤气中的氨（NH_3），通常采用硫酸吸收法或磷酸吸收法，生成硫酸铵或磷酸铵。通过脱苯塔回收煤气中的粗苯（苯、甲苯、二甲苯等），通常采用洗油吸收法，粗苯被洗油吸收后通过解吸回收。通过脱硫塔去除煤气中的硫化氢（H_2S），通常采用湿法脱硫（如氨水法、ADA 法）或干法脱硫（如氧化铁吸附法）。在终冷器中将煤气进一步冷却至 25～30°C，为后续干燥做准备。使用吸附剂（如硅胶或分子筛）去除煤气中的水分，得到干燥的净煤气，主要成分为氢气（H_2）和甲烷（CH_4），可作为燃料或化工原料。将回收的焦油通过蒸馏分离成轻油、酚油、萘油、洗油、蒽油和沥青等馏分，进一步加工提取化工产品。将回收的氨加工成硫酸铵或液氨，用于化肥或其他化工用途。将粗苯通过蒸馏和精制工艺，分离出纯苯、甲苯、二甲苯等产品，用于化工原料。

焦炭从焦炉推出后，先通过湿法或干法冷却（如干熄焦工艺），再经过筛分和储存；最后，焦炉产生的废气经过脱硫、脱硝等处理，达到环保排放标准。整个流程涵盖了原料准备、焦炉加热与炭化、煤气处理、焦炭处理、副产品回收和废气处理等多个环节。图 5-3 所示为现代焦化厂炼焦典型工艺流程图。

经过以上生产过程，煤中约 70%转化为焦炭，其余的为高温干馏时发生的一系列物理化学变化所析出的挥发性产物即粗煤气，粗煤气经过冷却、分离、吸收、解吸、蒸馏等多种操作，通过合理的工艺设计和操作，可以高效回收其中的有价值化学产品，同时获得净煤气。工业生产条件下，煤成焦过程所得产品的产率见表 5-1，焦炉煤气的组成成分见表 5-2，焦化粗苯的具体组成见表 5-3。

表 5-1 炼焦产品及收率

产物	主要组成或特性	收率(以干煤为基准)
焦炭	固定碳、灰分、挥发分	70%～78%
焦炉煤气	氢气、甲烷、一氧化碳、二氧化碳等	300～350m^3/t 干煤

续表

产物	主要组成或特性	收率(以干煤为基准)
粗苯	苯、甲苯、二甲苯等芳烃	8～12kg/t 干煤
煤焦油	酚类、萘、沥青、蒽等有机化合物	25～35kg/t 干煤
氨	氨(NH_3)	2～4kg/t 干煤
硫化氢	硫化氢(H_2S)	0.5～1kg/t 干煤
氰化氢	氰化氢(HCN)	0.1～0.3kg/t 干煤
轻油	低沸点芳烃(如苯、甲苯、二甲苯等)	1～2kg/t 干煤
焦油渣	焦油中的固体杂质	1～3kg/t 干煤

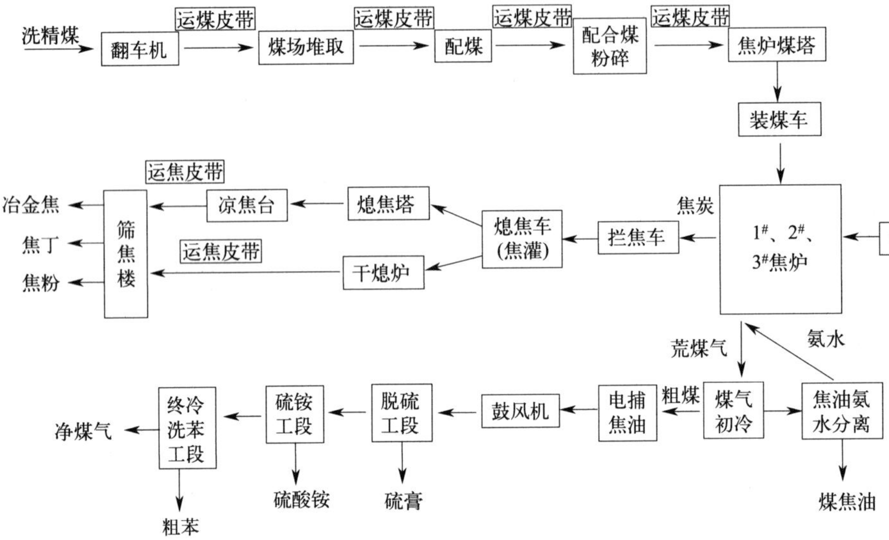

图 5-3 现代焦化厂炼焦工艺流程图

表 5-2 焦炉煤气的组成成分

成分	粗煤气组成(体积分数)/%	净煤气组成(体积分数)/%
氢气(H_2)	50～60	50～60
甲烷(CH_4)	20～30	20～30
一氧化碳(CO)	5～10	5～10
二氧化碳(CO_2)	2～4	1～2
氮气(N_2)	3～6	3～6
乙烯(C_2H_4)	1～2	1～2
其他烃类	1～2	1～2
硫化氢(H_2S)	0.5～1	<0.1
氨(NH_3)	0.5～1	<0.1
苯及其同系物	0.5～1	<0.1

表 5-3 焦化粗苯的具体组成

组分类别	具体组分	化学式	含量(质量分数)/%
苯及其同系物	苯	C_6H_6	60～70
	甲苯	C_7H_8	10～20
	二甲苯(邻、间、对)	C_8H_{10}	5～10
	乙苯	C_8H_{10}	1～3
	三甲苯	C_9H_{12}	2～5
	其他芳烃	C_nH_m	1～3

续表

组分类别	具体组分	化学式	含量(质量分数)/%
硫化物	二硫化碳	CS_2	0.1～0.5
	噻吩	C_4H_4S	0.05～0.2
	甲基噻吩	C_5H_6S	0.05～0.1
	其他硫化物	—	0.05～0.1
非芳烃	环烷烃	C_nH_{2n}	0.5～1
	烯烃	C_nH_{2n}	0.5～1

5.1.3 焦炉结构

现代焦炉是以生产冶金焦为主要目的兼具回收炼焦热量和化学产品功能的水平式焦炉，其结构主要包括炉体、附属设备及焦炉机械。炉体是焦炉的核心部分，由炉顶、炭化室、燃烧室、斜道区、蓄热室、烟道和烟囱等构成，并以混凝土作为基础支撑，炉体结构如图 5-4 所示。

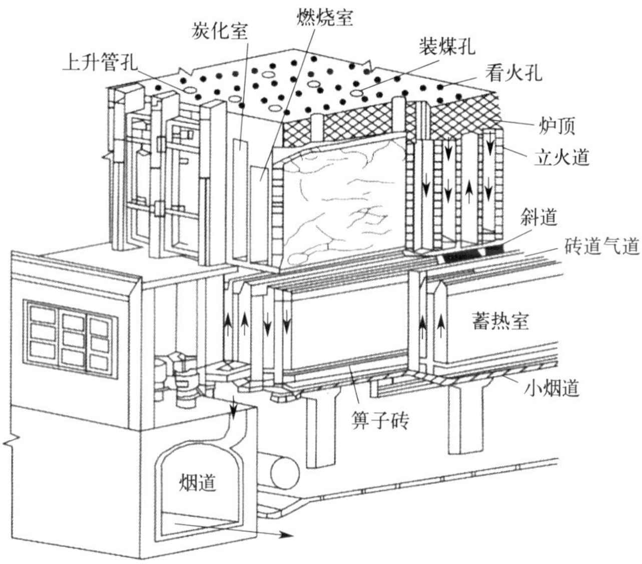

图 5-4　焦炉炉体结构

以下是现代焦炉结构的详细描述。

（1）焦炉整体结构

现代焦炉通常由多个炭化室和燃烧室交替排列组成，整体结构包括以下部分：

① 炭化室　煤在隔绝空气的条件下进行干馏，生成焦炭和煤气。

② 燃烧室　提供炭化室所需的热量，通过燃烧煤气或废气加热。

③ 蓄热室　回收废气中的热量，预热空气和煤气，提高热效率。

④ 烟道和烟囱　排放燃烧后的废气。

（2）炭化室

① 功能　煤在炭化室内进行干馏，生成焦炭和煤气。

② 结构特点

形状：长方形，宽度较窄（400～500mm），高度较高（4～8m），长度较长（10～20m）。

材质：耐火砖砌筑，内衬硅砖或高铝砖，耐高温和化学腐蚀。

密封性：炭化室顶部和炉门采用密封设计，防止空气进入和煤气泄漏。

③ 操作

装煤：通过装煤车将煤装入炭化室。

出焦：焦炭成熟后，通过推焦机将焦炭推出，经熄焦车送至熄焦塔。

（3）燃烧室

① 功能　提供炭化室干馏所需的热量。

② 结构特点

位置：位于炭化室两侧，与炭化室交替排列。

加热方式：通过燃烧煤气或废气加热，热量通过耐火墙传导至炭化室。

燃烧器：采用高效燃烧器，确保热量均匀分布。

③ 操作　煤气和空气在燃烧室内燃烧，产生高温烟气。烟气通过蓄热室回收热量后排放。

（4）蓄热室

① 功能　回收废气中的热量，预热空气和煤气，提高热效率。

② 结构特点

位置：位于焦炉底部，与燃烧室相连。

材质：耐火砖砌筑，内部填充蓄热体（如格子砖）。

工作原理：高温废气通过蓄热室时，将热量传递给蓄热体；随后，冷空气或煤气通过蓄热室，吸收蓄热体中的热量。

③ 操作　周期性切换气流方向，确保热量高效回收。

（5）烟道和烟囱

① 功能　排放燃烧后的废气。

② 结构特点

烟道：连接燃烧室和烟囱，采用耐火材料砌筑，耐高温和腐蚀。

烟囱：高度较高（100～150m），利用自然抽力排放废气。

环保措施：烟道中设置除尘器和脱硫装置，减少废气中的粉尘和硫化物排放。

（6）辅助设备

① 装煤车　用于将煤装入炭化室。

② 推焦机　用于将成熟的焦炭推出炭化室。

③ 熄焦车　将红热焦炭运送至熄焦塔，通过水或惰性气体熄焦。

④ 煤气净化系统　回收和处理焦炉煤气中的化学副产品（如焦油、氨、苯等）。

⑤ 自动化控制系统　监控和调节焦炉的温度、压力、气流等参数，确保高效稳定运行。

（7）环保与节能设计

① 废气处理　采用脱硫、脱硝和除尘技术，减少废气中的污染物排放。

② 热量回收　通过蓄热室和余热锅炉回收废气中的热量，用于发电或供热。

③ 密闭操作　炭化室和炉门采用密封设计，防止煤气泄漏和空气进入。

④ 清洁生产　采用干熄焦技术（CDQ），减少水熄焦过程中的水耗和污染。

5.1.4 炼焦新工艺技术

现代炼焦新工艺技术以清洁高效、低碳智能为核心，涵盖五大方向。

（1）清洁高效炼焦

如 SCOPE21 工艺通过煤预热与薄层炭化缩短结焦时间 30%～40%，模块化炼焦结合余热发电实现能源梯级利用，低阶煤预处理技术拓展原料资源。

（2）环保减排

负压炼焦抑制污染物逸散，VOCs 治理与烟气脱硫脱硝技术实现 SO_2＜30mg/m^3、NO_x＜150mg/m^3 的超低排放。

（3）智能化升级

数字孪生焦炉与智能配煤系统动态优化生产，机器人实现无人化操作。

（4）资源循环

焦炉煤气提氢制 LNG、焦化废水零排放及焦粉成型技术提升资源利用率。

（5）氢冶金耦合

焦炉煤气联产氢能用于直接还原炼铁，绿氢替代化石燃料加热，推动炼焦-钢铁产业链低碳转型。

新工艺技术综合节能达 30%，碳排放强度降低 20%～50%，通过低阶煤利用、副产物资源化缓解炼焦煤短缺压力，同时满足全球严苛环保标准（如中国超低排放、欧盟 BAT）。其核心价值在于构建“节能-减排-循环”三位一体模式：智能化控制保障工艺稳定性，清洁化生产减少环境负荷，氢能耦合与循环经济延伸产业链价值。这些技术不仅推动焦化行业向绿色化、高效化升级，更与钢铁、化工、新能源产业深度协同，成为实现“双碳”目标的关键支撑，为全球冶金工业可持续发展提供技术范式。

5.1.5 干法熄焦技术

干法熄焦（coke dry quenching，CDQ）是一种高效、环保的焦炭冷却工艺，其核心特点是利用惰性气体（如氮气）作为冷却介质，在密闭系统中将红焦从 950～1100℃的高温冷却至 200℃以下，同时实现热能的高效回收，如图 5-5 所示。该工艺通过惰性气体与红焦的逆流接触，吸收红焦的显热，使惰性气体温度升高至 850～950℃，随后进入余热锅炉产生蒸汽，热能利用率可达 80%以上，产生的蒸汽可用于发电或供热，显著降低能耗。干法熄焦的焦炭冷却速度均匀，避免了湿法熄焦因急冷导致的焦炭裂纹和强度下降问题，焦炭的机械强度指标（如 M_{40} 提高 2%～5%，M_{10} 降低 0.3%～0.8%）和反应后强度（CSR 提高 3%～6%）显著优于湿法熄焦。

此外，干法熄焦采用闭路循环系统，无废水、废气排放，粉尘排放浓度低于

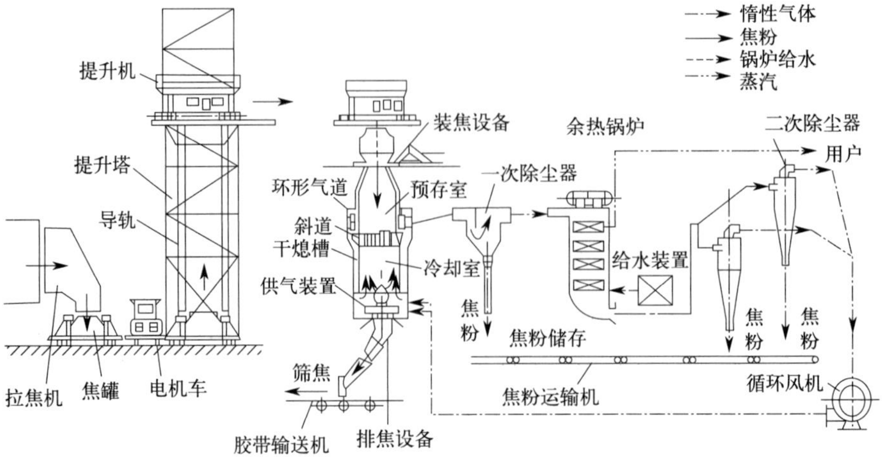

图 5-5　干法熄焦工艺流程

$50mg/m^3$，环保性能优异。尽管干法熄焦设备投资较高（单套系统投资 1.5 亿～2 亿元），但其长期运行中节能效益显著，每吨焦炭可回收约 1.35GJ 的热能，年节约标准煤数万吨，同时减少 CO_2 排放数万吨，是现代焦化行业实现绿色低碳发展的关键技术之一。

5.2　煤气化

煤气化是通过热化学转化将固态煤转化为以一氧化碳、氢气为主的可燃性合成气，同时产生二氧化碳、焦油、灰渣、硫化氢等副产物的过程。该技术是煤炭清洁高效利用的核心，其主产物合成气可灵活用于发电、化工合成（如甲醇、氨）、制氢及液体燃料生产，副产物则需通过环保技术（如脱硫、碳捕集）实现资源化或无害化处理。煤气化的本质是通过化学反应将煤的化学能转化为高附加值气态能源，是连接传统化石能源与低碳未来的关键技术。

5.2.1　煤气化基本原理

（1）煤气化过程的共性特征

煤气化是通过高温热化学作用将固体煤转化为气体燃料或合成气的技术过程。其典型共性特征包括以下几个方面：

① 多相反应体系　涉及气-固两相反应（煤颗粒与气化剂）、气-液两相反应（焦油裂解）以及固-固反应（灰分熔融转化）。

② 能量耦合　吸热反应（如热解、水煤气反应）与放热反应（如燃烧反应）相互依存，形成自热平衡系统。

③ 产物多样性　主产物为合成气（$CO+H_2$），副产物包括焦油、灰渣、CO_2、CH_4 及含硫/氮污染物。

④ 过程连续性　包含干燥、热解、气化三个阶段，各阶段在时间与空间上存在重叠。

（2）主要反应阶段及机理

① 干燥阶段　温度范围是100～200℃。

物理化学特征：煤中游离水（表面吸附水）与结合水（结晶水）逐步蒸发，水分含量降至5%以下；无化学键断裂，主要发生物理脱附过程；煤颗粒孔隙结构初步打开，为后续热解提供传质通道；蒸发潜热约2260kJ/kg（水）；能耗占比约占总气化能耗的3%～5%。

② 热解阶段　温度范围是200～800℃。

化学键断裂与产物生成规律如表5-4所示。

表5-4　煤热解过程主要断键特征及产物分布

热解阶段	温度范围	主要断键类型	主要产物分布
干燥脱气	室温～200℃	物理吸附水、气体脱附	水蒸气、少量CO_2、CH_4等气体
初始热解	200～350℃	弱键断裂(如氢键、醚键、部分脂肪侧链)	焦油(轻质烃类、酚类)、CO、CO_2、H_2O、CH_4等气体
主要热解	350～600℃	强键断裂(如C—C键、C—O键、芳环侧链)	大量焦油(芳烃、酚类、脂肪烃)、H_2、CO、CH_4、C_2H_4等气体,半焦开始形成
二次裂解阶段	600～800℃	焦油二次裂解(如C—C键、C—H键断裂)	焦油减少,气体产物增加(H_2、CO、CH_4、C_2H_4等),半焦进一步缩聚

过程特点：挥发分析出速率随温度升高呈指数增长；焦油生成量在450～550℃达到峰值，高温（>600℃）促进二次裂解；半焦孔隙率显著增加，比表面积可达200～400m^2/g。

③ 气化阶段　温度范围是800～1600℃。

煤经历热解阶段后煤焦中主要的成分为碳，表5-5列出了煤气化过程中的主要反应。

表5-5　气化过程中碳的基本反应

反应类型	反应方程式	标准焓变 ΔH/(kJ/mol)	说明
燃烧反应	$C+O_2 \longrightarrow CO_2$	−393.5	煤中碳与氧气完全燃烧,放热反应,提供气化所需热量
部分氧化反应	$2C+O_2 \longrightarrow 2CO_2$	−221.0	煤中碳与氧气不完全燃烧,生成CO,放热反应
水蒸气气化反应	$C+H_2O \longrightarrow CO+H_2$	131.3	煤中碳与水蒸气反应,生成CO和H_2,吸热反应
Boudouard反应	$C+CO_2 \longrightarrow 2CO$	172.5	煤中碳与CO_2反应,生成CO,吸热反应
水煤气变换反应	$CO+H_2O \longrightarrow CO_2+H_2$	−41.2	CO与水蒸气反应,生成CO_2和H_2,放热反应,调节合成气中H_2/CO比例
甲烷化反应	$CO+3H_2 \longrightarrow CH_4+H_2O$	−206.2	CO与H_2反应,生成CH_4和H_2O,放热反应,通常在低温高压下进行
加氢气化反应	$C+2H_2 \longrightarrow CH_4$	−74.8	煤中碳与H_2直接反应,生成CH_4,放热反应
焦油裂解反应	$C_xH_y \longrightarrow xC+0.5yH_2$	依具体烃类而定	焦油在高温下裂解为碳和H_2,通常为吸热反应

5.2.2　煤气化工艺条件

（1）温度

温度对气化反应的影响主要体现在对反应速率与化学平衡两方面。升高温度可显著加快化学反应速率（如碳与水蒸气、二氧化碳的反应）。吸热反应（如水煤气反应：$C+H_2O$

$\longrightarrow CO+H_2$）随温度升高正向进行，提高 CO 和 H_2 的产量；放热反应（如甲烷生成反应：$C+2H_2 \longrightarrow CH_4$）则被抑制，降低 CH_4 含量。高温（>1000℃）下，产物以合成气（$CO+H_2$）为主，CH_4 和焦油减少，适合生产化工原料或燃料气。低温（700～900℃）可能生成更多焦油和甲烷，适合生产民用燃气。从动力学和热力学分析可知，温度对气化影响最大，在 900℃以上才有满意的气化速率，一般操作温度在 900℃以上，以保障必要的生产强度。从炉型适应性来讲，液态排渣气化炉（如气流床）需高温（>1300℃）使灰渣熔融流动；固态排渣炉（如固定床）需控制温度低于灰熔点（约 1100℃）。

（2）压力

气化压力对煤气化过程的影响呈多维度规律：压力升高（通常为 2.0～6.5MPa）可提升反应速率，因气体分子浓度增加促进气固接触，但受扩散限制增强，需优化气化剂（氧气/水蒸气）配比；高压环境促进体积缩小的甲烷化副反应（$CO+3H_2 \longrightarrow CH_4+H_2O$），导致合成气中 CH_4 含量上升而有效气（$CO+H_2$）比例下降。此外，高压可缩小设备体积、降低后续合成气压缩能耗，但加剧熔渣对炉壁的腐蚀风险，需结合气化炉型（如干粉/水煤浆）调控压力与温度协同效应，以实现碳转化率（可达 98%以上）与合成气质量的最优平衡。

（3）原料煤的性质

包括反应活性、抗碎强度、热稳定性、黏结性、可磨性、灰熔融性、结渣性等多个方面的工艺性质是影响气化过程的关键所在，这些特性直接影响着气化反应的速率、煤气产量和质量以及灰渣的生成特性。对于煤气化过程来说，若煤的性质不适合煤的气化工艺，将导致气化炉生产指标的下降，甚至恶化。

5.2.3 煤气化的分类方法

为满足不同的煤种与工艺适应性，迄今为止，已开发及处于研究发展中的煤气化方法多种多样，由于许多因素互相掺杂，对气化过程作通用的系统分类是比较困难的。对于煤炭气化技术，常见的主要分类方法有如下几种。

（1）根据热值分类

以制取煤气的热值进行分类，有低热值煤气、中热值煤气和高热值煤气三类，对应的煤气热值分别为小于 $8374kJ/m^3$、小于 $16000～34000kJ/m^3$、高于 $34000kJ/m^3$。

（2）根据气化介质分类

以气化介质为主进行分类，有空气鼓风气化（空气煤气）、空气-水蒸气气化（发生炉煤气）、氧气-水蒸气气化（水煤气）和加氢气化（以氢气为气化剂，取高热值煤气的过程）等。

（3）根据供热方式分类

以气化过程供热方式进行分类，有内热式气化（气化过程中没有外界供热，煤与水蒸气反应所需的热量由煤的氧化反应所提供）、外热式气化（气化所需热量通过外部加热装置供给，煤气质量较好）和热载体气化（气、固或液渣载体与原料煤通过热交换供热）。

(4) 根据排渣方式分类

以排渣方式为主进行分类，有固态排渣气化和液态排渣气化。

(5) 根据过程动态分类

以入炉煤在炉内的过程动态进行分类，有移动床（固定床）气化、流化床气化、气流床气化和熔融床气化等。

(6) 根据阶段性分类

以过程的阶段性为主进行分类，有单段气化、两段（单筒、双筒）或多段气化等。以过程的操作方式为主进行分类，有连续式气化、间歇式气化和循环式气化等。

(7) 根据气化方式分类

以地下煤层气化与采出煤的气化方式不同进行分类，分为地面气化与地下气化。

有效的煤炭气化方法是根据不同的过程参数或所用的不同燃料种类进行分类的，依气固接触形式、热传递方式、进料方式、排渣方式而不同，并因此对气化原料煤的要求也不同。分类方法（5）是目前比较流行且最能反映气化反应本质的分类方式，即按煤在气化炉内移动方式分成固定（移动）床、流化床、气流床三大类，气化炉结构示意图及炉内温度分布曲线见图 5-6。

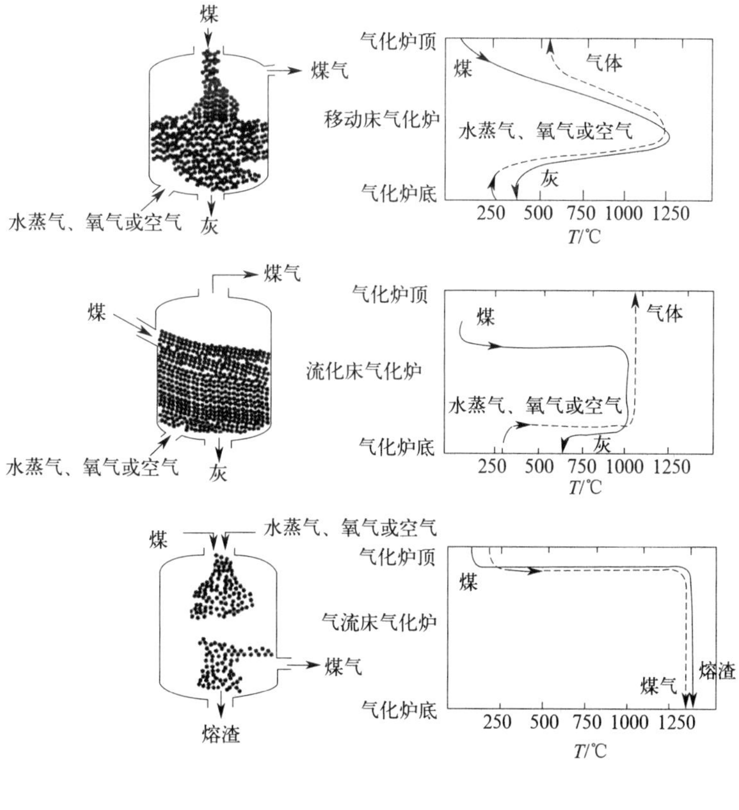

图 5-6 三类典型气化炉结构示意图及炉内温度分布曲线

5.2.4 典型气化工艺技术

5.2.4.1 固定床气化过程工艺特点及典型代表

（1）工艺特点

以块煤为原料，由气化炉顶部加入，气化剂由炉底送入，原料煤和气化剂逆流接触气化。从短时间上看，由于块煤质量大，气体相对于固体床层的速度未达到流化速度，气流在上升过程中不致使固体颗粒的相对位置发生变化，处于相对固定的状态，床层高度亦基本上维持不变，因而有的称为固定床气化。从宏观角度看，由于煤从炉顶加入，含有残炭的灰渣自炉底排出，气化过程中，煤粒在气化炉内是缓慢向下移动的，因而又称移动床气化。移动床气化的特性是设备简单、可靠，反应温度较低，煤在炉内的停留时间较长，约为1～1.5h，气化过程进行得比较完全，碳的转化率和气化效率较高，且使热量能得到合理利用，因而具有较高的热效率，但煤气的生产能力较小，以黏结性煤为原料时，还需在炉内增加搅拌破黏设备。

（2）典型代表

典型的固定床气化炉有UGI气化炉、Lurgi加压气化炉、熔融排渣的BGL气化炉。图5-7和图5-8分别为迄今为止应用最成功且典型的Lurgi加压气化炉结构示意图及工艺流程简图。

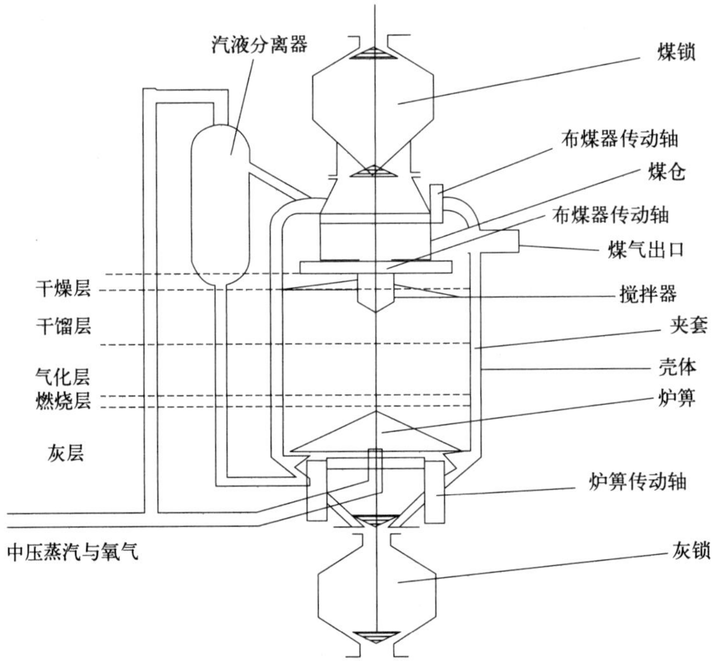

图5-7 Lurgi加压固定床气化炉结构示意图

Lurgi加压气化炉为立式固定床结构，炉体采用双层水冷壁夹套设计，外层为承压壳体（操作压力2～3MPa），内层为耐高温的耐火砖衬里，夹套通水循环以保护炉壁并副产中压

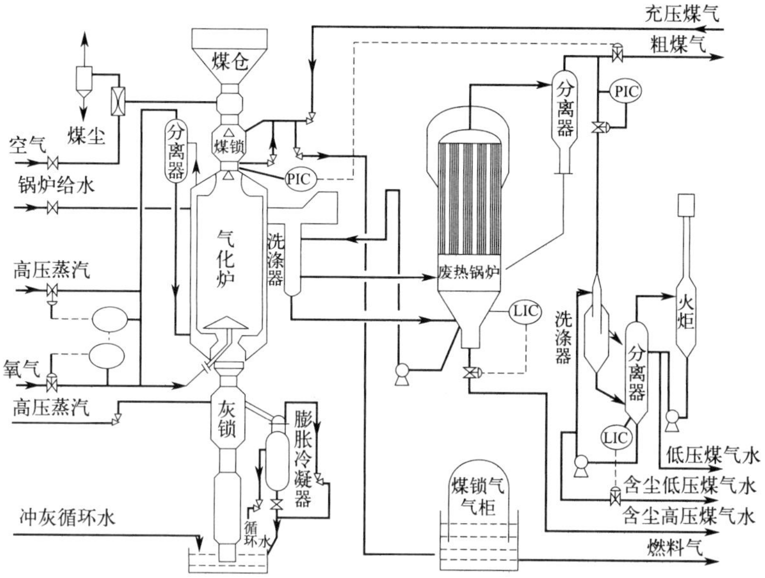

图 5-8 Lurgi 加压气化工艺流程简图

蒸汽。炉顶设置煤锁斗实现原料煤（6～50mm 块煤）的间歇加压进料，底部配置旋转炉箅及灰锁排渣系统。炉内自上而下形成五层典型床层：干燥层（200～400℃）脱除煤表面水分；干馏层（400～700℃）热解释放挥发分；气化层（700～1100℃）煤焦与气化剂（蒸汽＋氧气）发生主反应生成 CO、H_2、CH_4；燃烧层（1100～1300℃）残留的碳与氧气完全燃烧提供热量；底部灰渣层（＜200℃）预热气化剂并保护炉箅。旋转炉箅（转速 0.5～5r/h）通过齿状结构破碎大块灰渣，均匀布风气化剂，灰渣经水冷刮刀排入灰锁降压后排出。粗煤气从炉顶引出（含焦油、酚类），气化剂由炉底经箅缝逆向接触煤床。该结构适应高灰熔点煤，但需严格控制床层高度与气化剂分布以保证反应稳定性。

煤经由自动操作的煤锁加入气化炉，入炉煤从煤斗通过溜槽由液压系统控制充入煤锁中。来自煤气冷却装置的粗煤气（现在工艺过程中也有采用 CO_2 作为充压气体）和来自气化炉的粗煤气使煤锁分两步充压，从常压充至气化炉的操作压力，打开煤锁，煤以间歇操作方式加入气化炉。煤锁卸压的煤气收集于煤锁气气柜，由煤锁气压缩机送往变换冷却装置。几乎所有用于给煤锁加压的气体在从煤斗加煤前的减压过程中都可得到回收。在向气化炉加完煤后，煤锁再卸压至常压，以便开始下一个加煤循环过程。

气化炉为双壁容器，在外壁和内壁间（即夹套）维持一定的锅炉给水液位，以保护外层承压壳体免受高温。同时，通过气化炉内壁传递热量，在夹套中产出与气化压力接近的饱和蒸汽，该蒸汽加入气化过程所用的高压过热蒸汽中。从煤锁来的煤通过气化炉横截面分布，缓慢下降，通过气化床层。蒸汽和纯氧的混合气体（也称气化剂）进入气化炉底部，通过回转炉箅，在烧结灰的辅助作用下分布于气化床层。在热灰和气化剂之间存在部分热量交换。灰被冷却到 300～400℃，排放到灰锁，再由灰溜槽排出。灰锁为间歇操作。灰锁一旦装满，将与气化炉隔离，减压到常压，灰排放到灰斗，用水进行激冷。气化剂蒸汽和氧气通过位于气化炉底部的回转炉箅进行分布。燃烧区温度控制在灰软化温度和熔融温度之间，防止熔渣形成，使灰顺利排入灰锁。预热后的气化剂向上通过燃烧层，在燃烧层里氧气与煤焦反应生成二氧化碳。燃烧层是气化炉温度最高的区域，为上部其他主要发生的吸热反应提供热量。热气体（主要是二氧化碳和蒸汽）沿反应器上升，最终到达气化/还原层，大部分合成气在此生成。之后，合成气继续上升到干馏层，在此下降的煤在惰性氛围中加热，分解出富碳的固体残渣（煤焦）和含有气体、蒸汽和焦油的富氢挥发分。随着气体进一步上升，来自干馏区的挥发分及合成气在气化炉上部得以进一步冷却，煤则得以预热和干燥。最终离开气化炉的气体温度在480～700℃之间。气体的最终组成取决于煤质和装置的操作工况。在粗合成气中，煤的挥发分以重质和轻质烃、含酚化合物、氨、含硫化合物等形式存在。生产的气体在离开气化炉后用煤气水激冷。经水饱和后的气体在废热锅炉中进一步冷却，冷凝物送去煤气水分离单元。

5.2.4.2　流化床气化过程工艺特点及典型代表

（1）工艺特点

流化床煤气化又称沸腾床气化。与移动床气化法相比，流化床气化法采用粒度较小的煤（<6mm）为原料，这些细粒煤在自下而上的气化剂的作用下，保持着连续不断和无秩序的沸腾和悬浮状态运动，强化了床层内的传质、传热，使整个床层的温度和组成均一，而且煤与气化剂的接触面大，反应速率快，原料煤在炉内停留的时间比固定床短，以分钟计算，因此使得单炉的生产能力相比于移动床气化炉得到了提高。

流化床操作温度适中，投资低，对煤种、煤质的适应性强，可利用如褐煤等高灰劣质煤作原料，同时直接使用小颗粒碎煤为原料，适应采煤技术发展，避开了块煤供求矛盾。其不足之处在于，目前的技术操作压力低，单台处理能力与气流床相比较小，流化床气化技术的灰渣和飞灰含碳量均较高，碳转化率稍低。

（2）典型代表

典型的流化床气化炉有Winkler、KBR、ICC等。图5-9和图5-10分别为我国中科院山西煤化所自主研制的灰熔聚（ICC）气化炉结构示意图及工艺流程简图。ICC气化炉底部设有中心射流和环形管结构，高浓度的氧气由中心射流管进入气化炉，形成局部高温区（1200～1300℃），促使灰渣团聚成球，借助重力差异达到灰团与半焦的分离，气化剂亦可从环形管、分布板位置进入气化炉。与高温温克勒气化炉类似，经过旋风分离器得到的焦粒返炉，实现对碳的充分利用。

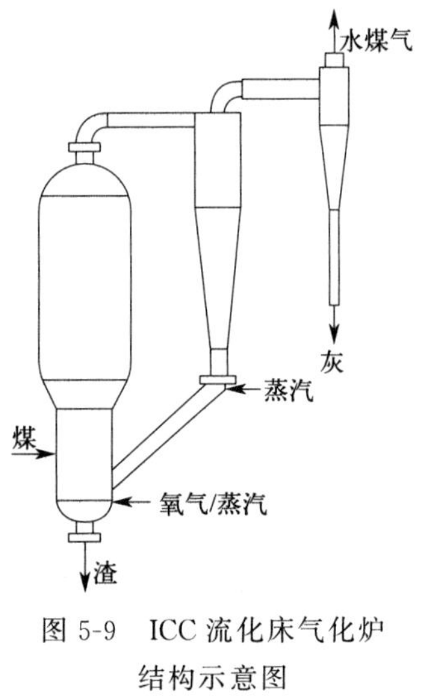

图5-9　ICC流化床气化炉结构示意图

具体工艺流程包括如下过程：

① 备煤系统　将原料破碎，筛分至0～8mm粒度，用回转干燥器烘干（烟煤水分<5%，褐煤水分<12%），待用。

② 进料系统　备好的入炉煤经提升机进入煤斗，通过螺旋给料器以及气力输送至气化炉下部。

③ 供气系统　气化剂（空气/蒸汽、氧气/蒸汽）经气化剂预热缸，随后分3路由中心射流管、环形管和V形分布板进入气化炉。

④ 气化系统　煤粒进入气化炉后与气化剂接触呈流态化，在气化炉中部分燃烧产生高温，使气固两相充分混合接触，最终与气化剂反应，一次性实现破黏、脱挥发分、气化、灰团聚及分离、焦油及酚类的裂解过程，产生煤气。

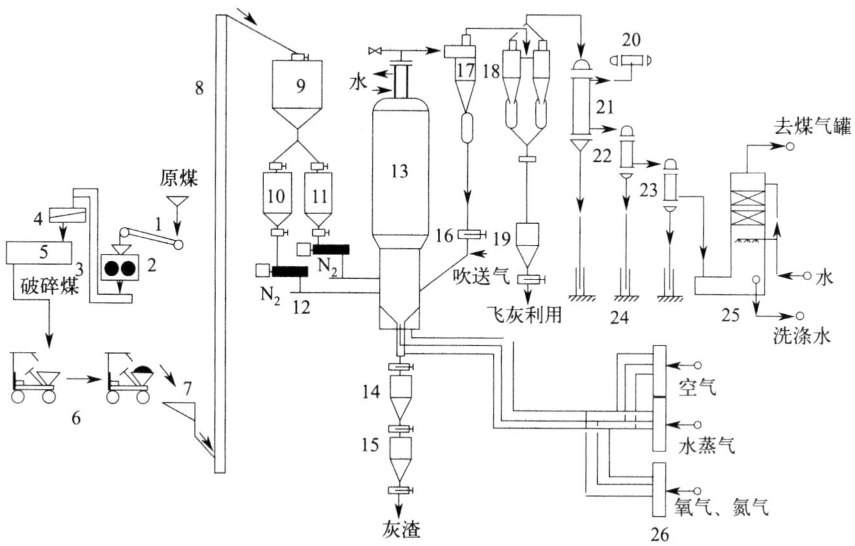

图 5-10　ICC 气化工艺流程简图

1—皮带输送机；2—破碎机；3—埋刮板输送机；4—筛分机；5—烘干机；6—输送车；7—受煤斗；8—斗式提升机；9—进煤斗；10—进煤平衡斗 A；11—进煤平衡斗 B；12—螺旋给料器 A/B；13—气化炉；14—上排灰斗；15—下排灰斗；16—高温返料阀；17—一级旋风分离器；18—二级旋风分离器；19—二旋排灰斗；20—汽包；21—废热锅炉；22—蒸汽过热器；23—脱氧水预热器；24—水封；25—粗煤气水洗塔；26—气体分汽缸

⑤ 除尘系统　由于气化剂的流速较高，高温煤气会带出较多的飞灰，一部分经一级旋风分离器捕集后返回气化炉进一步气化，二级旋风分离器捕集少量的飞灰排出系统。

⑥ 废热回收及煤气净化系统　除尘后的热煤气依次进入废热锅炉、蒸汽过热器和脱氧水预热器回收热量，再经洗涤塔净化冷却，送至下一工序。

5.2.4.3 气流床气化过程工艺特点及典型代表

（1）工艺特点

气流床气化法以粒径<0.1mm 的细粉煤为原料，分为干法与湿法两种类型，干法（如 Shell）一般以极细的粉为原料，湿法（如 Texaco）以水煤浆为原料。两者均由气化剂（氧气与蒸汽）将煤粉（煤浆）夹带入气化炉，进料煤与气化剂顺流接触，因而是一种并流式气化。炉内温度很高（1500～1900℃），反应速率十分迅速，原料与气化剂经特殊喷嘴进入反应室，会在瞬间着火，其热解、燃烧以及与气化剂发生燃烧反应和气化反应，几乎是同时发生的，一步转化成 CO、H_2、CO_2 等气体。随气流的运动，未反应的气化剂、热解挥发物及燃烧产物裹挟着煤焦粒子高速运动，运动过程中进行着煤焦颗粒的气化反应。气流床气化煤气中不含焦油、酚和烃类，气化强度最高，其碳的转化率和单炉生产能力都很高。

（2）典型代表

典型的气流床气化炉有 K-T、Texaco、GSP、Shell、Prenflo、OMB 等。图 5-11 和图 5-12 分别为典型 Shell 干煤粉气化炉结构示意图及工艺流程简图。

Shell 煤气化工艺从示范装置到工业装置均采用废锅流程。来自制粉系统的干燥粉煤（一般水分含量低于 2%）由 N_2 或 CO_2 经浓相输送至炉前煤仓和锁斗，利用高压 N_2 或 CO_2 将锁斗中物料输送至气化炉下部对称分布的烧嘴，气化所需蒸汽和氧气也通过相同的烧嘴。

通过调节煤粉、氧气及蒸汽的比例控制气化炉的温度在1400～1700℃之间，气化压力通常为2～4MPa。气化后煤中灰分大部分以液态熔渣形式从气化炉底部排出，用水激冷，再经破渣机进入渣锁系统，最终泄压排出。经过高温的炉渣大多为惰性物质，无毒、无害。部分熔渣黏附在气化炉壁上，降温后在气化炉壁上形成保护层。由于是液态排渣，要保证气化炉的稳定操作。气化炉的操作温度一般在灰的流动温度（FT）以上，原料煤的灰熔点越高，要求气化操作温度越高，这样势必造成气化氧气的消耗量增加，影响气化运行的经济性，因此使用低灰熔点煤是有利的。对于高灰熔点煤，可以通过添加助熔剂降低灰熔点和灰的黏度，从而提高气化的可操作性。气流床气化对煤的灰熔点要求不是十分严格。气化产生的粗煤气夹带少量熔渣粒子从气化炉上部引出。引出的过程中首先利用经过除灰和湿洗的200℃左右的循环冷却煤气激冷将熔渣粒子固化，防止其进入后续冷却器壁，同时粗煤气被冷却至900℃左右。然后煤气经过废热锅炉冷却至340℃左右，同时可产生中压饱和蒸汽或过热蒸汽。粗煤气经省煤器进一步回收热量后，夹带飞灰的合成气进入高温、高压陶瓷过滤器除去细粉尘（$<20mg/m^3$）。过滤后的飞灰通过锁斗系统卸压，再通过汽提冷却后送至飞灰储槽或外运。合成气进入湿洗单元，先通过文丘里洗涤器，再加碱洗涤，然后进入湿洗塔进一步洗涤，洗去卤化物，同时使合成气中水分达到饱和。合格的成品合成气送入下游用户。

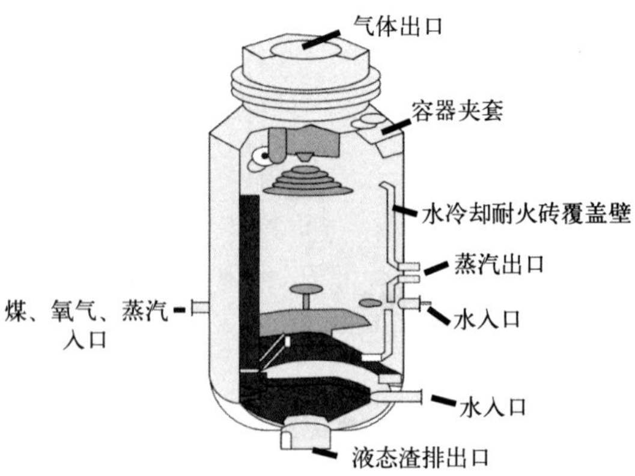

图 5-11　Shell气流床煤气化炉结构示意图

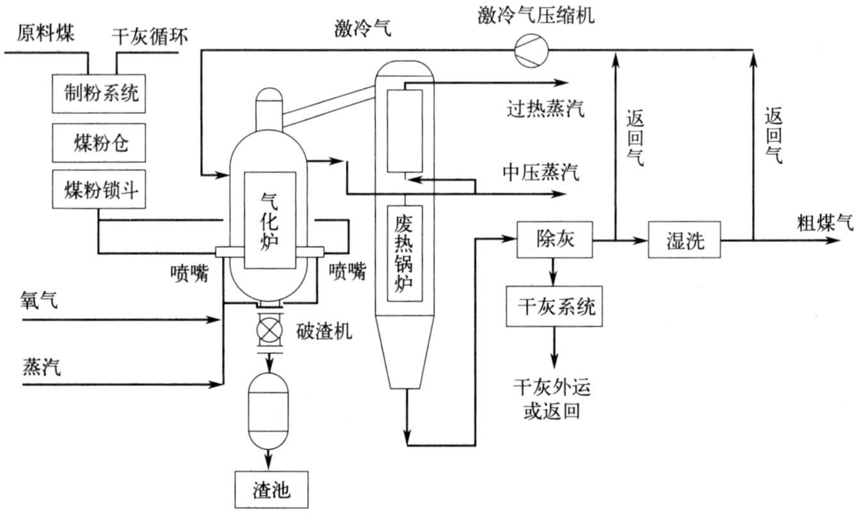

图 5-12　Shell煤气化工艺流程简图

华东理工大学多喷嘴对置式水煤浆气化技术的产业化成功，打破了国外技术在气化领域的垄断地位，标志着我国自主的大型煤气化技术已处于国际领先地位。目前已成功推广应用至国内外59家企业162台（套）气化炉，建成了国际上最大的水煤浆气化装置（单炉日处理煤4000t级），成为世界上以煤为原料的处理总规模最大的气化技术。

多喷嘴对置式水煤浆气化技术属于气流床水煤浆气化范畴，核心设备为多喷嘴对置式水煤浆气化炉。通过喷嘴对置、优化炉型结构及尺寸，在炉内形成撞击流，以强化混合和热质传递过程，并形成炉内合理的流场结构，从而达到良好的工艺与工程效果。原料在气化炉内如图 5-13 所示，流场由射流区（Ⅰ）、撞击区（Ⅱ）、撞击流股区（Ⅲ）、回流区（Ⅳ）、折返流区（Ⅴ）和管流区（Ⅵ）6 个区域组成。图 5-14 为典型多喷嘴对置式水煤浆气化工艺流程简图。

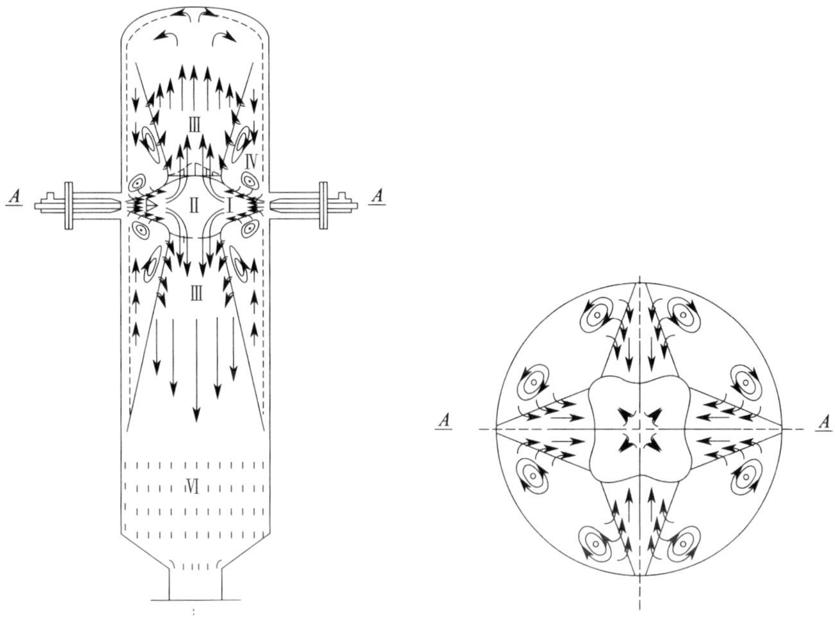

图 5-13　多喷嘴对置式水煤浆气化炉示意图

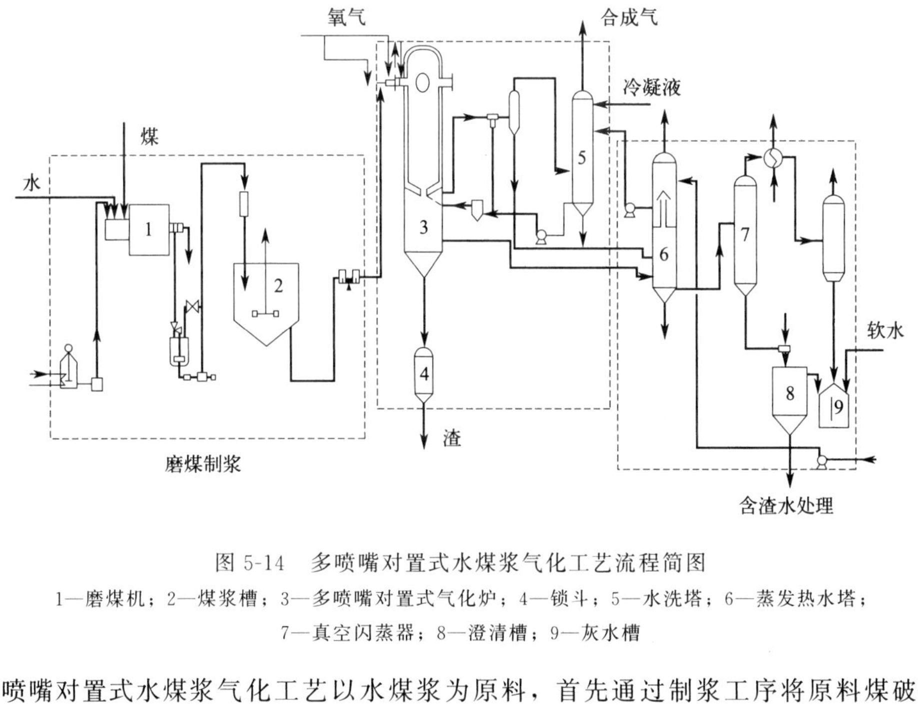

图 5-14　多喷嘴对置式水煤浆气化工艺流程简图

1—磨煤机；2—煤浆槽；3—多喷嘴对置式气化炉；4—锁斗；5—水洗塔；6—蒸发热水塔；7—真空闪蒸器；8—澄清槽；9—灰水槽

多喷嘴对置式水煤浆气化工艺以水煤浆为原料，首先通过制浆工序将原料煤破碎后与水、添加剂按比例混合研磨，形成浓度60%～65%的均匀浆体，其流动性和稳定性满足高压泵送需求。制备完成的水煤浆经高压隔膜泵加压至6.5～8.5MPa后，通过对称布置于气化炉上部的4～6个工艺喷嘴与纯氧共同雾化喷入气化炉。在1300～1500℃的加压环境中，煤浆与氧气、水蒸气发生高温部分氧化反应，生成以CO和H_2为主的粗合成气，熔融态灰渣经激冷后以玻璃态形式排出。

气化炉下部采用激冷室或辐射废锅进行初步降温，高温合成气（约1400℃）经洗涤除尘后进入旋风分离器、文丘里洗涤器等净化单元，逐级脱除飞灰和微量熔渣颗粒。净化后的煤气进入低温甲醇洗或NHD脱硫装置，脱除H_2S、COS等硫化物及CO_2，最终获得清洁合成气。工艺全程注重能量回收，气化炉辐射段及后续流程通过废热锅炉系统回收高温煤气显热，副产高压蒸汽用于发电或工艺驱动，激冷水系统余热则通过换热器转化为低压蒸汽。该技术凭借多喷嘴对置形成的湍流场强化混合效果，碳转化率可达98%以上，整体热效率超过95%，实现了煤资源的高效清洁转化。

5.3 煤制甲醇

5.3.1 概况

甲醇（CH_3OH）是重要的基础化工原料，广泛应用于甲醛、乙酸、烯烃、燃料添加剂、溶剂等领域。近年来，全球甲醇年产量超过1亿吨，其中中国贡献约60%的产能。甲醇的工业生产路线主要包括天然气制甲醇、煤制甲醇和焦炉气制甲醇。煤制甲醇在中国占据主导地位（占国内总产能的70%以上），其重要性体现在以下方面。

（1）资源适配性

中国“富煤、贫油、少气”的能源结构决定了煤制甲醇是实现能源自给和化工原料国产化的战略选择。

（2）技术成熟性

煤气化技术经过多年发展，已形成多种成熟工艺路线，如水煤浆气化、干煤粉气化等。

（3）经济与环保平衡

尽管煤制甲醇存在碳排放较高的挑战，但通过集成碳捕集与封存（CCUS）、多联产技术（如煤制烯烃），可显著提升资源利用效率和环境效益。

5.3.2 基本原理和工艺流程

5.3.2.1 基本原理

甲醇合成是通过催化反应将合成气（主要含CO、CO_2和H_2）转化为甲醇的过程。气相合成甲醇的主要化学反应如下。

（1）一氧化碳加氢合成甲醇

$$CO+2H_2 \longrightarrow CH_3OH \qquad \Delta H=-90.7\text{kJ/mol} \tag{5-1}$$

核心反应：强放热反应，需铜基催化剂（如 $Cu/ZnO/Al_2O_3$），工业条件为 200～300℃、5～10MPa。

（2）二氧化碳加氢补充合成甲醇

$$CO_2+3H_2 \longrightarrow CH_3OH+H_2O \qquad \Delta H=-49.5kJ/mol \tag{5-2}$$

功能：调节合成气中 $H_2/(CO+CO_2)$ 比例，提升碳利用率，但需额外消耗 H_2。

反应过程除生成物甲醇外，还生成少量的烃、醇、醛、醚和酯等副产物。

（3）烃类生成（费托反应）

$$nCO+(2n+1)H_2 \longrightarrow C_nH_{2n+2}+nH_2O \qquad \Delta H\approx-165kJ/mol(\text{以甲烷为例}) \tag{5-3}$$

影响：消耗 H_2 和 CO，降低甲醇选择性，需通过催化剂优化抑制。

（4）二甲醚（DME）生成

$$2CH_3OH \longrightarrow CH_3OCH_3+H_2O \qquad \Delta H=-23.6kJ/mol \tag{5-4}$$

来源：甲醇脱水，需在精馏阶段分离。

（5）甲酸甲酯生成

$$CO+CH_3OH \longrightarrow HCOOCH_3 \qquad \Delta H\approx-50kJ/mol \tag{5-5}$$

特点：低温高压下易发生，需控制反应条件。

（6）水煤气变换反应

$$CO+H_2O \rightleftharpoons CO_2+H_2 \qquad \Delta H=-41.2kJ/mol \tag{5-6}$$

作用：调节合成气 H_2/CO 比，但过量会引入 CO_2，增加分离负担。

5.3.2.2 工艺流程

煤制甲醇主要包括六大步骤：煤的气化、煤气变换、合成气净化、合成气压缩、甲醇合成及产品的分离精制。其工艺流程图如图 5-15 所示。

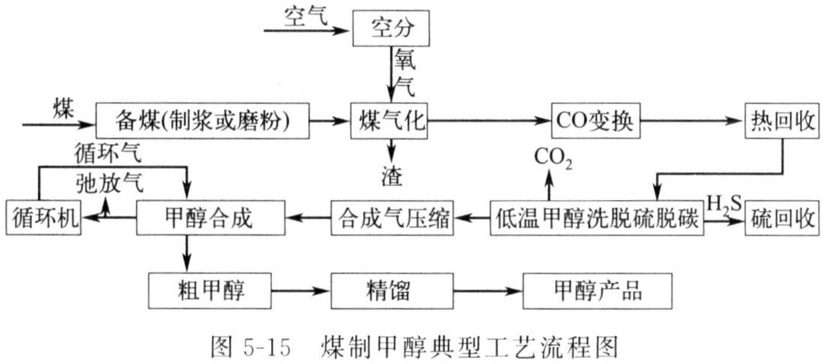

图 5-15　煤制甲醇典型工艺流程图

首先，原料煤在气化炉中与氧气、水蒸气高温反应，生成以 CO 和 H_2 为主的粗煤气。随后通过水煤气变换反应调整至合适氢碳比，满足甲醇合成需求。粗煤气经净化处理（脱硫、脱碳）后，进入压缩工段升压。净化后的合成气在合成反应器内，通常在高压（5～10MPa）和中等温度（200～300℃）下进行，以平衡反应速率和热力学限制，借助催化剂生成粗甲醇（含水分、二甲醚等杂质）。粗甲醇经预精馏塔脱除轻组分（如二甲醚）和主精馏塔分离重组分后，获得纯度≥99.9%的精甲醇产品。未反应的合成气循环回反应器以提高原料利用率，废气、废水经回收或环保处理后排放。甲醇合成反应有如下四个特点，即甲醇合成是放热、体积缩小、可逆和催化反应。为了提高选择性和收率，减少副反应发生，必须选择合适的工艺条件，主要有温度、压力、原料气组成和空速等。

甲醇合成是可逆放热反应。从化学平衡考虑，升高温度，对平衡不利。但从动力学考虑，温度升高，有利于加快反应速率。同时，升高温度，副反应产物增多，由于甲酸的生成，造成设备的腐蚀，且温度过高也会影响催化剂的使用寿命。因此，需选择最佳反应温度，不同催化剂的活性温度不同，反应温度取决于催化剂的活性温度。

甲醇合成的主、副反应均为体积减小的反应，增加压力对提高甲醇平衡分压有利；同时，从反应速率考虑，提高压力，反应速率加快。但加压生产要消耗能量，且受设备强度限制。

合成甲醇时，氢碳比是重要的控制指标。煤为原料时制得的原料气的氢碳比较低，利用CO加水蒸气变换为 H_2 和 CO_2 增加氢碳比。生产过程中，氢碳比一般会选择2.05～2.15。在合成过程中，H_2 对减少五羰基铁与高级醇、高级烃和还原物质的生成，减少 H_2S 中毒和延长催化剂寿命有一定作用，可提高粗甲醇的浓度和纯度。

另外，如果在原料气中有 CO_2 存在时，因 CO_2 与 H_2 反应放出的热量比CO与 H_2 放出的反应热小，有利于催化剂床层温度的控制，抑制二甲醚等副产物生成。但当 CO_2 含量过高时，甲醇产率又会降低。一般 CO_2 含量为3%～5%较好。原料气中除有效成分外，还有 CH_4、N_2、Ar等惰性气体存在，它们会在合成系统中反复循环逐渐累积增多，降低CO、CO_2、H_2 有效气体分压，反应速率减慢，降低甲醇合成反应的转化率和收率，同时使循环动力和压缩机消耗增大。操作中需排放一部分循环气体。排放后使循环气中惰性气体含量控制在20%～25%。

甲醇生产中，气体一次通过合成塔仅能得到3%～6%的甲醇，原料气的甲醇合成率不高，因此原料气必须循环使用。此时，合成塔空速常由循环机动力循环系统阻力与生产任务来决定。空速过高，使气体通过催化剂床层的阻力增加，动力消耗增加，还可能使催化剂破碎；空速过小，往往不能满足生产任务的要求。在甲醇生产中，空速一般在10000～30000h^{-1}之间。

5.3.3 典型工艺技术

以一氧化碳与氢气的混合气为原料气合成甲醇的经典方法有高压、中压和低压三种方法。高压法是指用二氧化碳与氢气在高温（340～420℃）高压（30.0～50.0MPa）下用锌-铬氧化物催化剂合成甲醇。用此法生产甲醇已有七十多年的历史，这是20世纪80年代以前世界各国生产甲醇的主要方法。高压法合成甲醇由于操作压力高、动力消耗大、设备复杂、产品质量差等缺点正在逐渐淘汰。低压法即用一氧化碳与氢气为原料在低压（5.0MPa）和275℃左右的温度下，采用铜基催化剂（Cu-Zn-Cr）合成甲醇。低压法成功的关键是采用了铜基催化剂，它的活性和选择性比锌-铬催化剂活性好得多，使甲醇合成反应能在较低的压力和温度下进行，因此，消耗在副反应中原料气和粗甲醇中的杂质都比较少。中压法是在低压法研究基础上进一步发展起来的，由于低压法操作压力低，导致设备体积相当庞大，不利于甲醇生产的大型化，因此发展了压力为10MPa左右的甲醇中压合成法。它能更有效地降低建厂费用和甲醇生产成本。中压法的操作压力范围一般为10～27MPa，温度为235～

315℃。该法的关键在于使用了一种新型铜基催化剂（Cu-Zn-Al），综合利用指标比低压法更好。德国鲁奇（Lurgi）公司开发的低中压技术是目前工业上广泛采用的另一种生产方法，工艺流程图如图 5-16 所示。

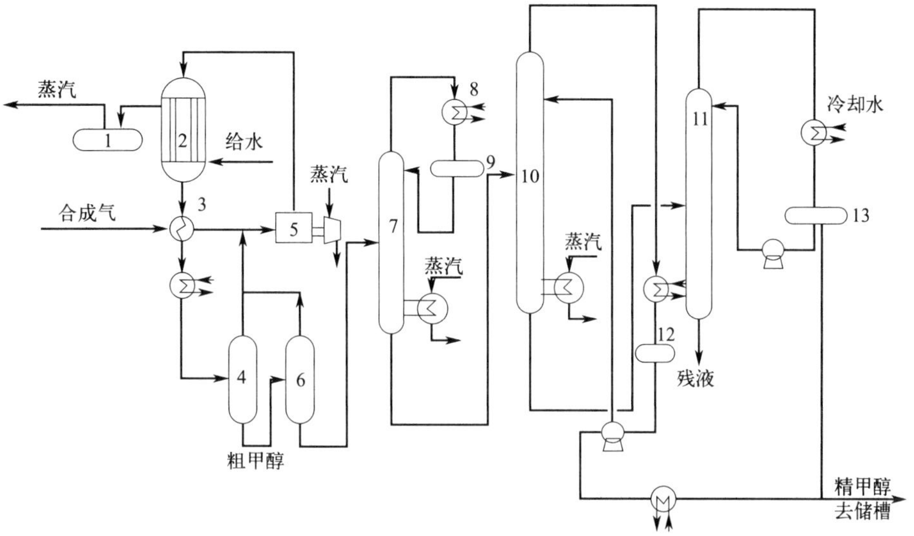

图 5-16　Lurgi 低中压法合成甲醇工艺流程图

1—汽包；2—合成反应器；3—废热锅炉；4—分离器；5—循环透平压缩机；6—闪蒸罐；7—初馏塔；8—回流冷凝器；9，12，13—回流槽；10—第一精馏塔；11—第二精馏塔

合成原料气经冷却后送入离心式透平压缩机，压缩至 5～10MPa 压力后，与循环气体以 1∶5 的比例混合。混合气经废热锅炉预热，升温至 220℃左右，进入管壳式合成反应器，在铜基催化剂存在下反应生成甲醇。催化剂装在管内，反应热传给壳程的水，产生蒸汽进入汽包。出反应器的气体温度约 250℃，含甲醇 7%左右，经换热冷却至 85℃，再用空气和水分别冷却，分离出粗甲醇，未凝气体经压缩返回合成反应器。冷凝的粗甲醇送入闪蒸罐，闪蒸后送至精馏塔精制。粗甲醇首先在初馏塔中脱除二甲醚、甲酸甲酯以及其他低沸点杂质；塔底物进入第一精馏塔精馏，精甲醇从塔顶取出，气态精甲醇作为第二精馏塔再沸器的加热热源。由第一精馏塔塔底出来的含重馏分的甲醇在第二精馏塔中精馏，塔顶采出精甲醇，塔底为残液。从第一和第二精馏塔来的精甲醇经冷却至常温后，产品甲醇送储槽。

5.4 甲醇制烯烃

5.4.1 概况

烯烃（如乙烯、丙烯）是现代化学工业的核心基础原料，其衍生产品覆盖塑料、合成橡胶、化纤、涂料等国民经济关键领域。全球年烯烃消费量超 3 亿吨，中国作为最大生产与消费国，产能占比超过全球 30%，其中煤基烯烃技术路线贡献了国内近 30%的产能，形成显著特色。中国烯烃工业通过多元化技术路径突破资源约束，主要体现在以下维度。

（1）原料结构创新

基于“富煤”国情，开发甲醇制烯烃（MTO/MTP）技术，成功构建“煤-甲醇-烯烃”产业链，实现非石油路径规模化生产，原料自主化率提升至 65%以上。

（2）技术迭代升级

从引进蒸汽裂解技术到自主掌握DMTO-Ⅲ（第三代甲醇制烯烃）等尖端工艺，单套装置规模突破百万吨级，双烯（乙烯+丙烯）收率提高至85%以上，催化剂寿命延长3倍。

（3）低碳化转型

针对煤基路线高水耗、高排放痛点，通过装置大型化（降低能耗12%～15%）、余热梯级利用（能效提升20%）、绿氢耦合裂解（减排CO_2 50%以上）等技术创新，推动产业向《石化化工行业“十四五”发展规划》要求的绿色低碳目标迈进。当前，烯烃工业正通过CO_2制烯烃、生物基烯烃等颠覆性技术研发，重塑全球化工原料供应格局。

5.4.2 基本原理和工艺流程

5.4.2.1 基本原理

甲醇制烯烃（methanol to olefins，MTO）及甲醇制丙烯（methanol to propylene，MTP）是通过催化转化将甲醇定向转化为低碳烯烃（乙烯、丙烯）的核心工艺，其技术核心在于分子筛催化剂对反应路径的精准调控。以下为反应体系的关键组成与机理。

（1）主反应

① 甲醇脱水生成二甲醚（DME）

$$2CH_3OH \longrightarrow CH_3OCH_3 + H_2O \qquad \Delta H^\ominus \approx -23.6\text{kJ/mol} \tag{5-7}$$

作用：甲醇首先脱除一分子水生成二甲醚，为后续烯烃生成提供中间体。

② 二甲醚转化为低碳烯烃

$$4CH_3OCH_3 \longrightarrow C_2H_4 + 2C_3H_6 + 4H_2O \qquad \Delta H^\ominus \approx -40\text{kJ/mol} \tag{5-8}$$

核心机理：在分子筛催化剂（如SAPO-34）的酸性位点作用下，二甲醚通过“烃池（hydrocarbon pool）机制”裂解生成乙烯（C_2H_4）和丙烯（C_3H_6）。

工业条件：400～500℃，0.1～0.3MPa，催化剂需周期性烧焦再生以维持活性。

（2）副反应与调控

① 烷烃生成

$$C_nH_{2n} + H_2 \longrightarrow C_nH_{2n+2} \tag{5-9}$$

影响：消耗烯烃生成甲烷、乙烷等饱和烃，降低目标产物选择性（可通过优化催化剂酸性强度抑制）。

② 芳烃生成

$$2C_3H_6 \longrightarrow C_6H_6 + 3H_2 \tag{5-10}$$

特点：高温下丙烯易环化生成苯、甲苯等芳烃，需控制反应温度及催化剂孔道结构以减少结焦。

③ 积炭形成

$$2CH_3OH \longrightarrow C + C_2O + 4H_2 \tag{5-11}$$

挑战：积炭覆盖催化剂活性位，导致失活（通过流化床反应器连续烧焦再生解决）。

5.4.2.2 典型工艺技术

甲醇制烯烃（MTO/MTP）是煤基化工中非石油路径生产低碳烯烃的核心技术，是以甲醇为原料，通过催化转化生成乙烯、丙烯等低碳烯烃的核心工艺。其工业化流程主要包括原料预处理、催化转化、产物分离与精制、催化剂再生四大单元。主要分为 MTO（甲醇制烯烃）和 MTP（甲醇制丙烯）两类工艺，国外典型的 MTO 工艺技术主要有 UOP/Hydro MTO 工艺、Mobil 工艺、ExxonMobil 工艺、Lurgi 的 MTP 工艺，国内代表性工艺技术包括大连化物所 DMTO 工艺、中石化 SMTO 技术、清华大学 FMTP 工艺。图 5-17 所示为 UOP/Hydro 法 MTO 工艺流程图。

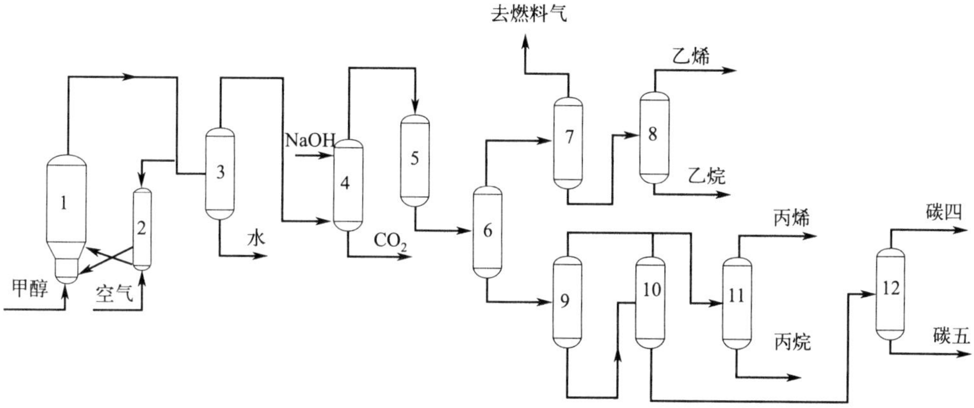

图 5-17　甲醇制烯烃典型工艺流程图

1—反应器；2—再生器；3—水分离器；4—碱洗塔；5—干燥器；6—脱乙烷塔；7—脱甲烷塔；8—乙烯分离塔；9—高压脱丙烷塔；10—低压脱丙烷塔；11—丙烯分离塔；12—脱丁烷塔

工艺流程分为四大核心单元，涵盖从原料处理到产品精制的全链条技术环节。原料预处理单元首先对工业级甲醇（纯度≥99.5%）进行纯化，脱除微量水、二甲醚（DME）及金属杂质，避免催化剂中毒；随后液态甲醇经换热器加热至 200～250℃气化为蒸气，为后续反应提供均相原料。催化转化单元是工艺核心，MTO 多采用循环流化床反应器（CFB，450～500℃，0.1～0.3MPa），通过分子筛催化剂（如 SAPO-34）的酸性位点，使甲醇快速脱水生成二甲醚（DME），并进一步通过“烃池机制”裂解为乙烯（C_2H_4）、丙烯（C_3H_6）及少量 C_4^+ 烃。

产物分离与精制单元中，高温反应气经急冷塔快速降温至 100℃以下，分离液态水及重组分；气体产物经多级压缩至 2～3MPa 并干燥后，进入精馏系统；脱甲烷塔分离轻组分（CH_4、H_2 等），脱乙烷塔提取≥99.9%高纯乙烯，脱丙烷塔分离≥99.5%丙烯及 C_4^+ 馏分（可作液化气或进一步裂解）。MTO 产物乙烯与丙烯比例接近 1∶1，需配套烯烃裂解装置（OCP）调节产品结构。催化剂再生单元针对积炭失活问题，通过气力输送将失活催化剂送入再生器，在 600～700℃空气氛围下烧焦（$C+O_2 \longrightarrow CO_2$），恢复活性后返回反应系统，同时回收高温烟气余热用于原料预热或发电，降低综合能耗。

该工艺通过分子筛催化剂的孔道限域效应与酸性调控，实现双烯（乙烯＋丙烯）总收率达 80%～85%，兼具原料灵活性（煤基/天然气基甲醇）与循环经济特性（未反应气循环利用）。然而，催化剂积炭失活快（单周期运行约 400h）、能耗较高仍是主要挑战。通过开发抗积炭核壳结构分子筛（如 SAPO-34@SiO_2）、热耦合系统优化及绿氢耦合等低碳化创新，推动工业化装置（如中国神华百万吨级 MTO）高效运行，支撑烯烃原料自主化与“双碳”目标协同发展。

MTP 工艺则基于多段固定床反应器与 ZSM-5 分子筛催化剂，在中压（0.2～0.5MPa）、分段控温（400～480℃）下定向生成丙烯（选择性＞70%），如德国 Lurgi 技术应用于大连恒力石化（年产丙烯 90 万吨），工艺流程图如图 5-18 所示。两类工艺均依赖分子筛的孔道限域效应与酸性调控，但 MTO 侧重产物灵活性（配套烯烃裂解装置调节比例），MTP 则强化丙烯富集。技术演进聚焦催化剂升级（如抗积炭核壳结构 SAPO-34@SiO_2 延长寿命至 400h 以上）、工艺低碳化（CO_2 与绿氢耦合再生甲醇）及装置大型化（单套规模百万吨级，能耗降低 12%～15%），推动煤化工向高效、绿色方向转型，支撑“双碳”目标下烯烃原料自主化战略。

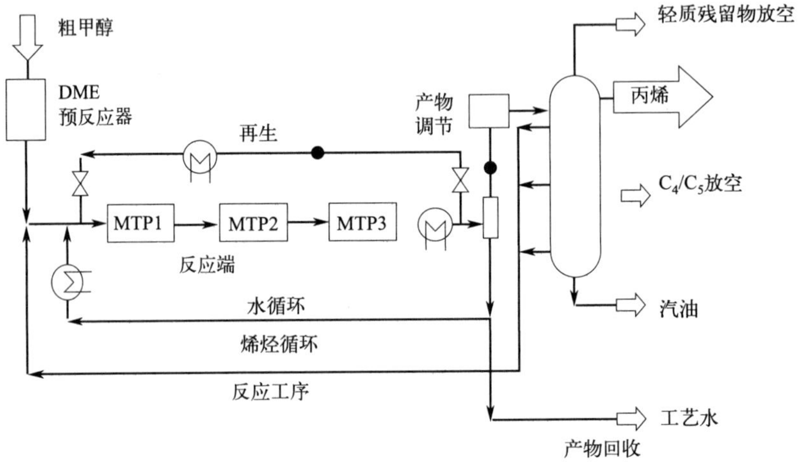

图 5-18　Lurgi MTP 工艺流程示意图

国内，大连化物所从 20 世纪 80 年代开始进行 20 余年的从小试、中试到工业试验的 DMTO 技术研究。2006 年 6 月，完成了世界首次万吨级工业性试验。2010 年 8 月，世界首套煤制烯烃生产线核心工段 180 万 t/a 甲醇制烯烃装置在神华包头投料试车一次成功，2011 年 1 月开始进入商业化运营阶段。为保持 DMTO 技术的竞争力，研制了 DMTO-Ⅱ技术。DMTO-Ⅱ技术是在 DMTO 技术基础上将甲醇制烯烃产物中的 C_4^+ 组分回炼，实现多产烯烃的新一代甲醇制烯烃工艺技术。2014 年 12 月，世界首套 DMTO-Ⅱ工业装置成功投产，引领了我国煤制烯烃新兴战略产业的快速发展。通过催化剂、反应器以及工艺创新，2020 年成功开发出全新的世界领先的 DMTO-Ⅲ技术，大幅度提高了煤经甲醇制烯烃工业装置的生产效率和技术经济性，降低了物耗和能耗。该技术通过催化剂积炭调控，不需进行 C_4^+ 回炼，使得烯烃收率较之 DMTO-Ⅰ代技术提高 10%。单套装置甲醇处理能力较之 DMTO-Ⅰ也更大，提升至 300 万 t/a。图 5-19 为第一代 DMTO 工艺流程图。

DMTO 工艺主要由原料气化、反应再生、产品急冷及预分离、污水汽提、主风机组、蒸汽发生等部分组成。原料气化部分将液体甲醇原料加热到进料温度，以气相形式进入反应器。反应再生部分是 DMTO 技术的核心，采用循环流化床，反应器和再生器内设催化剂回收系统、原料及主风分配设施、取热设施、催化剂汽提设施、满足操作条件要求的催化剂输送系统。产品及预分离部分将产生的反应混合气体冷却、冷凝，通过急冷进一步洗涤反应气中的催化剂细粉，经水洗分离出反应物中的大部分杂质。污水汽提部分将产品急冷及预分离部分分离出的水（含有少量甲醇、二甲醚等物质）经汽提提浓回用，使排放水达到排放要求。主风机组为再生器烧焦提供必要的空气。蒸汽发生部分利用装置内的余热产生蒸汽。相对于 MTO 传统工艺而言，DMTO 工艺反应速率快，0.04s 后甲醇即可 100%转化，可以有效避免烯烃的二次反应，提高低碳烯烃的选择性，能够得到大量乙烯和丙烯，反应压力较低。

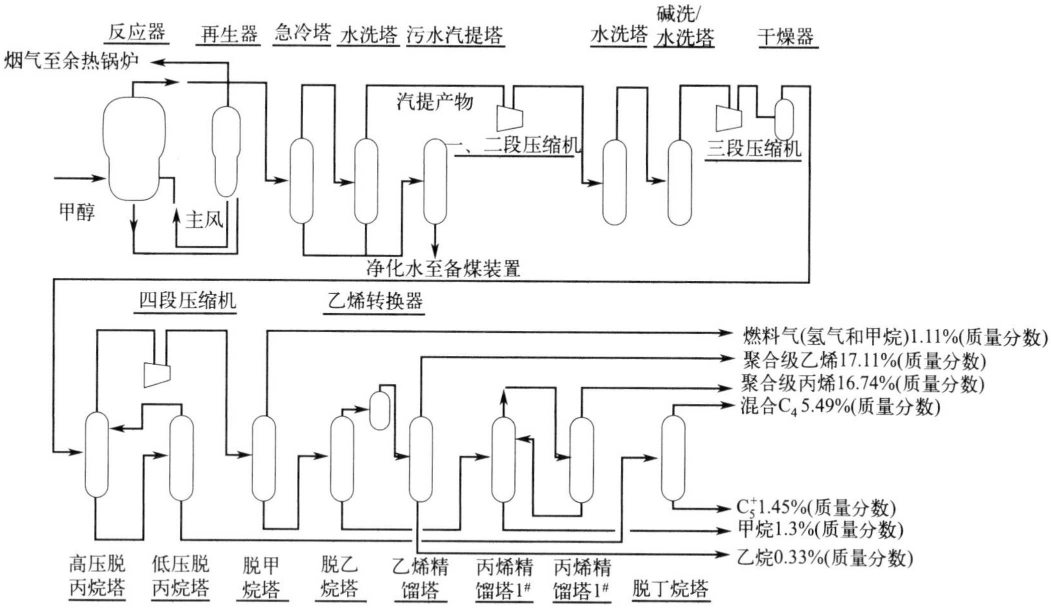

图 5-19 DMTO 基本工艺流程图

5.5 煤间接液化制油

5.5.1 概况

油品是维系国家经济命脉和国家战略安全的重要物资，是国家可持续发展的动力源泉。我国能源资源禀赋特点决定了科学有序发展煤制油工业是我国破除能源困局的现实选择之一。煤间接液化制油是以合成气（$CO+H_2$）为原料，在一定温度、压力和催化剂作用下合成液体燃料或其他化学产品的过程，是现代能源化工领域的重要技术之一，广泛应用于交通燃料、润滑油以及化学品生产等多个领域。近年来，随着全球对石油替代品的需求增加，煤间接液化制油技术得到了快速发展。煤间接液化工艺由煤气化、费托（F-T）合成和油品加工三个主要环节构成，其中 F-T 合成是煤间接液化的核心环节，已成为制取各种烃类及含氧化合物的重要方法之一。

5.5.2 基本原理和工艺流程

5.5.2.1 基本原理

煤间接液化主要由三大部分组成，即煤制合成气、合成气 F-T 合成以及合成油品加工精制。其中 F-T 合成单元是其核心部分，所涉及反应可表示为如式(5-12)～式(5-19)。

$$nCO+(2n+1)H_2 \longrightarrow C_nH_{2n+2}+nH_2O \tag{5-12}$$

$$nCO+2nH_2 \longrightarrow C_nH_{2n}+nH_2O \tag{5-13}$$

$$nCO+2nH_2 \longrightarrow C_nH_{2n+2}O+(n-1)H_2O \tag{5-14}$$

$$(n+1)CO+(2n+1)H_2 \longrightarrow C_nH_{2n+1}CHO+nH_2O \tag{5-15}$$

$$nCO+(2n-2)H_2 \longrightarrow C_nH_{2n}O_2+(n-2)H_2O \tag{5-16}$$

$$CO+H_2O \rightleftharpoons CO_2+H_2 \quad (5-17)$$

$$CO+H_2 \longrightarrow H_2O+C \quad (5-18)$$

$$2CO \longrightarrow CO_2+C \quad (5-19)$$

其中，式(5-12) 和式(5-13) 为生成直链烷烃和 1-烯烃的主反应，可以认为是烃类水蒸气转化的逆反应，都是放热量很大的反应；式(5-14)～式(5-16) 为生成醇、醛、酮、酸及酯等含氧有机化合物的副反应；式(5-17) 是费托合成体系中伴随的水煤气变换（water gas shift，WGS）反应，它对 F-T 合成反应具有一定的调节作用；式(5-18) 是积炭反应，析出游离碳，引起催化剂上积炭；式(5-19) 是歧化反应。以上反应均为强放热反应，根据催化剂的不同，可以生成烷烃、烯烃、醇、醛、酸等多种有机化合物。

5.5.2.2 工艺流程

煤间接液化技术主要包括四大步骤：煤的气化、煤气净化、F-T 合成及产品分离和精制。其工艺流程图如图 5-20 所示。

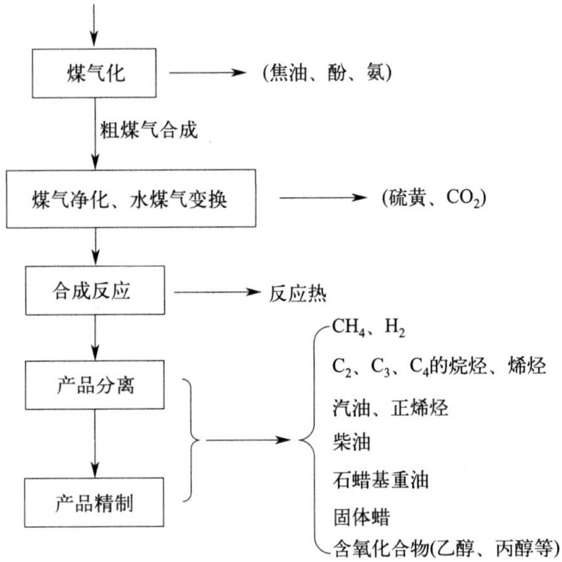

图 5-20　典型的煤间接液化工艺流程图

首先，原料煤在高温（1300～1600℃）高压气化炉（如气流床或水煤浆气化炉）中与氧气/水蒸气反应生成粗煤气（主要含 CO、H_2 及少量 CO_2、硫化物、粉尘等）。随后，粗煤气经除尘、脱硫（如低温甲醇洗技术）、脱碳等净化处理，调整 H_2/CO 物质的量比至 2∶1 左右，满足后续合成需求。净化后的合成气进入费托合成单元（多采用浆态床或固定床反应器），在铁基或钴基催化剂作用下（温度 200～350℃，压力 2～5MPa），发生链增长反应生成以直链烷烃为主的混合烃类（含气态烃、石蜡、柴油馏分等）。合成产物经冷却分离为气相（未反应尾气循环或发电）、液相（油水混合物）及固相催化剂，液相油品通过常减压分馏切割为轻质石脑油、中间馏分油（柴油、航煤）及重质蜡，重质蜡进一步加氢裂解或异构化提质，提升产品附加值。最终，精制油品经加氢脱氧、脱硫等处理，达到燃料标准。全流程集成硫回收、废水处理及 CO_2 捕集技术，实现资源高效利用与环保减排。该工艺核心在于通过气化-合成路径将煤炭转化为清洁液体燃料，是煤基能源低碳化的重要途径。

5.5.3 典型工艺技术

F-T 合成工艺有许多种，按反应器分有固定床工艺、流化床工艺和浆态床工艺等；按催化剂分有铁剂工艺、钴剂工艺、钌剂工艺、复合铁剂工艺等；按主要产品分有普通费托工艺、中间馏分工艺、高辛烷值汽油工艺等；按 F-T 合成的反应温度可分为低温煤间接液化工艺和高温煤间接液化工艺，通常将反应温度低于 280℃的称为低温煤间接液化工艺，高于 300℃的称为高温煤间接液化工艺。低温煤间接液化采用固定床或浆态床反应器；高温煤间接液化采用流化床（循环流化床、固定流化床）反应器。

目前国际上仅有南非 Sasol 公司和荷兰 Shell 公司实现了以费托合成为核心的煤制油或天然

气制油的工业化。Sasol公司在南非的煤制油产能达750万t/a，主要采用高温流化床合成工艺（铁催化剂，300～340℃）和低温浆态床合成工艺（铁/钴催化剂，200～250℃），2008年又在卡塔尔投运了140万t/a天然气制油装置（低温钴基浆态床）。Shell公司采用低温固定床合成工艺（钴催化剂，190～220℃）在马来西亚投运了一套75万t/a天然气制油装置，2012年又在卡塔尔投运了600万t/a全套天然气制油装置，但至今未推广到煤制油领域。

表5-6　中科合成油技术与国外合成油技术的工艺指标对比

项目	Shell低温固定床工艺	Sasol高温流化床工艺	Sasol低温浆态床工艺	中科高温浆态床工艺	
				示范厂	大规模
工艺参数					
催化剂	钴	铁	铁/钴	铁	
反应器	固定床	流化床	浆态床	浆态床	
操作温度/℃	190～220	300～340	200～250	260～290	
副产蒸汽压力/MPa	0.5～0.8	3.5～5.0	0.5～0.8	2.5～3.0	
催化剂水平					
甲烷选择性(质量分数)/%	5～7	10～12	5～6/8～10	2～3	<3
时空产率/[g C_3^+ 烯烃/(g催化剂·h)]	0.20～0.25	0.30	0.20～0.30	1.0～1.5	>1.0
产能/(t油/t催化剂)	1000～1500	200～250	250/1000	1500～1800	
单位油品催化剂成本/(元/t油)	>300	>300	>300	<100	
整体工艺指标					
产品加工催化剂体系	硫化态	硫化态	硫化态	非硫化态	
产品中含硫量/(μg/g)	<5	<5	<5	<0.5	
合成气消耗(标准状态)/(m^3/t油)	5800～5900	6000	5700	5400	5300
过程总能量转换效率/%	37～38	38～39	37～38	40～42	44～47

20世纪80年代初，受世界石油危机影响，同时考虑到我国煤炭资源丰富的国情，我国重新恢复了煤制油技术的研究与开发。中科院山西煤化所开始进行煤炭间接液化技术研究及工程开发，开发出高活性的铁基、钴基费托合成催化剂，并在催化剂研发、中试装置验证的基础上，开发了固定床间接液化工艺（MFT）以及浆态床和固定床结合的两段间接液化工艺（SMFT）。MFT间接液化工艺将传统费托合成与沸石分子筛相结合。该工艺中，净化处理后的合成气，先进入一段反应器中与铁基催化剂作用，生成C_1～C_{40}的宽馏分烃类产物，之后进入装有择形分子筛催化剂的二段反应器中，再进行烃类催化转化反应，最终转化为C_5～C_{11}的汽油馏分。SMFT间接液化工艺是浆态床-固定床两段法工艺。该工艺中，合成气首先进入装有超细粒径铁基催化剂的反应器中，获得烃类产物，烃类产物在ZSM-5分子筛上转化为高辛烷值汽油。SMFT工艺显著提高了费托合成过程的效率和液体燃料组分的收率。

2006年，山西煤化所和其他企业联合成立了中科合成油技术有限公司。2008年，中科合成油技术有限公司研制出高温浆态床费托合成铁基催化剂，并进行了中试装置试验验证和工艺条件优化，形成了成熟的高温浆态床合成油工艺技术。2009年，利用高温浆态床费托合成工艺，分别为山西潞安集团、内蒙古伊泰集团、神华集团建成了3套16万～18万t/a的工业示范装置，之后完成了神华宁煤集团400万t/a、内蒙古伊泰集团120万t/a、山西潞安集团100万t/a的煤间接液化多个百万吨级合成油商业项目的建设。表5-6为中科合成油技术与国外合成油技术的工艺指标对比。下面分别就国内外典型工艺技术进行介绍。

（1）南非Sasol公司的费托合成

合成阶段使用多类型反应器，自1955年工业化以来，Sasol通过持续优化反应器设计和催化剂体系，成为全球最大的煤制油企业，年处理煤炭超4500万吨，为南非提供了60%以上的运输燃料。下面以南非Sasol公司早期建设的典型的固定床低温煤间接液化为例，采用沉淀铁催化剂和列管式 Arge 固定床反应器，工艺流程图如图 5-21 所示。新鲜气和循环尾气升压至 2.5MPa 进入换热器，与反应器出来的产品气换热后从顶部进入反应器，反应温度保持在 220～235℃，反应器底部采出石蜡。气体产物先经换热器冷凝后采出高温冷凝液（重质油），再经两级冷却，所得冷凝液经油水分离器分出低温冷凝物（轻油）和反应水。石蜡、重质油、轻油以及反应水进行进一步加工处理，尾气一部分循环返回反应器，另一部分送去低碳烃回收装置，产品主要以煤油、柴油和石蜡为主。

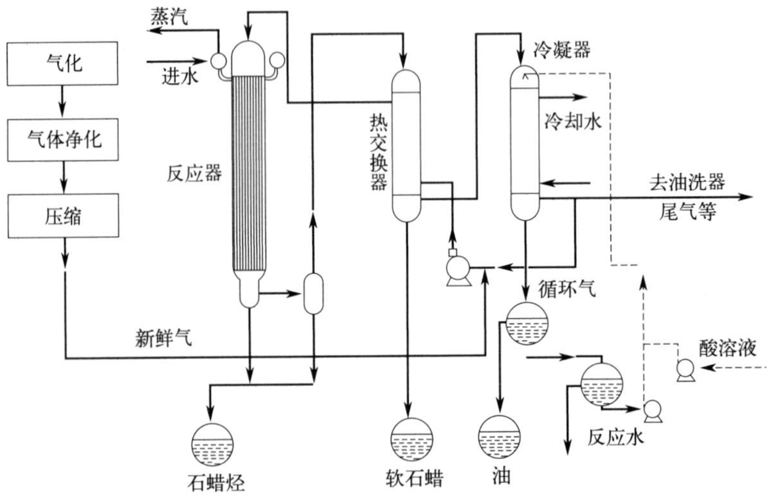

图 5-21　南非 Sasol-Ⅰ厂早期固定床费托合成工艺流程图

（2）国家能源宁夏煤业 400 万吨每年煤间接液化项目

宁夏煤业 400 万 t/a 煤间接液化项目以煤为原料，年转化煤炭 2036 万吨，年用水 2478 万立方米。项目建设规模为年产油品 405 万吨，其中柴油 274 万吨、石脑油 98 万吨、液化气 34 万吨；副产硫黄 20 万吨、混醇 7.5 万吨、硫酸铵 10.7 万吨。项目包含 28 台（套）气化炉，12 套空分装置，6 套一氧化碳变换装置，4 套低温甲醇洗装置，8 套费托合成装置，其中核心装置采用中科合成油技术有限公司开发的浆态床费托合成技术（HTSFTP® 工艺）。费托合成装置包含 2 条完全相同的生产线（A 线和 B 线），每条生产线由 4 台浆态床反应器组成，每台反应器设计新鲜气处理量 $34.5\times10^4 m^3/h$（有效气 $CO+H_2$ 含量 98.5%），年操作时间为 8000h，单台反应器产油能力为 50 万 t/a。

图 5-22 为项目核心装置 F-T 合成及产品加工工艺流程图。F-T 合成单元并列设置两条生产线，其工艺流程完全相同。两条生产线配套 1 个低温油洗单元、1 个合成水处理单元、1 个尾气处理单元及 1 个油品加工单元。每条生产线均包含 4 个 F-T 合成单元、2 个催化剂还原单元、1 个蜡过滤单元、1 个尾气脱碳单元及 1 个精脱硫单元，其中 1 个还原单元匹配 2 个 F-T 合成单元，而 4 个 F-T 合成单元匹配 1 个馏分油汽提单元、1 个蜡过滤单元、1 个尾气脱碳单元及 1 个精脱硫单元。与已建成投产的煤炭间接液化工厂相比，该项目具有以下特点：

① F-T 合成反应器系列多（国内多为单系列或两系列）、规模大（单台 F-T 反应器直径 9.6m，高 60m）、配置复杂（4 台并列 F-T 反应器对应 1 个尾气脱碳单元和 2 台还原反应器）。

② 工艺和设备首次大规模工业应用，设备易发生故障，操作难度加大，工艺需要进一步优化。

③ 多系列 F-T 合成反应器协同运行、系统共用、管网互通，开/停车操作困难。

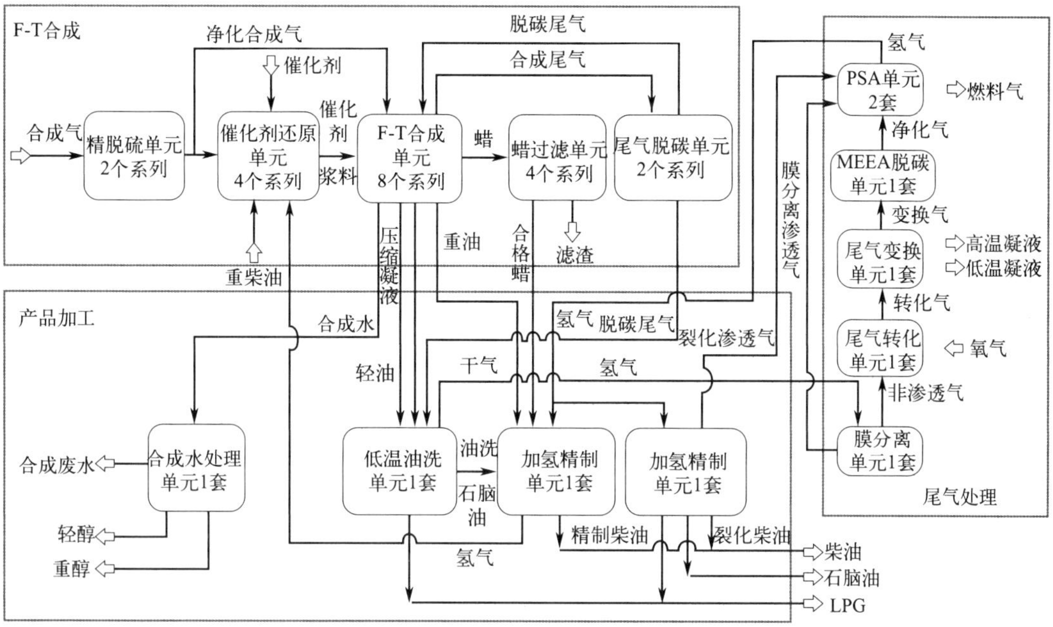

图 5-22 F-T 合成与产品加工工艺流程图

④ F-T 反应器之间、反应器和下游装置之间相互影响、相互干扰较大，降低了系统运行稳定性。

400 万 t/a 煤间接液化项目化工产品质量优于石油化工产品，大力发展煤制油化工产业，对于推进油气、化工产品质量升级具有显著的带动作用。项目主产品为柴油、石脑油和液化气。其中：煤制柴油具有低硫（≤3mg/kg）、低芳烃（≤1%）、高十六烷值（≥65）的特点，各项指标均优于国Ⅴ标准（硫≤10mg/kg，芳烃≤11%，十六烷值≥51）和欧Ⅴ标准（硫≤10mg/kg，芳烃≤8%，十六烷值≥51），可有效降低二氧化硫、氮氧化物、碳氢化合物和颗粒物等污染物的排放，提高燃烧性能；并且色度、氧化安定性大幅度低于国Ⅴ标准，达到欧Ⅴ标准，具有更好的清洁性。煤制油副产的石脑油烷烃含量高达 97%，几乎全为正构烷烃，且低硫和低芳烃，几乎不含金属污染物，是优良的烯烃裂解原料。

5.6 煤制合成天然气

5.6.1 概况

天然气（CH_4）是高效清洁的低碳能源和重要化工原料，广泛应用于城市燃气、工业燃料、发电及化工合成领域。2024 年我国天然气产量达 2464 亿立方米（同比增长 6.2%），但进口依存度仍超 40%，全年进口量达 1.3 亿吨。天然气生产路线主要包括常规气开采、非常规气开采（页岩气、煤层气）及煤制天然气。煤制天然气在我国能源战略中具有特殊地位，其重要性体现在以下方面。

（1）资源适配性

基于“富煤、贫油、少气”的能源禀赋，煤制天然气是提升煤炭清洁利用率、保障能源安全的关键路径。通过煤气化-净化-甲烷化技术链，可将低阶煤转化为替代天然气的清洁能源。

（2）技术成熟性

已形成完整工艺体系，包含气流床、流化床、固定床等多样化气化技术，配套低温甲醇洗（总硫<0.1×10^{-6}，CO_2≈3%）与催化甲烷化（合成气 $H_2-CO_2/CO+CO_2=3:1$）核心工艺模块。

（3）能源安全与经济性

相较于直接进口，煤制天然气可将煤炭资源价值提升3～5倍。在满足环保要求的同时，有效降低对进口天然气的依赖，当前已实现单系列40亿 m^3/a 工业化装置稳定运行。

5.6.2 基本原理和工艺流程

5.6.2.1 基本原理

煤气化过程中的甲烷化是通过催化反应将合成气（主要含CO、CO_2 和 H_2）转化为甲烷的过程。甲烷化的主要化学反应如下。

（1）主反应

① 一氧化碳加氢甲烷化

反应式：

$$CO+3H_2 \longrightarrow CH_4+H_2O \qquad \Delta H=-206.1kJ/mol \tag{5-20}$$

核心反应：强放热、体积缩小反应，需镍催化剂，工业条件为温度250～750℃、压力2.5～4.0MPa。

② 二氧化碳加氢甲烷化

反应式：

$$CO_2+4H_2 \longrightarrow CH_4+2H_2O \qquad \Delta H=-164.8kJ/mol \tag{5-21}$$

功能：进一步转化合成气中的 CO_2 生成甲烷，提升碳利用率。

（2）副反应

① CO歧化反应

反应式：

$$2CO \longrightarrow C+CO_2 \qquad \Delta H=-172.4kJ/mol \tag{5-22}$$

影响：可能导致积炭，影响催化剂性能。

② 水煤气变换反应

反应式：

$$CO+H_2O \rightleftharpoons CO_2+H_2 \qquad \Delta H=-41.2kJ/mol \tag{5-23}$$

作用：调节合成气中 $H_2/(CO+CO_2)$ 比例，但会影响甲烷化反应的平衡和产物分布。

进入甲烷合成装置的合成气，要求 $n(H_2-CO_2)/n(CO+CO_2)=3.04$，经精脱硫，总硫体积分数要求在 30×10^{-9} 以下。甲烷合成反应可获得体积分数约96%的甲烷产品。

5.6.2.2 工艺流程

煤制天然气主要包括煤气化、水煤气变换、酸气脱除、煤气水分离、酚氨回收、甲烷化及首站脱水干燥六大步骤。其工艺流程图如图5-23所示。

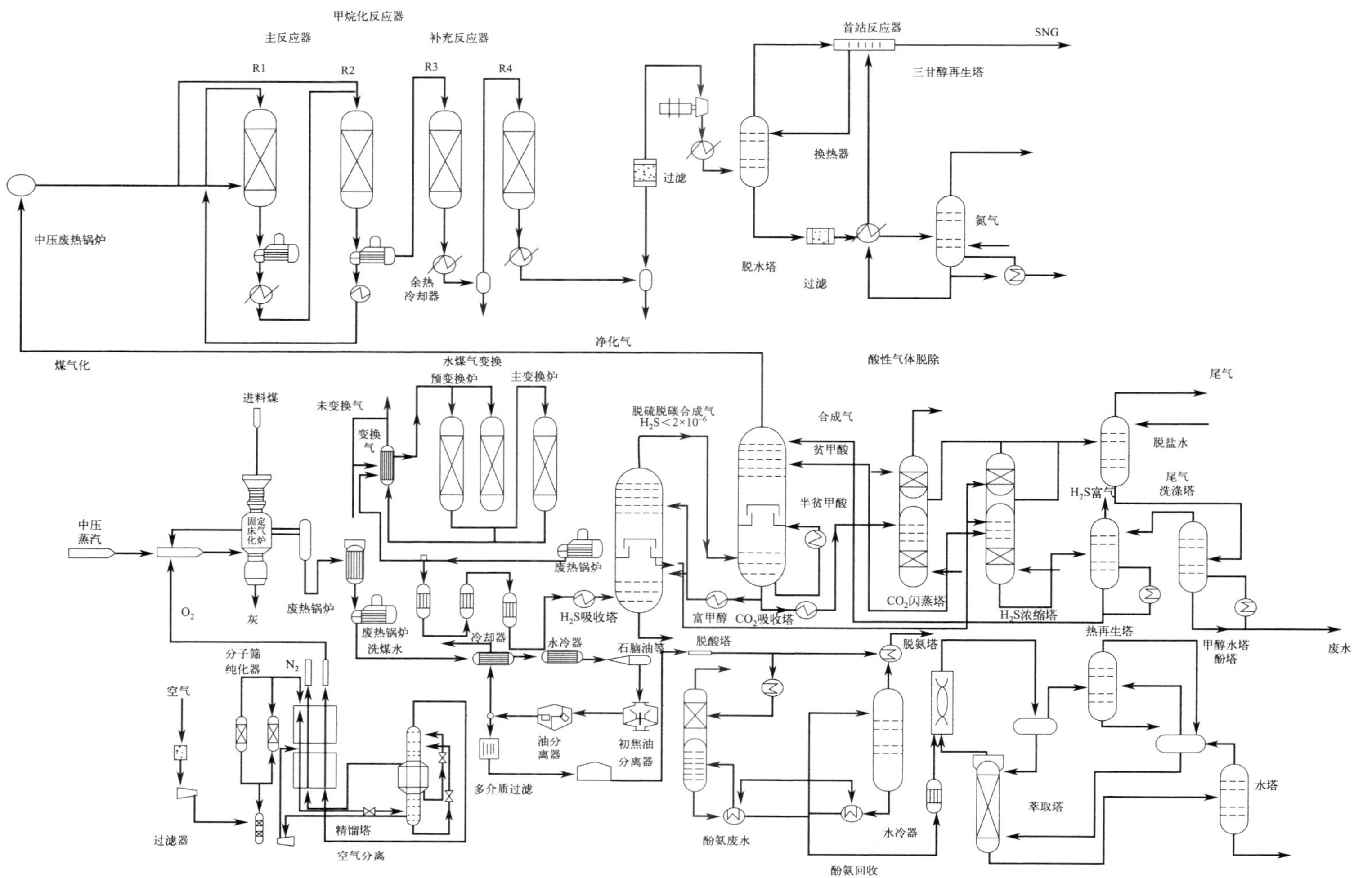

图 5-23　煤制甲烷典型工艺流程图

首先，煤炭在气化炉中与氧气/蒸汽发生复杂化学反应，生成以 CO、H_2、CH_4 等为主的粗煤气，产生的废水送往煤气水分离和酚氨回收装置，大量余热用于副产低压蒸汽。随后粗煤气进入水煤气变换单元，部分合成气经预变换炉和主变换炉反应后与未变换气混合，调节 H_2/CO 至 3：1，再经余热锅炉和脱盐水回收热量并冷却至 40℃，送往酸气脱除单元。

粗煤气经低温甲醇洗技术脱除 H_2S、CO_2 等酸性气体，净化后的合成气中 H_2S 和 CO_2 含量分别降低到 0.1×10^{-6} 和 2.5%，酸气吸收过程需丙烯压缩制冷装置提供制冷剂。来自气化和水煤气变换装置的含尘、含油煤气水进入煤气水分离装置，经冷却减压、重力分离、双介质过滤后，分离出石脑油和焦油，送往酚氨回收装置。

酚氨回收单元采用脱酸、脱氨塔分离酸气，以二异丙醚为溶剂萃取酚类组分，最终送往生化处理的废水中总酚和氨含量大幅度降低。

甲烷化单元是煤制天然气流程中的关键环节，主要进行一氧化碳加氢甲烷化和二氧化碳加氢甲烷化两个主反应。一氧化碳加氢甲烷化反应式为 $CO+3H_2 \longrightarrow CH_4+H_2O$，二氧化碳加氢甲烷化反应式为 $CO_2+4H_2 \longrightarrow CH_4+2H_2O$。这两个反应均为强放热、体积缩小反应，需镍基催化剂，在温度 250～750℃、压力 2.5～4.0MPa 的工业条件下进行。在反应过程中，还存在 CO 歧化反应（$2CO \longrightarrow C+CO_2$）和水煤气变换反应（$CO+H_2O \rightleftharpoons CO_2+H_2$）等副反应。CO 歧化反应可能导致积炭，影响催化剂性能；水煤气变换反应可调节合成气中 $H_2/(CO+CO_2)$比例，但会影响甲烷化反应的平衡和产物分布。甲烷化过程在绝热反应器中进行，通过副产中压蒸汽、预热锅炉给水等方式来回收反应热，通过分级反应器设计（四段串联）与循环气激冷（2# 反应器出口气回注 1# 反应器），将床层温度控制在 550～700℃安全区间。第一反应器和第二反应器（1# 反应器和 2# 反应器）是主要的甲烷化反应器，大部分的合成气转化为甲烷。2# 反应器的部分出口气体回收到 1# 反应器，以控制反应器温度。第三反应器和第四反应器（3# 反应器和 4# 反应器）用于将未转化的 CO 等组分转化为 CH_4。

合成气对甲烷化反应的影响体现在以下几方面：

① H_2/CO 比例　通过变换反应精准调控至 3：1，保障甲烷化反应化学计量平衡。

② CO_2 含量　维持净化气 CO_2 含量约 2.5%，既可缓解反应热积聚（CO_2 甲烷化 $\Delta H=-165kJ/mol$），又可抑制 CO 歧化反应（$2CO \longrightarrow C+CO_2$）。

③ 惰性气体控制　循环气中 CH_4、N_2、Ar 等惰性组分占比≤25%，通过弛放气排放（流量占进料 5%～8%）维持有效气体分压。然后粗产品进入首站，进行脱水干燥，进而压缩天然气产品进入管网。

5.6.3 典型工艺技术

目前建成和在建的煤制天然气项目选用的均为多段绝热固定床甲烷合成工艺。甲烷合成工艺流程主要包括精脱硫、甲烷合成、余热回收 3 个部分，根据反应温度可分为中温甲烷合成工艺流程和高温甲烷合成工艺流程。

5.6.3.1 中温甲烷合成工艺流程及特点

（1）工艺流程

中温甲烷合成工艺流程典型代表工艺为鲁奇中温甲烷合成工艺，应用于美国大平原煤制合成天然气厂。德国鲁奇公司与南非萨索尔公司于 20 世纪 70 年代在遭受石油危机的影响下，通过使用煤炭为原料共同开发成功煤制合成气甲烷化技术。德国鲁奇甲烷化工艺流程图见图 5-24，其反应装置主要使用到 3 个固定床反应器，前两个反应器属于高温反应器，借助此反应器实现对 CO 的甲烷化反应；还有一个反应器则属于低温反应器，目的是把剩余没有反应的 CO 进一步进行反应，以此来达到生产要求。

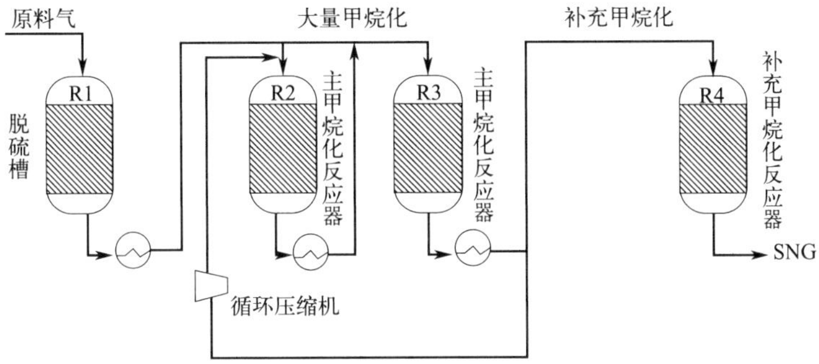

图 5-24　鲁奇甲烷化工艺流程图

鲁奇工艺投资规模小，甲烷化生产能力强，转化率高，副产品种类繁多，有着非常成熟的技术路线，在工业化发展中能够得到很好的应用。但是使用此种方式来进行反应的鲁奇气化效率不是非常高，并且对能量消耗非常大，实现的能效也不高。通常采用循环气限制反应器的进口温度，防止积炭。

（2）工艺特点

主要工艺特点如下：

① 采用 460～480℃ 的中温甲烷合成技术，由于操作温度低，有利于甲烷合成反应平衡向深度完成，放热量更大，因此，系统水蒸气消耗大。

② 采用冷循环，循环气是第二级甲烷合成反应器出口经冷却至 40℃ 后的生成气，与部分新鲜气混合后，在 290℃ 时进第一级甲烷合成反应器。循环气比为高温甲烷合成工艺流程的 3～4 倍，能耗较高。

③ 生产蒸汽等级为 4MPa 中压饱和蒸汽，废热能温度较低，利用价值不如高温甲烷合成工艺流程所产蒸汽。

5.6.3.2　高温甲烷合成工艺流程及特点

（1）工艺流程

高温甲烷合成工艺流程的典型代表工艺为托普索高温甲烷合成工艺流程和戴维高温甲烷合成工艺流程。其中，托普索高温甲烷合成工艺流程应用于新疆庆华煤制天然气项目一期工程、内蒙古汇能煤制天然气项目一期工程；戴维高温甲烷合成工艺流程应用于大唐克旗煤制天然气项目一、二期工程，大唐阜新煤制天然气项目一期工程及伊犁新天煤制天然气项目。

英国 BG 燃气公司于 19 世纪 60 年代后期开始研究甲烷化工艺，以石脑油作为原料在低温条件下进行转化，生产出低热值的城市煤气。英国戴维甲烷化工艺流程图见图 5-25，该工艺分为两段转化，分别是大量转化和补充转化，并且各段都设有两个反应器，也就是说一共涉及 4 个反应器。第一甲烷化反应器和第二甲烷化反应器为串并联高温反应器，其中第二甲烷化反应器出口部分的气体属于循环气体，需要进行换热处理，在 150℃ 下被循环压缩机加压后与新鲜气进行混合反应，并且需要对温度进行合理把控，通过甲烷化反应将反应热给消耗掉。第三甲烷化反应器、第四甲烷化反应器为串联低温反应器，主要进行补充甲烷化反应。采用戴维甲烷化工艺生产得到的合成天然气体积分数高，可直接输送至天然气管道内。目前，戴维甲烷化工艺在国内多个煤制天然气项目中得到很好的应用，并且具有很好的应用前景。

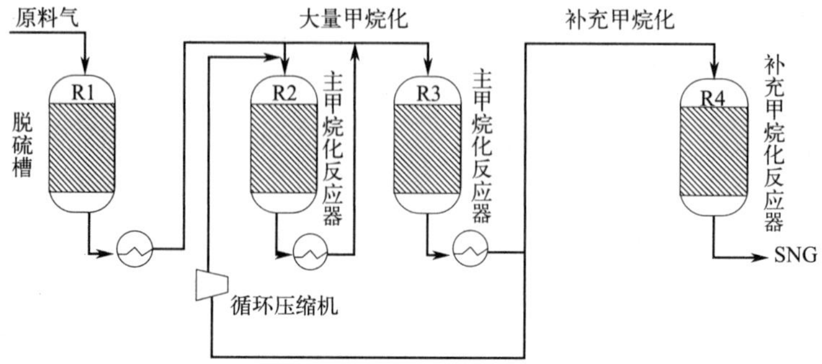

图 5-25　戴维甲烷化工艺流程图

丹麦托普索公司于 20 世纪 70 年代末期开始进行甲烷化循环工艺关键技术的研究，能够使得不同气体组分的合成气作为原料在高温条件下转化为天然气。丹麦托普索甲烷化工艺流程图见图 5-26，是一个多段串联甲烷化反应工艺，典型的托普索工艺通常是由 3 个反应器构成，在不同应用过程中，可以根据实际情况来合理配置反应器数量。在托普索工艺中，反应均是在绝热条件下进行的，大量甲烷化反应是在第一个甲烷化反应器中进行的，反应过程释放出的反应热会导致很高的温升，可以通过部分气体循环来合理把控第一个甲烷化反应器的温度，反应器在高温绝热温升下运行的可能性使得循环气体量减少，循环气压缩机功耗也随之降低。

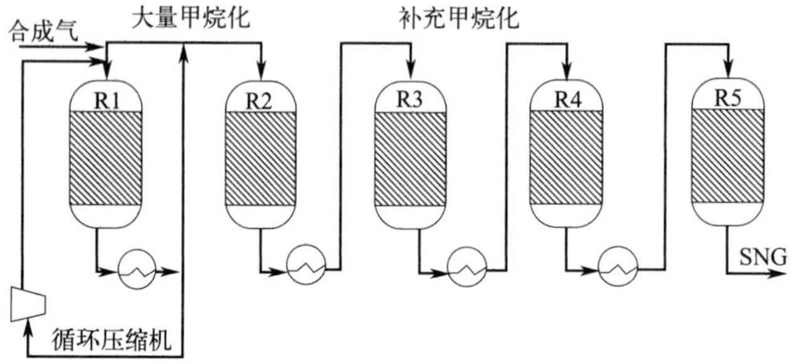

图 5-26　托普索甲烷化工艺流程图

托普索工艺的优点在于有较高的合成气转化率以及较强的生产能力，反应过程中的能耗也比较低，并且可以把甲烷化反应释放的热量得到充分的利用。采用托普索工艺合成的天然气品位高，完全能够满足天然气管道的输送要求。由托普索公司提供甲烷化技术支持的我国煤制天然气项目已实现商业化运行。

（2）工艺特点

主要工艺特点如下：

① 使用温度、压力范围很宽的镍催化剂，操作温度在 250～700℃，压力在 2.5～5MPa。甲烷化反应是受热力学平衡限制的强放热反应，温度越高，反应速率加快，但 CH_4 产率越低，所以在工程上采用多级固定床绝热反应器串联流程，各级反应器设置冷

却、除水等步骤，使温度逐步降低，保证产品天然气中的 CH_4 体积分数达 96%以上。

② 装备易大型化，单线生产能力可达 10 万～20 万 m^3/h。

③ 采用第一级甲烷合成反应器（循环）出来的 150～190℃含大量水蒸气的热循环气，控制第一级甲烷合成反应器（补充）床层温度。循环气采用热循环工艺，循环气量为采用冷循环工艺的 1/4～1/3，催化剂的装填量也相对较少，反应器尺寸大大缩小，从而降低了循环压缩机能耗，并节省大量防甲烷合成反应结炭所需的蒸汽。

④ 甲烷化合成天然气工艺能量的有效转化率达 80%～85%产生的废热能约占总能的 20%，利用这部分废热能可生产 4～10MPa、450～530℃高压过热蒸汽、少量低压蒸汽，及预热脱盐废热能回收率可达 96%～98%。

⑤ 生产的天然气中 CH_4 体积分数达 96%～97%，热值可达 35～36MJ/m^3，华白指数在 48MJ/m^3 左右，燃烧势为 38～43，无硫，CO 和 CO_2 含量等都达到国家一类天然气质量标准，完全满足高压长输管道标准要求。

5.7 煤制乙二醇

5.7.1 概况

煤制乙二醇是以煤炭为原料，通过煤气化、合成气净化、催化合成等工艺生产乙二醇的技术路线，是我国现代煤化工领域的重要分支。随着我国“富煤、贫油、少气”的能源结构特征凸显，发展煤制乙二醇对降低石油依赖、保障化工原料供应具有战略意义。我国是全球煤制乙二醇的主要生产国，产能占比超过 90%。截至 2023 年，国内煤制乙二醇总产能约 800 万 t/a，占乙二醇总产能的 40%以上，主要企业包括阳煤化工、新疆天业等。技术国产化程度较高，中科院福建物构所研发的“合成气制乙二醇”技术已实现工业化应用。

煤制乙二醇的核心工艺分为三步：首先通过煤气化制取合成气（$CO+H_2$）；其次利用合成气中的 CO 催化偶联合成草酸酯；最后草酸酯加氢生成乙二醇。与传统石油基乙二醇工艺（乙烯氧化法）相比，煤基路线具有原料成本低、工艺能耗较高的特点，其技术难点集中在催化剂效率、副产物控制和反应条件优化等方面。优势在于原料成本低廉（煤炭价格波动低于原油），且契合我国能源结构。但面临多重挑战：一是环保压力大，废水（含难降解有机物）和碳排放强度高；二是产品质量与石油基产品存在差异，高端聚酯领域应用受限；三是国际油价波动影响项目经济性，低油价时期竞争力下降。

5.7.2 基本原理和工艺流程

5.7.2.1 基本原理

煤制乙二醇是以煤炭为原料，通过煤基合成气（CO 和 H_2）催化转化为乙二醇的工艺，其基本原理可分为三步化学反应和工艺环节。

（1）煤气化制合成气

煤炭在高温（1300～1500℃）气化炉中与氧气、水蒸气反应，生成以 CO 和 H_2 为主的合成气，并去除硫化物等杂质。

主要反应：

$$C(煤)+H_2O \longrightarrow CO+H_2 \tag{5-24}$$

$$C(煤)+O_2 \longrightarrow CO_2 \tag{5-25}$$

(2) 合成气制草酸酯

CO在催化剂（如钯-铁基）作用下，与亚硝酸酯（由NO和甲醇生成）发生催化偶联反应，生成草酸酯（如草酸二甲酯）。

关键步骤如下：

① 亚硝酸酯再生，反应为：

$$2CH_3OH+2NO+\frac{1}{2}O_2 \longrightarrow 2CH_3ONO+H_2O \tag{5-26}$$

② CO偶联，NO循环参与反应，减少消耗，反应为：

$$2CO+2CH_3ONO \longrightarrow (COOCH_3)_2+2NO \tag{5-27}$$

(3) 草酸酯加氢制乙二醇

草酸酯在铜基催化剂（如 Cu/SiO_2）作用下，与氢气（H_2）发生加氢反应，生成乙二醇和甲醇。

主反应：

$$(COOCH_3)_2+4H_2 \longrightarrow HOCH_2CH_2OH+2CH_3OH \tag{5-28}$$

甲醇可回收用于亚硝酸酯再生，形成闭环循环。

5.7.2.2 工艺流程

煤制乙二醇主要包括煤气化制合成气、合成气净化、合成气制草酸酯、草酸酯加氢制乙二醇、产品的分离精制等，其工艺流程图如图5-27所示。

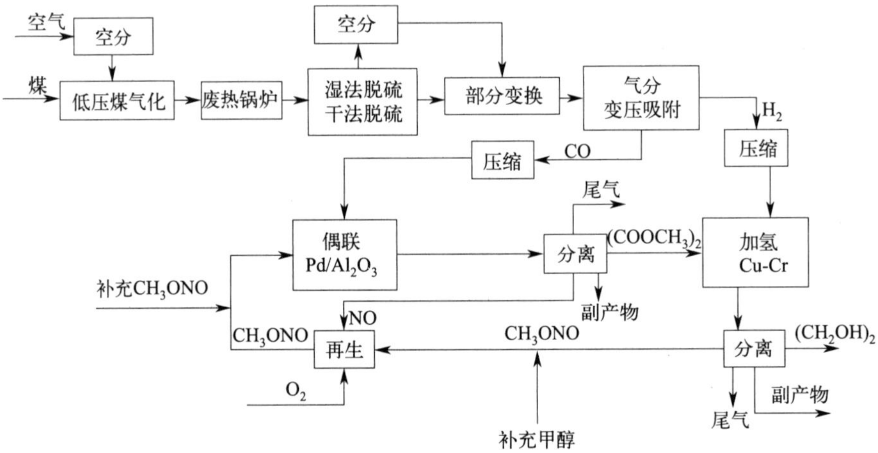

图5-27 煤制乙二醇工艺流程图

煤炭在高温（1300～1500℃）气化炉（如水煤浆气化炉或干粉煤气化炉）中与氧气、水蒸气反应，生成以CO和 H_2 为主的粗合成气，随后通过除尘、脱硫（如低温甲醇洗）、脱碳（如物理吸附）等步骤去除杂质，调整 H_2/CO 比例至适宜值（通常为2∶1），之后甲醇与NO、氧气反应生成亚硝酸甲酯（CH_3ONO），作为CO偶联反应的载体。净化后的CO

与亚硝酸甲酯在钯基催化剂（如 Pd-Fe/Al_2O_3）作用下，于 80～120℃、2～4MPa 条件下发生偶联反应，生成草酸二甲酯（DMO），同时释放 NO 循环利用。草酸二甲酯与氢气在铜基催化剂（如 Cu/SiO_2）作用下，于 200～250℃、2～3MPa 条件下加氢，生成乙二醇（EG）和甲醇（CH_3OH）。通过精馏分离乙二醇、甲醇及副产物（如 1,2-丁二醇），甲醇返回亚硝酸酯再生环节循环使用。采用多级精馏、吸附或结晶技术，去除微量杂质（如酯类、醛类），达到聚酯级乙二醇标准（纯度≥99.9%）。废水（含硝酸盐、有机物）需经生化处理或高级氧化工艺达标排放，废气（如 NO）通过吸收塔回收再利用。

5.8 煤基多联产技术

5.8.1 定义

以提高物质和能量综合利用效率以及减少污染物排放为目的，将传统上以煤为原料、分别单独生产电力和化工品的工艺过程有机地耦合在一起，所形成的新型电力和洁净燃料联合生产系统称为多联产（能源）系统。

广义多联产定义为：以煤气化技术（包括煤完全气化、部分气化、热解等）为“龙头”，从产生的合成气来进行跨行业、跨部门的联合生产，以同时获得多种高附加值的化工产品（包括脂肪烃和芳香烃）和多种洁净的二次能源（气体燃料、液体燃料、电力等）的优化集成能源系统。

5.8.2 煤基多联产模式

（1）构成单元

随着世界经济和能源结构的不断变化，多联产的内涵和组成形式也在发生不断变化。但无论是早期的甲醇与电力联产，还是双碳目标约束状态下的涉及绿氢耦合的新型多联产思路，均可由图 5-28 给出的多联产系统的构成模式中的不同单元组合得到。

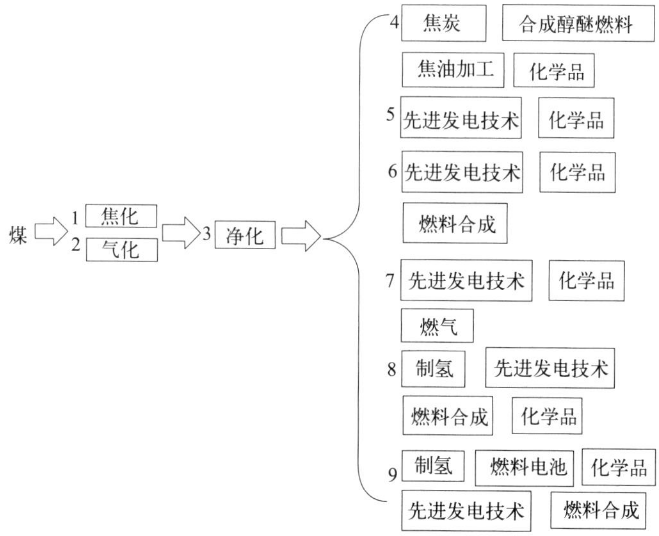

图 5-28　煤基多联产构成模式单元

(2) 早期典型的模式组成

① 以煤焦为中心的多联产：1+2+3+4。

② 美国能源部 EECP 计划多联产：2+3+6。

③ 美国早期的甲醇与电力联产：2+3+5。

④ 日本新能源计划 EAGLE 多联产：2+3+6。

⑤ Shell 合成气园多联产：2+3+7。

⑥ 中科院过程所多联产构思：1+2+3+8。

⑦ 美国 21 世纪展望（Vision 21）：2+3+9（美国 1998 年提出）。

⑧ 清华大学多联产构思：2+3+9。

5.8.3 代表性应用案例

基于长期对煤结构与反应性的深入研究与认识，谢克昌院士及团队提出了“气化煤气与焦炉煤气双气头为核心的多联产技术”，如图 5-29 所示。

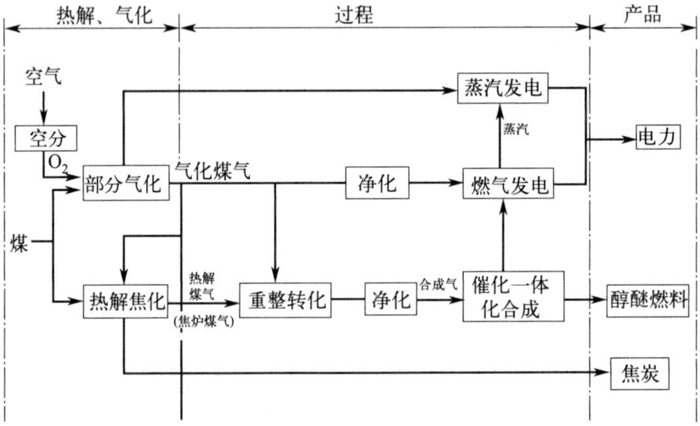

图 5-29 气化煤气与焦炉煤气双气头为核心的多联产系统框架图

主要科学与技术要点如下。

(1) 气化煤气与热解煤气的互补性整合

气化煤气富含 CO 和 CO_2（富碳），而我国焦炭产量巨大，但大量焦炉煤气未被有效利用，热解煤气（如焦炉煤气）富含 H_2 和 CH_4（富氢）。如图 5-30 所示，通过两者的结合，可优化合成气的氢碳比（H_2/CO），满足后续化工合成（如甲醇、费托合成）的需求，同时避免传统工艺中通过水煤气变换反应调整氢碳比的过程，减少 CO_2 排放。双气头技术通过重整焦炉煤气中的 CH_4 和气化煤气中的 CO_2，将其转化为合成气，既解决资源浪费问题，又降低碳排放。

(2) 高温炭体系下的催化重整反应机理

① CH_4-CO_2 重整反应　在高温炭（或矿物质）催化作用下，焦炉煤气的 CH_4 与气化煤气的 CO_2 发生重整反应（$CH_4+CO_2 \longrightarrow 2CO+2H_2$），无须额外催化剂即可实现高效转化。此反应不仅调节合成气组分，还减少了 CO_2 排放。

② 炭的催化作用　高温炭的比表面积、孔结构及矿物质成分对反应活性具有显著影响。

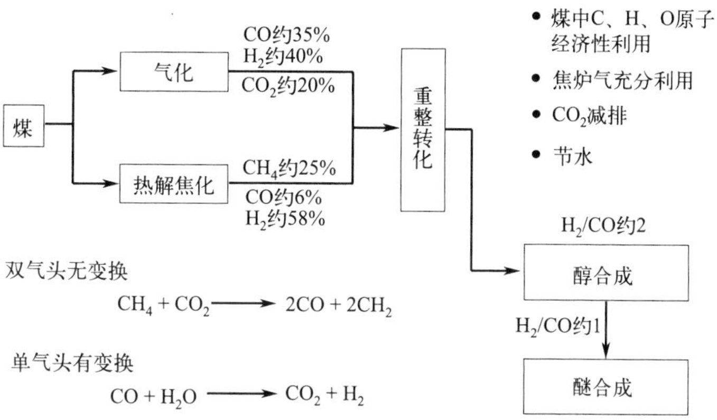

图 5-30　双气头无变换合成气制备流程示意图

例如，煤灰中的矿物质可能促进 CO_2 的吸附与解离，形成表面配合物，加速反应动力学。

(3) 多联产系统的集成与能效提升

① 多途径联产　系统不仅生产合成气，还可联产电力、甲醇、二甲醚等产品，实现煤炭资源的分级利用。例如，煤热解产生的半焦可用于发电，焦油可深加工为化学品。

② 节能减排效益　通过工艺集成，系统整体能耗降低约 20%，CO_2 排放减少 30% 以上，符合“高碳能源低碳化利用”的国家战略需求。

(4) 实验验证与工程示范

① 基础研究支撑　依托太原理工大学煤科学与技术教育部重点实验室，谢克昌团队通过 973 项目“煤的热解、气化和高温净化过程的基础性研究”，建立了高温炭体系反应动力学模型，开展了煤基多联产系统集成优化、CO_2 减排技术与多联产系统集成特性以及多联产系统综合评价研究，如图 5-31 所示，验证了双气头工艺的可行性。

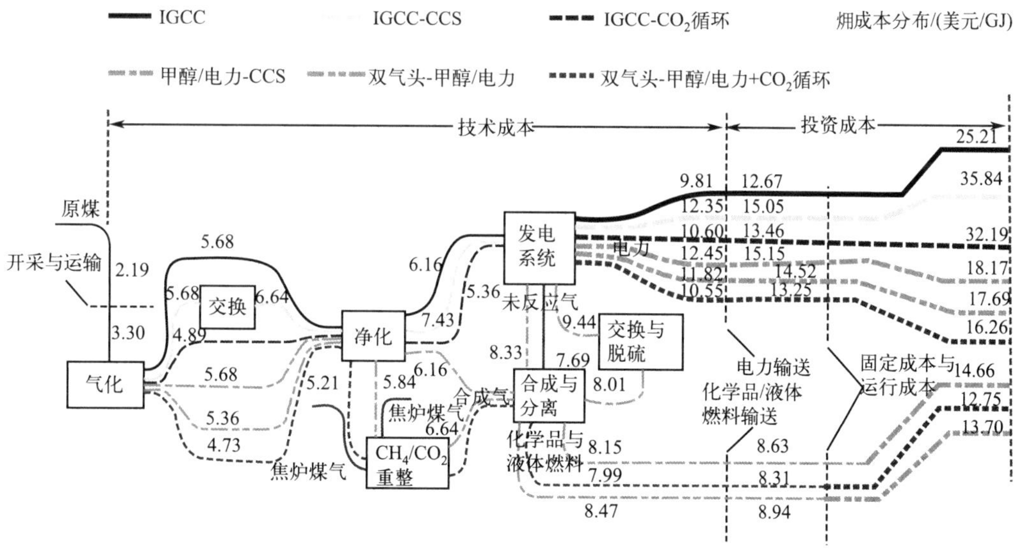

图 5-31　煤基多联产系统 3E（能源、环境、经济）评价

② 中试基地建设　在山西忻州建成双气头多联产中试基地，通过规模化实验验证了系

统在复杂工况下的稳定性和经济性，为工业推广奠定基础。

展望：

在“双碳”目标的驱动下，煤化工行业正经历从高碳粗放向低碳高效的深刻转型。煤焦化、气化、合成气制甲醇、烯烃、乙二醇等核心工艺技术，需通过技术创新、产业协同与绿色升级，实现资源高效利用与碳排放深度脱钩。以下从技术路径、产业模式及生态效益等维度，展望未来发展方向。

（1）传统煤焦化因高污染、低附加值备受诟病，未来将聚焦全流程清洁化与副产品梯级利用。通过智能化焦炉改造（无人操作、余热回收）降低能耗，配合干熄焦技术减少粉尘与VOCs排放。副产物（焦油、粗苯、焦炉煤气）通过加氢精制、催化裂解等技术生产高端碳材料（如石墨烯、碳纤维）或高纯氢气，推动焦化厂向“化产为主、焦炭为辅”模式转型。

（2）气化是煤化工的“咽喉”，未来将围绕“高效、低碳、智能”三大核心，向原料适应性、过程清洁化及系统集成化方向深度演进。通过开发半废锅、超临界水气化等新型气化工艺，突破高灰熔点煤、劣质煤及固废协同气化的原料限制，碳转化率进一步提升，能耗进一步降低。低碳化路径上，绿电驱动空分制氧替代传统高耗能装置，耦合加氢气化直接生成富甲烷合成气，减少水煤气变换环节的CO_2排放。智能化方面，依托数字孪生与AI算法实时优化气化参数（氧煤比、温度），构建多联产系统（气化-发电-制氢-化工），通过合成气分流调控实现甲醇、烯烃、乙二醇等产品柔性生产，系统能效进一步提升。

（3）煤制油技术的未来创新发展将围绕工艺优化、装备升级与低碳转型展开。宁煤集团400万t/a煤炭间接液化项目作为全球单体规模最大的煤制油示范工程，已在F-T反应器大型化与催化剂创新领域取得显著进展。催化剂是煤制油提质增效的关键，开发新一代高产油率、低CO_2排放费托合成催化剂至关重要。此外，聚焦α-烯烃、特种油蜡等高端化学品开发，通过催化剂定向调控实现产品多元化，形成多产品集群，推动煤制油从燃料型向材料型升级。加速绿氢与煤制油化工的耦合研发，通过电解水制氢调节合成气碳氢比，降低工艺碳排放强度。在装备领域，F-T反应器将进一步向模块化、智能化方向发展，结合数字孪生技术优化运行参数，支撑千万吨级装置的技术迭代，最终实现煤制油经济性与环境效益的协同提升。

（4）甲醇与烯烃是煤化工的“双引擎”，其核心在于合成气高效转化与碳足迹削减。大连化物所研发的第三代DMTO技术单程甲醇转化率提升至70%，烯烃产能倍增，且吨产品甲醇单耗下降至2.6t，大幅度降低碳排放强度。未来需推动绿氢替代传统水煤气变换，通过风能光伏发电，电解水制氢，直接调节合成气H_2/CO比，避免CO_2副产。华东理工大学的燃煤电厂CO_2捕集制甲醇示范项目，采用高选择性铜锌铝催化剂，将烟气CO_2与绿氢结合，实现甲醇生产全流程碳中和，能耗较传统工艺降低70%。

（5）煤制乙二醇因技术成熟度不足面临成本与纯度挑战，未来需突破草酸酯加氢催化剂寿命短与杂质控制瓶颈。通过开发非贵金属催化剂（如纳米铜基材料）提升选择性，并优化反应器设计（如微通道反应器）强化传质效率。同时，向下游延伸聚酯、可降解塑料（PGA）等高端产品链，提升经济性。兖矿国泰等企业已通过“合成气-乙二醇-聚酯”一体化布局，实现煤基化学品向终端材料跃升。

（6）单一工艺的能效提升空间有限，需构建多联产系统实现物质-能量耦合。例如，煤气化产生的合成气可并联生产甲醇、电力与氢气，余热用于区域供热；焦化厂富余焦炉煤气可补充至合成氨或甲醇装置，形成“化-电-热”联供网络。神华包头项目通过煤制烯烃与燃气轮机联合循环发电，整体能源利用率达50%，碳排放强度较传统路径降低40%。此外，矿井水回用与固废（气化渣、焦油渣）建材化利用，可进一步减少环境负荷。

双碳目标既是挑战亦是机遇，煤化工需以技术创新为轴，通过工艺低碳化、产品高端化、系统集成化，重塑产业生态。未来十年，绿电耦合、氢能替代与碳循环技术将引领行业变革，推动煤基资源从“燃料”向“材料＋能源”双轨转型，最终构建零碳循环的现代煤化工体系。

练习思考题

1. 了解我国煤炭资源的储量情况、分布特点及利用途径。
2. 传统煤化工与现代煤化工的主要区别体现在什么地方？
3. 为什么胶质体的形成对于炼焦来讲至关重要？
4. 焦炉主要由哪几部分构成？各自的作用分别是什么？
5. 煤焦化工艺中，焦炉煤气的净化处理包括哪些关键步骤？其主要目的是什么？
6. 粗苯回收前为何要进行煤气的最终冷却？
7. 气流床气化与固定床气化在反应温度、煤种适应性及产物组成上有何显著差异？
8. 气流床煤气化过程中，水煤浆浓度对气化效率有何影响？典型浓度范围是多少？
9. 为什么煤制天然气项目多采用固定床加压气化技术生产原料气？
10. 甲烷化反应器有哪几种形式？各有何优缺点？
11. 煤制甲醇工艺中，为何合成气需经过“变换反应”调整 H_2/CO 比？理想比例是多少？
12. MTO（甲醇制烯烃）工艺中，SAPO-34 分子筛催化剂的作用机理是什么？
13. 费托合成反应中，铁基与钴基催化剂在产物分布上有何区别？
14. 煤基乙二醇生产的“草酸酯法”包含哪两大核心反应？
15. 思考一下在双碳背景下的煤化工发展面临的机遇与挑战有哪些？

习题参考

第 6 章

通用反应单元工艺

本章主要内容及要求

■ 了解加氢和脱氢反应的类型；
■ 熟悉加氢、脱氢反应的一般规律；
■ 掌握氮加氢制合成氨的原理、催化剂、工艺流程和主要设备的结构特点；
■ 掌握乙苯脱氢制苯乙烯的原理、催化剂、工艺流程和设备的结构特点；
■ 了解氧化过程的特点、均相催化氧化和非均相催化氧化；
■ 掌握对二甲苯氧化制对苯二甲酸的基本原理、催化反应机理、工艺条件的选择、反应器的结构特点；
■ 掌握乙烯液相直接氧化法生产乙醛的基本原理、催化反应机理、工艺条件的选择、反应器的结构特点；
■ 掌握乙烯环氧化制环氧乙烷生产的基本原理、催化反应机理、工艺条件的选择、反应器的结构特点；
■ 掌握丙烯腈生产的基本原理、催化反应机理、工艺条件的选择、反应器的结构特点；
■ 了解爆炸极限的概念，掌握氧化操作的安全技术；
■ 熟悉不饱和化合物及甲醇的羰基化反应，了解羰基化反应的理论基础；
■ 掌握甲醇羰基化合成乙酸的原理、工艺流程及其优缺点；
■ 了解羰基化反应技术的发展趋势；
■ 熟悉氯代烃的主要生产方法；
■ 了解氯化反应机理；
■ 掌握平衡氧氯化法生产氯乙烯的原理、工艺流程和主要设备；
■ 掌握丙烯氯化制环氧氯丙烷的原理、工艺流程和主要设备。

6.1　加氢和脱氢

加氢是指在催化剂的作用下，化合物分子与氢气发生反应而生成有机化工产品的过程，是还原反应的一种。主要反应类型有不饱和烃的加氢、芳环加氢、含氧化合物加氢、含氮化合物加氢等。催化加氢除了合成有机化工产品外，还用于许多化工产品的精制过程，如裂解气乙烯、丙烯中会有少量乙炔、丙炔和丙二烯等有害杂质，可利用催化加氢方法，使之转化为相应的烯烃而被除去。

脱氢是指从化合物中除去氢原子的过程，是氧化反应的一个特殊类型，它可以在加热而不使用催化剂的情况下进行，称为加热脱氢，也可在加热又使用催化剂的情况下进行，称为催化脱氢，脱氢反应是获得烯烃或二烯烃的主要途径。例如由乙烷经脱氢可制得乙烯，由丁烷或丁烯脱氢可制得丁二烯等，它们是聚合物最重要的单体。此外像甲醇脱氢制甲醛、异丙醇脱氢制丙酮等，到目前为止仍是制造甲醛和丙酮的重要工业生产方法。

加氢和脱氢是一对可逆反应，即在进行加氢的同时，也发生脱氢反应。究竟在什么条件下有利于加氢或脱氢，可由热力学计算求得平衡转化率后来判断。一般而言，加压和低温对加氢有利，减压和高温对脱氢有利。

6.1.1 概述

(1) 氢气的来源

氢气是无色无味气体，沸点－252.8℃，熔点－259.14℃，气体密度 0.0899g/L，约为空气的 1/14，是世界上已知的最轻气体。氢气与氧气混合易形成爆炸性气体，其爆炸极限 $\varphi(H_2)$ 为 4.65%～73.9%；氢气在空气中的爆炸极限 $\varphi(H_2)$ 为 4.10%～74.2/%。

加氢反应大多在加压条件下进行，在高温高压下，氢气能侵入钢的晶格中，与钢中碳原子化合生成甲烷，此甲烷向外扩散逸去，在晶格中留下气孔，使晶格结构发生变形，钢材脆化，这一现象称为氢蚀，如以下反应式所示：

$$Fe_3C + 2H_2 \longrightarrow CH_4\uparrow + 3Fe \tag{6-1}$$

上述氢蚀现象随温度的升高，其碳钢的耐氢蚀压力逐渐降低，见表 6-1，在钢中加入适量的 Cr、Ni、Ti 等，可以提高钢的抗氢蚀能力。因此，在高温高压下不能使用普通碳钢。

表 6-1 耐氢蚀压力与温度的关系

项目	0℃	100℃	200℃	300℃	400℃	500℃
压力(碳钢)/MPa	260	50	28	15	8.0	3.0
压力(1%CrO、5%Mo)/MPa	—	—	<70	60	15	5.0

氢气的来源有多种，主要由含氢物质转化而来。

① 电解水　将水电解成氢气和氧气，此法获得的氢气纯度高，但耗电量大，适宜于有廉价电力资源的地方以及制取少量高纯度氢的场合。

② 电解食盐水　在氯碱工业中，为制取氯气通过电解 NaCl 水溶液而副产氢气。

$$2NaCl + 2H_2O \xrightleftharpoons{电解} H_2 + Cl_2 + 2NaOH \tag{6-2}$$

③ 水蒸气转化法　在高温及 Ni 催化剂的作用下，烃类原料与水蒸气反应生成 H_2、CO 和 CO_2，以甲烷为例，进行以下反应：

$$CH_4 + H_2O \rightleftharpoons CO + 3H_2 \tag{6-3}$$

$$CH_4 + 2H_2O \rightleftharpoons CO_2 + 4H_2 \tag{6-4}$$

生成的 CO 和水蒸气在一定条件下进行变换反应生成 CO_2 和 H_2：

$$CO + H_2O \rightleftharpoons CO_2 + H_2 \tag{6-5}$$

CO_2 再通过碱吸收而被脱除，此法为工业上常用的方法。

④ 部分氧化法　将甲烷部分氧化即不完全燃烧可得氢气，该法系非催化反应，反应温度为 1400～1500℃，所得合成气经 CO 变换和精制可获得纯度较高的氢气：

$$CH_4 + 0.5O_2 \longrightarrow CO + 2H_2 \tag{6-6}$$

⑤ 水煤气化法　此为以煤（焦炭）为原料的合成氨厂制氢方法：

$$C + H_2O \rightleftharpoons CO + H_2 \tag{6-7}$$

$$C + 2H_2O \rightleftharpoons CO_2 + 2H_2 \tag{6-8}$$

同样，所得合成气经 CO 变换和精制可获得纯度较高的氢气。

⑥ 副产氢气　烃类裂解生产乙烯装置可副产氢气，石油炼厂铂重整装置也可副产氢气。

(2) 加氢反应的一般规律

在温度低于 100℃时，绝大多数加氢反应的平衡常数值都非常大，可视为不可逆反应。因为加氢是放热反应，所以随着反应温度的升高，平衡常数减小。加氢反应平衡常数与温度的关系有如表 6-2 所示的 3 种类型。

表 6-2　加氢反应平衡常数与温度的关系

反应类型	温度/℃	K_p
乙炔加氢生成乙烯	127	7.63×10^{16}
	227	1.65×10^{12}
	427	6.5×10^{6}
苯加氢合成环己烷	127	7×10^{7}
	227	1.86×10^{2}
一氧化碳加氢合成甲醇	0	6.773×10^{5}
	100	12.92
	200	1.909×10^{-2}
	300	2.4×10^{-4}
	400	1.079×10^{-5}

① 加氢反应在热力学上非常有利，即使在较高温度下，平衡常数仍然很大，如乙炔加氢生成乙烯。此类反应在较宽的温度范围内几乎可以进行到底，关键是反应速率。

② 加氢反应在较低温时平衡常数很大，但是随着反应温度的升高，平衡常数显著减小，如苯加氢生成环己烷，这类反应在不太高的温度下进行，对平衡还是很有利的，可以接近全部转化，但是，在较高温度下要达到比较高的平衡转化率，就必须适当地加压或采用氢气过量的方法。

③ 只有在低温时才具有较大的平衡常数，升高温度，其平衡常数明显减小，如一氧化碳加氢合成甲醇。对于这类反应，化学平衡成为关键问题。因为反应不可能在 0℃以下进行，所以为了提高平衡转化率，保证一定的反应速率，必须在高温和高压下进行。对于热力学上十分有利的加氢反应，温度主要影响反应速率，即温度越高，反应速率也越快。但是，对于平衡常数比较小的可逆加氢反应，反应温度既是影响化学平衡也是影响反应速率的重要因素，且效果相反。因此，存在最佳的反应温度，这一温度所对应的反应速率为最快。

如图 6-1 所示，对于一定的起始气体组成，当转化率提高时，由于反应平衡的限制作用增强，在较高转化率时的最佳温度必然低于转化率低时的最佳温度。对应于不同转化率时的最佳温度所组成的曲线，称为最佳温度分布曲线。该曲线可直接应用于反应器的设计和生产控制。

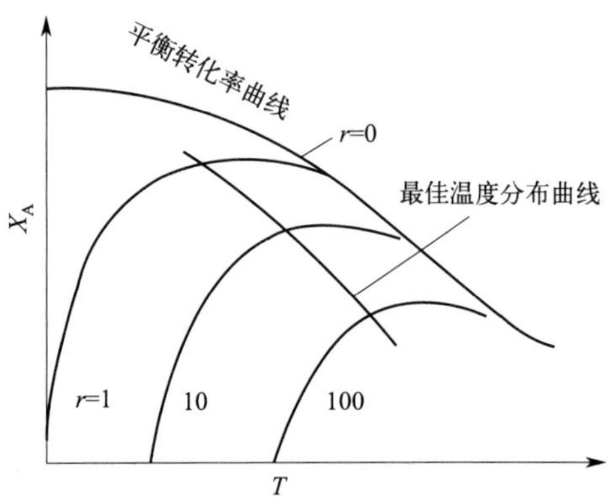

图 6-1　可逆放热反应最佳温度分布曲线

工业上加氢可在气相也可在液相中进行。气相加常采用固定床和流化床反应器，反应热可通过器外冷却或反应器内设置冷却构件移走，因加氢反应热比氧化反应热小得多，有时也采用冷原料气与反应气分段混合（即常称的冷激法）来降低温度，分段冷激法适用于在绝热式反应器中进行的加氢反应，一般加氢反应是分子数减少的反应，因此提高氢分压对加快加氢反应速率有利。但是，压力对加氢反应速率的影响需视该反应的机理而定。当为零级反应时，氢分压与反应速率无关；当为 0～1 级时，反应速率随氢分压而增加。

液相加氢通常在鼓泡床、移动床反应器中进行。由于有液相存在，反应热的移走比较方便。为了使反应物系保持液相，操作压力比气相法要高一些。反应在液-固（催化剂为固体）表面进行，增加氢分压，有利于氢的溶解，减小扩散阻力，因而也可加快反应速率，为满足在反应温度下呈液相的需要，往往要另加溶剂，此时不同溶剂对加氢反应的转化率和选择性会产生不同程度的影响，为此，选择适宜溶剂对液相加氢反应而言相当重要。一般常用的溶剂有甲醇、乙醇、乙酸、环己烷、乙醚、四氢呋喃、乙酸乙酯等。

（3）加氢反应催化剂

为使加氢反应具有足够快的反应速率和较高的选择性，一般都必须使用催化剂。用于加氢反应的催化剂主要是第Ⅷ族过渡金属元素。这些元素对氢有较强的亲和力。最常采用的元素有 Ni、Pd、Pt、Fe、Co、Rh，其次是 Cu、Mo、Zn、Cr、W 等。以催化剂形态分，加氢催化剂大致可分为金属催化剂、合金催化剂、金属氧化物和硫化物催化剂，以及均相配位催化剂。

① 金属催化剂　金属催化剂是把 Ni、Pd、Pt 等金属负载于载体如 Al_2O_3、SiO_2、硅藻土等惰性物质上，用以分散金属组分，提高比表面积，增加机械强度和耐热性，提高催化效率。金属催化剂的特点是活性高，在低温下即可进行加氢反应，几乎可以用于所有的官能团加氢；其缺点是容易中毒，如含 S、N、As、P、Cl 等的化合物都能使金属催化剂中毒，因此对原料中的杂质要求较高。其原因是这些化合物如 H_2S、CO 等的电子构型中有孤电子对，而过渡金属原子存在 d 带空位。孤电子对填满 d 带空位即毒物占据金属催化剂的活性中心，催化剂中毒而失活。

② 合金催化剂　合金催化剂可分为骨架催化剂和熔铁催化剂两类。骨架催化剂是由 Ni、Co、Fe 等具有催化活性的金属与金属铝制成合金，再用碱液除去铝，制得多孔、高比表面积的催化剂。常用的有骨架镍和骨架钴催化剂，它们的催化活性很高，在空气中会自燃，一般须保存在溶剂中。熔铁催化剂是由 Fe-Al-K 等组成的合金，制成后经破碎筛分即可使用，主要用作合成氨催化剂。

③ 金属氧化物催化剂　常用的金属氧化物催化剂有 MoO_3、Cr_2O_3、ZnO、CuO、NiO 等，可单独使用也可以是混合氧化物，如 ZnO-Cr_2O_3、Co-Mo-O、Ni-Co-Cr-O、Fe-Mn-O 等。该类催化剂的活性比金属催化剂差，但抗毒性较强，所需反应温度较高，为提高其耐高温性能，常在氧化物催化剂中加入高熔点组分（如 Cr_2O_3、MoO_3）。

④ 金属硫化物催化剂　金属硫化物催化剂主要是 MoS_2、WS_2、Co-Mo-S、Fe-Mo-S 等，因其有抗毒性可用于含硫化物的加氢，即加氢精制产品用，这类催化剂活性较低，需要较高的反应温度。

⑤ 均相配位催化剂　均相配位催化剂多为贵金属 Ru、Rh、Pd 及 Ni、Co、Fe、Cu 等的配合物。其特点是催化活性高，选择性好，反应条件温和，加氢反应在常温常压下就能进行，缺点是催化剂一般溶于加氢产物中难以分离，催化剂容易流失，增加生产成本又污染了产品，特别是采用贵金属，催化剂的分离和回收显得非常重要。目前已研究出将配位催化剂固定在载体上（载体可以是无机物或有机高聚物）的方法，被称为均相配位催化剂的固体化，可望克服均相配位催化剂的上述缺点。

6.1.2 氮加氢制合成氨

6.1.2.1 氨合成反应的热力学基础

(1) 化学平衡

由氢气和氮气合成氨的反应如下：

$$\frac{3}{2}H_2+\frac{1}{2}N_2 \rightleftharpoons NH_3 \tag{6-9}$$

此反应具有可逆、放热和体积缩小的特点。根据这些特点，可选择适当的操作条件，促使平衡向着合成氨的方向移动。高压下，反应平衡常数应以逸度表示：

$$K_f=\frac{p(NH_3)\phi(NH_3)}{[p(N_2)\phi(N_2)]^{0.5}[p(H_2)\phi(H_2)]^{1.5}}=K_\phi K_p \tag{6-10}$$

平衡常数与温度、压力和组成都有关。在氢氮比为 3 时，平衡常数与温度、压力的关系如表 6-3 所示。表中列出的数据表明，温度越高，平衡常数越低；而压力增大，平衡常数增加不明显。也就是说，平衡常数的大小虽与温度、压力（高压）都有关系。但在一定的压力范围内和确定的温度下，平衡常数随压力的变化不显著；而在压力相同的条件下，平衡常数随温度变化较显著。

表 6-3 实验测得氨合成反应的平衡常数

压力/MPa	平衡常数		
	400℃	450℃	500℃
0.1	0.127	0.0655	0.0377
10.0	0.135	0.0711	0.0399
30.0	0.182	0.0869	0.0492
60.0		0.128	0.0554
100.0		0.230	0.0972

在 1.0～100MPa 的范围内，氨合成反应的平衡常数随温度变化的经验关系式为：

$$\lg K_p=\frac{2074.8}{(T/K)}-2.4943\lg(T/K)-B(T/K)+1.8564\times10^{-7}(T/K)^2+I \tag{6-11}$$

式中，T 为温度，K；B、I 为经验系数，与压力有关，如表 6-4 所示。

表 6-4 系数 *B*、*I* 与压力的关系

p/kPa	B	I
98.07×10	0	1.933
98.07×30	3.4×10^{-5}	2.201
98.07×50	1.256×10^{-4}	2.090
98.07×100	1.256×10^{-4}	2.113
98.07×300	1.256×10^{-4}	2.206
98.07×600	1.0856×10^{-3}	3.059
98.07×1000	2.6883×10^{-3}	4.473

在已知温度、压力条件下，可计算出平衡常数和平衡组成。

(2) 平衡氨摩尔分数

平衡氨摩尔分数是在一定的温度、压力和氢氮比等条件下，反应达到平衡时，氨在气体混合物中的摩尔分数。平衡氨摩尔分数即反应的理论最大产量，通过计算可以找出实际产量与理论产量的差距，为指导生产和选择最佳工艺条件，提供理论依据。

设混合气体中含有 N_2、H_2、NH_3 和惰性气体，其摩尔分数分别用 $x(N_2)$、$x(H_2)$、$x(NH_3)$、x_i 表示。当氢氮比 $r=3$ 时，可得出平衡转化率的关系为：

$$\frac{x(NH_3)}{[1-x(NH_3)-x_i]^2}=0.325K_p p \tag{6-12}$$

若体系中无惰性气体，并令 $0.325K_p p=L$，则可得：

$$x(NH_3)=\frac{(2L+1)-\sqrt{(2L+1)^2-4L^2}}{2L} \tag{6-13}$$

如果温度、压力已知，即可计算出平衡氨摩尔分数。

表 6-5 列出了不同温度、压力时平衡氨摩尔分数的数据。数据表明，压力一定时，平衡氨摩尔分数随着反应温度的升高而下降；温度一定时，平衡氨摩尔分数随着反应压力的增加而增大。所以，从热力学观点来看，合成氨的反应宜在高压、低温下进行。

表 6-5 $n(H_2):n(N_2)=3$ 的平衡氨摩尔分数

温度/℃	平衡氨摩尔分数/%							
	10.0MPa	15.0MPa	20.0MPa	30.0MPa	32.0MPa	40.0MPa	60.0MPa	80.0MPa
360	35.10	43.35	49.62	58.91	60.43	65.72	75.32	81.80
384	29.00	36.84	43.00	52.43	54.00	59.55	69.94	77.24
400	25.37	32.83	38.82	48.18	49.76	55.39	66.17	73.94
424	20.63	27.39	33.00	42.04	43.60	49.24	60.35	68.68
440	17.92	24.17	29.46	38.18	39.70	45.26	56.43	65.03
464	14.48	19.94	24.71	32.80	34.24	39.57	50.62	59.42
480	12.55	17.51	21.91	29.52	30.90	36.03	46.85	55.67
504	10.15	14.39	18.24	25.10	26.36	31.12	41.44	50.13
520	8.82	12.62	16.13	22.48	23.66	28.14	38.03	46.55
552	6.71	9.75	12.62	17.97	18.99	22.90	31.81	39.78
600	4.53	6.70	8.80	12.84	13.63	16.72	24.04	30.92

(3) 影响平衡氨摩尔分数的因素

当氢氮比为 r 时，式(6-12) 可写为：

$$\frac{x(NH_3)}{[1-x(NH_3)-x_i]^2}=K_p p\frac{r^{1.5}}{(r+1)^2} \tag{6-14}$$

不难看出，影响平衡氨摩尔分数的因素有总压 p、平衡常数 K_p、氢氮比 r 和惰性气体含量 x_i。其中，温度和压力对平衡氨摩尔分数的影响已有讨论。下面主要讨论氢氮比和惰性气体体积分数对平衡氨摩尔分数的影响。

① 氢氮比的影响　式(6-14) 表明，平衡氨摩尔分数与 r 有关。当温度、压力一定时，K_p 为定值。若惰性气体的体积分数为已知，则式(6-14) 为 r 的函数，在某一个 r 时，平衡氨摩尔分数有一个最大值。使平衡氨摩尔分数为最大值的条件为：

$$\frac{d}{dr}\frac{r^{1.5}}{(r+1)^2}=0 \tag{6-15}$$

即：

$$\frac{1.5r^{0.5}(r+1)-2r^{1.5}(r+1)}{(r+1)^4}=0 \tag{6-16}$$

解此方程得，$r=3$。即当氢氮比等于反应计量比时，平衡氨摩尔分数最大。

但在实际生产中，压力比较高，应考虑与 r 有关的组分逸度系数，所以 $r=3$ 并不是高压下的正确结论。实践证明，平衡氨摩尔分数最大时的氢氮比为 2.9～3.0。

② 惰性气体体积分数的影响　习惯上把不参与反应的气体（CH_4、Ar 等）称为惰性气体，它对平衡氨摩尔分数有明显影响。因为 x_i 相对很小，可以将式(6-14) 近似转化为：

$$\frac{x(NH_3)}{[1-x(NH_3)-x_i]^2}\approx\frac{x(NH_3)}{[1-x(NH_3)-x_i+x(NH_3)x_i]^2}$$

$$=\frac{x(NH_3)}{\{[1-x(NH_3)](1-x_i)\}^2}=0.325K_p p \tag{6-17}$$

得：

$$\frac{x(NH_3)}{[1-x(NH_3)]^2}=0.325K_p p(1-x_i)^2 \tag{6-18}$$

式(6-18) 表明平衡氨摩尔分数随着惰性气体体积分数的增加而减少。在氨合成反应中，由于惰性气体不参与反应，在循环过程中越积越多，对提高平衡氨摩尔分数极为不利。因此，在生产中往往要被迫放空一部分循环气体，使惰性气体保持一稳定值。放空气量可从物料衡算中求出。

在图 6-2 所示的循环操作中，设新鲜原料气的进料量为 N_F mol/h，放空气量为 N_g mol/h，原料气中惰性气的分率为 i_F，放空气中惰性气的分率为 i_g，则物料衡算式为式(6-19)。

$$N_F i_F=N_g i_g \tag{6-19}$$

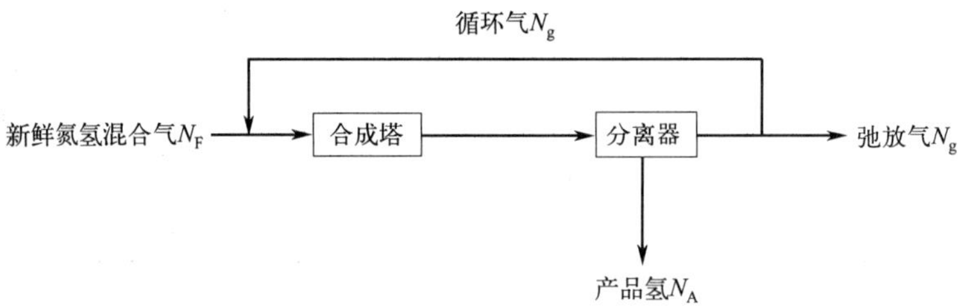

图 6-2　氨合成的循环操作流程

综上所述，提高平衡氨摩尔分数的途径为降低温度，提高压力，保持氢氮比为 $r=3$ 左右，并减少惰性气体含量。

(4) 反应热的计算

研究化学反应的热量问题，在化工设计和化工生产中具有重要的意义。如 CO 的变换反应，反应放出大量的热量。对小型合成氨厂来说，放出的热量可以用来生产 1/6 以上的合成氨。为此，首先要求准确地计算出变换反应放出的热量，然后根据放出热量的多少设计制造热交换设备。化学反应热效应数据是化工设计的重要依据。

对合成氨反应来说，由纯氢、氮完全转化为氨的反应热 ΔH 可用以下经验公式计算：

$$-\Delta H=38338.9+\left[23.2702+\frac{35891.6}{(T/K)}+\frac{1.96281\times10^{10}}{(T/K)^3}\right]p+22.3868(T/K)+1.05717\times10^{-3}(T/K)^2-7.08825\times10^{-6}(T/K)^3 \tag{6-20}$$

式中，T 为温度，K；p 为压力（表压），MPa；ΔH 为反应热效应，J/mol。

6.1.2.2 氨合成反应的动力学基础

前面主要从热力学角度讨论了平衡氨摩尔分数的影响因素。然而在实际生产中，不仅要求有较高的产率或转化率，还要求有较高的速度，以提高单位时间内的产量。

对氨合成反应来说，若无催化剂存在，即使在几百个大气压和几百摄氏度的温度下进行反应，其速率也极其缓慢。在实际生产中，为了提高氨合成反应的速率，必须在催化剂存在的条件下进行反应。为此，应首先了解在有催化剂存在的条件下，氨合成反应的机理，进而研究其速率方程。

（1）催化剂

长期以来，人们对氨合成反应的催化剂做了大量的研究工作，发现对氨合成反应具有活性的一系列金属中，以铁为主体，并添加有促进剂的催化剂，价廉易得，活性良好，使用寿命长，因而铁系催化剂获得广泛的应用。

① 催化剂的化学成分和作用　目前，大多数铁系催化剂都是用经过精选的天然磁铁矿通过熔融法制得，其活性组分为金属铁。未还原前为 FeO 和 Fe_2O_3，其中 FeO 的质量分数为 24%～38%，$n(Fe^{2+})/n(Fe^{3+})$约为 0.5，一般在 0.47～0.57，成分可视为 Fe_3O_4，具有尖晶结构。作为促进剂的成分有 Al_2O_3、K_2O、CaO、MgO 和 SiO_2 等多种。

a. 加入 Al_2O_3 的作用　它能与氧化铁生成 $FeAl_2O_4$（或 FeO·Al_2O_3）晶体，其晶体结构与 Fe_2O_3·FeO 相同。当催化剂被氢氮混合气还原时，氧化铁被还原为 α 型纯铁，而 Al_2O_3 不被还原，它环绕在 αFe 晶粒的周围，防止活性铁的微晶在还原及使用过程中进一步长大。这样 αFe 的晶粒间就出现了空隙，形成纵横交错的微型孔道结构，大大增加了催化剂的表面积，提高了活性。

b. 加入 MgO 的作用　与 Al_2O_3 有相似之处。在还原过程中，MgO 也能防止活性铁的微晶进一步长大。但其主要作用是增强催化剂对硫化物的抗毒能力，并保护催化剂在高温下不致因晶体破坏而降低活性，故可延长催化剂寿命。

c. 加入 CaO 的作用　降低熔融物的熔点和黏度，并使 Al_2O_3 易于分散在 FeO·Fe_2O_3 中，还可提高催化剂的热稳定性。

d. 加入 K_2O 的作用　促使催化剂的金属电子逸出功降低。因为氮被吸附在催化剂表面，形成偶极子时，电子偏向于氮。电子逸出功的降低有助于氮的活性吸附，从而使催化剂的活性提高。实践证明，只有在加入 Al_2O_3 的同时再加入 K_2O 才能提高催化剂的活性。

e. SiO_2 成分的作用　一般是磁铁矿的杂质，具有中和 K_2O、CaO 等碱性组分的作用，此外还具有提高催化剂抗水毒害和耐烧结的作用。

通常制成的催化剂为黑色不规则颗粒，有金属光泽，堆积密度为 2.5～3.0kg/dm^3，空隙率为 40%～50%。

催化剂还原后，FeO·Fe_2O_3 晶体被还原成细小的 αFe 晶体，它们疏松地处在氧化铝的骨架上。还原前后表观容积并无显著改变，因此，除去氧后的催化剂便成为多孔的海绵状结构。催化剂的颗粒密度与纯铁的密度 7.86g/cm^3 相比要小得多，这说明孔隙率是很大的。一般孔呈不规则树枝状，还原态催化剂的内表面积为 4～16m^2/g。国内外氨合成催化剂的一般性能如表 6-6 所示。

表 6-6　氨合成催化剂的一般性能

国别	型号	组成	外形	还原前堆积密度/(kg/L)	催化剂使用温度/℃	主要性能
中国	A_6	$FeO\cdot Fe_2O_3$、K_2O、Al_2O_3、CaO	黑色光泽，不规则颗粒	平均 2.9	400～520	380℃还原已很明显，550℃耐热 20h，活性不变
	A_9	$FeO\cdot Fe_2O_3$、K_2O、Al_2O_3、CaO、MgO、SiO_2	黑色光泽，不规则颗粒	2.7～2.8	380～500，活性优于 A_6	还原温度比 A 型低 20～30℃，350℃还原已很明显，525℃耐热 20h，活性不变
	A_{10}		黑色光泽，不规则颗粒	2.7～2.8	380～465	易还原，低温下活性较高
丹麦	KMI	$FeO\cdot Fe_2O_3$、K_2O、Al_2O_3、CaO、MgO、SiO_2	黑色光泽，不规则颗粒	2.35～2.80	380～550	还原从 390℃开始，耐热，耐毒性能较好，耐热温度 550℃
	KMR	KM 型预还原催化剂	黑色光泽，不规则颗粒	1.83～2.18	380～550	室温至 100℃，在空气中稳定，其他性能同 KMI，寿命不变
英国	ICI35-4	$FeO\cdot Fe_2O_3$、K_2O、Al_2O_3、CaO、MgO、SiO_2	黑色光泽，不规则颗粒	2.65～2.85	350～530	当温度超过 530℃时，催化剂活性下降
美国	C73-1	$FeO\cdot Fe_2O_3$、K_2O、Al_2O_3、CaO、SiO_2	黑色光泽，不规则颗粒	2.88±0.16	370～540	一般在 570℃以下是稳定的，高于 570℃很快丧失稳定性

② 催化剂的还原与使用　合成氨催化剂的活性不仅与化学组成有关，在很大程度上还取决于制备方法和还原条件。催化剂还原的反应式为：

$$FeO\cdot Fe_2O_3+4H_2 \longrightarrow 3Fe+4H_2O(g) \qquad (6\text{-}21)$$

确定还原条件的原则一方面是使 $FeO\cdot Fe_2O_3$ 充分还原为 αFe，另一方面是还原生成的铁结晶不因重结晶而长大，以保证有最大的比表面积和更多的活性中心。为此，宜选取合适的还原温度、压力、空速和还原气组成。

还原温度的控制对催化剂活性影响很大。只有达到一定温度，还原反应才开始进行。提高还原温度能加快还原反应的速率，缩短还原时间；但催化剂还原过程也是纯铁结晶组成的过程，要求 αFe 型铁晶体越细越好。还原温度过高会导致 αFe 型铁晶体的长大，从而减小催化剂表面积，使活性降低。实际还原温度一般不超过正常使用温度。

降低还原气体中的 $p(H_2O)/p(H_2)$ 有利于还原，为此还原气中含氢量宜尽可能高，水汽含量尽可能低。尤其是水汽含量的高低对催化剂活性影响很大，水蒸气的存在可以使已还原的催化剂反复氧化，造成晶粒变粗，活性下降。为此要及时除去还原生成的水分，同时尽量采用高空速以保持还原气中的低水汽含量。还原压力较低为宜，但仍要维持一定的还原空速（$10000h^{-1}$ 以上）。

工业上还原过程多在氨合成塔内进行，还原温度借外热（如电加热器）维持，并严格按规定的温度-时间曲线进行。一般温度升至 300℃左右开始出水，以后升温与维持温度出水交替进行。最后还原温度在 500～520℃，视催化剂类型而定。

催化剂的还原也可在塔外进行，即催化剂的预还原。采用预还原催化剂不仅可以缩短合成塔的升温还原时间，而且也避免了在合成塔内不适宜的还原条件对催化剂活性的损害，使催化剂得以在最佳条件下进行还原，有利于提高催化剂的活性，为强化生产开辟了新的途径。还原后的活性铁，遇到空气后会发生强烈的氧化燃烧以致使催化剂烧结失去活性。为此，预还原后的催化剂必须进行“钝化”操作，即在100～140℃下，用含少量氧的气体缓慢加以氧化，使催化剂表面形成氧化铁保护膜。使用预还原催化剂的氨合成塔，只需稍加还原即可投入生产操作。

在催化剂使用过程中，能使催化剂中毒的物质有氧及氧的化合物（O_2、CO_2、H_2O等）、硫及硫的化合物（H_2S、SO_2 等）、磷及磷的化合物（PH_3）、砷及砷的化合物（AsH_3）以及润滑油、铜氨液等。硫、磷、砷及其化合物的中毒作用是不可逆的。氧及氧化合物是可逆毒物，中毒是暂时性的，一旦气体成分得以改善，催化剂的活性是可以恢复的。气体中夹带的油类或高级烃类在催化剂上裂解析碳，起到堵塞毛孔、遮盖活性中心的作用，后果介于可逆与不可逆中毒之间。另外，润滑油中的硫分同样可引起催化剂中毒。采用铜洗净化操作的合成氨系统，若将铜氨液带入合成塔中，则催化剂表面被覆盖也会造成催化剂活性降低，在生产中应予以十分注意。为此，原料气送往合成系统之前应充分清除各类毒物，以保证原料气的纯度。

此外，氨合成塔停车时降温速度不能太快，以免催化剂粉碎，卸出催化剂前一般进行钝化操作。

（2）反应机理与动力学方程

对氨合成反应的机理，已经研究了几十年，提出过许多不同的观点。目前普遍采用的观点是，气相中氢和氮分子首先扩散到催化剂表面，并被催化剂的活性表面所吸附，氮分子离解为氮原子，氮原子与催化剂进行化学反应，生成某中间产物，然后逐步地生成 NH、NH_2、NH_3，最后氨分子从催化剂表面脱附，再扩散到气相中。

在这些步骤中，氮在催化剂表面上的活性吸附是氨合成反应中最慢的控制步骤。因为根据大量的实验结果，发现氮在铁催化剂上的吸附速率，在数值上很接近氨的合成速率，这可作为确定氮的活性吸附为控制步骤的一个依据。

根据这一观点，导出了氨合成反应的速率方程：

$$r(NH_3)=k_1p(N_2)\left[\frac{p^3(H_2)}{p^2(NH_3)}\right]^{\alpha}-k_2\left[\frac{p^2(NH_3)}{p^3(H_2)}\right]^{1-\alpha} \tag{6-22}$$

氨合成反应的净速度 $r(NH_3)$ 为正反应速率 $k_1p(N_2)\left[\frac{p^3(H_2)}{p^2(NH_3)}\right]^{\alpha}$ 与逆反应速率 $k_2\left[\frac{p^2(NH_3)}{p^3(H_2)}\right]^{1-\alpha}$ 之差。k_1、k_2 分别为正逆反应速率常数；α 为由实验测定的常数，与催化剂的性质及反应条件有关，通常 $0<\alpha<1$。对以铁为主的氨合成催化剂而言，$\alpha=0.5$，此时式(6-22) 可写成：

$$r(NH_3)=k_1p(N_2)\frac{p^{1.5}(H_2)}{p(NH_3)}-k_2\frac{p(NH_3)}{p^{1.5}(H_2)} \tag{6-23}$$

反应达到平衡时，$r(NH_3)=0$，整理后得：

$$k_1p(N_2)\frac{p^{1.5}(H_2)}{p(NH_3)}=k_2\frac{p(NH_3)}{p^{1.5}(H_2)}$$

$$\frac{k_1}{k_2}=\left[\frac{p(NH_3)}{p^{0.5}(N_2)p^{1.5}(H_2)}\right]^2 \tag{6-24}$$

式(6-24) 只适用于常压或反应接近于平衡状态的情况。当反应远离平衡态时，则不适用。特别是当 $p(NH_3)=0$ 时，根据式(6-28)，$r(NH_3)\to\infty$，这是不合理的。

(3) 影响反应速率的因素

① 空间速度　空间速度是单位时间、单位体积的催化剂上通过的气体体积（通常用标准状态下的气体体积表示）。单位一般用 $m^3/(m^3\cdot h)$或 h^{-1} 表示。

合成氨的原料气是循环使用的，当操作压力及进合成塔气体组成一定时，对于既定结构的氨合成塔，可采用增加空速，以提高合成塔单位时间的产量。

若已知空间速度和合成塔进、出口氨摩尔分数，则可由下面两个式子计算合成塔的产氨速度 α 和催化剂生产强度 G：

$$\alpha=n_2Z_2-n_1Z_1=\frac{n_0(Z_2-Z_1)}{(1+Z_1)(1+Z_2)}=\frac{n_1(Z_2-Z_1)}{(1+Z_2)}=\frac{n_2(Z_2-Z_1)}{(1+Z_1)} \tag{6-25}$$

$$G=\frac{17V_0(Z_2-Z_1)}{22.4(1+Z_1)(1+Z_2)}=\frac{17V_1(Z_2-Z_1)}{22.4(1+Z_2)}=\frac{17V_2(Z_2-Z_1)}{22.4(1+Z_1)} \tag{6-26}$$

式中，n_1、n_2 为进、出塔气体摩尔流量，kmol/h；Z_1、Z_2 为进、出塔气体的氨摩尔分数；V_1、V_2 为进出塔的空间速度，h^{-1}；n_0 为氨分解基气体流量，kmol/h；$n_0=n_1/(1+Z_1)=n_2/(1+Z_2)$；$V_0$ 为氨分解基空间速度，h^{-1}；α 为合成塔产氨速率，kmol/h；G 为催化剂生产强度，$kg/(m^3\cdot h)$。

由式(6-26) 可知，在其他条件一定时，增大空速能提高催化剂生产强度。但加大空速，系统阻力增大，循环功耗增加，氨分离所需的冷冻负荷也增大。同时，当单位循环气量的产氨量减少，所获得的反应热相应减少。当单位循环气的反应热降到一定程度时，合成塔就难以维持“自热”。

操作压力为 30MPa 的中压法合成氨，一般空速在 20000～30000h^{-1}。大型合成氨厂为了充分利用反应热，降低功耗并延长催化剂使用寿命，通常采用较低的空速。如操作压力 15MPa 的轴向冷激式合成塔，空速为 10000h^{-1}。

② 温度　合成氨是一个可逆的放热反应，反应速率并不是随温度的升高而单调地增大。实际情况是在较低的温度范围内，随着温度的升高，反应速率相应地增大，当温度继续升高到某一值时，反应速率达到最大值，再继续升高温度，反应速率逐渐变小。因此，要想得到最高的反应速率，并不是温度越高越好，而是有一个最适宜温度（T_{op}）。最适宜温度 T_{op} 与平衡温度 T_e 之间的关系，其理论原理和公式与变换反应相同，不再重复。

图 6-3 为平衡温度曲线和某催化剂的最适宜温度曲线。在一定的压力下，氨摩尔分数 $x(NH_3)$ 提高，相应的平衡温度与最适宜温度下降。惰性气体体积分数增高，对应于一定氨摩尔分数的平衡温度下降。氢氮比对最适宜温度的变化规律与对平衡温度的影响相同。

压力改变时，最适宜温度也相应改变。气体组成越高，平衡温度与最适宜温度越高。

事实上，一定系统的平衡温度与最适宜温度有相应的变化关系，压力、气体组成都不影响 T_{op} 与 T_e 之间的相对关系，只要催化剂的活性不变，E_1 和 E_2 一定，则 T_e 与 T_{op} 之间的相对关系就不会改变。催化剂活性高时（性能良好或使用初期），E_1 和 E_2 都较低，由于二者差值不变，E_2/E_1 比值增大，则 T_e 与 T_{op} 差值增大，最适宜温度下降；反之，活性差时（性能差、衰老或中毒）最适宜温度上升。

从理论上看，合成氨的反应按最适宜温度曲线进行时，催化剂用量最少，合成效率最高。但在反应初期，合成氨反应速率很高，故实现最适宜温度不是主要问题，而实际上受种种条件的限制不可能做到这一点。例如，氨合成塔进气中氨含量为 4%（$P=30MPa$，$x_{i0}=$

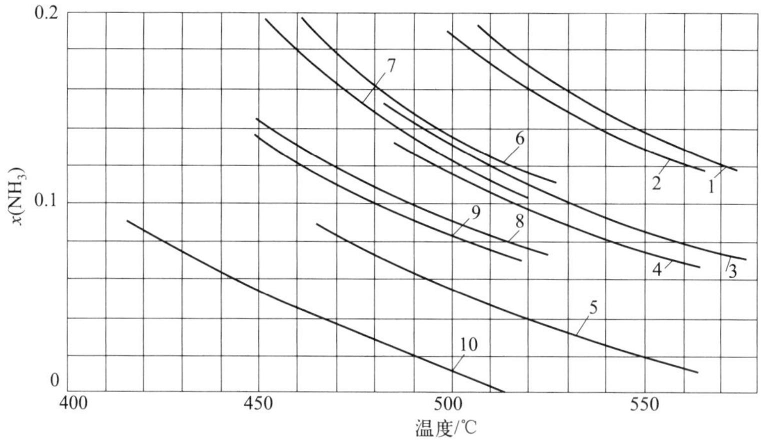

图 6-3 $n(H_2):n(N_2)=3$ 条件下的平衡温度与最适宜温度

1，6—30MPa，$x_i=0.12$ 下平衡温度线和最佳温度线；2，7—30MPa，$x_i=0.15$ 下平衡温度线和最佳温度线；3，8—20MPa，$x_i=0.15$ 下平衡温度线和最佳温度线；4，9—20MPa，$x_i=0.18$ 下平衡温度线和最佳温度线；5，10—10～15MPa，$x_i=0.13$ 下平衡温度线和最佳温度线

0.12)，温度已超过 600℃，也就是说催化剂床层入口温度应高于 600℃，而后床层轴向温度逐渐下降。此外，温度分布递降的反应器在工艺实施上也不尽合理，它不能利用反应热使反应过程自然进行，需额外加高温热源预热反应气体以保证入口的温度。所以，在床层的前半段不可能按最适宜温度操作。在床层的后半段，氨含量已经比较高，反应温度依最适宜温度曲线操作是可能的。

氨合成反应温度一般控制在 400～500℃（依催化剂类型而定）。催化剂床层的进口温度比较低，高于或等于催化剂使用温度的下限，依靠反应热床层温度迅速提高，而后温度再逐渐降低。床层中温度最高点，称为“热点”，不应超过催化剂的使用温度。到生产后期，催化剂活性已下降，操作温度应适度提高。

③ 压力　增大压力，氢氮气的分压也相应增加，这样也必然增加它们相互碰撞的机会，导致净反应速率大大增加，从合成氨的动力学方程式可以进一步理解压力对反应速率的影响：

$$r(NH_3)=k_1 p(N_2)\frac{p^{1.5}(H_2)}{p(NH_3)}-k_2\frac{p(NH_3)}{p^{1.5}(H_2)} \tag{6-27}$$

增大体系的压力时，对速率方程中的反应速率常数 k_1、k_2 一般影响不大。但从各组分的分压来考虑，提高压力，各组分的分压相应增大。从速率方程不难看出，提高压力将使正反应速率增大，而逆反应速率减小，其结果是净反应速率增大。例如，在 500℃、氢氮比为 3、空间速度为 30000h^{-1} 条件下，当压力从 20MPa 增加到 60MPa 时，氨体积分数将由 14%增加到 28%，即提高了 1 倍。

④ 氢氮混合气体的组成　气体组成的选择也是影响反应速率的一个重要因素。从化学平衡的角度来看，氢氮比应为 3；但从动力学的角度来看，氨合成反应的机理为氮的活性吸附所控制。所以，在氨的体积分数远离平衡时，与氮的浓度有关，即在氨的浓度较低时，可以适当地提高氢氮混合气中氮的浓度（分压）。当氨体积分数接近平衡值时，最适宜的氢氮混合比趋近于 3，但生产实践中控制进合成塔的氢氮比略低于 3。

6.1.2.3　氨的合成工艺与设备

氨合成的主要任务是将脱硫、变换、净化后送来的合格的氢氮混合气，在高温、高压及有催化剂存在的条件下直接合成氨。

（1）最佳工艺条件的选择

在前面我们已经讨论了氨合成反应的热力学和动力学条件。在此基础上，将综合选择合成氨的最佳工艺条件，主要包括压力、温度、空速、气体组成等。

① 压力　工业上合成氨的各种工艺流程，一般都以压力的高低来分类。高压法压力为70～100MPa，温度为550～650℃；中压法压力范围可达40～60MPa，一般采用30MPa左右，温度为450～550℃；低压法压力为10～15MPa，温度为400～450℃。我国中型合成氨厂一般采用中压法进行氨的合成，压力一般采用32MPa左右。但从当前节省能源的观点出发，有向降低压力方向发展的趋势，如从国外引进的30万吨大合成氨厂压力为15MPa。

从化学平衡和化学反应速率两方面考虑，提高操作压力可以提高生产能力。而且压力高时，氨的分离流程可以简化。如高压下分离氨只需水冷却就足够，设备较为紧凑，占地面积也较小。但是压力高对设备材质、加工制造要求均高。同时，高压下反应温度一般较高，催化剂使用寿命缩短。

生产上选择压力的主要依据是能源消耗、原料费用、设备技术、技术投资在内的综合费用，也就是说主要取决于技术经济效果。

② 温度　实际生产中，希望合成塔催化剂层中的温度分布尽可能接近最适宜温度曲线。由于催化剂只有在一定的温度条件下才具有较高的活性，还要使最适宜温度在催化剂的活性温度范围内。如果温度过高，会使催化剂过早地失去活性；而温度过低，达不到活性温度，催化剂起不到加速反应的作用。不同的催化剂有不同的活性温度。同一种催化剂在不同的使用时期，其活性温度也有所不同。对A6型催化剂而言，催化剂在使用初期活性较高，反应温度可以控制低一点（480℃），使用中期活性下降，温度控制在最适宜温度（500℃）；使用后期，因活性较差，温度可以控制高一点（520℃）。

在生产中，控制最适宜温度是指控制“热点”温度，“热点”温度就是在反应过程中催化剂层中温度最高的那一“点”。下面以双套管并流式催化剂筐为例分析，如图6-4所示。

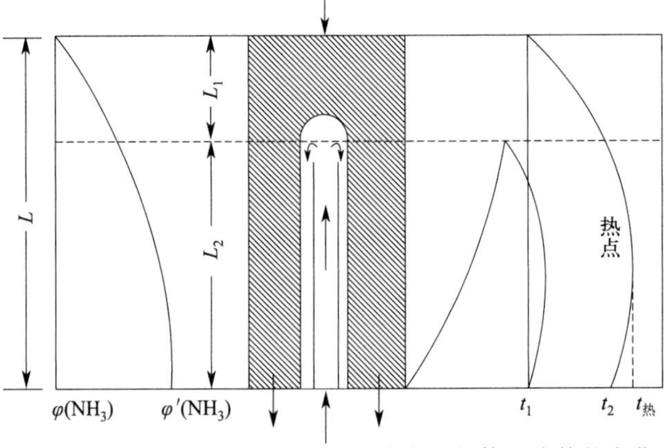

图6-4　催化剂层不同高度的温度分布和氨体积分数的变化

L_1—绝热层高度；L_2—冷却层高度；L—催化剂高度；$\varphi(NH_3)$—进口氨体积分数；$\varphi'(NH_3)$—出口氨体积分数；t_1—催化剂层进口温度；t_2—出口温度；$t_热$—热点温度

设气体进入催化剂层时的温度和氨体积分数分别为 t_1 和 φ（NH_3）。要求 t_1 高于或等于催化剂使用温度的下限。反应初期，因远离平衡态，氨合成反应速率较快，放热多，为使温度迅速升至最适宜温度，这一段不设冷却管冷却（即图中 L_1 那一段），故称绝热层。在 L_1 一段，氨的浓度也迅速增加。

随着温度升高到一定程度，温度上升的速度逐渐缓慢，而且反应后的气体与双套管内的冷气相遇，反应热开始逐步移走。当温度达到最高点后，由于移走的热量超过反应所放出的热量，温度就随催化剂床层深度的增加而降低。在催化剂层中温度最高的那一点即为“热点”。

从较理想的情况来看，希望从 t_1 至 $t_{热}$ 这一段进行得快一些，从 $t_{热}$ 至 t_2（气体出催化剂层的温度）则尽可能沿着最适宜温度线进行。

③ 空间速度　空间速度的大小意味着处理量的大小，在一定的温度、压力下，增大气体空速，就加快了气体通过催化剂的速度，气体与催化剂接触时间缩短，在确定的条件下，出塔气体中氨体积分数要降低。每个空间速度有一个最适宜温度和氨体积分数，如表 6-7 所示。

表 6-7　空间速度和 NH_3 体积分数与温度的关系

空速/h^{-1}	氨体积分数/%				
	425℃	450℃	475℃	500℃	525℃
15000	14.5	19.6	21.6	23.0	19.3
30000	11.7	14.6	17.7	18.2	16.7
45000	9.4	12.7	15.2	16.5	15.7
60000	8.0	11.2	13.3	14.6	14.6

压力为 30MPa 的中压法合成氨，空间速度选择 20000～30000h^{-1}，氨净值（出塔与进塔氨体积分数之差）为 10%～15%。因合成氨是循环流程，空速可以提高。空速大，处理的气量大。虽然氨净值有所降低，但能增加产量。但空速过大，氨分离不完全，增大设备负荷和动力消耗。

关于氢氮比和惰性气体体积分数对氨体积分数的影响在前面已讨论过。

实际生产控制进塔氢氮比略低于 3，循环气中惰性气体体积分数应根据操作压力、催化剂活性等条件而定。若以增产为主，惰性气体可控制低一点，为 10%～14%。若以降低原料成本为主时，可控制略高一点，为 16%～20%。

（2）氨的分离及合成流程

① 氨分离的方法

a. 冷凝法　冷凝法是冷却含氨混合气，使其中大部分氨冷凝与不凝气分开。加压下，气相中饱和氨含量随温度降低、压力增高而减少。若不计惰性组分对氨热力学性质的影响，不同温度、压力下气体中的饱和氨含量可由下式计算：

$$\lg y_a = 4.1856 + \frac{1.9060}{(p/\mathrm{MPa})^{\frac{1}{2}}} - \frac{1099.5}{(T/\mathrm{K})} \tag{6-28}$$

式中，y_a 为气相中平衡氨含量，%；p 为混合气体压力，MPa；T 为温度，K。

若考虑到其他气体组分对气相氨平衡含量的影响，其值可在有关手册中查取。

如操作压力在 45MPa 以上，用水冷却即能使氨冷凝。操作压力在 20～30MPa 时，水冷仅能分出部分氨，气相中尚含氨 7%～9%，需进一步以液氨为冷冻剂冷却到 0℃以下，才能使气相中氨体积分数降至 2%～4%。

含氨混合气的冷却是在水冷器和氨冷器中实现的。冷冻用的液氨由冷冻循环供给，或为液氨产品的一部分。液氨在氨分离器中与气体分开，减压送入储槽。储槽压力一般为1.6～1.8MPa。

液氨冷凝过程中，部分氢氮混合气及惰性气体溶解在其中，溶解气大部分在液氨储槽中减压释放出来，称为“储槽气”或“弛放气”。

气体在液氨中的溶解度，可按亨利定律近似计算。

b. 水吸收法　氨在水中有很大的溶解度，与溶液成平衡的气相氨分压很小，因而用水吸收法分离氨效果良好。但气相亦为水蒸气饱和，为防止催化剂中毒，循环气需严格脱除水分后进入合成塔。

水吸收法得到的产品是浓氨水。从浓氨水制取液氨须经过氨水蒸馏和气氨冷凝，消耗一定的能量，工业上采用此法者较少。近年来，利用有机溶剂吸收氨的研究有所进展，它的优点是制取液氨时能耗少。

② 合成氨流程　工业上氨的合成有多种流程，但总的包括以下基本步骤：

a. 净制的氢氮混合气由压缩机压缩到合成的压强。

b. 原料气经过最终净制。

c. 净化的原料气升温并合成。

d. 出口气体经冷冻系统分离出液氨，剩下的氢氮混合气用循环压缩机升压后重新导往合成系统。

e. 弛放部分循环气以维持气体中惰性气含量在规定值以下。

图6-5所示为凯洛格氨合成工艺流程图。新鲜气在离心压缩机15的第一缸中压缩，经新鲜气甲烷化气换热器（1）、水冷器（2）及氨冷器3逐步冷却到8℃。在冷凝液分离器4中分离除去水分后，新鲜气进入压缩机第二缸继续压缩并与循环气在缸内混合，压力升到15.5MPa，温度为69℃，经过水冷器5，气体温度降至38℃。然后气体分为两路，一路约50%的气体经过两级串联的氨冷器6和7，气体冷却至10℃。另一路气体与高压氨分离器12来的－23℃的气体在冷热换热器（9）内换热，降温至－9℃，而来自高压氨分离器的冷气体则升温到24℃。两路气体汇合后温度为－4℃。再经过氨冷器（8）将气体进一步冷却到－23℃，然后送往高压氨分离器（12）。分离液氨后含氨2%的循环气经冷热换热器（9）和热热换热器（10）预热到141℃进入轴向冷激式氨合成塔（13）。高压氨分离器12中的液氨经减压后进入低压氨分离器11，液氨送去冷冻系统，从低压氨分离器内闪蒸出的弛放气与回收氨后的放空气一起送往普里森氢回收系统。

该流程具有以下特点：采用离心式压缩机并回收合成氨的反应热预热锅炉给水；采用三级氨冷、三级闪蒸将3种不同压力的氨蒸气分别返回离心式氨压缩机相应级别的压缩系统中，这比全部氨气一次压缩至高压、冷凝后一次蒸发到同样压力的冷冻系数大，功耗少；放空管线位于压缩机循环段之前，此处惰性气体含量最高，但氨含量也最高，由于放空气经放空气氨冷器17、放空气分离器18可回收氨，故对氨损失影响不大；氨冷凝在压缩机循环段之后，能够进一步清除气体中夹带的密封油、二氧化碳等杂质，缺点是循环功耗较大。

图6-6是另一种合成氨的典型流程，称为托普索流程。与凯洛格流程相比较，它在压缩机循环段前冷凝分离氨，循环功耗较低，但操作压力较高，仅采用二级氨冷。采用径向合成塔，系统压力减小，由于压力较高，对离心压缩机的要求提高。

新鲜气经过三缸式离心机加压，每缸后均设有水冷器及分离器，以冷却加压后的气体并分出冷凝水，然后新鲜气与经过第一氨冷器的循环气混合通过第二氨冷器7，温度降低到

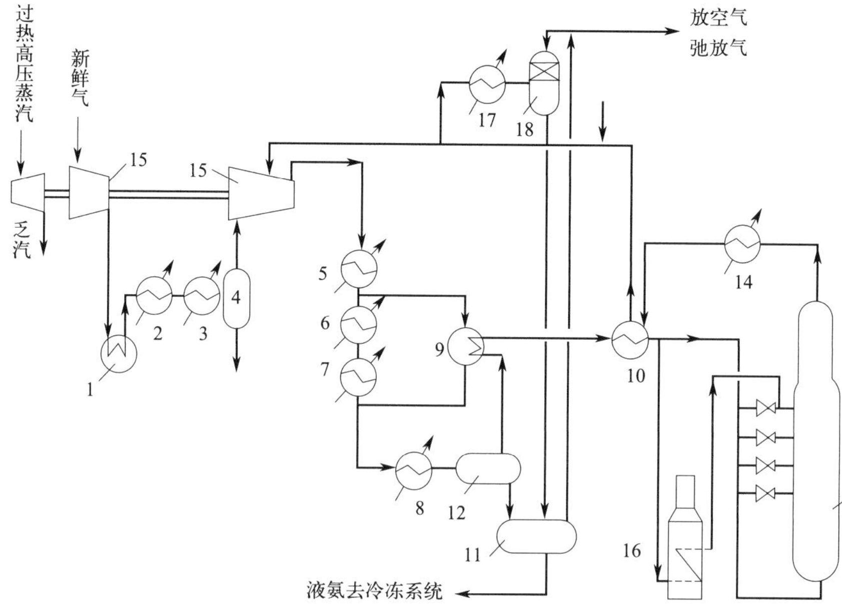

图 6-5 凯洛格氨合成工艺流程图

1—新鲜气甲烷化气换热器；2，5—水冷器；3，6，7，8—氨冷器；4—冷凝液分离器；9—冷热换热器；10—热热换热器；11—低压氨分离器；12—高压氨分离器；13—氨合成塔；14—锅炉给水预热器；15—离心压缩机；16—开工加热炉；17—放空气氨冷器；18—放空气分离器

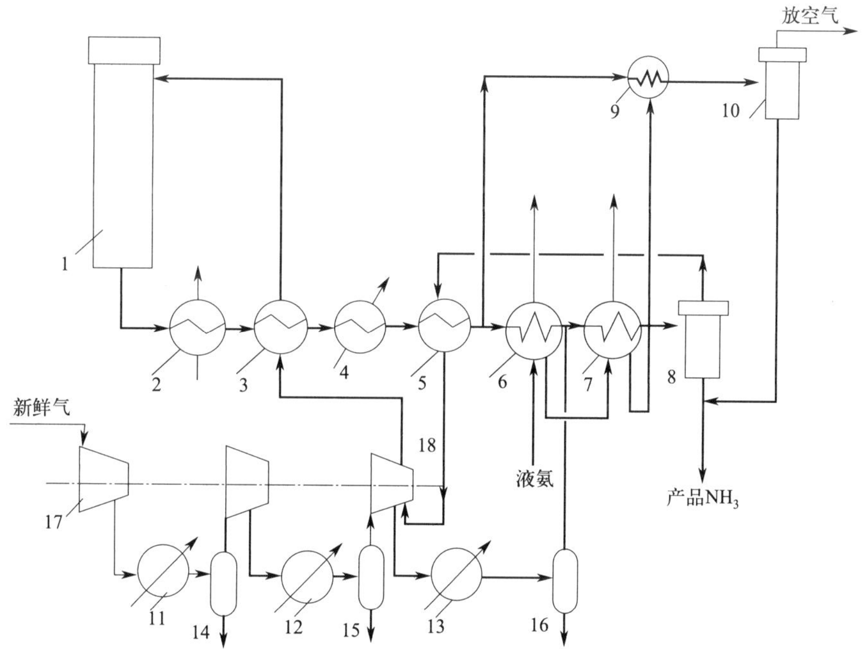

图 6-6 托普索氨合成工艺流程图

1—氨合成塔；2—锅炉给水预热器；3—热热换热器；4，11，12，13—水冷器；5—冷热换热器；6—第一氨冷器；7—第二氨冷器；8，10—氨分离器；9—放空气氨冷器；14，15，16—分离器；17—离心式压缩机；18—压缩机循环段

0℃左右进入氨分离器 8 分离出液氨，从氨分离器出来的气体中氨的体积分数约为 3.6%，通过冷热换热器 5 升温至 30℃，进入离心压缩机第三缸所带循环段补充压力，而后经预热进入径向冷激式合成塔 1。出塔气体通过锅炉给水预热器 2 及各种换热器和冷却器（3、4、5、6 等）温度降至 10℃左右与新鲜气混合，从而完成循环。

③ 氨合成塔

a. 结构特点及基本要求　合成塔是氨合成过程的关键设备。随着技术的发展，合成塔的结构尺寸逐步大型化（表 6-8）。并且对合成塔的性能，特别是运转的可靠性，提出了更严格的要求。总的来说，合成塔应满足以下要求：

ⅰ. 在正常操作条件下，反应维持自热；塔的结构要有利于升温、还原，保证催化剂有较大的生产强度。

ⅱ. 催化剂床层温度分布合理，充分利用催化剂的活性。

ⅲ. 气流在催化剂床层内分布均匀，塔的压降小。

ⅳ. 换热器传热强度大，体积小，高压容器空间利用率（催化剂体积/合成塔总容积）高。

ⅴ. 生产稳定，调节灵活，具有较大的操作弹性。

ⅵ. 结构简单可靠，各部件的连接与保温合理，内件在塔内有自由伸缩的余地以减少热应力。

表 6-8　合成塔结构尺寸的发展

年份	产量/(t/d)	设计压强/MPa	内径/mm	壁厚/mm	塔高/m	空塔重/t
1913	4.9	20	300			3.5
1915	85	30	800			50～60
1960	120	30	900	120	17	70
1965	500	30	1700	190	17	190
1968	910	15	3200	150	20	270
1972	1360	33	3400	300	32.5	353

在实施上述要求时，有时是矛盾的。合成塔设计就在于分清主次，妥善解决这些矛盾。

为了结构合理，便于加工和检修方便等因素，合成塔分为筒体（外筒）和内件两部分。内件置入外筒之内，包括催化剂筐（触媒筐）、热交换器和电加热器三部分。大型氨合成塔的内件一般不设电加热器，而由塔外加热炉供热。进入合成塔的气体先经过内件与外筒之间的环隙，内件外面设有保温层，以减少向外筒的散热。因而外筒承受高压（操作压力与大气压力之差），但不承受高温，可用普通低合金钢或优质低碳钢制成，在正常情况下，寿命可达四五十年。内件虽在 500℃左右的高温下操作，但只承受环隙气流与内件气流的压差，一般仅 1.0～2.0MPa，从而可降低对材质的要求，一般内件可用合金钢制作。某些外筒内径在 500mm 左右的合成塔，采用含碳量在 0.015%以下的微碳纯铁内件材料，也可满足生产上的要求。内件寿命比外件短，一般为 6～10 年。

合成塔大致分为连续换热式、多段间接换热式和多段冷激式 3 种塔型。目前常用的主要有冷管式和冷激式。前者属于连续换热式，后者属于多段冷激式。近年来，将传统的塔内气流轴向流动改为径向流动，以减小压力降、降低循环功耗的做法，已受到普遍重视。

b. 冷管式合成塔　这一类型合成塔是在催化剂床层中设置换热管（冷管），管外是催化剂层，管内流过的是合成原料气。原料气吸收催化剂层中的反应热，使催化剂层维持在要求的温度，原料气体则被预热。冷管有单管、套管、U 形管、并流和逆流等形式。我国常用的是并流三套管和并流单管式。

并流双套管合成塔的结构如图 6-7 所示。塔内部分分成两个区域，上半区是催化剂筐，下半部是热交换器。原料气分两路进入塔内，主路从合成塔的上侧进入，沿合成塔外筒 1 内壁与催化剂筐 2 之间的环隙顺流而下，保持合成塔筒体不致过热，筒体内壁上温度一般在 40℃左右。之后气体进入下部换热器 3 的管间，与走管内的气体换热，换热后的净制气温度约为 350℃，经分气盒 6 下室流入催化剂筐内的冷却套管 4 的内管上升到顶部，再由内套管与外套管之间的空隙折流而下，进入分气盒 6 上室。在此过程中，混合气体与催化剂层气体并流换热（并流双套管由此得名），一方面降低催化剂层的温度，另一方面使本身进一步预热到 400℃左右。气体经分气盒 6 上室汇合后进入中心管 8，中心管内设电加热器 7 以备催化剂升温还原时补加热量。氢氮混合气在催化剂层中，在高温高压下进行合成，反应后的气体进入下部换热器 3 的管内，将热量传给管外的进塔气体，然后从塔底导出。

有少部分原料气作为副线，从合成塔下部进入，通过热交换器中央的冷气管直接与换热原料气汇合。必要时调节副线冷气量，可调节合成的温度。

并流三套管是由并流双套管演变而来，除催化剂筐的换热套管略有不同外，其他结构基本相同。三套管换热器的每支换热管由 3 根套管组成（图 6-8），内冷管与内衬管的末端焊住，

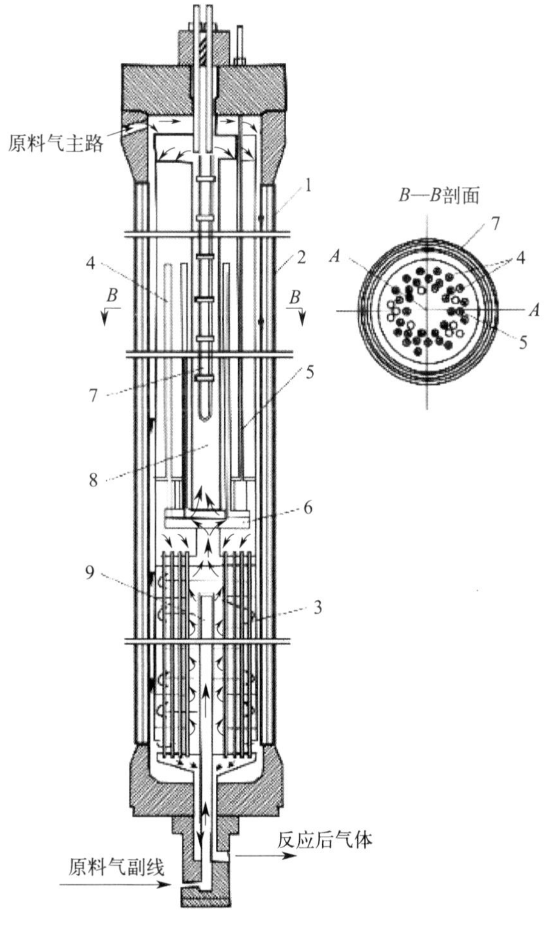

图 6-7　并流双套管合成塔结构

1—外筒；2—催化剂筐；3—换热器；4—冷却套管；5—热电偶管；6—分气盒；7—电加热器；8—中心管；9—冷气管

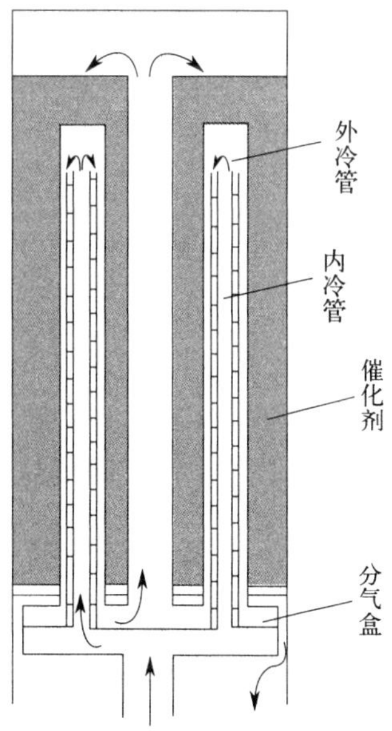

图 6-8　并流三套管示意图

使内冷管与内衬管间形成一层不流动的滞气层。气体通过内管时并不显著换热，直到气体从内冷管与外冷管的缝隙下流时才通过外冷管壁与催化剂层换热，其流向与气体通过催化剂层的方向相同。之后，气体由中心管上升并分散，与催化剂床层接触。催化剂层上端是一绝热反应层（此处无冷却套管），反应物升温很快，而后才与套管内的冷气换热。这时反应距平衡远，反应速率快，释放能量多；而换热器套管中的冷气温度较低，传热温差大，换热量多，使催化剂层温度不致过高。在催化剂床层下端，已有相当数量的氨生成，反应速率变慢，释出热量少，而冷气温度又已升高，传热温差减小，使传热与反应释放热量相适应。出催化剂床层的合成气再进入塔下部的热交换器，换热后送去冷却分氨。

并流三套管合成塔的催化剂床层的温度和氨体积分数的变化如图 6-9 所示，其温度变化比双套管更趋近最适宜温度，虽然因套管体积稍大而使催化剂装填量减少，但氨产量还是提高了 5%～10%。另外，并流三套管还具有操作稳定、适应性强、结构可靠等优点；其缺点是结构复杂，冷管与分气盒占据较多的空间，催化剂还原时床层下部受冷管传热的影响升温困难，还原不易彻底。

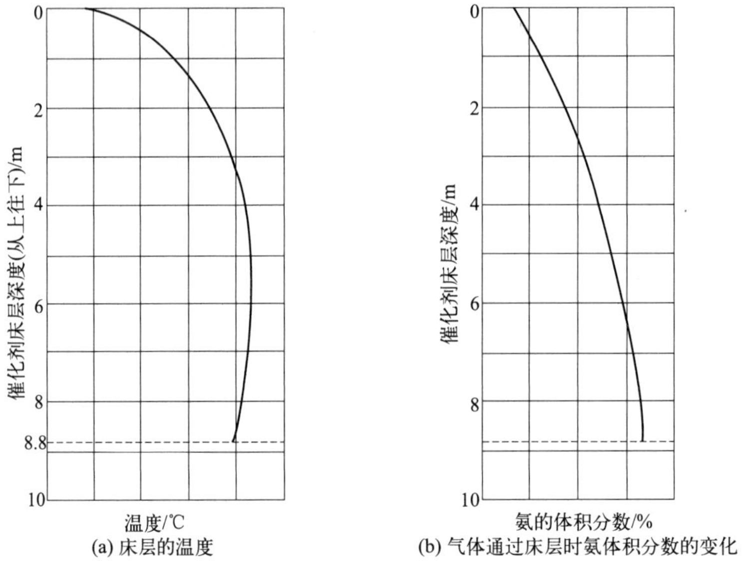

图 6-9　三套管合成塔催化剂床层的温度变化和产物分布

（压力 30MPa，空速 $25700h^{-1}$，冷管 32 根）

c. 冷激式合成塔　日产千吨以上的大型合成塔均采用冷激式设计。日产千吨的凯洛格四层轴向冷激式合成塔如图 6-10 所示。该塔外筒形状为上小下大的瓶式，在缩口部位密封，以便解决大塔径造成的密封困难。内件包括四层催化剂、层间气体混合装置（冷激管和挡板）以及列管式换热器。

气体由塔底封头接管进入塔内，向上流经内外筒之间的环隙以冷却外筒。气体穿过催化剂筐缩口部分向上流过换热器 11 与上筒体 12 的环形空间，折流向下穿过换热器 11 的管间，被加热到 400℃左右入第一层催化剂，经反应后温度升至 500℃左右，在第一、二层间反应气与来自冷激气接管 5 的冷激气混合降温，而后进第二层催化剂。依次类推，最后气体由第四层催化剂层底部流出，而后折流向上穿过中心管 9 与换热器 11 的管内，换热后经波纹连接管 13 流出塔外。

在冷激式合成塔内，催化剂是多床层填放的，第一层因反应速率快而填放量较少，最末层最多。第一层催化剂保持在较高温度以争取反应速率，后几层在较低温度有利于氨达到较高体积分数。催化剂床层的温度和氨体积分数分布如图 6-11 所示。控制冷激气量可调节合成在最适宜温度附近进行。

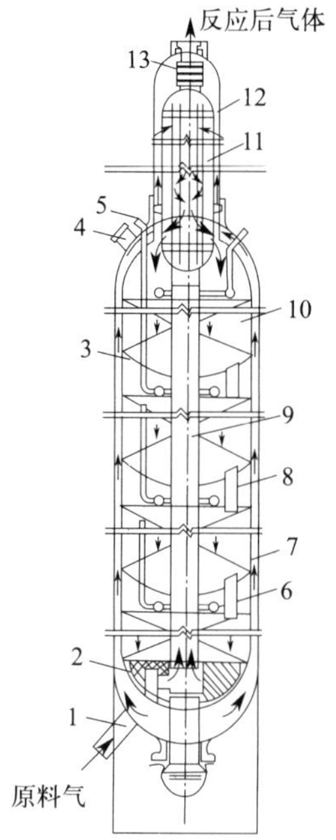

图 6-10　轴向冷激式合成塔

1—塔底封头接管；2—氧化铝球；3—筛板；4—人孔；5—冷激气接管；6—冷激管；7—下筒体；8—卸料管；9—中心管；10—催化剂筐；11—换热器；12—上筒体；13—波纹连接管

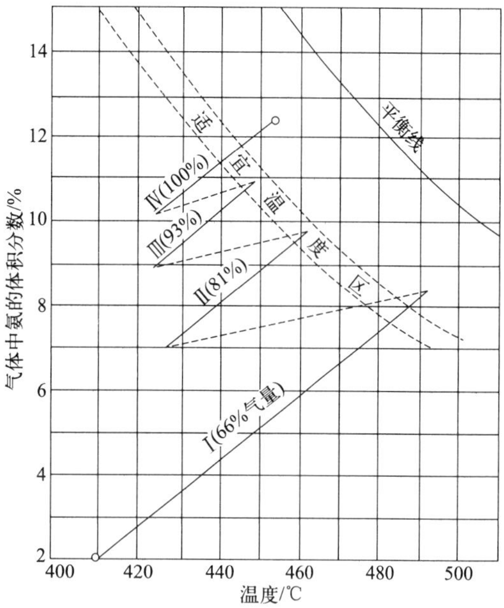

图 6-11　冷激式合成塔催化剂床层的温度分布

（凯洛格型，4 层，14MPa，入口惰性气体为 13.6%，旧催化剂）

虽然床层越多，各床层的温度调节可以越灵敏，过程可以在越接近最适宜温度下进行，但床层到一定程度后有利因素并不多，例如 13 层比 4 层增产的氨量不到 1%，但结构变得极为复杂。工业冷激塔的催化剂层数，在操作压力为 15～17.5MPa 时，常设计为 4 层；17.5～22MPa 时，为 3 层；20MPa 以上，为 2～3 层。

与冷管式合成塔相比，冷激式合成塔的主要优缺点如表 6-9 所示。

表 6-9　冷激式合成塔的主要优缺点

优点	缺点
①结构简单，没有复杂的内冷装置，安装检修方便，也不需高大厂房和吊车； ②催化剂均匀填放（有冷管时造成不均匀），温度和气体分布均匀，并可选用多种活性温度范围的催化剂； ③用冷激气量控制温度，调节灵活，操作平稳，可接近最适宜温度生产； ④床层通气截面大，气流阻力小	①冷激气在汇合前未参与反应，起稀释作用，同样产量时，比冷管塔用催化剂多，生产强度较低； ②换热器要求较大换热面积； ③冷激气要求纯度高

上述各种塔中的气流方向是轴向的（自下而上或自上而下）。塔中的催化剂层有相当高度，如小型的 $\phi 25$mm 内径的塔中，催化剂筐的内径和填充高度分别为 $\phi 375$mm 和 2180mm，高径比约为 10，气流阻力很大。强化氨合成塔生产能力主要从两方面考虑：增大

空间速度和提高净氨值。增大空间速度的同时，还要求床层气流阻力不过大；提高净氨值，则应使床层温度分布均匀并接近最适宜值，并且希望采用小粒度催化剂，而小粒度催化剂又会增大气流阻力。因此，轴向合成塔产量的提高受到一定限制。

径向合成塔如图 6-12 所示。原料气经换热后径向地由内向外（或从外向内）从中心管经催化剂床层向筒体与催化剂筐的缝隙处流动。径向合成塔主要有以下特点：

ⅰ. 气体通过催化剂床层的路径很短，通气截面积大，气流速度慢，气流阻力只有轴向的 10%～30%，从而可以提高空速，增大塔的生产能力。

ⅱ. 可采用小粒度（如 1.6～2.6mm）催化剂，减少内扩散的影响，提高内表面利用率，从而提高净氨值。

ⅲ. 有利于催化剂的均匀还原，得到活性良好的催化剂（当催化剂在塔中时）。

ⅳ. 降低了压力降，可适应离心压缩机使用的要求，降低动力消耗。

在径向合成塔内，气体通过催化剂层时的流速是变化的，催化剂并不能被充分利用。由于气体流动的通道短，要求气流分布设计得均匀，因此，径向合成塔不适用于小型塔。

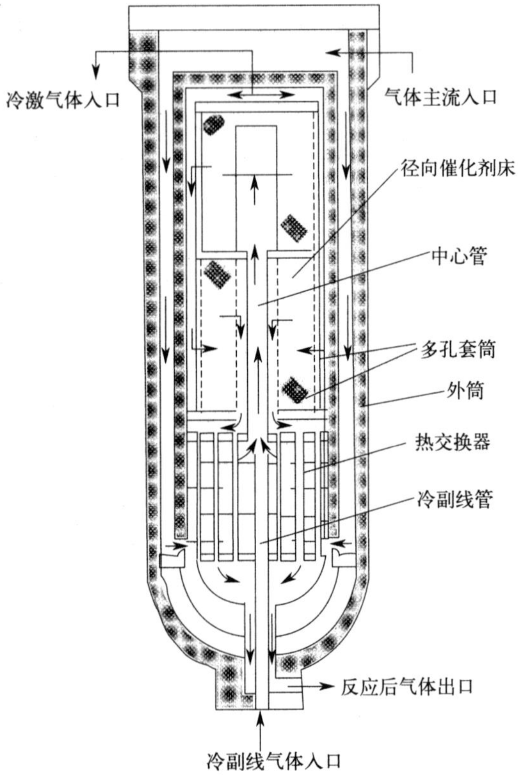

图 6-12　径向合成塔简图

随着生产规模的扩大，合成氨厂自 20 世纪 60 年代中期以来，开始采用卧式氨合成塔，它不再需要高大厂房框架和大型起重安装设备，对基础没有特殊要求，并且像径向合成塔那样，有阻力降小的优点。卧式塔适用于大型厂，尤其是日产 1500t 以上的氨合成厂。

d. 氨合成过程的热能回收　氨合成反应的热效应为－46.22kJ/mol，如产品为液氨，还有氨的冷凝热，则生成液氨的热效应为－66.06kJ/mol。实际上，上述能量并不能全部利用。为了回收热能，通常采用以下两种方法：一是用来加热锅炉给水；二是直接利用余热副产蒸汽。目前大型氨厂多采用前者，而一些中型氨厂多采用后者。如用于副产蒸汽，按废热锅炉安装的位置，又可分为两类：塔内副产蒸汽合成塔（内置式）和塔外副产蒸汽合成塔（外置式）。

内置式副产蒸汽合成塔，是在塔内几层催化剂层间设冷却盘管，高压循环水作载热体在锅炉与盘管间自然环流，高压循环水的压力与塔出口气体压力相等。此类塔型直接从催化剂床层取出热量，能产生较高压力的蒸汽，热能利用好，催化剂床层调温方便、稳定。但塔的结构复杂，冷却盘管易损坏、易漏水而使催化剂失效，所以目前已很少采用。

外置式副产蒸汽合成塔，根据反应气抽出位置的不同分为以下 3 种。图 6-13(a) 是前置式副产蒸汽合成塔，抽气位置在换热器之前，反应气出催化剂床层即入废热锅炉换热，然后回换热器，如图 6-13(a) 所示，此法可产生 25～40MPa 的蒸汽。图 6-13(b) 是中置式副产蒸汽合成塔，抽气位置在Ⅰ、Ⅱ换热器之间，由于气体温度较前置式低，可产生 1.3～

1.5MPa 的蒸汽。图 6-13(c) 是后置式副产蒸汽合成塔，抽气位置在换热器之后，可产生 0.4MPa 左右的低压蒸汽。

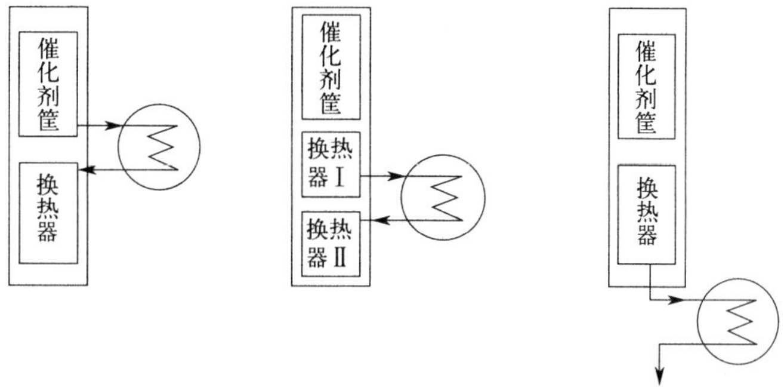

(a) 前置式副产蒸汽合成塔　(b) 中置式副产蒸汽合成塔　(c) 后置式副产蒸汽合成塔

图 6-13　外置式副产蒸汽合成塔示意图

外置式与内置式比较，具有结构简单、附属设备少、制造检修方便等优点。但外置式塔直接从塔内移出一部分热量，为了维持自热，塔内换热器传热面积大（后置式除外），空速不能提高，因而催化剂生产强度较低，此外对材质的耐高温、耐腐蚀性能的要求也较高。大型合成氨厂一般采用预热锅炉给水的方法回收热能。此法与后置式废热锅炉相似，优点是锅炉给水预热后再由天然气蒸汽转化系统的高温废热产生 10MPa 的蒸汽，高压蒸汽使用价值高，这比合成系统自设废热锅炉生产低压蒸汽合理，并且设备简单，对材质要求较低，操作管理也容易。

6.1.3　乙苯脱氢制苯乙烯

6.1.3.1　苯乙烯生产方法概述

苯乙烯是无色至黄色的油状液体，具有高折射性和特殊芳香气味。易燃，难溶于水，溶于乙醇和乙醚等有机溶剂。沸点 146℃，密度 0.9039～0.9058g/cm^3，折射率 1.5438。暴露于空气中会逐渐发生氧化，使颜色加深。在常温条件下，会发生自聚，不能长期存放。

目前，世界上苯乙烯的生产方法主要有乙苯脱氢法、环氧丙烷-苯乙烯联产法、热解汽油抽提蒸馏回收法以及丁二烯合成法等。

（1）乙苯脱氢法

乙苯脱氢法是目前国内外生产苯乙烯的主要方法，其生产能力约占世界苯乙烯总生产能力的 90%。它又包括乙苯催化脱氢和乙苯氧化脱氢两种生产工艺。

① 乙苯催化脱氢工艺　乙苯催化脱氢是工业上生产苯乙烯的传统工艺，由美国 Dow 化学公司首次开发成功。目前典型的生产工艺主要有 Fina/Badger 工艺、ABB 鲁姆斯/UOP 工艺以及 BASF 工艺等。乙苯催化脱氢法的技术关键是寻找高活性和高选择性的催化剂。一开始采用的是锌系、镁系催化剂，以后逐渐被综合性能更好的铁系催化剂所替代。目前国外苯乙烯催化剂主要有德国南方化学集团公司开发的 Styromax-1、Styromax-2、Styromax-4、Styromax-5 型催化剂，美国标准催化剂公司推出的 C-025HA、C-035、C-045 型催化剂，

德国 BASF 公司开发的 S6-20、S6-20S、S6-28、S6-30 型催化剂，Dow 化学公司开发的 D-0239E 型绝热型催化剂等。我国主要有兰州石油化工公司研究院的 315、335、345、355 系列催化剂，厦门大学、中国科学院大连化学物理研究所的 XH、DC 系列催化剂，以及中国石化集团公司上海石油化工研究院的 GS 系列催化剂等。

② 乙苯氧化脱氢法　乙苯氧化脱氢技术是用较低温度下的放热反应代替高温下的乙苯脱氢吸热反应，从而大大降低了能耗，提高了效率。氧化脱氢反应为强放热反应，在热力学上有利于苯乙烯的生成。典型的生产工艺为苯乙烯单体先进反应器技术（简称 Smart 工艺）。该工艺于 20 世纪 90 年代初期开发成功，是 UOP 公司开发的乙苯脱氢选择性氧化技术（Styro-Plus 工艺）与 Lummus、Monsanto 以及 UOP 三家公司开发的 Lummus/UOP 乙苯绝热脱氢技术的集成。该工艺是在原乙苯脱氢工艺的基础上，向脱氢产物中加入适量氧或空气，使氢气在选择性氧化催化剂作用下氧化为水，从而降低了反应物中的氢分压，打破了传统脱氢反应中的热平衡，使反应向生成物方向移动。Smart 工艺流程与 Lummus/UOP 苯乙烯工艺流程基本相同，但反应器结构有较大的差别，主要是在传统脱氢反应器中增加了氢氧化反应过程。该工艺采用三段式反应器。一段脱氢反应器中乙苯和水蒸气在脱氢催化剂层进行脱氢反应，在出口物流中加入定量的空气或氧气与水蒸气进入两段反应器，两段反应器中装有高选择性氧化催化剂和脱氢催化剂，氧和氢反应产生的热量使反应物流升温，氧全部消耗，烃无损失，两段反应器出口物流进入三段反应器，完成脱氢反应。在脱氢反应条件为 620～645℃、压力为 0.03～0.13MPa、m(蒸汽)/m(乙苯)为（1～2)∶1 时，乙苯转化率为 85%，苯乙烯选择性为 92%～96%。

(2) 环氧丙烷-苯乙烯联产法

环氧丙烷-苯乙烯（简称 PO/SM）联产法又称共氧化法，由 Halcon 公司开发成功，并于 1973 年在西班牙首次实现工业化生产。在 130～160℃、0.3～0.5MPa 下，乙苯先在液相反应器中用氧气氧化生成乙苯过氧化物，生成的乙苯过氧化物经提浓到 17%后进入环氧化工序，在反应温度为 110℃、压力为 4.05MPa 条件下，与丙烯发生环氧化反应生成环氧丙烷和甲基苄醇。环氧化反应液经过蒸馏得到环氧丙烷，甲基苄醇在 260℃、常压条件下脱水生成苯乙烯。反应产物中苯乙烯与环氧丙烷的质量之比为 2.5∶1。除乙苯脱氢法外，这是目前唯一大规模生产苯乙烯的工业方法，生产能力约占世界苯乙烯总生产能力的 10%。

PO/SM 联产法的特点是不需要高温反应，可以同时联产苯乙烯和环氧丙烷两种重要的有机化工产品。将乙苯脱氢的吸热和丙烯氧化的放热两个反应结合起来，节省了能量，解决了环氧丙烷生产中的“三废”处理问题。另外，由于联产装置的投资费用要比单独的环氧丙烷和苯乙烯装置降低 25%，操作费用降低 50%以上，因此采用该法建设大型生产装置时更具竞争优势。该法的不足之处在于受联产品市场状况影响较大，且反应复杂，副产物多，投资大，乙苯单耗和装置能耗等都要高于乙苯脱氢法工艺。但从联产环氧丙烷的共氧化角度而言，因可避免氯醇法给环境带来的污染，因此仍具有很好的发展潜力。

(3) 热解汽油抽提蒸馏回收法

从石脑油、瓦斯油蒸汽裂解得到的热解汽油中直接通过抽提蒸馏也可以制得苯乙烯。GTC 技术公司开发了采用选择性溶剂的抽提蒸馏塔 GT-苯乙烯工艺，从粗热解汽油（来自石脑油、瓦斯油和 NGL 蒸汽裂解）直接回收苯乙烯。提纯后苯乙烯产品纯度为 99.9%，含苯基乙炔小于 50×10^{-6}。采用抽提技术将苯乙烯回收，既可减少后续加氢过程中的氢气消耗，又避免了催化剂因苯乙烯聚合而引起的中毒，也增产了苯乙烯。据估算，一套以石脑油为裂解原料的 300kt/a 乙烯装置大约可回收 15kt/a 的苯乙烯。

（4）丁二烯合成法

Dow 化学公司和荷兰国家矿业公司（DSM）都在开发以丁二烯为原料合成苯乙烯技术。不久即将实现工业化生产。Dow 化学工艺以负载在 γ-沸石上的铜为催化剂，反应于 1.8MPa 和 100℃下，在装有催化剂的固定床上进行，丁二烯转化率为 90%，4-乙烯基环己烯（4-VCH）的选择性接近 100%。之后的氧化脱氢采用以氧化铝为载体的锡/锑催化剂，在气相中进行。在 1 个月的运转期内，催化剂活性下降了一半，此时在催化剂床层上通入氧气使其再生。该反应在 0.6MPa 和 400℃下进行，VCH 的转化率约为 90%，苯乙烯的选择性为 90%，副产物为乙苯、苯甲醛、苯甲酸和二氧化碳。DSM 工艺采用在四氢呋喃溶剂中负载于二亚硝基铁的锌为催化剂，锌的作用是使硝基化合物活化。液相反应在 80℃ 和 0.5MPa 下进行，丁二烯转化率大于 95%，4-乙烯基环己烯选择性为 100%。之后 4-乙烯基环己烯的脱氢采用负载氧化镁的钯催化剂，在 300℃ 和 0.1MPa 的气相中进行，4-乙烯基环己烯完全转化，乙苯选择性超过 96%，唯一的副产物是乙基环己烷。

（5）其他生产方法

除此之外，其他尚在开发中的苯乙烯合成工艺还包括甲苯-甲醇合成法、乙烯-苯直接耦合法、苯乙酮法、甲苯二聚法以及甲苯和合成气反应法等。

6.1.3.2 乙苯催化脱氢制苯乙烯的原理

乙苯脱氢的主反应为：

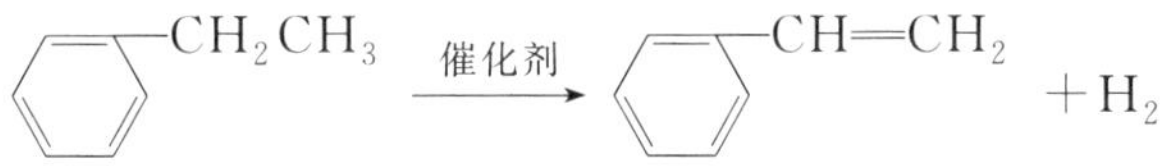
(6-29)

在乙苯脱氢生成苯乙烯的同时，还伴随发生如下一些副反应，即裂解反应和加氢裂解反应；

(6-30)

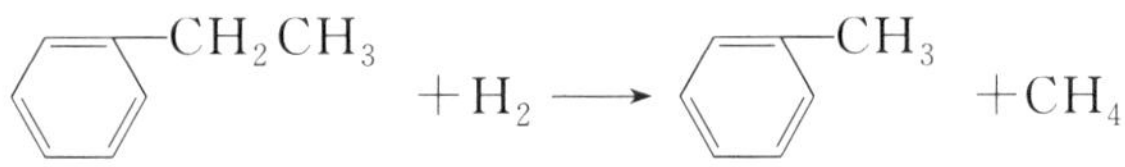
(6-31)

在水蒸气存在下，还可发生水蒸气的转化反应；乙苯高温下生碳反应；产物苯乙烯还可能发生聚合，生成聚苯乙烯和二苯乙烯衍生物等，反应如下：

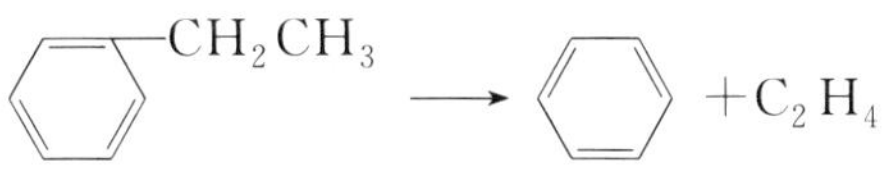
(6-32)

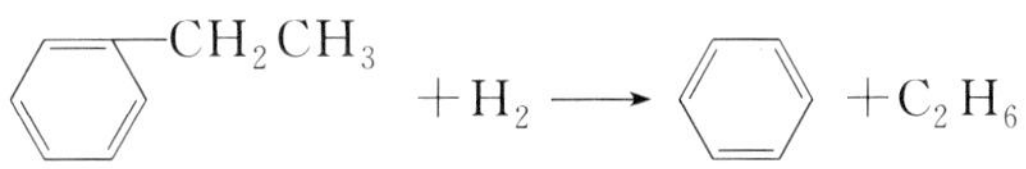
(6-33)

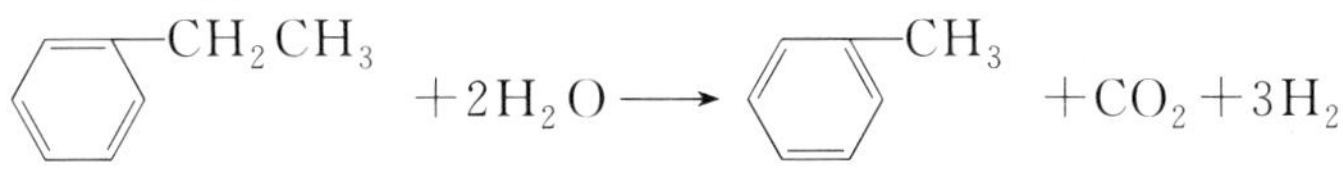
(6-34)

6.1.3.3 乙苯催化脱氢制苯乙烯的工艺条件

影响乙苯脱氢反应的因素主要有反应温度、反应压力、水蒸气用量、原料纯度和催化剂等。

（1）反应温度

乙苯脱氢是强吸热反应，1mol 乙苯脱去 1mol 氢需要吸收 117kJ/mol 的热量，而且低温时平衡常数很小。从平衡常数与温度的关系看：

$$\left(\frac{\mathrm{d}\ln K_p}{\mathrm{d}T}\right)_p=\frac{\Delta H^\ominus}{RT^2} \tag{6-35}$$

因为：

$$\Delta H^\ominus>0$$

所以平衡常数随温度的升高而增大，故升温对脱氢反应有利。但是，由于烃类物质在高温下不稳定，容易发生许多副反应，甚至分解成碳和氢，所以脱氢宜在较低温度下进行。但是，低温不仅反应速率很慢，而且平衡产率也很低。乙苯脱氢反应的平衡常数和最大产率如表 6-10 所示。

由表 6-10 可知，温度升高，最大产率增大，反应速率也加快。但是，温度太高，苯乙烯的产率虽然提高了，但苯乙烯进一步脱氢、裂解、结焦和聚合等副反应也会增加。

表 6-10　乙苯脱氢反应的平衡常数与最大产率（乙苯与水蒸气物质的量比为 1∶9）

温度/K	$\Delta G^\ominus$/(kJ/mol)	平衡常数 K_p(计算值)	最大产率/%
400	7.127	5.11×10^{-10}	
500	58.855	7.12×10^{-7}	
600	46.127	9.65×10^{-6}	
700	33.260	3.30×10^{-3}	7.63
800	20.327	4.71×10^{-2}	10.4
900	7.327	3.75×10^{-1}	89
1000	−5.787	2.0	95.7
1100	−18.871	7.87	98.8

要获取最大的产率，还要提高反应速率与减少副反应，就必须使用性能良好的催化剂。例如，采用以氧化铁为主的催化剂，其适宜的反应温度为 600～660℃。

（2）反应压力

乙苯脱氢反应是体积增大的反应，降低压力对反应有利，其平衡转化率随反应压力的降低而升高。反应温度、压力对乙苯脱氢平衡转化率的影响如表 6-11 所示。从表 6-11 可看出，当压力从 0.1MPa 减到 0.01MPa 时，达到相同的平衡转化率所需的温度约降低 100℃。

表 6-11　温度和压力对乙苯脱氢平衡转化率的影响

0.1MPa 下反应温度/℃	0.01MPa 下反应温度/℃	转化率/%
565	450	30
595	475	40
620	500	50
645	530	60
675	560	70

(3) 水蒸气用量

乙苯脱氢反应在高温减压下进行，可在较低反应温度获得较高的平衡转化率。但在工业生产中，在高温减压下操作是不安全的，因此，必须采取其他措施。通常降低物料分压的方法有两种：一是采用减压操作；二是采用惰性气体作稀释剂。工业上常采用的稀释剂是水蒸气。水蒸气作稀释剂具有许多优点：与产物易分离；热容量大；不仅提高了脱氢的平衡转化率，而且消除催化剂表面上的结焦。水蒸气添加量对乙苯转化率的影响如表 6-12 所示。

表 6-12　水蒸气用量与乙苯转化率的关系

反应温度/℃	转化率/%		
	n(水蒸气)∶n(乙苯)=0	n(水蒸气)∶n(乙苯)=16	n(水蒸气)∶n(乙苯)=18
580	0.35	0.76	0.77
600	0.41	0.82	0.83
620	0.48	0.86	0.87
640	0.55	0.90	0.90

由表 6-12 可知，乙苯转化率随水蒸气用量增大而提高。当水蒸气与乙苯的物质的量比增加到一定程度时，乙苯转化率提高不显著，而能量消耗增加幅度大。故在工业生产中，乙苯与水蒸气质量之比一般为 1∶(1.2～2.6)。

(4) 原料纯度

如果原料乙苯中二乙苯含量较多，二乙苯脱氢后就会生成二乙烯基苯，容易在分离与精制过程中生成聚合物，堵塞设备管道，影响生产。所以，为了保证生产正常进行，要求原料乙苯中二乙苯的质量分数<0.04%。另外，为了保证催化剂的活性和寿命，要求原料乙苯中乙炔的体积分数$\leqslant 10\times10^{-6}$、硫的体积分数（以 H_2S 计）$\leqslant 2\times10^{-6}$、氯的质量分数（以 HCl 计）$\leqslant 2\times10^{-6}$、水的体积分数$\leqslant 10\times10^{-6}$。

(5) 催化剂

乙苯脱氢制苯乙烯主要采用两种催化剂，即氧化锌系和氧化铁系。这两种催化剂均是多组分固体催化剂。目前，工业上广泛采用氧化铁系催化剂，即 Fe_2O_3-Cr_2O_3-K_2CO_3。这类催化剂是以氧化铁为主催化剂，添加钙或钾的化合物为助催化剂（如碳酸钾），用氧化铬作稳定剂，以增加催化剂的热稳定性。此催化剂的特点是活性良好，寿命较长，在水蒸气存在下可自行再生，所以连续操作周期长。但这类催化剂在还原气氛中脱氢，选择性下降很快，并有较多炭生成。这可能是由于存在以下平衡：

$$FeO \underset{H_2}{\overset{H_2O}{\rightleftharpoons}} Fe_3O_4 \underset{H_2}{\overset{H_2O}{\rightleftharpoons}} Fe_2O_3 \tag{6-36}$$

脱氢反应有氢生成，反应过程中使氧化铁还原为低价态，甚至被还原为金属铁。金属铁能催化乙苯完全分解。为了防止氧化铁被过度还原，要求脱氢反应必须在适当氧化气氛中进行。水蒸气是氧化性气体，在大量水蒸气存在下，可以阻止氧化铁被过度还原，而获得较高的选择性。

6.1.3.4　乙苯催化脱氢制苯乙烯的工艺流程

乙苯催化脱氢是吸热反应，反应在高温下进行，因此脱氢过程中必须在高温条件下向反应系统供给大量的热量。由于供热方式不同，采用的反应器形式不同，工艺流程的组织也不同。

乙苯脱氢生产苯乙烯可采用两种不同供热方式的反应器：一种是外加热列管式等温反应器；另一种是绝热式反应器。国内两种反应器都有应用，目前大型新建生产装置均采用绝热式反应器。采用这两种不同形式反应器的工艺流程，主要差别是水蒸气用量不同，热量的供给和回收利用不同。现将这两种流程分别介绍如下。

（1）外加热列管式反应器的工艺流程

以烟道气为载热体，反应器放在炉内，由高温烟道气将反应所需的热量传给反应系统，这种形式的反应器称为外加热列管式反应器。外加热列管式反应器的工艺流程由乙苯脱氢和脱氢液的分离及苯乙烯的精制两部分组成，工艺流程图如图 6-14 所示。

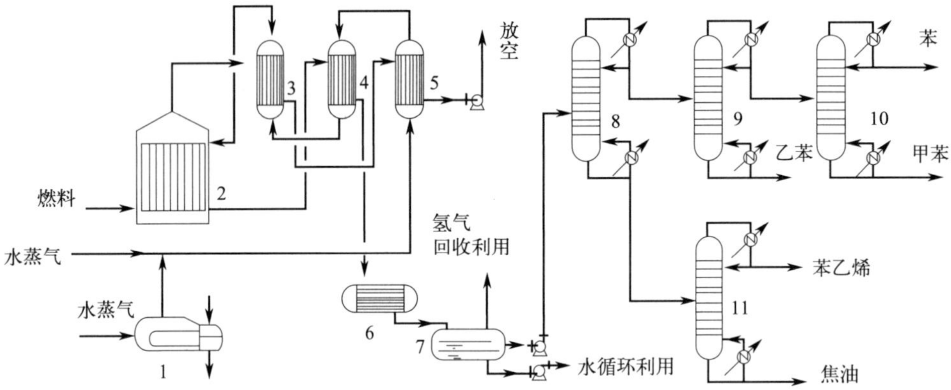

图 6-14　外加热列管式反应器的工艺流程图

1—蒸发器；2—反应器；3—过热器；4—热交换器；5—预热器；6—冷却器；7—分离器；8—乙苯蒸出塔；9—苯/甲苯回收塔；10—苯/甲苯分离塔；11—苯乙烯精馏塔

① 乙苯脱氢　原料乙苯与水蒸气混合后经预热器、热交换器和过热器加热至接近反应温度，然后进入反应器。预热器和过热器都是利用烟道气的余热进行加热。在反应器内于催化剂的作用下，在 580～600℃温度下进行脱氢反应，35%～40%的乙苯发生转化。气相反应产物进入热交换器，加热反应物料，再经冷凝、气液分离，未凝气 90%左右是氢，可回收利用。冷凝下来的脱氢液加阻聚剂后进行精制。

② 脱氢液的分离和苯乙烯的精制　由于乙苯脱氢反应同时伴随着裂解、氢解和聚合等副反应的进行，并且转化率只控制在 35%～40%，故脱氢液除含有产物苯乙烯外，尚有大量未反应的乙苯和副产物苯、甲苯及少量焦油。脱氢产物可用精馏方法分离，其中乙苯与苯乙烯分离是生产中的关键。由于两者的沸点接近，分离时要求的塔板数较多（工业上实际采用的塔板数为 75 块）。苯乙烯在较高温度下易自聚，它的聚合速率随着温度的升高而加快。为了减少聚合反应的发生，除加阻聚剂外，塔釜温度应控制在 90℃以下。另外，由于乙苯、苯乙烯沸点较高，而且苯乙烯易于聚合，所以流程中除了苯、甲苯分离塔在常压下操作外，其余各塔都需在减压下操作。

脱氢液先送入乙苯蒸出塔，将未反应的乙苯、副产物苯、甲苯与苯乙烯分离。该塔为填料塔，系减压操作，同时加入一定量的高效无硫阻聚剂，使苯乙烯自聚物的生成量减少到最低。经精馏后塔顶得到未反应的乙苯、苯和甲苯，经冷凝后，一部分回流，其余送入苯、甲苯回收塔，将乙苯与苯、甲苯分离，塔釜得乙苯，可循环作脱氢用。塔顶得到苯、甲苯送入苯、甲苯分离塔，将苯与甲苯分离。乙苯蒸出塔塔釜液主要含苯乙烯，送入苯乙烯精馏塔，塔顶蒸出聚合级成品苯乙烯，塔釜液为含少量苯乙烯的焦油，可进一步回收苯乙烯。

（2）绝热式反应器的脱氢流程

热量由过热水蒸气直接带入反应系统，反应器内物料不与外界环境发生热交换，这种供热方式的反应器称为绝热式反应器。绝热式反应器的工艺流程，水蒸气的用量要比外加热管式反应器高1倍左右。因此反应产物余热的合理利用和水蒸气冷凝水的循环使用，对节约能量和减少污水排放、保护环境都有重要的意义。图6-15所示流程，是采用多段绝热反应器、中间加过热蒸汽的脱氢流程。

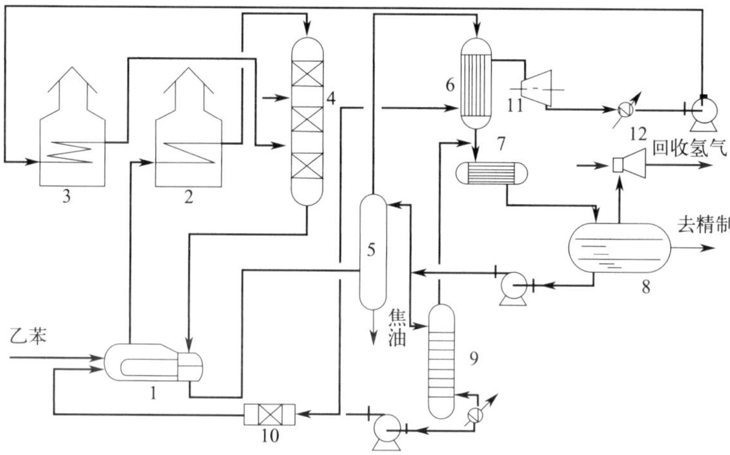

图6-15　绝热式反应器乙苯脱氢流程图

1—乙苯蒸发器；2—乙苯加热炉；3—水蒸气过热炉；4—反应器；5—洗涤塔；6—废热锅炉；7—冷凝器；8—油水分离器；9—汽提塔；10—过滤器；11—蒸汽透平；12—乏汽冷凝器

乙苯和回收水按一定比例混合后进入蒸发器，在蒸发器内与绝热式反应器出来的脱氢产物换热汽化，然后进入乙苯加热炉加热至所需温度后，自反应器的上部进入反应器，同时在反应器的中部和下部通入两路过热水蒸气。反应后的物料经乙苯蒸发器，利用其中一部分热量后进入洗涤塔，直接喷水急冷以除去焦油状物质，而后进入废热锅炉，利用其余热产生$5\times10^5\sim6\times10^5$ Pa压力的水蒸气，这部分水蒸气由蒸汽透平泵直接送至水蒸气过热炉作稀释蒸汽用。由废热锅炉出来的反应物料进入冷凝器冷凝，冷凝液进油水分离器分离为烃相和水相。将烃相（粗苯乙烯）送至精馏部分精制；水相一部分作为洗涤塔用水，其余进入水蒸气汽提塔除去残留的有机物，汽提塔塔釜的水经分子筛过滤器处理后返回蒸发器产生稀释蒸汽。

6.2　氧化反应

在化工生产中，原料的选择与利用是决定产品质量、生产成本、经济效益及环境影响的关键因素。合理的原料选择不仅能提升生产效率，还能减少资源消耗和环境污染。

6.2.1 概述

在基本有机化学工业生产中，催化氧化是一大类重要反应。20 世纪 50 年代以来，随着石油化学工业的发展和选择性氧化有效催化剂的开发成功，烃类催化氧化技术取得了很大的进展，给基础化学工业的发展带来了广阔的前景。新工艺、新技术相继开发，产品类型不断扩大。其氧化产品除了各类有机含氧化合物——醇、醛、酮、酸、酯、环氧化合物和过氧化物等外，还包括有机腈和二烯烃等。这些产品大多量大、用途广，它们有些是有机化工的重要原料和中间体，有些是三大合成材料的重要单体，有些是应用很广的溶剂，在国民经济中占有重要的地位。

6.2.1.1 氧化过程的共同特点

（1）氧化剂

要在烃类或其他有机化合物分子中引入氧，可采用的氧化剂有多种。对于产量大的基本有机化学工业生产而言，具有重要价值的氧化剂是气态氧，可以是空气或纯氧。以气态氧作氧化剂来源丰富，无腐蚀性，但氧化能力较弱。故以气态氧为氧化剂时，一般必须采用催化剂，有的还须同时采用高温。以空气为氧化剂的优点是容易获得，但动力消耗较大，排放废气量大。用纯氧为氧化剂，优点是排放废气量小，反应设备体积也较小，但需空分装置。

以气态氧为氧化剂，“物料-氧”或“物料-空气”组成系统在很广的浓度范围内易爆，故在生产上和工艺条件的选择和控制方面必须注意安全，必须注意爆炸极限的问题。

（2）强放热反应

氧化反应是强放热反应，尤其是完全氧化反应，释放的热量要比部分氧化反应大 8～10 倍。故在氧化过程中，反应热的移走是很关键的问题。如反应热不能及时移走，将会使反应温度迅速上升，结果必然会导致大量完全氧化反应发生，选择性显著下降，致使反应温度无法控制，甚至发生爆炸。

（3）热力学上都很有利

烃类和其他有机化合物氧化反应的反应焓都是很大的负值，在热力学上都很有利，尤其是完全氧化反应，在热力学上占绝对优势。

（4）多种途径经受氧化

烃类是用于制备各种氧化产品的重要原料，但烃类氧化的最终产物都是二氧化碳和水，而所需的目的产物都是氧化中间产物。在多种情况下，氧往往能以多种形式向烃分子进攻，使其以不同途径经受氧化，转化为不同的氧化产物。

（5）催化剂是关键

对于这样一个存在着平行和连串反应相互竞争的复杂反应系统，要使反应尽可能朝着所要求的方向进行，获得所需的目的产物，必须选用合适的催化剂和反应条件，而关键是催化剂。

6.2.1.2 氧化反应的类型

由于所用催化剂的类型和反应物系相态的不同，催化氧化反应有均相催化氧化和非均相催化氧化两大类。

(1) 均相催化氧化

均相催化氧化可分为催化自氧化、络合催化氧化和烯烃的液相环氧化三类。

在均相氧化领域中，乙醛氧化制乙酸、高级烷烃氧化制脂肪酸等氧化技术在工业上应用较早。这类氧化反应常用过渡金属离子为催化剂，具有自由基链反应的特点，称为催化自氧化反应。

20 世纪 60 年代以来，自乙烯均相催化氧化制乙醛的瓦克（Wacker）法实现工业化后，人们对均相催化氧化技术的研究给予了很大的重视，并获得了迅速的发展。瓦克法所用的催化剂是 $PdCl_2$-$CuCl_2$-HCl 水溶液，在反应过程中，烯烃与 Pd^{2+} 先形成活性配合物，然后转化为产物，是另一类均相氧化反应——络合催化氧化。

烯烃的液相环氧化是以 ROOH 为环氧化剂，使烯烃直接转化为环氧化合物的重要反应，此反应工业上主要用来将丙烯环氧化制取环氧丙烷，所用的环氧化剂是过氧化氢乙苯或过氧化氢异丁烷。此合成方法通称为哈康（Malcon）法，除得到产物环氧丙烷外，尚有联产物苯乙烯或异丁醇。

液相均相催化氧化在工艺上的特点如下：

① 反应条件比较缓和，有较高的选择性，并可采用溶剂来缓和反应的进行和提高选择性。

② 反应热的除去比较方便，有些氧化过程可方便地利用反应物或溶剂的蒸发来移走反应热。

③ 反应温度比较容易控制，温度分布比较均匀。

④ 反应设备结构简单，生产能力较高。

但均相氧化反应在工艺上也有不足之处，例如：反应介质的腐蚀性往往比较严重；必须解决催化剂的回收问题；有些反应，主要是络合催化氧化，需用贵金属盐作催化剂。

这些不足之处的存在，推进了科研工作的进一步发展，均相催化剂固相化已成为活跃的研究领域。

(2) 非均相催化氧化

非均相催化氧化主要是指气态有机原料在固体催化剂存在下，以气态氧作氧化剂，氧化为有机产品的过程。近 30 年来，由于选择性氧化催化剂的相继开发成功，使非均相催化氧化反应在石油化工工业中得到了广泛的应用。所用的原料主要是烯烃和芳烃，也有用醇作原料。以烯烃和芳烃为原料制得的氧化产品的产量，约占总氧化产品 80%以上。

重要的非均相催化氧化反应有 6 种。

① 烷烃的催化氧化　已工业化的是正丁烷气相催化氧化制顺丁烯二酸酐。顺丁烯二酸酐主要用于制备不饱和聚酯、增塑剂和杀虫剂等。

② 烯烃的直接环氧化　已工业化的是乙烯环氧化制环氧乙烷。

③ 烯丙基氧化反应　含有三个碳原子以上的单烯烃如丙烯、正丁烯、异丁烯等，α-碳原子上的 C—H 键的解离能比一般 C—H 键小，具有高的反应活性。这类烯烃在特定的催化剂上，在氧存在下，易发生 α-C—H 键的断裂，从而在 α-碳上达到选择性氧化的目的。由于这类氧化反应都经历烯丙基（CH_2═CH—CH—）的中间物种，所以统称烯丙基氧化反应。由于烯烃分子中 α-碳原子的结构不同和催化条件不同，可生成不同类型的氧化产物：α,β 不

饱和醛，α,β不饱和酮，α,β不饱和酸和酸酐，α,β不饱和腈和二烯烃等。这类氧化产物仍保留着双键结构，而且具有共轭体系的特性，易聚合，也能与其他不饱和化合物共聚，而生成多种重要的高分子化合物（合成纤维、塑料、合成橡胶、涂料等），在有机化工的单体生产中占有重要的地位。如丙烯醛主要用于进一步氧化制丙烯酸，也可作为合成甘油和药物的中间体。丙烯酸酯化可得丙烯酸酯，广泛用作涂料、织物上光剂、皮革上光剂等。α-甲基丙烯酸甲酯是有机玻璃的单体。

④ 烯烃的乙酰氧基化反应　在钯催化剂存在下，烯烃（或二烯烃）与乙酸和氧反应能在烯烃分子中直接引进一个乙酰氧基，而生成不饱和乙酸酯。

该类反应在20世纪60年代末开发成功，主要应用于乙烯乙酰氧基化制备乙酸乙烯酯。聚乙酸乙烯酯被广泛地用作水溶性涂料和黏结剂，它对金属、瓷器、木材、纸张等都有优良的黏结力。乙酸乙烯酯也是合成纤维维尼纶的重要单体。乙酸乙烯酯与氯乙烯、乙烯等共聚物有特殊性能，可作涂料和防腐剂。

丙烯或丁二烯的乙酰氧基化产物，是以丙烯或丁二烯为原料合成1,4-丁二醇的中间体。由于丁二烯气相乙酰氧基化选择性较低，工业上是采用液相法。

⑤ 芳烃的催化氧化　在基本有机化学工业中，芳烃的非均相催化氧化主要是用来生产酸酐。芳烃氧化所生成的产物虽都是结晶固体，但因均具有较高的挥发性，能升华，故可用气固相催化氧化方法制备得到。

邻苯二甲酸酐是增塑剂的重要原料，也广泛用于制造醇酸树脂、聚酯树脂，还是染料工业的重要中间体。均苯四酸二酐是生产高绝缘性能漆的重要原料。

⑥ 醇的氧化　醇氧化可应用于生产相应的醛和酮，其中最重要的是甲醇氧化制备甲醛。甲醛是热固性酚醛树脂的重要单体，又可用于合成聚甲醛、季戊四醇、环六亚甲基四胺等产品和中间体。乙醇氧化则可得乙醛。

(3) 非均相催化氧化反应特点

① 反应原料、产物均为气态，催化剂为固态　物料通过固体催化剂床层进行氧化反应，其过程包括扩散、吸附、表面反应、脱附和扩散五个步骤。催化剂的活性表面、流体流动特征和分子扩散速率等对产品的生产速度、放热和除热均有影响。

② 传热情况复杂　在非均相催化氧化反应器中，催化剂颗粒内、催化剂颗粒与气体间，催化剂床层与管壁之间均存在传热问题。而这类反应又属强放热反应，催化剂的载体往往是导热欠佳的物质。如果采用列管式固定床反应器，床层轴向和径向温度分布的温差较大，影响反应选择性，如局部温差过大甚至会产生飞温现象，导致催化剂烧结，反应无法进行。

③ 非均相催化氧化一般采用固定床或流化床反应器　由于是强放热反应，装置务必考虑及时移走反应热量和自动控制反应温度，以确保安全生产。

(4) 非均相催化氧化反应器

① 列管式固定床反应器　如图6-16(a)所示，在列管式固定床反应器中，列管一般采用ϕ38～42mm的无缝钢管，管数视生产能力而定，可由数百根至数万根，列管长度为3～6m，每根列管均装有催化剂。长度增加，气体通过催化剂床层的阻力增加，动力消耗增大，因此对催化剂的粒径有一定要求，不宜采用粒径太小的催化剂。

以加压热水作载热体，反应温度由插在列管中的热电偶测量。一般在圆筒内不同半径上安装特制的数根热电偶套管，环隙内装填催化剂，每根热电偶套管中放置数根不同高度的热电偶，这样就可以测得不同界面和高度的反应温度，以便随时监测与控制。反应器的上部设置气体分布板，使气体分布均匀，底部设有催化剂支撑板。

列管间流通载热体，便于及时移走反应产生的热量。反应温度不同，所用的载热体也不同，对其温度的控制方法也不同。一般反应温度在 240℃以下，宜采用加压热水作载热体，水的汽化移走反应热，同时产生高压水蒸气。因为水的汽化潜热远远大于它的显热，传热效率高，有利于催化剂床层温度的控制。加压热水的进出口温差一般只有 2℃左右。值得注意的是，管内催化剂的装填不能高于汽水分离出口管，否则会因反应放热不能及时移走，导致催化剂烧结甚至飞温等现象的发生。

对于强放热氧化反应，轴向和径向都存在温差。轴向温度分布均出现一个峰值，称为热点。在热点前，放热速度大于除热速度，因此出现轴向床层温度逐渐升高；热点后，除热速度不变，放热速度降低，所以床层温度逐渐降低。热点温度的控制非常关键。热点温度过高，会使反应选择性降低，副反应增加，继而放热量增大，导致局部温度过高，甚至出现飞温，温度无法控制，催化剂烧结而无法装卸。热点出现的位置与反应条件控制、传热情况、催化剂的活性等有关。随着催化剂的老化，热点温度会逐渐下降，其高度也逐渐降低，此现象也可作为判断催化剂是否失活的依据之一。

为了降低热点温度、减少轴向温差，使沿轴向大部分催化剂床层能在适宜温度范围内操作，工业生产上所采取的措施有以下几个方面：

a. 在原料气中加入微量的抑制剂，使催化剂部分毒化，减缓反应程度。

b. 在装入催化剂的列管上层装填惰性填料（铝粒或废旧催化剂），以降低入口处附近的反应速率，从而降低反应放热速度，使之与除热速度尽可能平衡。

c. 采用分段冷却法，改变除热速度，此法须改变反应器壳程结构。

d. 避开操作敏感区。对于强放热氧化反应，热点温度对过程参数，如原料气入口的温度、浓度、壁温等的少量变化非常敏感，稍有变化即会导致热点温度发生显著提高，甚至造成飞温。

对于此类强放热氧化反应而言，采用列管式固定床反应器，以加压热水为热载体时，其反应温度的控制可通过汽水分离器后产生的副产蒸汽压力的大小来调节，饱和蒸汽的压力与温度是一一对应的。温度过高，自动薄膜调节阀开大，降低了副产蒸汽压力，壳程中的水温度也相应降低，反之亦同。

② 流化床反应器　图 6-16(b) 为流化床反应器示意图，它主要由下、中、上三部分组成。下部为原料气和氧化剂空气的入口，两者分别进料比较安全。一般空气从底部进入便于在开车时先将催化剂流化起来，并加热到一定温度后，再通入原料气进行反应。中部为反应段，是关键部分。在催化剂支撑板上装填一定粒度的催化剂，并设置有一定传热面积的 U 形或直形盘管，通过管内加压热水汽化产生副产蒸汽而移走反应热量。反应器上部是扩大段，由于床径扩大，气体流速减慢，有利于沉降气流所夹带的催化剂。为了进一步回收催化剂，设有二至三级旋风分离器若干组，由旋风分离器捕集回收的催化剂，通过沉降管返回至反应器中下部。

③ 列管式固定床反应器与流化床反应器的比较　列管式固定床反应器有以下特点：

a. 催化剂磨损少，流体在管内接近活塞流，推动力大，催化剂的生产能力高。

b. 传热效果比较差，需要比流化床反应器大约 10 倍的换热面积。

c. 沿轴向温差较大，且有热点出现；反应热由管内催化剂中心向外传递，存在径向温差。因此，热稳定性较差，反应温度不易控制，容易发生飞温现象。

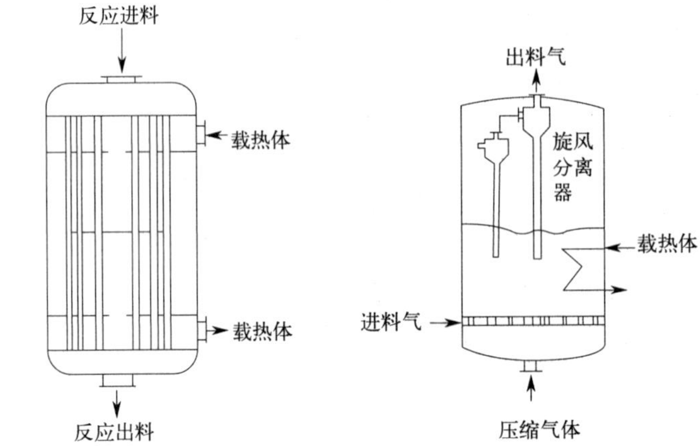

(a) 列管式固定床反应器　(b) 流化床反应器

图 6-16　非均相氧化反应器示意图

d. 制造反应器所需合金钢材耗量大。

e. 催化剂装卸不方便，要求每根管子的催化剂床层阻力相同，否则会造成各管间的气体流量分布不均匀，影响反应结果。

f. 原料气在进入反应器前必须充分混合，其配比必须严格控制，以避开爆炸极限。

流化床反应器有以下特点：

a. 由于催化剂颗粒之间和催化剂与气体之间的摩擦，造成催化剂破损被气流带出反应器外，致使催化剂磨损大，消耗多。因此催化剂必须具有高强度和高耐磨性能，旋风分离器的效率也要高。

b. 在流化床内气流易返混，反应推动力小，影响反应速率，使转化率下降，返混会导致连串副反应发生，选择性下降。

c. 传热效果好，床层温度分布均匀，反应温度易于控制，不会发生飞温现象，操作稳定。

d. 制造流化床反应器所需合金钢材耗量少。

e. 催化剂装卸方便，只需采用真空吸入方法即可。

f. 原料气和空气可分开进入反应器，比较安全。

（5）非均相催化氧化反应与均相催化氧化反应的比较

① 非均相催化氧化过程是气态物料通过固体催化剂所构成的床层进行氧化反应，和一般非均相催化反应相似，其反应过程也包括扩散、吸附、表面反应、脱附和扩散五个步骤。催化剂的活性表面，流体流动的特征和分子扩散速度等对产品的生成速度和放热及移热速度都有影响。一般都采用高线速以消除外扩散的影响因素和提高传热效率。如内扩散阻力大，反应产物积累在催化剂的孔内，将有利于深度氧化连串副反应的发生。此外，平行副反应的竞争也比均相氧化反应复杂而较难控制。故对于非均相催化氧化反应，反应的选择性问题往往比均相氧化反应更为突出。它不仅与催化剂的组成有关，也与催化剂的微观结构例如比表面、孔结构等有关。当然它取决于外界条件的控制。

② 非均相催化氧化过程的传热情况也比均相氧化过程复杂。在非均相催化氧化系统中，

有催化剂颗粒内传热、催化剂颗粒和气体间传热以及催化剂床层与管壁间传热等。而催化剂的载体又往往是导热欠佳的物质，如采用固定床反应器，床层轴向和径向温度分布，由于受到传热效率的限制，可能产生较大的温差，影响反应选择性，甚至会产生飞温，破坏反应的进行。

6.2.2 对二甲苯高温氧化制对苯二甲酸

6.2.2.1 对苯二甲酸生产方法简介

对苯二甲酸（TA）的分子式为 $C_8H_6O_4$，在常温下是白色结晶或粉末状固体，分子量166.13，相对密度1.51，自燃温度680℃，受热至300℃以上可升华。低毒，易燃。常温常压下不溶于水、氯仿、乙醚、乙酸，微溶于乙醇，但能溶于碱溶液、热浓硫酸、吡啶、二甲基甲酰胺、二甲基亚砜。

对苯二甲酸最重要的用途是生产聚对苯二甲酸乙二酯树脂（简称聚酯树脂），进而制造聚酯纤维、聚酯薄膜及多种塑料制品等。按2001年统计，68%的对苯二甲酸用于制造聚酯纤维，25%用于聚酯树脂，5%用于薄膜。

PTA的生产方法最初是在20世纪四五十年代形成的，即由对二甲苯用硝酸氧化法制得粗对苯二甲酸，然后用甲醇加以酯化生成对苯二甲酸甲酯（DMT），经过精制后再水解，可得PTA。20世纪60年代以后，Scientific Design公司和Amoco开发出新的氧化精制生产工艺，降低了成本。20世纪70年代，日本丸善石油与钟纺又开发出PX精密氧化法制备中等纯度的对苯二甲酸工艺。目前，这些精制工艺不断得到优化，其中以Amoco工艺为最优，全球对苯二甲酸总产量的80%都用此工艺生产。该方法采用钯碳催化剂进行加氢精制以除去4-CBA（对羧基苯甲醛）等杂质。研究开发加氢精制技术及催化剂的主要公司有美国Amoco公司、德国Sud Chemile Mt S. R. L公司、意大利Chimet Coporation公司以及日本三井石化公司等。PTA的现代生产方法是，在乙酸钴催化剂作用下，对二甲苯在乙酸溶剂中进行液相氧化制取。氧化反应条件是：温度185～200℃，压力0.98～1.5MPa，在立式罐反应器内进行气液相鼓泡反应。

DP公司最近还开发了环保型PTA生产工艺，可使废水和废气排放减少至原来的1/3，固体废物减少一半，基本消除挥发性有机化合物（VOC）。该工艺应用于中国珠海和台湾的PTA装置，以及美国新建的70万t/a的PTA装置中。

英国诺丁汉大学和杜邦聚酯技术公司的研究人员共同开发成功在超临界水中生产对苯二甲酸的连续工艺。用氧气部分氧化对二甲苯，氧气在预加热器中通过对氧化氢分解就地产生。部分氧化后的对二甲苯在400℃下被超临界水中的溴化锰催化。采用这一工艺，对苯二甲酸收率高，选择性超过90%。与现有工艺相比，新工艺可大大提高能源效率，减少废物排放。

Eastman（伊斯曼）化学公司的EPTA工艺由粗对苯二甲酸（CTA）生产、聚合级对苯二甲酸（EPTA）生产和催化剂回收3部分组成。EPTA工艺过程可概括为以下几个主要步骤：对二甲苯在乙酸溶剂中用空气在液相催化氧化，进料物（对二甲苯、乙酸溶剂和催化剂）与压缩空气混合，并连续进入在中温下操作的鼓泡塔式氧化反应器，生成的CTA用溶剂回收系统的贫溶剂去除杂质。CTA再在后氧化单元中提纯为EPTA，因此，大大减少了对苯二甲酸中的主要杂质4-羧基苯甲醛（4-CBA）、对甲基苯甲酸（*p*-TA），EPTA从溶剂中分离和干燥。悬浮固体作为CTA残渣被分离去除，在流化床焚烧炉进行处理。可溶性杂质从滤液中去除，然后溶解的催化剂用于循环。该工艺加工步骤少，与缓和氧化技术相结合，投资和操作费用较低。

6.2.2.2 对二甲苯高温氧化制对苯二甲酸的原理

对二甲苯高温氧化制对苯二甲酸是美国Amoco公司开发的目前生产对苯二甲酸的主要方法。该法以乙酸钴和乙酸锰为催化剂，溴化物（如溴化铵、四溴乙烷）为助催化剂，在224℃、2.25MPa反应条件下，用空气作氧化剂，于乙酸溶剂中将对二甲苯液相连续一步氧化为对苯二甲酸，主反应为：

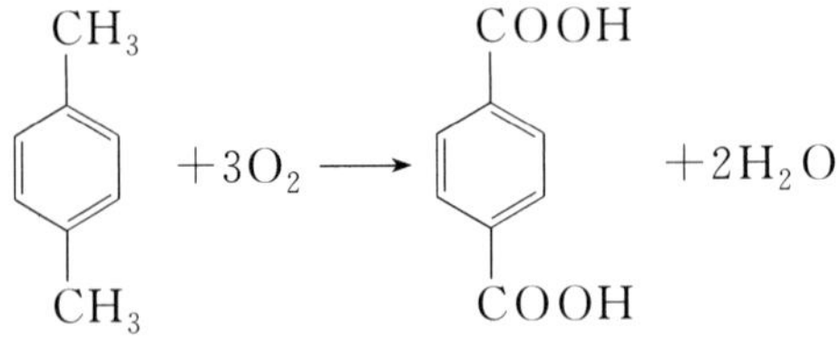

(6-37)

它是按以下反应步骤分步进行的：

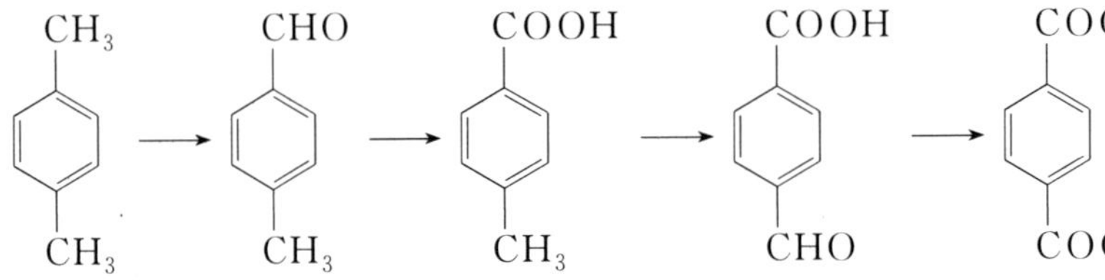

(6-38)

由于化学反应过程的复杂性，对二甲苯氧化制对苯二甲酸时总会产生一些副产物，这些副产物虽数量不多，但种类繁多，已检出的副产物多达30种。其中4-CBA中的活泼醛基将直接影响聚酯的色泽、质量，而且在后处理过程中难以除去。故粗对苯二甲酸（CTA）需要进一步精制，以得到高纯度的对苯二甲酸（PTA）。

6.2.2.3 对二甲苯高温氧化制对苯二甲酸的工艺条件

影响高温氧化制对苯二甲酸的因素有催化剂组成、溶剂比、温度与压力、反应系统的水含量、氧分压等。

（1）催化剂组成

高温氧化法所选用的催化剂为Co-Mn-Br三元型混合催化剂。研究发现，提高进料中Co或Mn及Br的浓度，氧化反应速率都有所加快，产物中的4-CBA等杂质含量降低，但乙酸与对二甲苯深度氧化反应加剧。但若锰或钴浓度过高，又得不到色泽好和纯度高的对苯二甲酸。而采用低钴高锰式的配比，既经济又可使溴浓度降低，并能减轻设备的腐蚀。三者配比一般是乙酸钴和乙酸锰用量与对二甲苯之比（质量分数）为0.025%，其中锰钴物质的量比为3∶1，溴与钴和锰物质的量比为1∶1。

（2）溶剂比

溶剂比指乙酸与原料对二甲苯质量之比。提高溶剂比可增加产品收率。例如，当溶剂比为2时，1kg对二甲苯可氧化为1.40kg对苯二甲酸；当溶剂比为3时，1kg对二甲苯可氧化为1.46kg对苯二甲酸。提高溶剂比，还可提高产品纯度。例如，溶剂比为2时，沉淀在对苯二甲酸浆饼上的4-CBA质量分数比溶剂比为3时多1倍；而当溶剂比由3提高到4时，4-CBA质量分数可降低40%。但溶剂比过大，不仅使生产能力下降，还增加了乙酸溶剂的回收量及损耗，催化剂的损耗也增加。一般选择溶剂比为（3.5～40）∶1。

（3）温度与压力

温度升高，反应速率加快，同时可降低中间产物的含量。但温度过高，乙酸与对二甲苯的深度氧化及其他副反应会加速。所以选择温度的原则是既要加快主反应，又要抑制副反应。

在操作压力下，对二甲苯应处于液相。温度升高，压力要相应升高。例如，当温度为175～230℃，相应压力为1.5～3.5MPa。

（4）反应系统的水的质量分数

反应系统中的水有两个来源：一是来自氧化反应；二是由母液和溶剂循环带入。由主反应可见，水的质量分数过高，主反应则向反方向进行，造成产物中的4-CBA质量分数增加，而且使催化剂活性显著下降。水的质量分数过低，深度氧化产物一氧化碳或二氧化碳质量分数增加。正常生产时，要求反应系统中水的质量分数为5%～6%。

（5）氧分压

高温氧化反应是气液相反应，所以提高氧分压有利于氧在液相中的传质，同时产物中的4-CBA等杂质的浓度也会降低。但是，氧分压提高，会造成尾气中氧的体积分数过高，有爆炸危险，给生产带来不安全因素。氧分压过低影响转化率，产品中4-CBA等杂质明显增加，产品质量显著下降。在实际生产中，一般根据反应尾气中含的体积分数和二氧化碳的体积分数来判断氧分压是否选取适当。该工艺规定尾气中氧的体积分数为1.5%～3.0%。

6.2.2.4 对二甲苯高温氧化制对苯二甲酸的工艺流程

（1）对苯二甲酸的生产

图6-17给出了Amoco公司液相空气氧化法过程的流程。我国的扬子、仪征、燕山、金山等石化企业都引进了它的技术。催化剂乙酸钴与乙酸锰按比例配制成乙酸水溶液，并将一定量的四溴乙烷溶于少量对二甲苯后，与溶剂乙酸及对二甲苯在进料混合槽中按比例混合，经搅拌器混匀预热再进入氧化反应器。氧化反应所需的工艺空气由多级空气压缩机送往过滤器，经过滤后进入氧化反应器。氧化温度为175～230℃，压力为1.5～3.5MPa。反应热通过乙酸的蒸发移走，冷凝后的乙酸再返回反应器。反应器中停留时间依工艺条件不同为30min～3h。转化率大于95%，收率约为90%。在高温氧化法的氧化过程中除生成对苯二甲酸外，还伴生有一些杂质，如4-CBA、对甲基苯甲酸（简称PT酸）、芴酮等。由于PT酸溶于溶剂，所以可用结晶法分离，再经离心分离、洗涤、干燥后得对苯二甲酸。

当用溴化物作催化剂时，由于其强烈的腐蚀性，反应器材质必须用昂贵的合金如耐盐酸的镍合金。

（2）对苯二甲酸的精制

对苯二甲酸在上述结晶分离工序初步分离后，纯度一般为99.5%～99.8%，杂质质量分数为0.2%～0.5%。这些杂质尤其是4-CBA和一些有色体在浆液中的质量分数为2×10^{-3}～3×10^{-3}。为防止4-CBA等杂质影响以后的缩聚反应和聚酯色度，需经过精制将

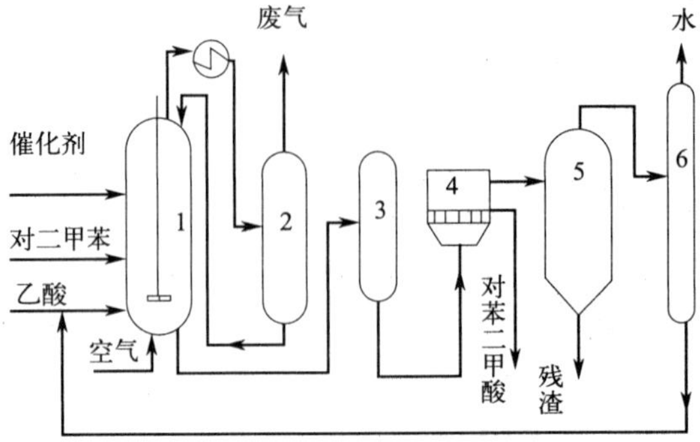

图 6-17　Amoco公司高温氧化制对苯二甲酸的工艺流程图

1—反应器；2—气液分离器；3—结晶器；4—固液分离器；5—蒸发器；6—乙酸回收器

其除去。精制所得的精对苯二甲酸，其 4-CBA 质量分数小于 25×10^{-6}，质量提高到纤维级标准。精制的方法有以下几种：

① 加氢精制　粗对苯二甲酸精制主要在 280℃及 6.6～6.8MPa 压力下，使用载于活性炭上的钯催化剂进行连续加氢，使 4-CBA 转化为易溶于水的对甲基苯甲酸，以便在后续工序中将其除去。此外，该催化剂还有吸附作用，可除去芴酮等杂质。

4-CBA 加氢还原反应方程式为：

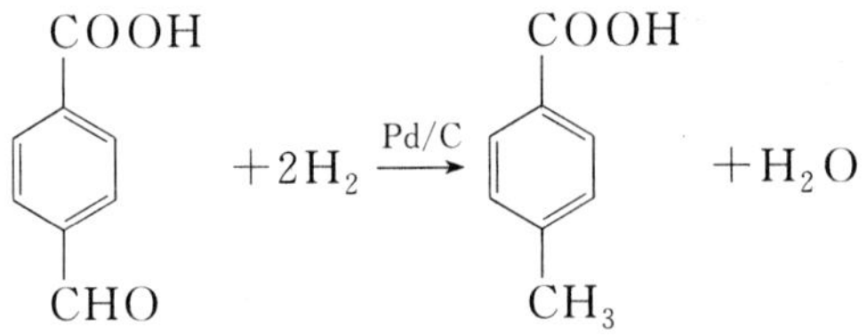

(6-39)

加氢精制的工艺流程方框图如图 6-18 所示。对苯二甲酸用无离子水制成浆料，用升压泵加压，经加热、搅拌，待其完全溶解后送入加氢反应器。反应器为衬钛固定床，在精制过的纯氢和催化剂作用下对苯二甲酸进行加氢精制。反应后的溶液经结晶器进行 4～5 级逐步降压结晶，使精对苯二甲酸成为合适粒度分布的沉淀。生成的水蒸气冷凝后循环使用，未凝气体经洗涤后放空。溶液经加压离心机分离，分离出的母液经闪蒸后排入下水道。从加压离心机分离出来的湿、精对苯二甲酸，在打浆槽中用无离子水再洗涤一次后进入常压离心机分离。分离出的水可循环供加氢前打浆用，湿、精对苯二甲酸经螺旋输送机送入回转式干燥机，干燥后即得精对苯二甲酸。

② 精密氧化法　精密氧化法最早于 20 世纪 70 年代由日本丸善石油与钟纺合作开发，其主要工艺流程方框图如图 6-19 所示。20 世纪 80 年代三菱气体（Mitsubishi Gas）化学公司开发出在 Br^-、Mn^{2+}、H^+ 或 Ce^{3+} 存在下将对甲基苯甲醛氧化成聚酯级对苯二甲酸的方法，其中 4-CBA 的质量分数为 220×10^{-6}。随后，该公司又申请了对二甲苯精密氧化法制 PTA 的专利。在氧、HOAc 存在情况下，在 180～230℃以重金属/Br 作催化剂氧化 PX，降低温度，补充催化剂继续进行氧化，然后结晶分离，所得产物中 4-CBA 的质量分数为 270×10^{-6}。

1994 年韩国 Samsung 公司的专利公开了无须另外的催化还原步骤制备高纯度对苯二甲酸异构体的工艺，即在有氧气存在的情况下，以低分子量脂肪酸的钴、镁、镍、铬、锆、铈盐和溴化物为催化剂，催化氧化二甲苯异构体。使氧化产物结晶，得粗料饼，然后在粗料饼中加入

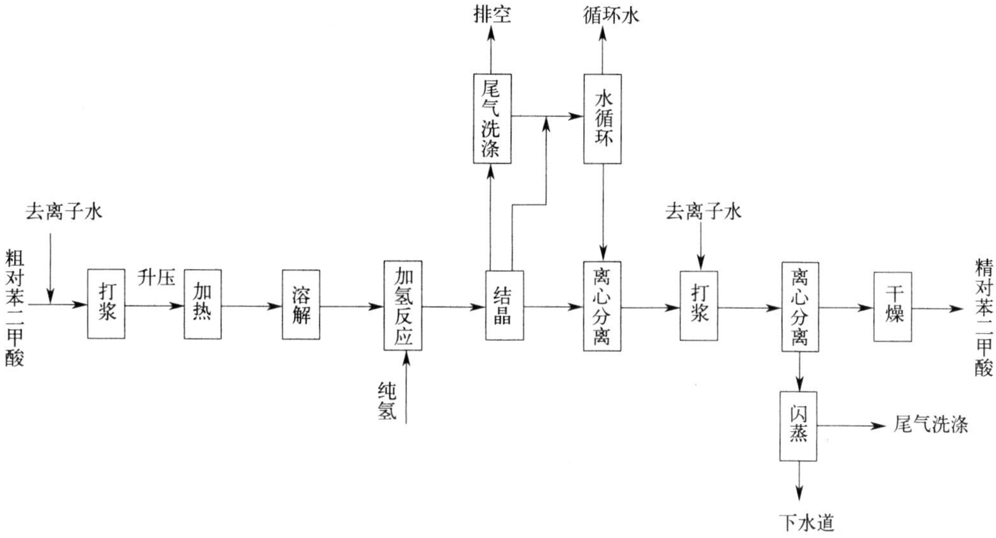

图 6-18 加氢精制的工艺流程方框图

低分子量脂肪酸制成浆料，加热抽提出杂质，再在该催化剂作用下进行氧化。

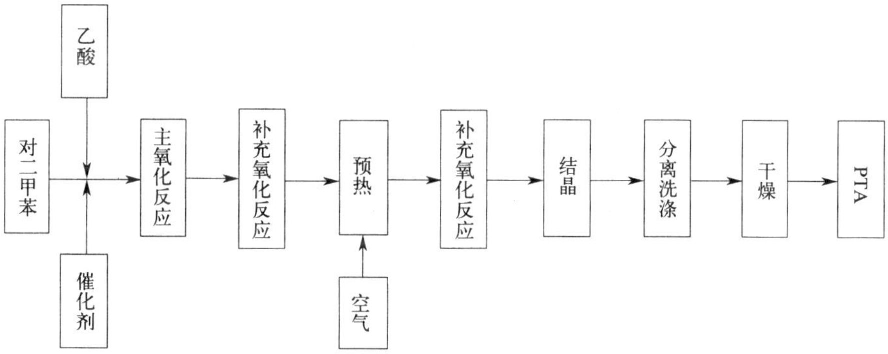

图 6-19 精密氧化法工艺流程方框图

③ DMT 水解法 该法先将粗对苯二甲酸用甲醇酯化成对苯二甲酸二甲酯（DMT），在 260～270℃、5MPa 压力下水解。水解产物经结晶、洗涤、二次结晶、离心分离和干燥得产品 PTA。Htiels A. G. 公司的研究人员在氧气氛液相中氧化对二甲苯和对甲苯甲酸甲酯，用甲醇使酯基转移，将酯基转移产物加以精馏，产生富含对甲苯甲酸甲酯的馏分 A、一个纯度大于 99%的 DMT 馏分 B 以及一个高沸点残渣馏分，馏分 B 经过溶剂再结晶而得到纯化。

④ NMP 结晶精制法 GTC 公司（Glitsch Technology Corporation）用 *N*-甲基吡咯烷酮（NMP）作为对苯二甲酸选择性再结晶溶剂，在这个系统中，氧化中间体被回收和再循环氧化，加氢精制过程被省去。由氧化工段得到的 CTA（纯度 70%），可用 *N*-甲基吡咯烷酮作为选择性再结晶溶剂来纯化，经过在 NMP 中的再结晶，TA 的纯度可达 99.99%。

目前，全球大部分 PTA 是用 Amoco 法生产的，国内情况基本相同。这主要是由于该工艺比较成熟，生产过程易于控制，产品质量稳定。精密氧化法、酯化水解法也是生产

PTA 的方法，NMP 结晶纯化法也将投入生产。4 种主要精制方法的比较如表 6-13 所示。

表 6-13　4 种精制方法的优缺点比较

精制方法	优点	缺点
Amoco 方法	晶粒大小可由结晶工序控制，产品质量稳定，生产工艺成熟	高温、高压
精密氧化法	生产的精对苯二甲酸价格便宜	纯度较低，乙酸消耗大
DMT 水解法	工艺条件比较温和，不用腐蚀性溶剂乙酸	工艺流程长，设备投资费用高
NMP 结晶纯化法	设备投资少，精制条件较温和，无须加氢催化，对二甲苯消耗少	结晶纯化过程中需不断补充 NMP 溶剂

6.2.3　乙烯液相直接氧化法生产乙醛

6.2.3.1　乙醛的生产方法简介

乙醛的分子式为 C_2H_4O，分子量为 44.06。乙醛是一种无色透明液体，具有特殊的刺激性气味。熔点 −123.5℃，沸点 20.8℃，闪点 −38℃，自燃点 175℃，在 18℃时密度为 783kg/m^3。溶于水，易燃，与空气能形成爆炸混合物，爆炸极限为 4%～57%。乙醛对眼睛和皮肤有刺激作用，在厂房中最大允许浓度为 0.1mg/L。浓度很大时会引起气喘、咳嗽、头痛。乙醛的沸点较低，极易挥发，因此在运输过程中，先使乙醛聚合为沸点较高的三聚乙醛，到目的地后再解聚为乙醛。乙醛和甲醛一样是极宝贵的有机合成中间体，乙醛氧化可制乙酸、醋酐和过乙酸；乙醛与氢氰酸反应可得氰醇，由它转化得乳酸、丙烯腈、丙烯酸酯。可利用醇醛缩合反应制季戊四醇、1,3-丁二醇、丁烯醛、正丁醇、2-乙基己醇、三氯乙醛、三羟甲基丙烷等。乙醛与氨缩合可生产吡啶同系物和各种乙烯基吡啶（聚合单体）。

传统的工业生产乙醛的方法主要有以下 4 种。

（1）乙炔水合法

以电石为原料制乙炔，然后在汞盐催化剂作用下液相水合生成乙醛的工艺路线曾一度被淘汰。但由于催化剂研究的突破，目前采用磷酸镉钙等催化剂实现了乙炔气相水合工艺，所以技术成熟、产品纯度高的乙炔水合法仍是一种有前途的工艺路线。

（2）从乙醇制乙醛

该法有两种路线：吸热脱氢和放热氧化脱氢。

吸热脱氢采用金属铜为催化剂，操作温度为 260～290℃，具有无深度氧化、副产高纯氢气的优点。

放热氧化脱氢用金属银为催化剂，在空气或氧气存在下进行脱氢，再将脱出的氢氧化成水，氧化反应同时提供脱氢反应所需的热量。此法在 550℃左右的温度下进行，过程中易发生一些深度氧化，使乙醇消耗量增大。工业上也有将上述吸热和放热两种方法组合起来的工艺，以解决热平衡问题。

用乙醇生产乙醛的工艺，应参考乙醇来源做评价。如乙醇由粮食发酵而得，显然不合理。若是从乙烯水合而得，则该法也是生产乙醛的重要方法之一。

(3) C_3/C_4 烷烃氧化制乙醛

该法以丙烷/丁烷混合物气相氧化得到乙醛混合物，1943 年在美国实现工业化。在 425～426℃、1.0MPa 条件下进行的气相氧化反应是非催化自由基反应。由于产物是沸点相近的混合物，分离很困难，一般采用不多。

(4) 乙烯液相直接氧化法

该法是赫斯公司在 1957—1959 年间开发的。具有原料便宜、成本低、乙醛收率高、副反应少等优点。目前，世界上 70%的乙醛均用此法生产。下面重点介绍此法。

6.2.3.2 乙烯液相直接氧化法生产乙醛的原理

该法以乙烯、氧气（空气）为原料，在催化剂氯化钯、氯化铜的盐酸水溶液中进行气液相反应生产乙醛。总化学反应式为：

$$H_2C=CH_2+\frac{1}{2}O_2 \longrightarrow CH_3CHO \tag{6-40}$$

实际过程分为如下三步。

快速的乙烯氧化反应：

$$H_2C=CH_2+PdCl_2+H_2O \longrightarrow CH_3CHO+Pd+2HCl \tag{6-41}$$

控制总反应速率的再生反应：

$$Pd+2CuCl_2 \longrightarrow PdCl_2+2CuCl \tag{6-42}$$

$$2CuCl+\frac{1}{2}O_2+2HCl \longrightarrow 2CuCl_2+H_2O \tag{6-43}$$

乙烯液相氧化法的副反应主要是乙烯深度氧化及加成反应。

当乙烯氧化生成乙醛时，氯化钯被还原成金属钯，从催化剂溶液中析出而失去催化活性。在上述反应体系中，氯化铜是乙烯氧化成乙醛的氧化剂，而氯化钯则是催化剂。该反应机理是通过乙烯与钯盐形成一种钯-烯烃中间配合物而进行的。

在反应过程中，由于生成一些含氯副产物消耗氯离子，因此要不断补加适量的盐酸溶液。氯化钯浓度必须控制在一定范围内，浓度过高将有金属钯析出。为了节约贵金属钯，在溶液中氯化铜的量很大，一般控制铜盐与钯盐之比在 100 以上。氯化铜是氧化剂，一般常用二价铜离子与总铜离子（一价与二价铜离子总和）的比例，即 $n(Cu^{2+})/n(Cu^{+}+Cu^{2+})$来表示催化剂溶液的氧化度。氧化度太高，会使氧化副产物增多；氧化度太低，会使金属钯析出。

6.2.3.3 乙烯液相直接氧化法生产乙醛的工艺过程

乙烯液相氧化法有两种生产工艺，即一步法和二步法。

所谓一步法是指上述的三步基本反应在同一反应器中进行，用氧气作氧化剂，又称氧气法。二步法是指乙烯羰基化和 Pd^0 的氧化在一台反应器中进行，Cu^+ 的氧化在另一反应器中进行。因为用空气作氧化剂，又称空气法。

(1) 一步法工艺

用一步法生产乙醛时，要求羰基化速率与氧化速率相同，而这两个反应都与催化剂溶液的氧化度有关，因此，一步法工艺特点是催化剂溶液具有恒定的氧化度。

①反应工段工艺流程　工业上采用具有循环管的鼓泡床塔式反应器，催化剂的装量为反应器的 1/3～1/2 体积，反应部分工艺流程简图如图 6-20 所示。

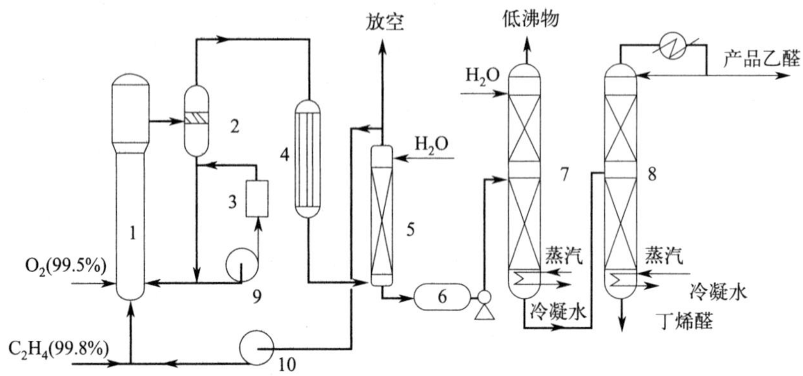

图 6-20　一步法乙烯液相直接氧化法生产乙醛反应部分工艺流程简图

1—反应器；2—除沫分离器；3—催化剂再生器；4—冷凝器；5—洗涤塔；6—粗乙醛储槽；7—汽提塔；8—精馏塔；9—泵；10—循环气压缩机

原料乙烯和循环乙烯混合后从反应器底部进入，新鲜氧气从反应器下部侧线进入，氧化反应在 125℃、0.3MPa 左右的条件下进行。为了有效地进行传质，气体的空塔线速很高，流体处于湍流状态，气液两相能较充分地接触。反应生成热由乙醛和部分水汽化带出。

反应器上部密度较低的气液混合物经过导管进入除沫器。在此，气体流速减小，使气液分离。反应气体（主要是产物乙醛蒸汽、未反应的乙烯和氧气及副产物二氧化碳、氯甲烷和氯乙烷等）连续自除沫器上部逸出，催化剂溶液自除沫分离器中沉降下来。由于脱去了气体，催化剂溶液密度大于气液混合物密度，借此密度差，大部分催化剂溶液经循环自行返回反应器。这样，催化剂溶液在反应器和除沫器之间不断进行着快速循环，使催化剂溶液在器内各部分的性能均匀一致，温度分布也较均匀。

原料乙烯和循环乙烯混合后从反应器底部进入，新鲜氧气从反应器下部侧线进入，反应生成热由乙醛和部分水汽化带出。反应器上部气液混合物经过导管进入除沫器。反应气体连续自除沫器上部逸出，催化剂溶液自除沫分离器中沉降下来。自除沫分离器出来的含有产物乙醛的气体，经冷凝器将乙醛和高沸点副产物冷凝下来，未凝气体进入洗涤塔，用水吸收未被冷凝的乙醛，吸收液经汽提、精馏，分离出低沸物和丁烯醛等副产物，在精馏塔顶部得到产品乙醛。自吸收塔上部出来的气体中乙烯和氧气的体积分数分别约为 65％和 85％，其他为惰性气体和副产物二氧化碳、氯甲烷和氯乙烷等，乙醛体积分数仅 1×10^{-4} 左右。为了不使惰性气体在循环气里积累，将其一部分送至火炬烧掉，其余作为循环气体返回反应器。

反应段的主要影响因素有原料纯度、转化率、进气组成、温度与压力等。

a. 原料纯度　如原料气中含炔类、硫化氢、一氧化碳等杂质，均能使金属钯析出。一般使用的原料乙烯要求乙炔体积分数$<3\times10^{-5}$，硫化物体积分数$<3\times10^{-6}$，乙烯纯度大于 99.5％，氧气纯度也要大于 99.5％。

b. 转化率及进反应器的混合气组成　进反应器的混合气是由原料乙烯、氧气和循环气所组成，虽然氧气体积分数达 17％，但由于采取了氧气和乙烯分别进料的方式，故不会形成爆炸混合物，它们在液相中稳定地进行氧化反应。但自反应器出来的气相混合物（即循环气）的组成必须严格控制。据研究，当循环气中氧气体积分数>12%，乙烯体积分数<58%时，就会形成爆炸混合物。工业生产上从安全和经济两方面，要求循环气中氧气体积分数在8%左右，乙烯体积分数在65%左右。当循环气中氧气体积分数达到9%或乙烯的体积分数降至60%时，需立即停车，用 N_2 置换系统中气体，将气体排入火炬烧掉。为确保安全，要求配置自动报警联锁停车系统。

由于副反应要消耗一部分氧气，一般氧气的用量比理论值过量10%，当进反应器混合气的组成为 $\varphi(C_2H_4)=65\%$、$\varphi(O_2)=17\%$、惰性气体的体积分数为18%时，如果要求循环气中氧气体积分数在8%左右，乙烯的转化率只能控制在35%左右。

c. 反应温度和压力　乙烯氧化生成乙醛是气液相反应，虽增加压力有利于气体溶解在液体中而加速反应，但从能量消耗、设备的防腐蚀及形成副产物等几个方面考虑，反应压力不宜过高，一般选择在0.3MPa左右。反应温度必须与反应压力相对应。这是因为乙烯氧化生成乙醛的反应是放热量较大的反应，反应热量需由乙醛与水的汽化带走，所以应保证反应在沸腾状态下进行，0.3MPa的反应压力相应的反应温度为120～130℃。

② 粗乙醛精馏工段工艺流程　工业上一般采取两步法将粗醛精馏。第一步是脱轻组分，将沸点比乙醛低的二氧化碳、氯甲烷、氯乙烷等从轻馏分塔顶脱去；第二步是脱除废水和高沸物，并从乙醛精馏塔中部侧线引出副产的丁烯醛。

由于乙醛沸点较低，要将其冷却下来必须在分馏塔顶部使用大量冷冻盐水，故轻馏分塔和乙醛精馏塔均在加压条件下操作，这样可节省能量。

③ 催化剂溶液再生工段工艺流程　在反应过程中生成的可挥发性副产物与产物一起蒸发离开催化剂溶液，但不溶的树脂和固体草酸铜等副产物仍留在催化剂溶液内。草酸铜的生成不仅污染催化剂，而且使铜离子浓度下降而降低活性。为了使催化剂的活性保持恒定，需连续自装置中引出一部分催化剂溶液进行再生。

将需再生的催化剂溶液自循环管引出，并通入氧气和补充盐酸，使 Cu^+ 氧化，然后降压并降温到100～105℃，在分离器中使催化剂溶液与逸出的气体-蒸汽混合物分离。气体-蒸汽混合物经冷却冷凝和水吸收以回收乙醛，并捕集夹带出来的催化液雾滴后，排至火炬烧掉，含乙醛的水溶液经除沫器返回反应器。分离器底部的催化剂溶液经泵升压后，送至分解器，直接通入水蒸气，加热至170℃，借助催化剂中 Cu^{2+} 的氧化能力将草酸铜氧化分解，放出 CO_2 并生成 Cu_2Cl_2，再生后催化剂送回反应器。

一步法生产乙醛，乙烯的单程转化率为35%～38%，选择性在95%左右，$1m^3$ 催化剂每小时生产乙醛为150kg，所得乙醛纯度可达99.7%以上。

（2）二步法工艺

乙烯的羰基化反应和氯化亚铜的氧化反应分别在两个串联的管式反应器中进行的工艺称为二步法。反应在1.0～1.2MPa、105～110℃条件下操作，乙烯转化率达99%，且原料乙烯纯度达60%以上即可用空气代替氧气。由于乙烯和空气不在同一反应器中接触，可避免爆炸危险。

二步法工艺的特点是催化剂溶液的氧化度呈周期性变化，在羰基化反应器中，入口高，出口低。另外，二步法采用管式反应器，需要用钛管，同时流程长，钛材消耗比一步法高。但二步法用空气作氧化剂，避免了空气分离制氧过程，减少了投资和操作费用。二步法反应部分工艺流程简图如图6-21所示。

粗乙醛精制与一步法相似，不再重复。

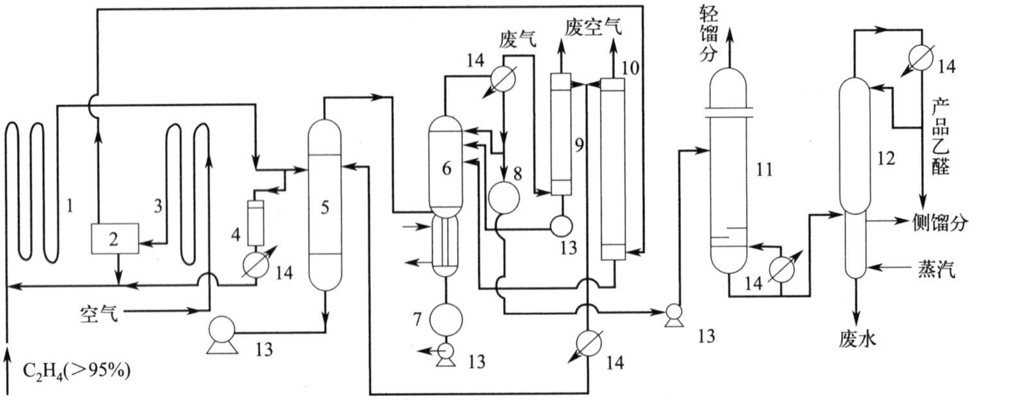

图 6-21　二步法乙烯液相直接氧化法生产乙醛反应部分工艺流程简图

1—反应器；2—废空气分离器；3—氧化器；4—再生器；5—闪蒸塔；6—粗馏塔；7—反应用水储槽；8—粗乙醛储槽；9—废氧洗涤塔；10—废空气洗涤塔；11—脱轻馏分塔；12—精馏塔；13—泵；14—换热器

6.2.4　丁烯氧化脱氢制丁二烯

6.2.4.1　丁烯氧化脱氢制丁二烯的生产原理

(1) 丁烯氧化脱氢的化学反应主反应：

$$C_4H_8+\frac{1}{2}O_2 \longrightarrow C_4H_6+H_2O+125.4\text{kJ/mol} \tag{6-44}$$

副反应如下：

① 氧化降解生成醛、酮、酸等含氧化合物。

② 完全氧化生成一氧化碳、二氧化碳。

③ 氧直接加入分子中生成呋喃、丁烯醛、丁酮等。

④ 氧化脱氢二聚芳构化生成芳烃。

⑤ 丁烯双键位移反应，即正丁烯的 3 种异构体以相当快的速率进行异构化反应。

丁烯氧化脱氢的反应过程如图 6-22 所示。

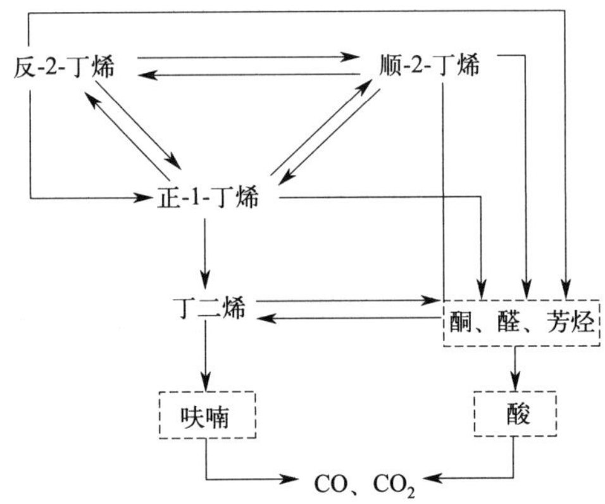

图 6-22　丁烯氧化脱氢的反应过程

(2) 丁烯氧化脱氢的热力学分析

丁烯氧化脱氢反应平衡常数与温度的关系式为：

$$\lg K_p=\frac{13984}{T}+5.36 \tag{6-45}$$

上式表明，在任何温度下平衡常数都很大，因此丁烯氧化脱氢反应在热力学上是很有利的，可接近完全转化。

(3) 丁烯氧化脱氢的催化剂和动力学

丁烯氧化脱氢的催化剂主要有下列几类：

① 钼酸铋系催化剂　如Mo-Bi-P-O、Mo-Bi-Fe-P-O、Mo-Bi-P-Fe-Co-Ni-K-O等。

② 混合氧化物系催化剂　如锡-锑氧化物、锡-磷氧化物、铁-锑氧化物等，其中锡-锑氧化物催化剂最常用。

③ 尖晶石型铁系催化剂　该类催化剂一定要由Zn^{2+}或Mg^{2+}与Fe^{3+}和Cr^{3+}组成Zn-$CrFeO_4$或Mg-$CrFeO_4$的尖晶石结构才有活性。各类催化剂的性能见表6-14。

表6-14　丁烯催化氧化脱氢反应催化剂性能举例

类型	催化剂	温度/℃	转化率/%	选择性/%	收率/%	含氧化合物的质量分数/%
钼酸铋系催化剂	Mo-Bi-P	480	63～68	77～78	53	8.4
尖晶石型铁系催化剂	H-198	360	68～70	90	61～63	
	B-02	330～550	67.5～70.3	90～92	62～68	0.65～0.8
	F-84-13	370～380	76～78	91.2～92.8	69～72	0.83

从表6-14中可看出，铁系催化剂在收率、选择性、转化率方面优于钼系催化剂，所以目前多用铁系催化剂。采用铁系催化剂的动力学方程式为：

$$r=kp(C_4H_8)^{0.9}p^{0.1}(O_2) \qquad (6\text{-}46)$$

式中，r为生成丁烯的反应速率；$p(C_4H_8)$为丁烯的分压；$p(O_2)$为氧气的分压。

由此可看出，丁烯氧化脱氢的反应速率与水蒸气的分压无关，而与$p(C_4H_8)$和$p(O_2)$成正比。

6.2.4.2　丁烯氧化脱氢制丁二烯的生产工艺条件

影响丁二烯生产的因素主要有反应温度、丁烯空速、氧烯比、水烯比及反应压力。

（1）反应温度

表6-15表示采用H-198尖晶石型铁系催化剂在流化床反应器中，反应温度对丁烯氧化脱氢反应的影响。由表6-15可看出，温度在一定范围内丁烯转化率与丁二烯收率逐渐增加，而一氧化碳与二氧化碳收率之和略有提高，丁二烯选择性无明显变化。反应温度过高会导致丁烯深度氧化反应加剧，深度氧化产物明显增多，不利于产物丁二烯的生成。温度过低，丁二烯的收率随之下降，反应速率减慢。因此，必须选择适宜的反应温度。H-198催化剂常使用流化床反应器，反应温度一般控制在360～380℃，而B-02催化剂常使用固定床二段绝热反应器，反应温度一般为320～380℃，出口温度为510～580℃，二段入口温度为335～370℃，出口温度为550～570℃。

表6-15　反应温度对丁烯氧化脱氢的影响

温度/℃	压力/MPa	丁烯空速/h^{-1}	水烯比	氧烯比	丁二烯收率/%	丁烯转化率/%	丁二烯选择性/%	$CO+CO_2$生成率/%
360	0.5	300	11	0.72	65.71	69.81	94.14	4.09
365	0.5	300	11	0.72	69.37	73.85	93.93	4.48
370	0.5	300	11	0.72	70.83	75.38	93.96	4.54
375	0.5	300	11	0.72	72.33	75.77	94.22	4.43
380	0.5	300	11	0.72	71.71	75.13	94.21	4.40

注：表中的百分数全为摩尔分数。

（2）反应压力

由反应动力学方程可见，增加压力，反应速率增大，丁烯转化率增加。从化学反应方程式可知，生成一氧化碳及二氧化碳的反应为物质的量增加的反应，压力增大有利于提高深度氧化反应的平衡转化率，但最终会导致反应选择性下降，丁烯消耗增加。同时，压力增大，反应温度升高，加剧了副反应的进行，造成恶性循环。因此，压力的选择应综合考虑。

（3）丁烯空速

丁烯空速的大小表明催化剂活性的高低。由表 6-16 可见，空速由 $250h^{-1}$ 增加到 $350h^{-1}$ 时，丁烯的转化率、丁二烯的收率及 $CO+CO_2$ 的收率均下降，而丁烯的选择性稍有上升。因此，提高空速，反应效果良好，但空速过大则会使转化率、收率有所下降。

表 6-16 丁烯空速对反应的影响

丁烯空速/h^{-1}	丁二烯收率/%	丁烯转化率/%	丁二烯选择性/%	$CO+CO_2$ 生成率/%
250	72.73	97.47	93.88	1.74
280	71.94	76.62	93.89	4.68
300	70.18	74.92	93.67	4.74
320	69.99	74.63	93.78	4.63
350	69.66	74.02	94.11	4.35

注：反应温度为 370℃，水烯物质的量比为 11，氧烯物质的量比为 0.72，反应压力为 0.5MPa。

采用流化床反应器，空速与反应器的流化质量有直接关系，空速增加，催化剂带出增多。空速低，流化不均匀，造成局部过热，催化剂失活，选择性下降，副反应增多。考虑以上几个方面的影响，流化床反应器空速通常选择 $200\sim270h^{-1}$，固定床反应器空速为 $210\sim250h^{-1}$ 较为适宜。

（4）氧烯物质的量比

表 6-17 为氧烯物质的量比对反应的影响。由表可知，氧烯物质的量比增大，丁二烯收率上升，$CO+CO_2$ 的收率也明显增加，丁二烯选择性下降。但氧烯物质的量比过高，会导致深度氧化副反应加剧，并使生成气中未反应的氧量增加，在加压条件下易生成过氧化物而引起爆炸。氧烯物质的量比小，将促使催化剂中晶格氧下降，使催化剂的活性降低，从而降低转化率和选择性，同时缺氧还会使催化剂表面上积炭加快，寿命缩短。通常流化床反应器氧烯物质的量比为 0.65～0.75，固定床反应器为 0.70～0.72 较适宜。

表 6-17 氧烯物质的量比对丁烯氧化脱氢的影响

氧烯物质的量比	丁二烯收率/%	丁烯转化率/%	丁二烯选择性/%	$CO+CO_2$ 生成率/%
0.6	63.70	61.60	94.23	4.00
0.65	69.53	74.06	93.88	4.53
0.70	70.29	75.04	93.67	4.76
0.75	72.73	77.58	93.35	4.86
0.80	73.26	78.65	93.13	5.41

注：反应温度为 370℃，反应压力为 0.5MPa，丁烯空速为 $300h^{-1}$，水烯物质的量比为 11。

（5）水烯物质的量比

水蒸气作为稀释剂和热载体，具有调节反应物及产物分压，带出反应热，避免催化剂过热的功效。此外，水蒸气还可以参与水煤气反应，消除催化剂表面积炭以延长使用寿命。水蒸气对反应的影响如表 6-18 所示。由表可知，水烯物质的量比为 9～13，丁烯转化率、丁二烯收率和选择性均有提高，而含氧化合物质量分数下降。在生产中，流化床反应器控制在 9～12，固定床反应器控制在 12～13。

表 6-18 水烯物质的量比对丁烯氧化脱氢的影响

水烯物质的量比	丁二烯收率/%	丁烯转化率/%	丁二烯选择性/%	$CO+CO_2$ 生成率/%
9	63.02	70.98	93.01	4.96
10	67.82	72.74	93.24	4.92
11	70.02	74.90	93.48	4.88
12	70.80	75.32	94.00	4.52
13	71.29	75.66	94.22	4.38

注：反应温度为 37℃，反应压力为 0.5MPa，丁烯空速为 $300h^{-1}$，氧烯物质的量比为 0.72。

6.2.4.3 丁烯氧化脱氢制丁二烯的工艺流程

在考虑丁烯催化氧化脱氢制丁二烯的流程时，应注意该反应是强放热反应，为维持适宜的反应温度，必须及时移去反应热；该反应产物沸点低，在酸存在下易自聚；副产物类型多，其中不饱和的含氧化合物在一定压力、温度条件下易自聚，而且酸可加速自聚的速率；副产物大部分溶于水，因此可用水作溶剂使丁烯及丁二烯与副产物分离。根据上述特点，典型丁烯氧化脱氢制丁二烯的流程图如图 6-23 所示。

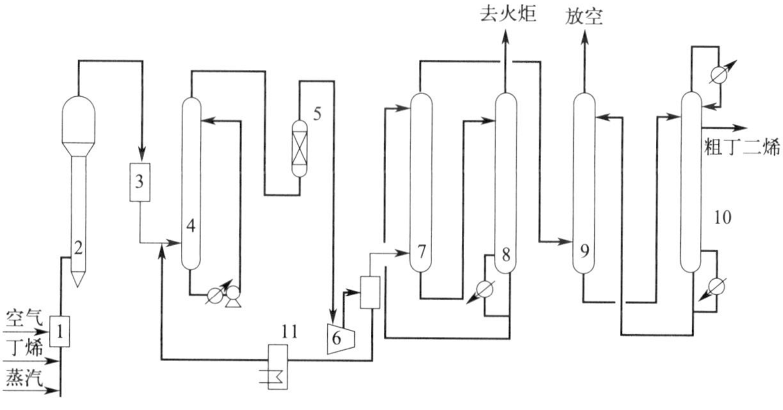

图 6-23 流化床丁烯氧化脱氢制丁二烯流程图

1—混合器；2—流化床反应器；3—废热锅炉；4—水冷塔；5—过滤器；6—压缩机；7—洗醛塔；8—蒸醛塔；9—吸收塔；10—解吸塔；11—闪蒸器

纯度为 98%以上的丁烯馏分，预热蒸发后与水蒸气以 11∶1、氧烯物质的量比 0.7 在混合器中混合后进入流化床反应器，在催化剂作用下，进行氧化脱氢反应。反应温度在 370℃左右，反应压力为 0.18MPa。反应器内设置一定数目的直管，借加热水的汽化移走反应热，并副产蒸汽。反应气的组成主要是丁二烯、未反应的丁烯及 N_2、CO、CO_2 和其他含氧有机物等。反应气在反应器顶部经旋风分离器除去夹带的催化剂后，进入废热锅炉，回收部分热量。然后进入水冷塔，用水直接喷淋冷却，并洗去有机酸等可溶性杂质，水循环使用，塔顶引出的气体经过滤脱除其中的水分后由压缩机升压至 1.1MPa 左右。压缩过程中分离出来的冷凝液进入闪蒸器，闪蒸后返回水冷塔。升压的气体进入洗醛塔，用水洗涤除去其中醛、酮含氧化合物，塔底醛水送至蒸醛塔，蒸出醛等含氧化合物，因量很少，就作为废气燃烧处置，塔底水循环使用。来自洗醛塔顶部的气体进入油吸收塔，与吸收剂 C_6 油逆流接触，塔顶为未被吸收的产物（N_2、CO、CO_2、O_2）。富含丁烯、丁二烯的吸收油从塔底引出进入解吸塔，在解吸塔侧线采出粗丁二烯待进一步精制，塔底得到解吸后的吸收油，返回系统循环使用。粗丁二烯经萃取、精馏等过程可得 99%的丁二烯产品。

6.2.5 乙烯环氧化制环氧乙烷

环氧乙烷又称氧化乙烯，在常温下系无色有醚味的气体（沸点 0.5℃），易液化，并能以任意比例与水及大多数有机溶剂互溶。气态环氧乙烷易在空气中爆炸，爆炸范围为体积分数 3%～100%，但液态环氧乙烷无爆炸性。环氧乙烷是一种最简单的环醚，因分子中有三元环氧结构，易断裂，可发生多种反应，所以环氧乙烷的应用领域十分广泛。环氧乙烷的最大消费量是生产乙二醇，并广泛用于生产非离子型表面活性剂、缩乙二醇类、药物中间体、乙醇胺、合成洗涤剂、农药、油品添加剂、乳化剂、防腐涂料等，形成所谓环氧乙烷系列精细化工产品。环氧乙烷的产量在乙烯系产品中仅次于聚乙烯而居第二位，是石油化工需求量最大的中间体之一。

由于早期用氯醇法生产环氧乙烷的工艺存在严重“三废”污染问题，因此，目前国内外环氧乙烷生产几乎全部采用乙烯直接氧化法技术，由于大规模的工业装置采用氧气法可节省设备投资费用，所以大部分厂商以氧气作为氧化剂。全球环氧乙烷专利技术大部分仍为英荷 Shell、美国 SD（科学设计公司）和 UCC（联合碳化物公司）三家公司所垄断，这三家公司的技术占环氧乙烷总生产能力的 90%以上，其中 Shell 只提供氧气法技术，SD 提供空气法和氧气法技术，UCC 虽也具有氧气法和空气法技术，但只供自己生产厂使用。Shell、SD 和 UCC 三家公司的乙烯氧化技术水平基本接近，但技术上各有特色。例如在催化剂方面，尽管载体、物理性能和制备略有差异，但水平比较接近，选择性均在 80%以上；在工艺技术方面都由反应、CO 脱除、环氧乙烷回收等部分组成，但抑制剂选择、工艺流程各有不同。

我国用氯醇法生产环氧乙烷始于 20 世纪 60 年代，但早期小规模的氯醇法环氧乙烷装置技术落后，已于 1993 年下半年淘汰。因经济原因，早期引进的空气法环氧乙烷装置大多数也改造为氧气法。

6.2.5.1 环氧乙烷生产原理

（1）化学反应

乙烯与空气或纯氧在银催化剂上进行直接氧化生产环氧乙烷的反应，是反应过程的主反应，方程式为：

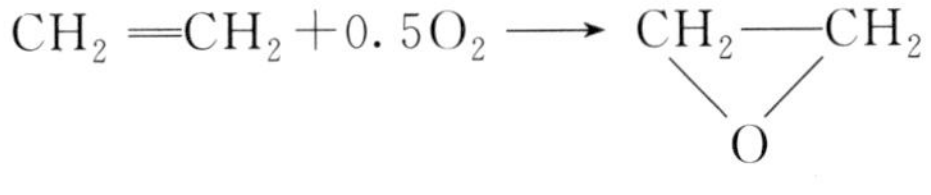
(6-47)

副反应有乙烯深度氧化等反应：

$$CH_2=CH_2+3O_2 \longrightarrow 2CO_2+2H_2O \tag{6-48}$$

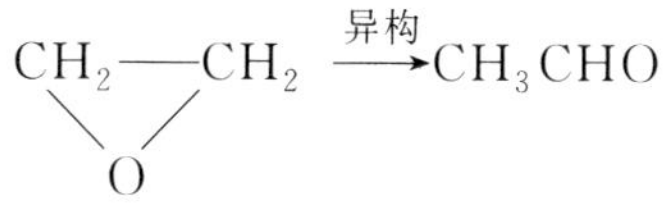 (6-49)

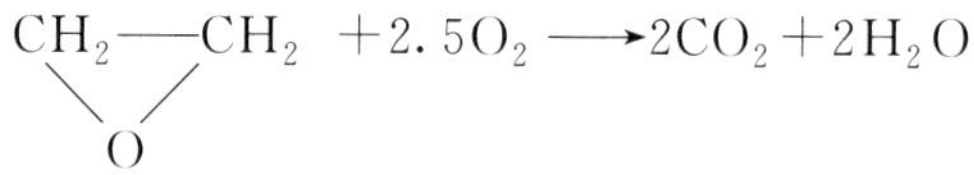 (6-50)

$$CH_2=CH_2+\frac{1}{2}O_2 \longrightarrow CH_3CHO \tag{6-51}$$

$$CH_2=CH_2+O_2 \longrightarrow 2CH_2O \tag{6-52}$$

在工业生产中，反应产物主要是环氧乙烷、二氧化碳和水，而生成甲醛、乙醛量极少，可忽略不计。若反应条件控制不当，造成温度过高，目的产物环氧乙烷会发生深度氧化。所以，乙烯氧化生成环氧乙烷的反应过程可简化为两个平行反应和一个连串反应，而环氧乙烷则可视作乙烯氧化的中间产物：

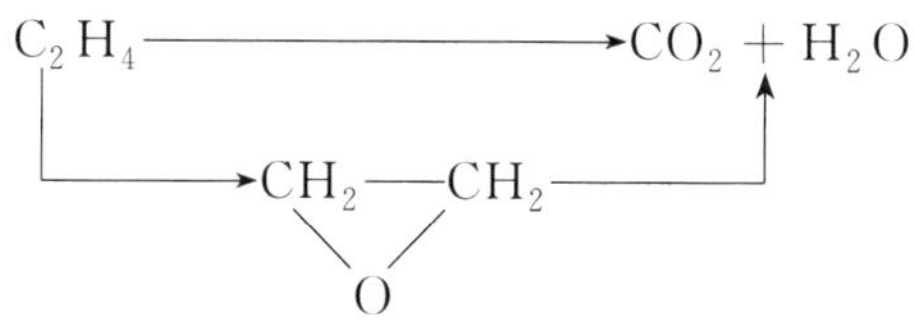 (6-53)

以上两个主要反应在250℃时的反应热效应、反应自由焓变、反应平衡常数如表6-19所示。

由表6-19可知，在250℃时乙烯氧化生成环氧乙烷的反应是一个强烈的放热反应，其副反应的反应热比主反应大10倍多。主、副反应的化学推动力都很大，尤其是副反应的推动力比主反应大得多。副反应平衡常数比主反应平衡常数也要大得多，且均可以看作不可逆反应。完全氧化的副反应不仅使环氧乙烷的收率降低，且对反应热效应影响极大。当反应选择性由70%降到40%时，反应热效应增加1倍。这些数据清楚地表明，欲使乙烯氧化获得环氧乙烷理想产物，必须进一步选择特定而适宜的反应条件以及具有良好选择性的催化剂。

表6-19　乙烯直接氧化反应过程的主要热力学数据（250℃）

乙烯氧化反应式	ΔH/(kJ/mol)	$\Delta G^{\ominus}$/(kJ/mol)	K_p
$C_2H_4+0.5O_2 \longrightarrow$ CH$_2$—CH$_2$（环氧，O 桥连）	−107.3	−63.82	2.84×10^{6}
$CH_2=CH_2+3O_2 \longrightarrow 2CO_2+2H_2O$	−1323.0	−1304.72	5.6×10^{139}

（2）催化剂

乙烯氧化生产环氧乙烷的关键在于催化剂。乙烯在绝大部分金属或其氧化物上进行氧化时，生成产物为二氧化碳和水，只有采用银为催化剂才可以获得环氧乙烷。这种催化剂不仅能抑制副反应，还能加速主反应。因此，空气法或氧气法生产环氧乙烷均以银为催化剂。银催化剂的组成如下：

① 主催化剂　金属银是主催化剂，其质量分数一般为10%～20%。

② 载体　由于乙烯的环氧化反应存在着平行副反应和连串副反应（次要的）的竞争，又是一个强烈放热反应，故载体的表面结构和孔结构及其导热性能对反应的选择性和催化剂颗粒内部温度分布有显著的影响。载体比表面积大，催化剂活性高，但也有利于乙烯完全氧化反应的发生，甚至得不到环氧乙烷。载体如有细孔隙，由于在细孔隙中扩散速率慢，产物

环氧乙烷在孔隙中浓度比主流体中高，有利于连串副反应的进行。工业上为了控制反应速率和选择性，一般多采用低比表面、大孔径、无孔隙或粗孔隙型、传热性能良好、热稳定性高的 α-Al_2O_3 或含有少量 SiO_2 的 α-Al_2O_3 为载体。

③ 助催化剂　在反应过程中，银催化剂易发生熔结和烧结现象，使其活性迅速下降，寿命缩短。添加助催化剂可对银粒起分散作用并防止结块，有利于提高催化剂的稳定性和活性，且可延长其使用寿命。此外，还能加速环氧化速率，降低反应温度。所用的助催化剂包括碱土金属、稀土金属和贵金属等，用得最广泛的是 Ca 和 Ba。助催化剂含量不宜过多，如过多则催化剂活性反而下降。在碱金属中，KCl 的助催化效应较为明显，添加适量的 KCl 可使催化剂的选择性增加。

④ 抑制剂　在乙烯环氧化过程中，伴随有乙烯原料和产物环氧乙烷的完全氧化。在银催化剂中加入硒、碲、氯、溴等，对抑制二氧化碳的生成，提高银催化剂的选择性有较好的效果，但活性却降低。这类物质称为调节剂，也称抑制剂。在原料气中添加这类抑制剂物质也能起到同样效果和作用，现工业上通常采用二氯乙烷作为抑制剂。在正常操作时，可连续将二氯乙烷加入原料气中，以补偿其在反应过程中的损失，用量一般为原料气的 1×10^{-6}～3×10^{-6}。用量过大，往往造成催化剂中毒，活性显著降低。但这种中毒不是永久性中毒，停止通入二氯乙烷后，催化剂的活性可逐渐恢复。

这类催化剂的特点是，当乙烯转化率高时，其相应的选择性有所下降。所以，现行工业生产的空气法或氧气法，原料转化率较低，一般控制在 30% 左右，以使选择性保持在 70%～80%。

6.2.5.2　环氧乙烷生产工艺条件

（1）温度

在乙烯氧化生产环氧乙烷的反应中，存在着完全氧化反应的激烈竞争，而影响竞争的主要因素是反应温度。当反应温度略高于 100℃时，氧化产物几乎全部是环氧乙烷，选择性可近似为 100%。然而，在这样低的温度下进行反应，反应速率慢，转化率低，没有现实生产意义。随着温度的升高，主反应速率加快，完全氧化的副反应也开始发生。当反应温度超过 300℃时，银催化剂几乎对生成环氧乙烷反应不起催化作用，但转化率很高，此时的反应产物主要是乙烯完全氧化生成的二氧化碳和水。

可见，乙烯氧化生产环氧乙烷最重要的是选择性问题，应选择一个较为适宜的温度，一般控制在 220～280℃，并按所用氧化剂及催化剂活性稍有不同。当用空气作氧化剂时，反应温度为 240～290℃；若用氧气作氧化剂时，反应温度以 230～270℃为宜。按常规，在操作初期催化剂活性较高，宜控制在低限；在操作终期催化剂活性较低，宜控制在高限。

（2）空速

空速是影响反应转化率和选择性的另一因素。在乙烯环氧化过程中主要竞争反应是平行副反应，空速提高虽转化率略有下降，但反应选择性将有所增加。对强放热反应而言，空速高还有利于迅速移走大量的反应热，有利于维持反应温度。但空速过高，虽提高了生产能力，而反应气中的环氧乙烷量却很少，造成大量循环气体，增大了分离工序的负荷，使动力费用增加。空速过低，生产能力不仅低，反应选择性也会下降。目前，氧气氧化法的空速一般采用 4000～$6000h^{-1}$，此时乙烯单程转化率为 9%～12%。空气氧化法的空速在 $7000h^{-1}$ 左右，乙烯单程转化率为 30%～35%。在上述的转化率范围内，反应选择性可达 70%～75%。

（3）反应压力

加压对反应的选择性没有任何影响，但可以提高反应器的生产能力，且有利于从反应气体产物中回收环氧乙烷，故工业生产上大多采用加压氧化。但压力过高(高于 2.5MPa)，则要求设备耐压度高，且催化剂易磨损，加之由于环氧乙烷有聚合趋势，导致含碳物质在催化剂表面上沉积，使催化剂寿命大为降低。目前，工业上采用的操作压力(反应器入口压力)一般为 2.0～2.3MPa。生产实践表明，当反应压力由 2.0MPa 左右提高到 2.3MPa 时，生产能力约提高 10%。

（4）原料气

① 原料气中乙烯的体积分数　在乙烯直接氧化生产环氧乙烷工艺中，乙烯是制取环氧乙烷的主要原料，在原料气中，乙烯的体积分数对整个反应的活性及选择性具有直接的影响，对于反应的稳定性也有影响。通常情况下，为保证反应的活性、选择性及其稳定性，将原料气中乙烯的体积分数控制在 30%以下。

原料气中乙烯体积分数的变化对环氧乙烷的生成选择性和产率有直接影响，原料气中乙烯体积分数在 20%～30%时，在银催化剂作用下，目前工业上乙烯环氧化反应生成环氧乙烷的转化率已达到大于 8.0%的水平，环氧乙烷的生成选择性达到大于 80.0%的水平。在混合原料气中存在氮氧化物气体的前提条件下，混合原料气中乙烯的体积分数可提高到 40%～85%。

② 原料乙烯成本的降低　在乙烯直接氧化生产环氧乙烷工艺中，环氧乙烷的生产成本很大程度上由原料乙烯的成本所决定。乙烯直接氧化生产环氧乙烷工艺所用乙烯的来源较多，如丙烷裂解、乙烷裂解、炼厂干气裂解、石脑油工艺等都可制取乙烯。通过炼油工艺及乙烯轻烃资源的优化，可降低乙烯的生产成本，选用低成本的乙烯原料，可降低生产环氧乙烷的成本。

降低环氧乙烷的生产成本，提高原料乙烯的利用效率，一个重要的措施是提高乙烯环氧化反应所用的银催化剂的整体性能。用于乙烯直接氧化生产环氧乙烷工艺中的银催化剂的选择性、活性、使用寿命和稳定性是银催化剂反应性能的主要指标，乙烯在反应过程中转化成环氧乙烷的体积和乙烯总转化体积之比为银催化剂的选择性。选择性是评价银催化剂的一个主要指标，选择性每提高 1%，乙烯转化成环氧乙烷的体积增加约 1%，环氧乙烷的生产成本相应降低约 1%。

银催化剂的活性与反应温度有关，在越低反应温度下达到越高环氧乙烷产率的银催化剂活性越高，银催化剂的活性直接影响乙烯转化率及环氧乙烷产率。在相同的反应条件下，活性高的银催化剂得到高的乙烯转化率及环氧乙烷产率，银催化剂的活性每提高 0.1%，乙烯转化率及环氧乙烷产率分别提高约 0.1%。

提高银催化剂使用寿命可延长银催化剂使用时间，相应降低生产成本。提高银催化剂稳定性，可有效降低银催化剂在使用过程中的减活速率，保证环氧乙烷生成选择性和产率的稳定性，避免生产成本的提高。

③ 氧气的高纯化　早期生产环氧乙烷用的氧气取自空气，后来乙烯直接氧化生产环氧乙烷工艺逐渐采用近乎纯氧作原料。

氧气的高纯化改变了原料气的组成，进而优化了反应过程，原料气中组分的改变在适度条件下可提高生成环氧乙烷的选择性及其产率，还可减少汽提二氧化碳的成本，增加乙烯回收装置的生产能力。

氧气的高纯化可以减少原料气中多余杂质对反应的不利影响，相对于空气法乙烯直接氧化生产环氧乙烷工艺，用高纯氧作原料的氧气法乙烯直接氧化生产环氧乙烷工艺，更有利于原料配比的优化。

新近研究的乙烯直接氧化生产环氧乙烷工艺中高纯氧的体积分数已达 99.95%。早期空气法乙烯直接氧化生产环氧乙烷工艺用空气作为氧源，空气是混合气体，空气法乙烯直接氧化生产环氧乙烷工艺的反应气中混入了空气中的杂质气体，乙烯转化率及环氧乙烷的生成选择性均受到直接影响。随着原料氧的纯度不断提高以及乙烯直接氧化生产环氧乙烷工艺过程和银催化剂的不断改进，环氧乙烷的生成选择性和产率不断提高，高纯氧的体积分数达到 99.95%以后，乙烯直接氧化生产环氧乙烷工艺的环氧乙烷生成选择性稳定在 80.0%以上。氧气法乙烯直接氧化生产环氧乙烷工艺已是生产环氧乙烷的主导工艺。高纯氧的应用是提高环氧乙烷生成选择性和产率的一个有效措施。

④ 含氯抑制剂的添加　在乙烯直接氧化生产环氧乙烷工艺中，乙烯在银催化剂上的氧化反应，主反应是乙烯环氧化生成环氧乙烷的反应，主反应的选择性无论在实验中还是在工业生产中都稳定在 80%以上。乙烯除了与氧发生环氧化反应生成环氧乙烷外，还与氧发生深度氧化反应生成二氧化碳和水，这是乙烯环氧化反应的一个副反应，该副反应实质上是乙烯的燃烧反应，是放热反应，另一个较重要的副反应是生成的环氧乙烷再氧化反应。提高生成环氧乙烷选择性的一个重要方法是抑制副反应的发生，在乙烯直接氧化生产环氧乙烷工艺的反应气中加入极微量的二氯乙烷，可有效地抑制副反应乙烯深度氧化反应的发生。用于乙烯直接氧化生产环氧乙烷工艺中的银催化剂的催化作用机理研究表明，氯在银表面上的吸附有利于环氧乙烷生成选择性的提高。含氯抑制剂除了二氯乙烷，还有其他含氯化合物。

⑤ 原料气异构化的抑制　乙烯直接氧化生产环氧乙烷工艺的原料气的主要成分是乙烯、氧气和氮气(含二氯乙烷)，在反应器中反应后生成环氧乙烷等产品，环氧乙烷在银催化剂的进一步作用下，有可能发生异构化反应，生成环氧乙烷的同分异构体乙醛，异构化反应的发生，整体上降低了环氧乙烷的生成选择性。在乙烯直接氧化生产环氧乙烷工艺中抑制异构化反应的发生，可通过改装反应管，降低冷却区温度的方法，减弱异构化反应的程度；通过对反应器的优化设计，减少生成的环氧乙烷与银催化剂再度接触的时间与空间，也可有效避免环氧乙烷异构化反应的发生，从而提高环氧乙烷生成选择性。

⑥ 原料气中水摩尔分数的控制　在乙烯直接氧化生产环氧乙烷工艺的反应条件下，原料气中的水以水蒸气方式存在。新近研究结果表明，在一定反应温度下，对于乙烯环氧化合成环氧乙烷反应，原料气中水蒸气摩尔分数控制的最佳范围是 0.13%以下。超过这个范围，乙烯环氧化合成环氧乙烷反应的原料气中水蒸气对银催化剂的活性和选择性均产生不利影响，原料气中水蒸气摩尔分数达到 0.32%时，对银催化剂稳定性有不利影响，在其后的摩尔分数范围中，随着原料气中水蒸气摩尔分数的升高，乙烯转化率降低。原料气中水蒸气摩尔分数应控制在较低的范围内，即 0.13%以下。

⑦ 原料气中杂质摩尔分数的控制　在乙烯直接氧化生产环氧乙烷工艺中，乙烯和氧气是生产环氧乙烷的主要原料，都含有微量的杂质，杂质摩尔分数在一定范围内，不会对乙烯环氧化反应产生不利影响。氧气的杂质主要是氩气，氩气是惰性气体，较难发生化学反应，但在反应过程中容易积累，到达一定摩尔分数就有可能影响到乙烯环氧化反应的反应性能。原料气中乙烷、乙炔、一氧化碳、丙烯等杂质，在摩尔分数极低时，对乙烯环氧化反应转化率和选择性无明显影响；摩尔分数稍微升高，在反应条件下，乙烷无反应发生，乙炔、一氧化碳、丙烯与氧气发生氧化反应，进而影响到乙烯环氧化反应的反应性能。因此应有效地控制原料气中各种不同杂质的摩尔分数，优化原料气的组成，进而优化乙烯环氧化反应的反应性能。对于乙烯环氧化合成环氧乙烷反应的原料气中各种杂质摩尔分数的新近研究表明，各种杂质都有最高允许值，乙烷应小于 0.5%、乙炔应小于 15μL/L、一氧化碳应小于 100μL/

L、丙烯应小于 15μL/L，杂质摩尔分数在以上范围内的反应气对银催化剂的选择性和活性不会产生较大的不利影响，当原料气中的一种或多种杂质摩尔分数超过这个范围时，乙烯直接氧化生产环氧乙烷工艺所用的银催化剂的催化性能会受到原料气中不同杂质的不同影响。

6.2.5.3 乙烯氧化法生产环氧乙烷工艺流程

乙烯环氧化反应是一个强放热反应，而且伴随有完全氧化副反应的发生，放热更为剧烈，故要求采用的氧化反应器能及时移走反应热。同时，为发挥催化剂最大效能和获得高的选择性，要求反应器内反应温度分布均匀，避免局部过热。对乙烯催化氧化制环氧乙烷而言，由于单程转化率较低（10%～30%），采用流化床反应器更为合适，在 20 世纪五六十年代，世界各国均对此进行试验，终因银催化剂的耐磨性差、容易结块以及由此而引起的流化质量不好等问题难以解决，直到现在还没有实现工业化。催化剂被磨损不仅造成催化剂的损失，而且会造成“尾烧”，即出口尾气在催化剂粉末催化下继续进行催化氧化反应，由于反应器出口处没有冷却设施，反应温度自动迅速升至 460℃以上，流程中一般多用出口气体来加热进口气体，此时进口气体有可能被加热到自燃温度，有发生爆炸的危险。因此，目前全世界乙烯环氧化反应器全部采用列管式固定床反应器。

由于采用的氧化剂不同，工艺流程的组织可分为空气氧化法和氧气氧化法。空气氧化法安全性较高，但选择性较低，尾气需要连续排放，乙烯单耗高，另外需增加副反应器，以便使乙烯反应更完全，投资费用高于氧气氧化法。因此，大型的装置多采用氧气氧化法。

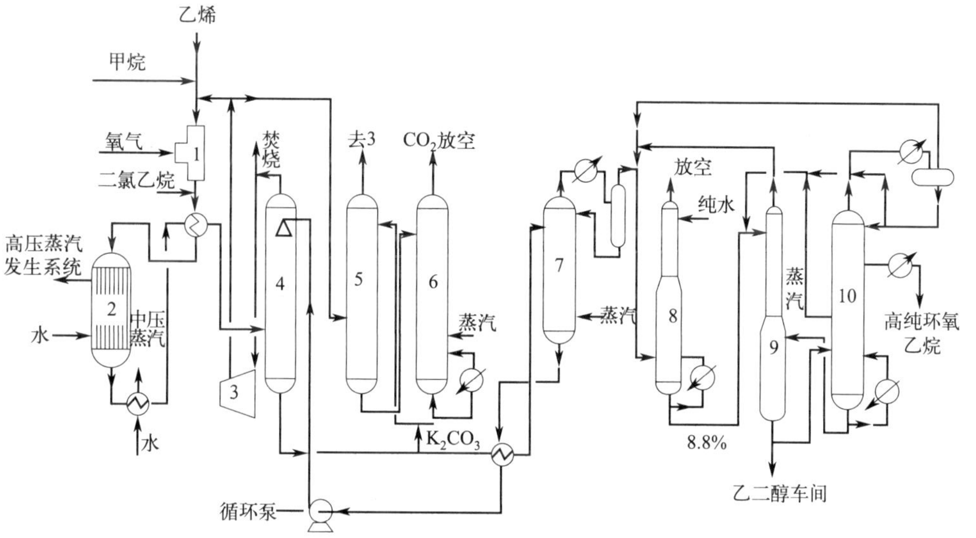

图 6-24 乙烯直接氧化生产环氧乙烷工艺流程

1—原料混合器；2—反应器；3—循环压缩机；4—环氧乙烷吸收塔；5—二氧化碳吸收塔；6—碳酸钾再生塔；7—环氧乙烷解吸塔；8—环氧乙烷再吸收塔；9—乙二醇原料解吸塔；10—环氧乙烷精制塔

氧气氧化法乙烯直接氧化生产环氧乙烷的工艺流程如图 6-24 所示。原料氧气和乙烯、含抑制剂的致稳气以及循环气在混合器中混合后[$\varphi(O_2)=7\%\sim8\%$，$\varphi(C_2H_4)=20\%\sim30\%$]，经热交换器与反应后的气体进行热交换，预热至一定温度，从列管式反应器上部进入催化剂床层。在配制混合气时，由于是纯氧加入混合气中去，必须使氧气和循环气迅速混合达到安全组成，避开爆炸极限，如果混合不好很可能形成氧气浓度局部超过极限浓度，进入热交换器时，由于反应器出口气体温度较高易引起爆炸危险。为此，混合器的设计极为重要，工业上是借多空喷射器对着混合气流的下游将氧气高速喷射入循环气和乙烯混合气中，使它们迅速混合均匀，以减少混合循环气返混入混合器的可能性。为确保安全，需要装配自动分析仪监测各组成，并配置自动报警联锁切断系统，热交换器安装需有防爆措施，如放置在防爆墙内等。

列管式反应器管内装填催化剂，管间走加压热水移出反应所放出的热量，通过调节副产蒸汽压力，达到控制反应器温度的目的。反应器在平均压力 2.02MPa 下操作，反应温度为 235～275℃，空速为 $4300h^{-1}$，乙烯的单程转化率（体积分数）为 9%，对环氧乙烷的选择性为 79.6%。反应器采用加压沸腾水散热，并设置高压蒸汽发生系统，供本装置使用。

反应后的气体经换热产生中压蒸汽，冷却到 87℃后进入环氧乙烷吸收塔。该塔顶部用来自环氧乙烷解吸塔的贫循环水喷淋，吸收反应生成的环氧乙烷。未被吸收的气体中含有许多未反应的乙烯，其大部分作为循环气经循环压缩机升压后返回反应器循环使用。为控制原料气中氩气和烃类等杂质在系统中积累，可在循环压缩机升压前，间断排放一小部分送去焚烧。为维持反应系统中二氧化碳体积分数在 7%左右，需把部分气体送二氧化碳脱除系统处理，脱除二氧化碳后再返回循环气系统。

二氧化碳脱除系统由二氧化碳吸收塔与碳酸钾再生塔组成。本工艺采用在 100℃、2.2MPa 压力下，以质量分数为 30%以上的碳酸钾溶液为吸收剂，将二氧化碳吸收，使二氧化碳体积分数降至 3.5%以下。二氧化碳吸收塔釜液进入碳酸钾再生塔，此塔在 0.2MPa 压力下操作，把碳酸钾溶液中的二氧化碳用蒸汽汽提出来，大量富含 CO_2 的气体在塔顶放空排放。再生后的碳酸钾溶液泵回二氧化碳吸收塔。

碳酸钾溶液中常含有铁、油和乙二醇等不纯物，在加热过程中这些物质易产生发泡现象，使塔设备压差增大，故生产中常加入消泡剂。

从环氧乙烷吸收塔底部流出的环氧乙烷水溶液进入环氧乙烷解吸塔，目的是将产物环氧乙烷通过汽提从水溶液中解吸出来。解吸出来的环氧乙烷、水蒸气及轻组分进入该塔冷凝器。大部分水及重组分冷凝后返回环氧乙烷解吸塔，未冷凝气体与乙二醇原料解吸塔顶气，以及环氧乙烷精制塔顶部馏出液汇合后，进入环氧乙烷再吸收塔。环氧乙烷解吸塔釜液作为环氧乙烷吸收塔的吸收液。解吸后的环氧乙烷在再吸收塔用冷的工艺水再吸收，将二氧化碳与其他不凝气体从塔顶放空。再吸收塔釜液环氧乙烷质量分数约 8.8%，在乙二醇原料解吸塔中，用蒸汽加热进一步汽提除去水溶液中的二氧化碳和氮气，即可作为生产乙二醇的原料或再精制为高纯度的环氧乙烷产品。

环氧乙烷精制塔以直接蒸汽加热，上部塔板用于脱甲醛，中部用于脱乙醛，下部用于脱水。靠近塔顶侧线抽出质量分数＞99.99%的高纯度环氧乙烷，中部侧线采出含少量乙二醇的环氧乙烷(返回乙二醇原料解吸塔)，塔釜液返回精制塔中部，塔顶馏出含有甲醛的环氧乙烷返回乙二醇原料解吸塔，回收环氧乙烷。

6.2.6 丙烯氨氧化制丙烯腈

化工原料作为化学工业的基础，其种类繁多、来源广泛。不同的原料需要经过相应的初步加工处理，以满足后续化学反应或产品制造的需求。

丙烯腈的分子式为 C_3H_3N，结构式为 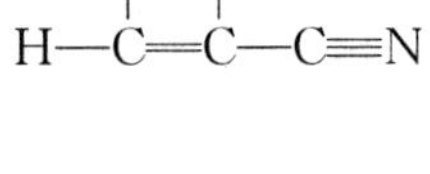。

分子量为 53.6，沸点为 77.3℃，凝固点为－83.6℃，闪点为 0℃，自燃点为 481℃，相对密度为 0.8060。丙烯腈在室温和常压下，是具有刺激性臭味的无色液体。有毒，在空气中的爆炸极限为 3.05％～17.0％。能溶于许多有机溶剂，与水部分互溶，丙烯腈在水中溶解度为 3.3％，水在丙烯腈中溶解度为 3.1％，与水形成最低共沸物，沸点 71℃。在丙烯腈分子中有双键和氰基存在，性质活泼、易聚合，也易与其他不饱和化合物共聚，是三大合成材料的重要单体。丙烯腈主要用于生产聚丙烯腈纤维、ABS 树脂等工程塑料和丁腈橡胶。经过二聚、加氢制得的己二腈是聚酰胺单体己二胺的原料。丙烯腈用途分配为：合成纤维占 40％～60％，树脂和橡胶占 15％～28％。

生产丙烯腈的方法有环氧乙烷法、乙炔氢氰酸法和丙烯氨氧化法。由于环氧乙烷法和乙炔氢氰酸法在技术经济上落后于丙烯氨氧化法，所以目前丙烯氨氧化法是丙烯腈生产的主要路线。该法以丙烯、氨和空气在流化床反应器中反应生成丙烯腈，并副产乙腈和氢氰酸。近年催化剂的新进展已使丙烯腈产率提高了 20％。BP、旭化成、首诺和杜邦公司均拥有该技术专利权。BOC 公司开发了生产丙烯腈的 Petrox 工艺，该工艺可提高产率 20％，减少 CO_2 排放 50％，降低投资费用 20％，减少操作费用 10％～20％。

6.2.6.1 生产原理

（1）丙烯氨氧化生产丙烯腈的主副反应

丙烯氨氧化生产丙烯腈的主副反应如下（反应温度为 460℃）。

主反应：

$$CH_2=CH-CH_3+NH_3+\frac{3}{2}O_2 \longrightarrow CH_2=CH-CN+3H_2O+518.8kJ/mol \quad (6\text{-}54)$$

副反应：

$$CH_2=CH-CH_3+\frac{3}{2}NH_3+\frac{3}{2}O_2 \longrightarrow \frac{3}{2}CH_3-CN+3H_2O+552.3kJ/mol \quad (6\text{-}55)$$

$$CH_2=CH-CH_3+3NH_3+3O_2 \longrightarrow 3CHN+6H_2O+941.4kJ/mol \quad (6\text{-}56)$$

$$CH_2=CH-CH_3+O_2 \longrightarrow CH_2=CH-CHO+H_2O+351.5kJ/mol \quad (6\text{-}57)$$

$$CH_2=CH-CH_3+\frac{3}{4}O_2 \longrightarrow \frac{3}{2}CH_3CHO+267.8kJ/mol \quad (6\text{-}58)$$

$$CH_2=CH-CH_3+\frac{9}{2}O_2 \longrightarrow 3CO_2+3H_2O+1925kJ/mol \quad (6\text{-}59)$$

$$CH_2=CH-CH_3+3O_2 \longrightarrow 3CO+3H_2O+941.4kJ/mol \quad (6\text{-}60)$$

$$CH_2=CH-CH_3+\frac{1}{2}O_2 \longrightarrow (CH_3)_2CO+330.5kJ/mol \quad (6\text{-}61)$$

$$NH_3+\frac{3}{4}O_2 \longrightarrow \frac{1}{2}N_2+\frac{3}{2}H_2O+318.0kJ/mol \quad (6\text{-}62)$$

副反应的产物可分为 3 类：第一类是氰化物，主要有氢氰酸和乙腈及少量丙腈，其中乙腈和氢氰酸用途较广，故应设法回收。第二类是有机含氧化合物，主要有丙烯醛及少量丙酮和其他含氧化合物。丙烯醛虽然量不多，但不易除去，给精制带来不少麻烦，应该尽量减少。第三类是深度氧化产物一氧化碳和二氧化碳。由于丙烯完全氧化生成二氧化碳和水的反应热是主反应的 3 倍多，所以在生产中必须注意控制反应温度以避免这类副反应的发生。

(2) 催化剂

丙烯氨氧化生产丙烯腈所用催化剂主要有钼系和锑系催化剂。

钼系催化剂的结构为$[RO_4(H_2XO_4)_n(H_2O)_n]$。R为P、Mn、As、Si、Th、Ti、Cr、La、Ce等；X为Mo、W、Mn、V等。其代表性的催化剂为美国Sohio公司的C-41、C-49及我国的MB-82、MB-86。其中C-49催化剂组分为P 0.5，Mo 12，Bi 1，Fe 3，Ni 2.5，Co 4.5，K 0.1。一般认为Mo、Bi为催化剂的活性组分，其余为助催化剂。P_2O_5是较典型的助催化剂，加入微量后可使催化剂的活性提高。催化剂中加入钾可降低催化剂表面酸度，从而提高催化剂活性及选择性。其他组分的引入与氧化催化剂的性能相似。

锑系催化剂的活性组分为Sb、Fe，为克服催化剂易还原劣化的缺点，可向催化剂中添加V、Mo、W等元素。为提高催化剂的选择性，可添加电负性大的元素，如B、P、Te等元素。为消除催化剂表面的Sb_2O_5不均匀白晶粒，可添加Mg、Al等元素。典型锑系催化剂的组分为Sb 25，Fe 10，Te 19，Si 30。

各类催化剂载体与反应器形式有关，使用流化床时对催化剂强度及耐磨性能要求甚高，一般用粗孔微球形硅胶载体。采用固定床时，载体的导热性能显得很重要，一般采用低比表面积没有微孔结构的惰性物质作载体，如刚玉、碳化硅等。

6.2.6.2 工艺条件

(1) 原料配比

① 丙烯与氨配比　由于丙烯既可以氧化生产丙烯醛，也可以氨氧化成丙烯腈，两者都属于烯丙基氧化反应，故氨比的控制对这两个产物的生成有直接影响。若氨用量过少，较多的丙烯醛生成；但用量过多，既增加氨的消耗，又要增加中和用硫酸的消耗。根据催化剂的性能不同，一般控制氨比为1∶(1.05～1.1)，氨略微过量。

② 丙烯与空气配比　丙烯氨氧化以空气作氧化剂，理论用量是n(丙烯)∶n(空气)=1∶7.3，实际生产过程中要求空气适当过量。一是因为副反应要消耗氧；二是由于尾气中要有过量氧存在以防止催化剂被还原失去活性。但空气太多也会带来如下问题：丙烯浓度下降，降低了反应器的生产能力；反应产物离开床层后继续深度氧化，选择性下降；增加动力消耗；产物浓度下降，增加回收困难，故空气用量也有一适宜值。另外，空气用量也与催化剂性能有关，一般控制在n(丙烯)∶n(空气)=1∶(9.5～12)。

(2) 反应温度

反应温度是丙烯氨氧化合成丙烯腈的重要指标。它对反应产物的收率、催化剂的选择性及寿命、安全生产均有影响。选择适宜的反应温度，可达到理想的反应效果，否则会降低丙烯腈收率及选择性，使副产物增加。图6-25为丙烯在钼系催化剂上氨氧化温度对主副反应产物收率的影响。

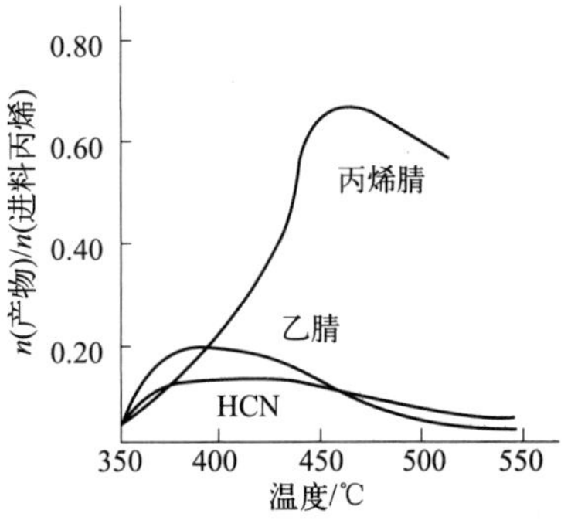

图6-25　反应温度与各产物收率的关系

由图6-25可看出，图上有一极大值。在此，丙烯腈的适宜合成温度在450℃左右，一般控制在470℃左右。而C-41活性较高，适宜温度在440℃左右。

（3）反应压力

丙烯氨氧化的动力学方程为：

$$v=kC_A \tag{6-63}$$

式中，v 为丙烯氨氧化的反应速率；C_A 为丙烯的体积分数；k 为速率常数，其值为 $2\times10^5\exp(-1600/RT)$，当催化剂磷的质量分数为0.5%时为 $8\times10^5\exp(-18500/RT)$。

由动力学方程可知，压力增加，选择性及丙烯腈收率降低。因此，生产中一般不采用加压操作，反应器中的压力只是为了克服后续设备的阻力，所以通常压力为55kPa。

（4）接触时间

氨氧化过程的主要副反应均为平行副反应，接触时间对丙烯转化率和丙烯腈收率的影响见图6-26。

由图6-26可知，丙烯腈收率随接触时间增长而增加，而主要副产物增加不多，这对生产是有利的。因此，可以适当利用增加接触时间的方法提高丙烯腈收率。但过长的接触时间会导致原料气的投入量下降，影响反应器的生产能力。另外，反应物、产物长时间处在高温下，容易发生热分解及深度氧化生成二氧化碳。目前，生产装置控制接触时间在6～15s。

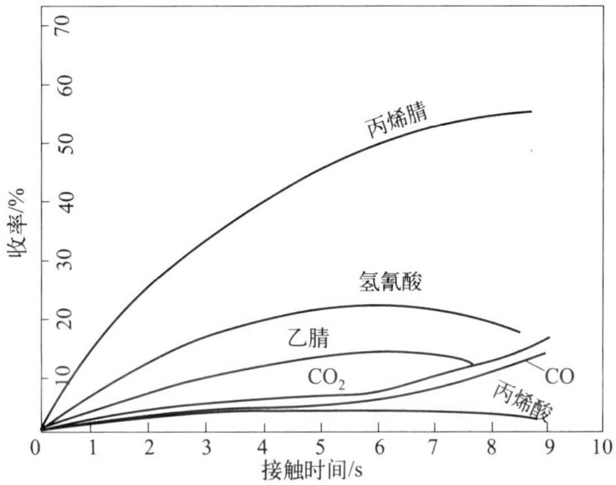

图6-26　接触时间对主副反应收率的影响

6.2.6.3　工艺流程

目前，国际上丙烯腈总生产能力中，有90%以上是采用Sohio公司（Standard Oil Company of Ohio，俄亥俄州美孚石油公司）开发的以钼、铋氧化物为催化剂的Sohio法丙烯氨氧化制丙烯腈。其工艺流程图如图6-27所示。

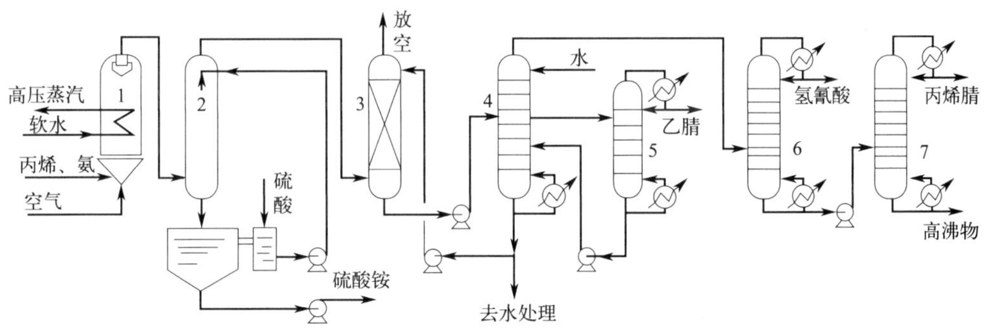

图6-27　丙烯氨氧化制丙烯腈Sohio法工艺流程图

1—反应器；2—急冷塔；3—吸收塔；4—萃取解吸塔；5—汽提塔；6—脱氰塔；7—成品塔

丙烯、氨和空气送入流化床反应器1，反应中产生的大量反应热，用设置在反应器内的冷却水管移出并产生高压蒸汽。离开反应器的高温反应气体去急冷塔2用水喷淋冷却。为了除去反应气中的未反应氨，在喷淋水中加入硫酸。冷却后的反应气体进入吸收塔 3，用低温水将反应气中的全部可凝性有机物吸收下来，不被吸收的尾气放空。放空的尾气中主要是氮气，还有一氧化碳、二氧化碳，以及原料中带入的丙烷和少量未反应的丙烯。

吸收塔 3 的水吸收液去萃取解吸塔 4，用水作为萃取溶剂进行萃取蒸馏。由萃取解吸塔 4 顶部蒸出几乎全部丙烯腈和氢氰酸，也含有一定量的水，送到脱氰塔 6 精制。由萃取解吸塔 4 下部侧线抽出含有 3%～8%乙腈和微量氢氰酸的水溶液进入汽提塔 5，塔顶得到粗乙腈，塔底为水。萃取解吸塔釜液主要是水和少量高沸物，大部分作为循环水回到吸收塔 3，一部分用作萃取解吸塔的萃取溶剂水，多余的水作为污水排放。

来自萃取解吸塔顶部的粗丙烯腈在脱氰塔 6 中，从塔顶分离出高纯度的氢氰酸，在中部侧线采出水分，塔釜液去成品塔 7 进一步精制。

在成品塔中，塔顶排出少量低沸物，塔顶部侧线抽出成品丙烯腈，塔底排出高沸物。

6.2.6.4 含氰废气和废水的处理

氢氰酸是剧毒物质，丙烯腈的毒性也很大，故在生产中必须做好安全防护，含氰废气和废水均需经过处理才能排放，以防污染环境。

废气处理一般采用催化燃烧法，适用于含有低浓度可燃性有毒有机废气。该法是将废气与空气在低温下通过负载型金属催化剂，使之发生完全氧化反应生成 CO_2 和 H_2O、N_2 等无毒物质，催化燃烧后的高温尾气可用于透平和发电，进一步利用余热后排入大气。废水处理需采用不同方法。对于量少而 HCN 和有机氰化物含量高的废水，通过添加辅助燃料后直接喷入燃烧炉焚烧处理。在处理氨中和塔排出的含氰硫铵废水时，应先回收硫铵，以免燃烧时产生 SO_2 污染大气，而在结晶硫铵中因含有氰化物，故其利用价值不高。因此，开发氨转化率高的催化剂，使未转化的氨减少甚至消除，可减少硫酸用量甚至不用硫酸，直至取消氨中和塔，可以简化工艺，减少“三废”处理，实现绿色环保生产。对于废水量大而含氰化物浓度较低时，则可用生化方法处理。常用的方法是曝气池活性污泥法。污泥中的微生物以有机污染物为食，在酶的催化作用以及有足够氧供给条件下，将这些有毒物质分解为无毒或毒性较低物质（CO_2 和 H_2O）而除去。此法的缺点是曝气过程中易挥发的氰化物会随空气逃逸至大气造成二次污染。

近年来广泛采用生物转盘法，该法在处理总氰（以—CN 计）含量为 50～60mg/L 的丙烯腈污水后，—CN 的脱除率为 99%。中国国家标准规定，工业废水中氰化物（以游离—CN 计）最高允许排放浓度为 0.5mg/L。

通常以生化需氧量（BOD）和化学需氧量（COD）衡量水质的污染程度。BOD 是指废水中的有机物由于受到微生物的生化作用而进行氧化分解时所需的氧量（mg/L）。COD 为强氧化剂氧化废水中的有机物时所需的氧量（mg/L），常用的氧化剂是重铬酸钾和高锰酸钾。

6.2.6.5 丙烯腈生产的新工艺

尽管目前丙烯氨氧化工艺在丙烯腈生产中仍占绝对优势，但由于丙烷资源丰富，丙烷与丙烯之间存在着巨大的价格差，从而使以 BP 公司和三菱化成公司（MCC）为代表的一些公司纷纷研究用丙烷作原料生产丙烯腈的工艺。20 世纪 90 年代初，BP 公司开发出了丙烷氨氧化一步法新工艺，它是在特定的催化剂下，以纯氧为氧化剂，同时进行丙烷氧化脱氢和丙烯氨反应。该工艺采用了一种新开发的催化剂，它对丙烯腈的选择性相当高，而对副产物丙烯酸的选择性较低，它既适用于以氧气为氧化剂的低丙烷转化工艺，又适合以空气为氧化剂的工艺。该工艺比传统丙烯法生产成本降低20%，而且丙烯酸之类的副产物少，产出更多的高价值产品乙腈和氢氰酸。

与此同时，日本三菱化学（MCC）和British Oxygen Co.（BOC）也开发成功了独特的循环工艺，它主要是丙烷氧化脱氢后生成丙烯，然后再以常规氨氧化法生产丙烯腈。其特点是采用选择性烃吸附分离体系的循环工艺，可将循环物流中的惰性气体和碳氧化物选择性地除去，原料丙烷和丙烯可全部被回收。循环的优势在于可以在低反应单程转化率的情况下提高产物选择性和总体收率，而且大幅度减少了CO_2的生成量，使生产成本降低约10%，原材料费用降低约20%，从而解决了低转化率带来的原料浪费问题，为丙烷制丙烯腈工艺的工业化打下了基础。

近年，日本旭化成公司开发的丙烷制丙烯腈工艺，将丙烷、氨和氧气在装填专用催化剂的管式反应器中反应，其催化剂是在二氧化硅上负载20%～60%的Mo、V、Nb或Sn金属，反应中采用NDA惰性气体进行稀释，反应条件为415℃和0.1MPa。当丙烷转化率为90%时，丙烯腈选择性为70%，丙烯腈总收率约为60%。

丙烷法工艺分为两种：其一是丙烷在稳定催化剂作用下，同时进行丙烷的氧化脱氢和丙烯氨氧化反应，这种丙烷直接氨氧化合成丙烯腈的工艺被称为丙烷一段直接氨氧化工艺；其二是丙烷经氧化脱氢后生成丙烯，然后以常规的丙烯氨氧化工艺生产丙烯腈，称为丙烷两段氨氧化工艺。

6.2.7 氧化过程的安全生产技术

6.2.7.1 氧化反应的主要危险性

氧化反应的主要危险性有以下几个方面。

（1）反应热难以移除

氧化反应需要加热，同时绝大多数反应又是放热反应，因此反应热如不及时移去，将会造成反应失控，甚至发生爆炸。

（2）反应物质易燃易爆

氧化反应中被氧化的物质大部分是易燃、易爆物质，如乙烯氧化制取环氧乙烷、甲醇氧化制取甲醛、甲苯氧化制取苯甲酸等，其中乙烯是可燃气体，甲苯和甲醇是易燃液体。

（3）氧化剂危险性高

氧化反应中的有些氧化剂本身是强氧化剂，如高锰酸钾、氯酸钾、过氧化氢、过氧化苯甲酰等，具有很大的危险性。这些氧化剂受高温、撞击、摩擦或与有机物、酸类接触，易引起燃烧或爆炸。

（4）物料配比和温度控制难

选择性氧化过程中，烃类及其衍生物的可燃气体或蒸气与空气或氧气形成混合物，在一定的浓度范围内，该混合物会自动迅速发生支链型连锁反应，最终发生爆炸，该浓度范围称为爆炸极限，简称爆炸限。爆炸限并不是一成不变的，它与体系的温度、压力、组成等因素有关。许多氧化反应是易燃、易爆物质与空气或氧气反应，反应投料比接近爆炸极限。如果物料配比或反应温度控制不当，极易发生燃烧或爆炸。

（5）产品具有火灾、爆炸危险性

氧化反应的产品，如环氧乙烷、36.7％的甲醛水溶液等，也具有火灾、爆炸危险性。

（6）副产物稳定性差

某些氧化反应能生成过氧化物副产物，这些副产物的稳定性差，遇高温或受撞击、摩擦易分解，造成燃烧或爆炸。

6.2.7.2 氧化过程的安全生产技术措施

氧化过程的安全生产技术是确保化工生产过程中氧化反应安全进行的关键。常见的氧化过程的安全生产技术措施有以下几个方面。

（1）严格控制反应条件

① 物料配比　以空气或氧气作氧化剂时，反应物料的配比（可燃气体和空气的混合比例）应严格控制在爆炸范围之外。对于一些爆炸威力较大的物系，不仅要在爆炸限以外操作，工业生产中还加入惰性气体作致稳气，且混合器的设计和混合顺序的选择也非常重要。爆炸威力不大、爆炸限小的物系，如邻苯二甲酸酐的生产，可在爆炸范围内操作，但必须有有效的安全防范措施。

② 加料速度　使用硝酸、高锰酸钾等氧化剂时，要严格控制加料速度，防止多加、错加。

③ 反应温度　严格控制反应温度，确保不超过被氧化物质的自燃点。使用有机溶剂和催化剂时，也需采取相应的安全措施。

④ 反应压力　控制适宜的压力，防止超压。

（2）防止杂质影响

空气进入反应器之前，应经过气体净化装置，消除空气中的灰尘、水汽、油污以及可使催化剂活性降低或中毒的杂质，以减少着火和爆炸的危险。防止设备、物料含有的杂质为氧化剂提供催化剂，例如有些氧化剂遇金属杂质会引起分解。

（3）安装安全设备

现场设置可燃气体浓度检测报警装置，在反应器前和管道上安装阻火器以阻止火焰蔓延，防止回火。反应器应有紧急泄放装置（安全阀、爆破片等），并尽可能采用自动控制或调节以及报警联锁装置。在设备系统中设置氮气、水蒸气灭火装置，以便及时扑灭火灾。

（4）加强设备维护和检查

定期对反应设备进行维护和检查，确保设备完好无损，无泄漏、堵塞等问题。配备齐全的安全设施，如紧急停车系统、自动控制系统、灭火器材等，确保在紧急情况下能够迅速采取应对措施。

（5）制定安全操作规程

制定详细的安全操作规程，明确操作步骤、注意事项和应急处理措施。定期对员工进行安全培训，提高员工的安全意识和操作技能。

（6）建立应急预案

制定应急预案，明确应急组织、救援程序和救援措施，确保在事故发生时能够迅速、有效地进行处置。定期组织应急演练，提高员工应对突发事故的能力和自我保护意识。

（7）储存、运输时注意安全

对于一些不稳定、易聚合或分解的化合物，储存、运输时也必须注意安全。

6.3 羰基合成

6.3.1 概述

随着一氧化碳化学的发展，有一氧化碳参与反应的类型不断增多。一般来说，在催化剂存在下，有机化合物分子中引入羰基 $>C=O$ 的反应都属于羰基合成化学的范畴。主要包括下述几类反应。

（1）氢甲酰化反应

氢甲酰化反应又称罗兰反应，是1938年德国鲁尔化学公司实验室的奥托、罗兰（Otto、Rolen）发现的。是一氧化碳和氢与烯烃双键结合生成比原料烯烃多一个碳原子醛的反应，以乙烯为例的反应为：

$$CH_2=CH_2+CO+H_2 \longrightarrow CH_3CH_2CHO \qquad (6\text{-}64)$$

由于反应的结果是在双键两端碳原子上分别加上一个氢原子和一个甲酰基 $-\overset{H}{\overset{|}{C}}=O$ ，称为氢甲酰化反应。所用的不饱和化合物结构不同，产物也不相同。

（2）不饱和烃在水存在下的羰基化

$$CH_2=CH_2+CO+H_2O \longrightarrow CH_3CH_2COOH \qquad (6\text{-}65)$$

$$CH\equiv CH+CO+H_2O \longrightarrow CH_2=CHCOOH \qquad (6\text{-}66)$$

反应结果是在双键或三键两端碳原子上分别加上一个氢原子和一个羧基，故又称氢羧基化反应。利用此反应可制得比原烯烃或炔烃多一个碳原子的饱和羧酸或不饱和酸。

（3）不饱和化合物的氢酯化

$$RCH=CH_2+CO+R'OH \longrightarrow RCH_2CH_2COOR' \qquad (6\text{-}67)$$

$$CH=CH+CO+ROH \longrightarrow CH_2=CHCOOR \qquad (6\text{-}68)$$

（4）乙炔在羧酸、卤化物、硫醇或胺存在下的羰基化

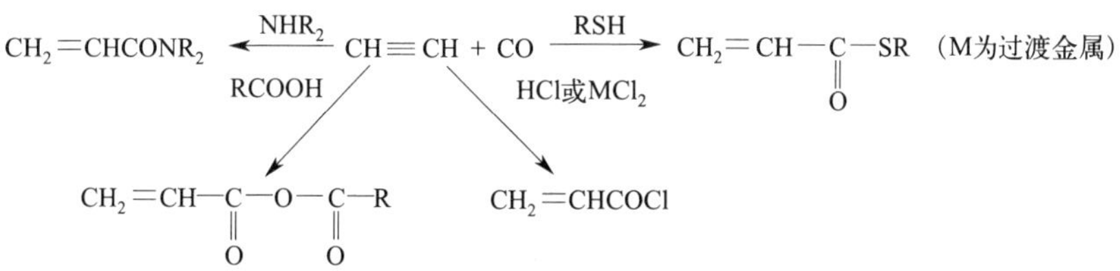

（6-69）

(5) 醇的羟基化

$$ROH+CO \xrightarrow{\text{催化剂}} RCOOH \quad (6\text{-}70)$$

$$2ROH+CO \xrightarrow{\text{催化剂}} RCOOR'+H_2O \quad (6\text{-}71)$$

甲醇羰基化合成乙酸是此类反应的典型例子。本节重点讨论烯烃的甲酰化反应原理、催化剂、烯烃结构对反应结果的影响和生产工艺流程等。

6.3.1.1 反应原理

在羰基合成反应条件下，除发生所要求的氢甲酰化反应生成主产物外，还发生一系列平行和二次反应。下面以丙烯的氢甲酰化反应为例，讨论烯烃氢甲酰化反应的主反应和副反应。

主反应：

$$CH_3CH{=}CH_2+H_2+CO \longrightarrow CH_3CH_2CH_2CHO \quad \Delta H^{\ominus}_{298K}=-123.8kJ/mol \quad (6\text{-}72)$$

副反应：

$$CH_3CH{=}CH_2+H_2+CO \longrightarrow CH_3\underset{\displaystyle CH_3}{\underset{|}{C}}HCHO \quad \Delta H^{\ominus}_{298K}=-130kJ/mol \quad (6\text{-}73)$$

$$CH_3CH{=}CH_2+H_2 \longrightarrow CH_3CH_2CH_3 \quad \Delta H^{\ominus}_{298K}=-124.5kJ/mol \quad (6\text{-}74)$$

$$CH_3CH_2CH_2CHO+H_2 \longrightarrow CH_3CH_2CH_2CH_2OH \quad \Delta H^{\ominus}_{298K}=-61.6kJ/mol \quad (6\text{-}75)$$

反应式(6-72) ～反应式(6-75) 的 $\Delta G^{\ominus}$ 和 K_p 如表 6-20 所示。

表 6-20 丙烯氢甲酰化的主反应和主要副反应的 $\Delta G^{\ominus}$ 和 K_p

温度/℃	主反应式(6-72)		副反应式(6-73)		副反应式(6-74)		副反应式(6-75)	
	$\Delta G^{\ominus}$/(kJ/mol)	K_p	$\Delta G^{\ominus}$/(kJ/mol)	K_p	$\Delta G^{\ominus}$/(kJ/mol)	K_p	$\Delta G^{\ominus}$/(kJ/mol)	K_p
25	−48.4	2.96×10^9	−53.7	2.52×10^9	−86.4	1.32×10^{15}	−94.8	3.90×10^{16}
150	−16.9	1.05×10^2	−21.5	5.40×10^2	—	—	—	

由表 6-20 中数据可知，烯烃的氢甲酰化反应在常温、常压下的平衡常数值都很大，即使在 150℃时，仍然有比较大的平衡常数值，所以氢甲酰化反应在热力学上是很有利的，反应主要由动力学因素控制。副反应在热力学上也很有利，要使反应向生成正构醛的方向进行，必须使主反应在动力学上占绝对优势，关键在于催化剂的选择要合适，而且还要控制合适的反应条件。

6.3.1.2 催化剂

在催化反应中，凡催化剂以配合物的形式与反应分子配位使其活化，反应分子在配合物体内进行反应形成产物，产物自配合体中解配，最后催化剂还原，这样的催化剂称为配位(络合) 催化剂，这样的催化过程被称为配位(络合) 催化过程。羰基合成反应是典型的配位催化反应。

羰基合成的催化剂往往是“原位”形成的。所谓“原位”是指加入反应体系中的化合物或配合物在反应条件下就地形成催化剂，同时产生催化作用。这种加入反应体系的化合物或配合物称为催化剂前体或催化剂母体，而真正起作用的被称为催化剂活性结构。羰基合成催化剂的典型结构是以过渡金属(M)为中心原子的羰基氢化物，它可以被某种配位体(L)所改性，一般形式表示为“$H_xM_y(CO)_zL_n$”。这类催化剂研究的主要对象是中心原子金属(M)和配位体(L)以及它们之间的相互影响和对催化过程的作用。

评价羰基合成催化剂性能的优劣包括很多方面，例如：对反应条件的要求和通用范围；催化剂的稳定性和寿命；耐毒化作用和再生可能性；经济方面，如催化剂原料的来源和价格；加工和回收方法的难易等。当然，最主要的还是催化剂的活性和选择性。羰基合成催化剂的活性，常以单位金属浓度在单位时间内催化产生的目的产物的量来表示。选择性包括化学选择性、区域选择性(醛基的位置)、对映体选择性(不对称合成)。羰基合成反应中甲酰基可连在双键的任一端，生成正构的或异构的醛。区域选择性即表示正构醛和异构醛的物质的量比(简称正异比，表示为 n/i)。工业上一般正构物更加重要，因此提高 n/i 一直是研究开发追求的目标之一。

四羰基氢钴是羰基合成工业过程的典型催化剂。其改性催化剂是用有机给电子体，如胺(NR_3)、膦(PR_3)、亚磷酸酯[$P(OR)_3$]、胂(AsR_3)等，取代典型催化剂四羰基钴[$HCo(CO)_4$]中的一个或几个羰基配位体。另外，也可改变四羰基氢钴的中心原子。各种过渡金属羰基配合物催化剂，对氢甲酰化反应均有催化作用。

(1) 羰基钴催化剂

四羰基氢钴不稳定，容易分解，故一般都是在生产过程中用金属钴粉或各类钴盐(如环烷酸钴、油酸钴、硬脂酸钴、乙酸钴等)直接在氢甲酰化反应器中制备，其反应方程式为：

$$2Co+8CO \rightleftharpoons Co_2(CO)_8 \tag{6-76}$$

$$Co_2(CO)_8+H_2 \rightleftharpoons 2HCo(CO)_4 \tag{6-77}$$

反应系统中 $Co_2(CO)_8$ 和 $HCo(CO)_4$ 的比例由反应温度和氢分压决定。

$$\frac{[HCo(CO)_4]^2}{[Co_2(CO)_8]}=Kp_{H_2} \tag{6-78}$$

平衡常数 K 与温度的关系为：

$$K=1.365-\frac{1900}{T} \tag{6-79}$$

以钴粉为原料时，反应压力为 3～4MPa，温度为 135～150℃。若以钴盐为原料，Co^{2+} 先由 H_2 供给两个电子还原成零价钴，然后立即与 CO 反应转化为 $Co_2(CO)_8$。如果 CO 浓度较低，会发生如下反应。

$$Co_2(CO)_8 \rightleftharpoons 2Co\downarrow+8CO\uparrow \tag{6-80}$$

这样不但降低了反应液体羰基钴的浓度，而且分解出来的钴沉积在反应器壁上，使传热条件变坏。因此，反应系统必须保持足够高的 CO 分压。

一些氧化物(氧气、二氧化碳、水)和某些硫化物(氧硫化碳、硫化氢、不饱和硫醚、硫醇、二硫化碳、单质硫)能使催化剂钝化和中毒，故原料烯烃中应控制含氧量<1%，含硫量<10^{-5}。

(2) 羰基铑催化剂

早期使用 $Rh_4(CO)_{12}$ 为催化剂，是由 Rh_2O_3 或 $RhCl_3$ 在合成气存在下于反应系统中形成该催化剂的主要缺点是异构化活性很高，所得产物中正/异构醛比率只有 1∶1。1952 年席勒（Schiller）首次报道羰基氢铑 $HRh(CO)_4$ 催化剂可用于氢甲酰化反应，其主要优点是选择性好，产品主要是醛，副反应少，醛醛缩合和醇醛缩合等连串副反应很少发生或根本不发生，活性比羰基氢钴高 $10^2 \sim 10^4$ 倍，正/异构醛比例比羰基铑有所提高。由于羰基氢铑活性很高，故催化剂用量少，操作压力低，但缺点是能够催化双键的异构化，另外铑价格比钴贵上千倍，故采用铑催化剂进行氢甲酰化反应时必须进行铑循环，使铑损失率低于 10^{-6} 级，否则在经济上是不能接受的。对铑催化剂也进行了多种配位体改性，使异构化反应大大被抑制，并使其稳定性等方面得到了改善。

6.3.1.3 烯烃结构对反应速率和正/异构醛比例的影响

烯烃结构对反应速率影响很大，如表 6-21 所示。

表 6-21 烯烃结构对反应速率的影响

烯烃		结构	反应速率 $k/(10^{-3}\text{min}^{-1})$	
			钴催化剂	铑催化剂
α-烯烃	戊烯	C—C—C—C═C	68.3	—
	己烯	C—C—C—C—C═C	66.2	55.8
	庚烯	C—C—C—C—C—C═C	66.8	54.2
聚 α-烯烃	2-戊烯	C—C—C═C—C	21.3	—
	2-己烯	C—C—C—C═C—C	18.1	34.4
	2-庚烯	C—C—C—C—C═C—C	19.3	40.2
	3-庚烯	C—C—C—C═C—C—C	20.0	41.9
环烯烃	环戊烯		22.4	16.2
	环己烯		5.82	6.1
支链 α-烯烃	2-甲基-1-戊烯	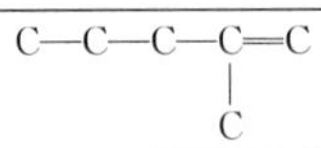	7.32	25.7
	2,4,4-三甲基-1-戊烯	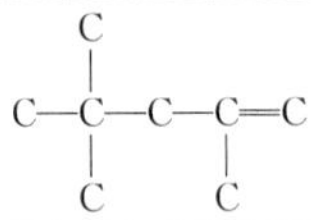	4.79	—
支链聚 α-烯烃	2-甲基-2-戊烯	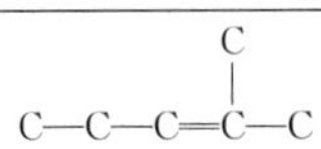	4.87	—
	2,4,4-三甲基-2-戊烯	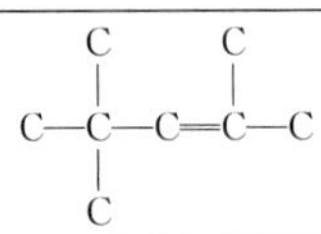	2.29	3.0

链增长时，速率稍有减慢，直链非 α-烯烃速率较慢。烯烃含支链会降低反应速率，且支链离双键越近，速率减慢越多，支链越多，速率越慢，可能是支链造成了空间位阻，使烯烃不易与催化剂作用而降低了反应速率；环烯烃进行甲酰化时，环戊烯的反应速率高于环己烯。

烯烃结构也影响正/异构醛的比例。一般情况下，所有烯烃都能进行氢甲酰化反应，除了不发生双键迁移面异构化的烯烃，如环戊烯、环己烯不产生异构醛外，其他烯烃都得到两个或多个异构体。表 6-22 列出了一些烯烃氢甲酰化时异构醛的比例，所用催化剂为 $Co_2(CO)_8$。

表 6-22 一些烯烃氢甲酰化时异构醛比例

原料烯烃	一次反应产品组成
丙烯	80%,正丁醛
	20%,异丁醛
丁烯	60%,正戊醛
(顺+反)2-丁烯	40%,异戊醛
异丁烯	95%,3-甲基丁醛
	5%,2,2-二甲基丙醛
戊烯或 2-戊烯	50%,正己醛
	40%,2-甲基戊醛
	10%,2-乙基丁醛
环己烯	环己醛

在一般氢甲酰化条件下，双键位置不同对正/异构醛的比例并无显著影响。由于在反应过程中，可能同时有异构化反应发生，所以无论是端烯还是内烯，几乎得到相同的产品组成。带支链的烯烃，双键碳原子因受支链的空间阻碍，醛基主要加成到空间位阻小的双键碳原子上，如异丁烯的氢甲酰化，产物中 95%是 3-甲基丁醛。

6.3.1.4 高压法羰基合成

所谓高压法羰基合成，就是以羰基钴为催化剂进行的氢甲酰化反应。

(1) 工艺条件

① 温度　反应温度控制在 120～180℃范围内。反应过程对温度变化很敏感，提高反应温度不仅影响反应速率，也影响产物组成，即异构醛收率增加，并加速醛加氢转化成醇。温度在 180℃时羰基钴开始分解。

② 压力　系统总压通常为 10～30MPa。系统总压取决于反应中需要的 CO 和 H_2 的分压。如前所述，CO 分压低，$Co_2(CO)_8$ 易分解；H_2 分压低，活性物质 $HCo(CO)_4$ 减少。H_2 与 CO 之比增加能提高反应速率，该比值通常在 1∶1～2∶1 范围内。

③其他条件　烯烃进料空速可以在 0.4～$2h^{-1}$ 之间改变，相应平均接触时间为 1h。催化剂浓度以钴计为 0.02%～0.2%(质量分数)。氢甲酰化过程中合成气循环利用，其循环比为(2～3)∶1。羰基合成对原料烃中杂质要求苛刻，一些含氧、含硫化合物以及二烯烃、炔烃的存在，均能影响氢甲酰化反应的正常进行。因此，原料必须预先净化。氢甲酰化过程是放热反应，热效应为 117kJ/mol，与烃分子量和分子结构关系不大。

有效的导热和保持稳定的温度条件对过程有重大意义。导热方法有：反应器内装设管式冷却器，管间通以加热到所需温度的循环水或合成气；除内冷之外也应用外冷却器；向反应器返回冷却产物，利用其升温导出反应放出的热量。

在合成气循环利用中，必须从系统中排出惰性杂质，其方法是利用循环反应产物在压力下洗涤合成气，然后将吸收的杂质解吸出来；另外也可排放一部分循环气。低级烯烃氢甲酰化在溶液中进行，通常利用加氢并分离出醇剩余的高沸点馏分，反应产物很容易与溶剂分离，一氧化碳和氢气鼓泡通过液体层，保证有效混合。高级烯烃氢甲酰化不需要溶剂，因为它们在反应条件下是液体。

(2) 工艺流程

过程的难点是从反应混合物中回收羰基钴，并将其返回过程。由于脱钴技术比甲酰化本身困难得多，所以脱钴对整个工艺过程的技术经济指标起决定性作用。按照脱钴方式，羰基合成工艺流程可分为利用羰基钴对热不稳定的羰基钴热分解流程、利用羰基钴对氧化剂不稳定的盐流程、利用羰基钴与合成产物挥发性不同的蒸发流程、盐流程和蒸发流程相结合的复合流程。

羰基钴热分解流程的主要缺点是金属设备损耗大，无论采用悬浮床载体流程还是固定床载体流程热分解，都存在该缺点。羰基钴热分解是在高压下完成的，在悬浮催化剂流程中，设备腐蚀并伴有载体破碎。在固定床催化剂流程中，反应器周期性交替操作，自控系统复杂，钴沉淀于设备表面，影响传热。

以下简要介绍盐流程、蒸发流程和复合流程。

① 盐流程　盐流程是用氧化剂分解羰基钴。例如，钴以脂肪酸钴盐或环烷酸钴盐形式加入，在氢甲酰化反应条件下钴盐转变成羰基钴。

$$2(RCOO)_2Co+8CO+2H_2 \longrightarrow 4RCOOH+Co_2(CO)_8 \tag{6-81}$$

反应后羰基钴在过氧化氢存在下用硫酸分解。

$$Co_2(CO)_8+2H_2SO_4+2H_2O_2 \longrightarrow 2CoSO_4+8CO+4H_2O \tag{6-82}$$

$$CoSO_4+2RCOONa \longrightarrow (RCOO)_2Co+Na_2SO_4 \tag{6-83}$$

羰基钴的分解和生成过程是氧化还原反应。羰基钴分解反应在氧化剂存在下进行，没有氧化剂存在时分解速率很慢。分解阶段温度不应太高，以免羰基钴分解成金属钴。该过程应选用能生成水溶性盐，并容易从脱钴产物中分离出来的酸(无机酸或低级羧酸)。水溶性钴盐可转变成油溶性钴盐，如以环烷酸钴形式加到羰基合成系统中。在羰基合成过程中，可放出相应的羧酸。

羰基合成的盐流程如图 6-28 所示。环烷酸钴、溶剂和烯烃的溶液由容器经在 20MPa 压力下送至预热器，与补加的新鲜和循环合成气混合。混合物加热后进入合成塔，反应产物经冷凝器冷却，送高压气体分离器，从液体产物中分离出气体。循环合成气进压缩机升压后，与新鲜合成气混合进预热器。部分循环气在压缩前从系统中排放出去，以防止杂质积累。气体分离器的液体产物经节流阀降压送至下一分离器。由于压力降低，从产品混合物中释放出溶解气体，气体中也含有原料烯烃。该气体送吸收器以回收其中所含的醛。气体分离器的液体产物送搅拌反应器脱钴，用 10%浓度的硫酸溶液和过氧化氢处理，与硫酸相互作用生成硫酸钴。

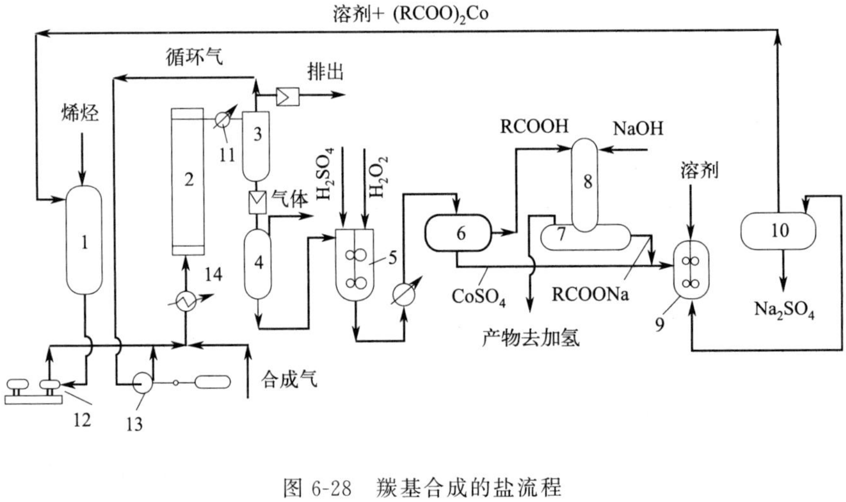

图 6-28　羰基合成的盐流程

1—容器；2—合成塔；3，4—气体分离塔；5—脱钴反应器；6，7，10—沉降器；8—环烷酸回收塔；9—环烷酸钴合成塔；11—冷却器；12—泵；13—压缩机；14—预热器

脱钴反应器的混合物进沉降器，把水层和反应物分离。含有溶解环烷酸的产物送环烷酸回收塔，用氢氧化钠水溶液回流以回收环烷酸，反应产物和环烷酸钠溶液在沉降器中分离，反应产物送去加氢。沉降器的环烷酸钠溶液和硫酸钴溶液一起进入环烷酸钴合成塔，在此形成环烷酸钴和硫酸钠，将能溶解环烷酸钴的溶剂(在制取高级醛时是原料）加到环烷酸钴合成塔中，混合物送沉降器分离，硫酸钠水溶液从下面排出，环烷酸钴溶液送回容器。在该流程中钴损失量以醛计为 0.05%。

盐流程的优点是可在常压下脱钴，比高压设备投资低，装置连续操作，不需要反应器切换的复杂自控系统，并可降低醛加氢生成醇造成的醛损失。其主要缺点是需要的再生剂具有腐蚀性，有废水排放。尽管如此，盐流程已工业化。

② 蒸发流程　该流程的特点是蒸发分离出反应产物，钴以羰基钴或有机盐形式留下。该法基于钴化合物和羰基合成产物挥发性的不同。为防止羰基钴受热分解，蒸发方式有两种：一种是在 CO 高分压和高温下进行；另一种是在真空和低温下进行。钴随蒸发残液返回羰基合成反应器。

蒸发流程的主要缺点是高分子缩合醛在反应器中积累，因此必须排出部分氧化脱钴残液。纯粹的蒸发流程尚未工业化。

③复合流程　该流程是盐流程与蒸发流程的结合，是应用较多的一种羰基合成流程。它与单纯盐流程的区别在于，羰基钴转变成油溶性盐，例如环烷酸盐，具有热稳定性和低挥发性。氢甲酰化产物从钴盐溶液中蒸发出来，而残液返回钴化段形成羰基钴。羰基合成的环烷酸盐-蒸发原理流程图如图 6-29 所示。

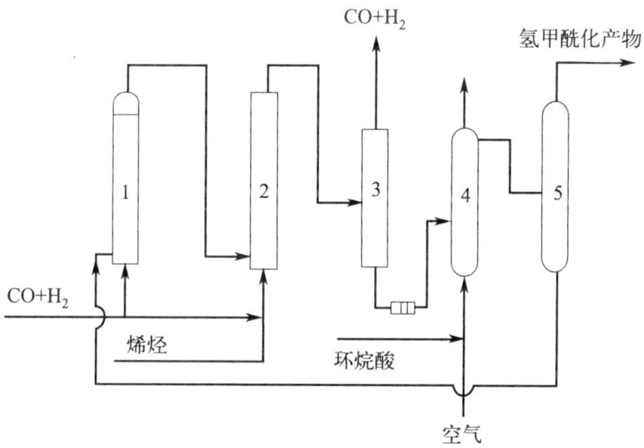

图 6-29　羰基合成的环烷酸盐-蒸发原理流程图

1—钴化塔；2—氢甲酰化反应器；3—分离塔；4—脱钴塔；5—精馏塔

新鲜和循环环烷酸钴溶液与部分合成气进钴化塔生成羰基钴，含有环烷酸的羰基钴溶液由钴化塔送入氢甲酰化反应器，烯烃和合成气同时送入反应器。反应产物在分离塔中脱除气体，节流后进脱钴塔，并向塔中加入氧化剂，氧化剂可以采用氧气。氢甲酰化产物的环烷酸钴溶液送至精馏塔，在此氢甲酰化产物从环烷酸钴高沸点溶液中分离出来。环烷酸钴重新返回钴化塔。该流程副产物少，原料消耗低，选择性高，但烯烃转化率有所下降，需进行烃循环。

6.3.1.5　羰基合成的改进

羰基合成的改进有两个方面，即催化剂和工艺过程，且二者相互依赖。

（1）催化剂改进

催化剂改进主要在三个方面进行：一是改变中心原子，如用铑代替钴；二是改变配位体；三是改变应用相。均相固相催化剂，是把均相催化剂固定在有一定表面的载体上，使反应在固定的活性位上进行，催化剂兼有多相和均相催化的优点，简化了产品分离步骤，减少了催化剂的消耗量。

（2）工艺改进

以羰基钴为催化剂，从羰基钴热分解流程发展到复合流程，其工艺过程不断改进。改性的羰基铑催化剂出现后，氢甲酰化过程的温度、压力均降低了，分离流程被简化，设备投资降低，其投资只有传统羰基合成投资的65%。

6.3.2 甲醇低压羰基化制乙酸

利用甲醇羰基化反应合成乙酸的可能性，早在1913年就有文献发表。该法的初期一直采用三氟化硼、磷酸等作催化剂，反应压力为70MPa，温度在300℃以上，反应条件苛刻，而且腐蚀严重，选择性低，难以工业化。1914年，雷珀等在卤素存在下，以过渡金属（铁、钴、镍等）羰基化合物为催化剂，成功地使上述反应条件变得明显缓和。使用该催化剂系列，反应压力为20～45MPa，温度为250～280℃。1960年，德国BASF公司建厂，使用的催化剂为钴系，助催化剂为碘。由于催化剂活性低、选择性差，该法仍需在高温高压下进行，反应条件苛刻，且副产物多，乙酸收率低。1968年，美国Monsanto公司的Paulik等发表了用铑或铱代替钴作催化剂，仍以碘为助催化剂，在压力为2.8MPa、温度为75℃的温和条件下，甲醇羰基化合成乙酸的方法。由于该法反应条件缓和，甲醇选择性可高达99%以上，故1970年实现工业化以后，受到各国的重视，采用该工艺技术的国家越来越多。因此，本节主要讨论Monsanto法，即低压法甲醇羰基化合成乙酸。

6.3.2.1 反应原理

主反应：

$$CH_3OH + CO \longrightarrow CH_3COOH \qquad \Delta H = -134.4\text{kJ/mol} \tag{6-84}$$

副反应：

$$CH_3COOH + CH_3OH \rightleftharpoons CH_3COOCH_3 + H_2O \tag{6-85}$$

$$2CH_3OH \rightleftharpoons CH_3OCH_3 + H_2O \tag{6-86}$$

$$CO + H_2O \rightleftharpoons CO_2 + H_2 \tag{6-87}$$

此外，尚有甲烷、丙酸（由原料甲醇中所含的乙醇羰基化生成）等副产物。由于反应式(6-85)、反应式(6-86)是可逆反应，在低压羰基化条件下如将生成的乙酸甲酯和二甲醚循环回反应器，都能羰基化生成乙酸，故使用铑催化剂进行低压羰基化，副反应很少，以甲醇为基准，生成乙酸的选择性可高达99%。副反应式(6-87)是CO的变换反应，在羰基化条件下，此反应也能发生，尤其是在温度高、催化剂浓度高，甲醇浓度下降时，该反应发生的比例将增加。故以一氧化碳为基准，生成乙酸的选择性仅为90%。

6.3.2.2 催化剂

低压法甲醇羰基化制乙酸所用的催化剂由两部分构成：一是铑配合物；二是起助催

化作用的碘化物。铑配合物是$[Rh^{+}(CO)_2I_2]^-$负离子，在反应系统中可由$RhCl_3$、$[Rh(CO)_2Cl_3]_2$、Rh_2O_3等铑化合物与助催化剂和溶剂混合得到。

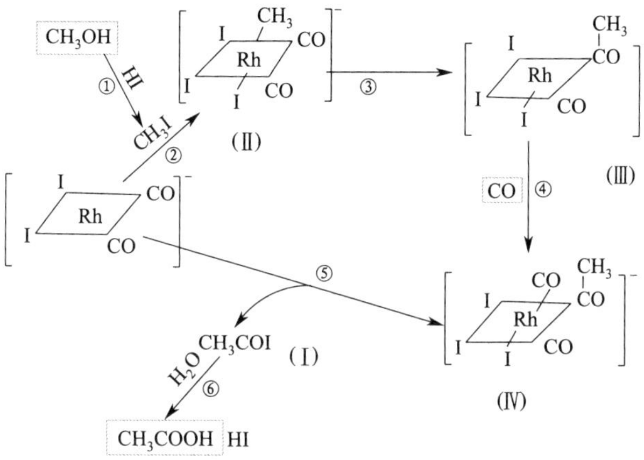

图 6-30 甲醇羰基化反应机理

甲醇羰基化反应机理如图 6-30 所示，所用的碘化物可以是H_2或CH_3I或I_2，常用的是HI。CH_3I的作用是与铑配合物形成甲基-铑键，以促进CO生成酰基-铑键，而少生成或不生成羰基铑。通过对各种铑化合物、碘化合物和溶剂作催化剂的反应系统进行研究发现，各种铑化合物和碘化合物的性能较接近，溶剂极性越强，反应速率越高，由此也可以说明催化活性物种可能是离子型的。一般以三氯化铑-碘化氢-水/乙酸的催化剂系统最方便，其中各种物质含量要适当，乙酸含量不能太低，其与甲醇的物质的量比不能小于1，否则乙酸收率不高。若不加乙酸，则生成大量二甲醚。水的量也不能太少，否则使反应⑤速率下降，当其速率下降到小于反应⑥的速率时，此步反应就成了总反应的控制步骤。

6.3.2.3 工艺流程与工艺条件

低压法甲醇羰基化合成乙酸示意流程图，如图 6-31 所示。

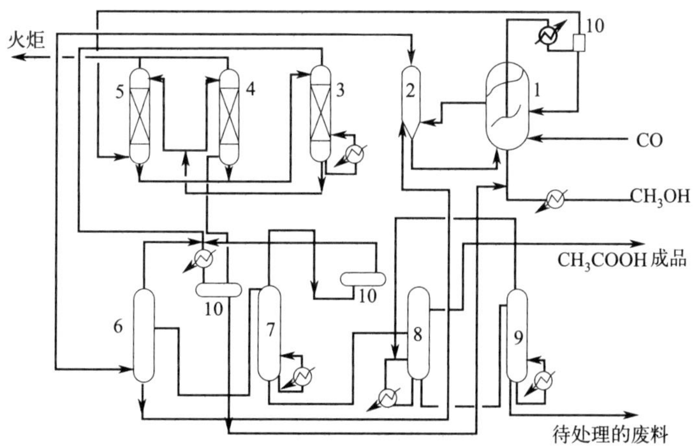

图 6-31 低压法甲醇羰基化合成乙酸示意流程图

1—反应器；2—闪蒸槽；3—解吸塔；4—低压吸收塔；5—高压吸收塔；6—轻组分塔；7—脱水塔；8—重组分塔；9—废酸汽提塔；10—分离塔

(1) 反应部分

甲醇羰基化是气-液相反应，反应器采用搅拌釜或鼓泡塔，催化剂溶液放在反应器中，甲醇被加热到185℃，与从压缩机来的一氧化碳在2.74MPa压力下，一起喷入反应器底部，反应后的物料从塔侧进入闪蒸槽。在闪蒸槽顶部蒸出乙酸、水、碘甲烷和碘化氢，含有催化剂的溶液从底部返回反应器。反应器顶部排放出来的CO_2、H_2、CO和甲烷作为弛放气进入冷凝器冷凝，冷凝液重新返回反应器，其余不凝物送轻组分回收部分。反应温度控制在30～180℃，而以175℃为最佳。温度升高，反应速率加快，但副产物增多。

(2) 精制部分

精制部分由轻组分塔、脱水塔、重组分塔、废酸汽提塔组成，各塔主要作用分述如下：

① 轻组分塔　由闪蒸槽来的乙酸、水、碘甲烷、碘化氢在此塔进行分离。塔顶蒸出物经冷凝，冷凝液碘甲烷返回反应器，不凝尾气送往低压吸收塔。碘化氢、水和乙酸组合而成的高沸点混合物和少量铑催化剂从塔底排出，再返回闪蒸槽。含水乙酸由侧线出料进入脱水塔上部。

② 脱水塔　此塔顶蒸出的水尚含有碘甲烷、轻质烃和少量乙酸，仍返回低压吸收塔，塔底主要是含有重组分的乙酸，送往重组分塔。

③ 重组分塔　塔顶蒸出轻质烃，含有丙酸和重质烃的物料从塔底送入废酸汽提塔。塔侧线得到成品乙酸，其中丙酸$<5\times10^{-4}$、水分$<1.5\times10^{-4}$、总碘$<4\times10^{-5}$，可供食用。

④ 废酸汽提塔　从重组分中进一步蒸出乙酸，并返回重组分塔底部，汽提塔底部排出的是废料，内含丙酸和重质烃，须作进一步处理。

(3) 轻组分回收部分

从反应器出来的弛放气进入高压吸收塔，用乙酸吸收其中的碘甲烷，吸收在加压下进行。压力为2.74MPa。未吸收的废气主要含CO、CO_2和H_2，送至火炬焚烧。低压吸收塔、轻组分塔和脱水塔顶部不凝尾气中含有碘甲烷和少量乙酸。从高压吸收塔和低压吸收塔吸收了甲烷的两股乙酸富液，进入解吸塔汽提解吸，解吸出来的碘甲烷蒸气送到精制部分的轻组分冷凝器，再返回反应部分。汽提解吸后的乙酸作为吸收循环液，再用于高压和低压两个吸收塔中。

6.3.2.4 主要优缺点

(1) 优点

与高压法相比，低压法具有以下技术、经济优越性：

① 研制成功了活性高、选择性也好的铑/碘系列催化剂，一方面，可使反应条件变得缓和，尤其可使反应在低压下进行，并可节约设备投资；另一方面，还使原料利用率和能源效率提高，明显地提高了甲醇羰基合成制取乙酸工艺的经济性。

② 催化剂稳定，而且其处理方法巧妙。为此，操作系统稳定，使昂贵的催化剂损失降至最低。

③ 催化剂的选择性高，可使副产物的生成量降至很小，因而减少了用于副产物回收的设备投资，且“三废”排放物少，生产环境清洁。

④ 使反应系统和精制系统成一体，可巧妙地进行工艺控制。

⑤ 采用智能控制系统，可实现操作条件的最佳化。

（2）缺点

其主要缺点是催化剂铑的资源有限，设备用的耐腐蚀材料昂贵。

6.4 氯化反应

氯化是指在有机化合物分子中引入氯元素，生成含氯化合物的反应。通过氯化反应可以制得很多有机高分子聚合物的单体、有机合成中间体、有机溶剂、环氧烷类、醇和酚类、医药、农药，氯代烷烃还可用作烷基化剂。如图 6-32 所示，氯化产品用途十分广泛，可用于合成工业和民用产品。

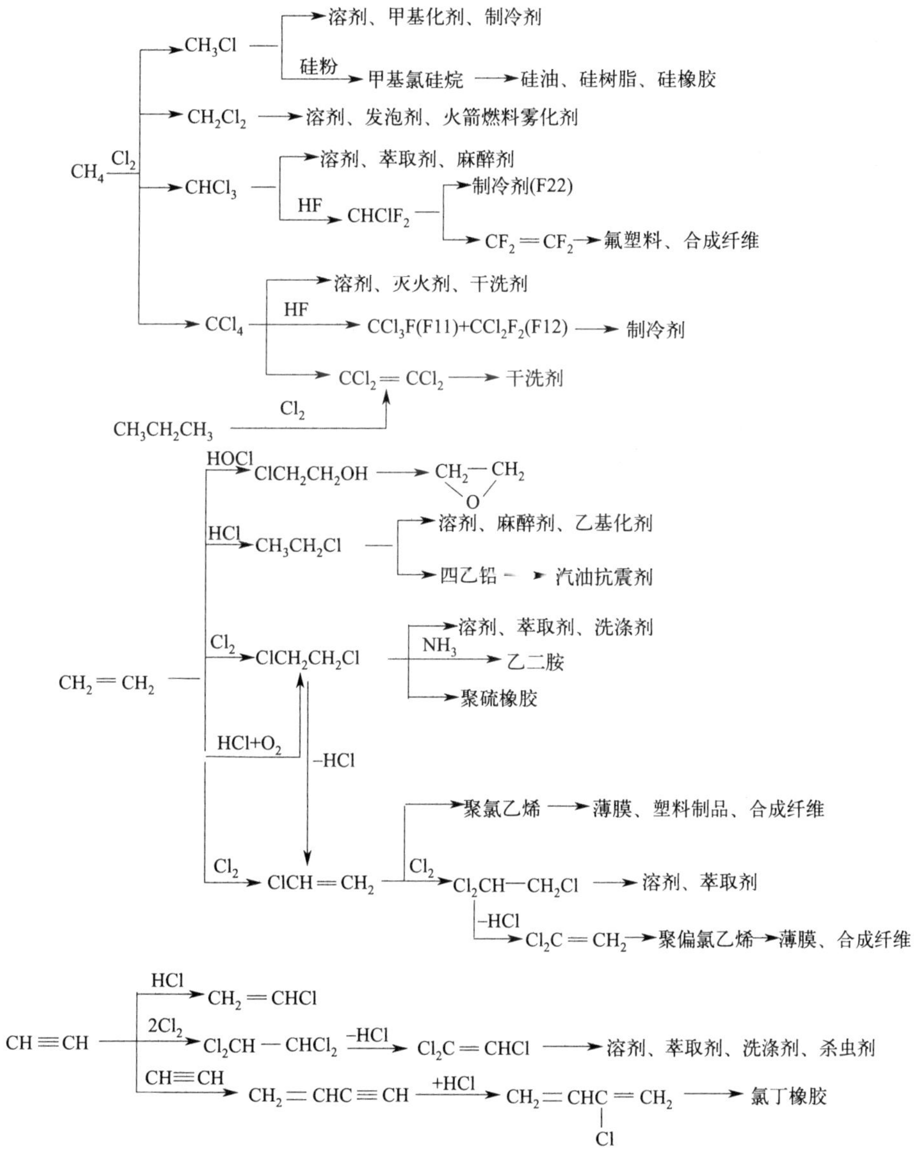

图 6-32

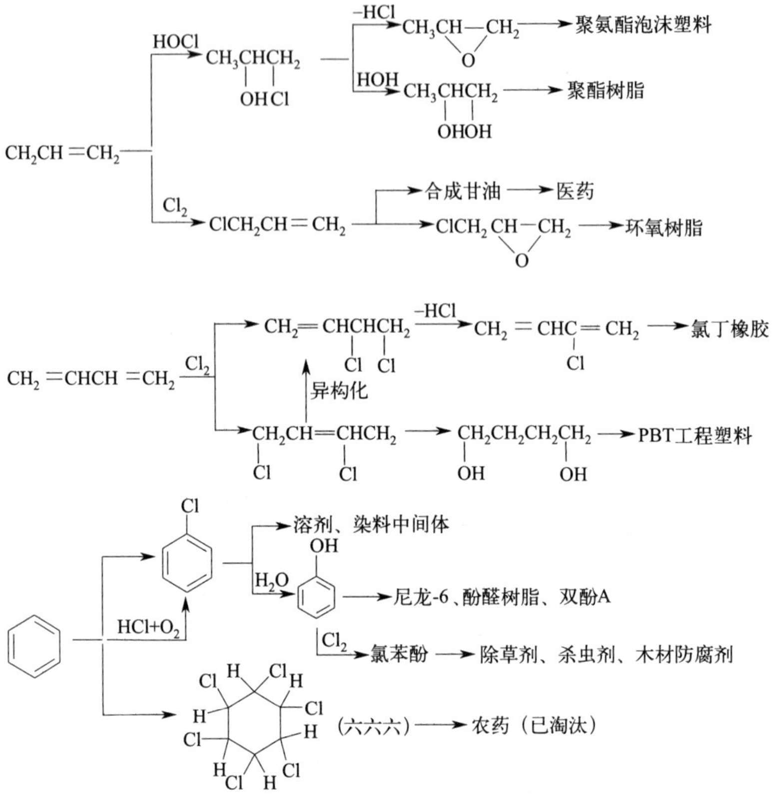

图 6-32　几种烃类的主要氯化产品及其用途

6.4.1　氯化反应的主要类型

烃类氯化反应的类型可以分为以下 4 类。

6.4.1.1　取代氯化

以氯取代烃分子中氢原子的过程称为烃类的取代氯化，取代可以发生在脂肪烃的氢原子上，也可以发生在芳香烃的苯环和侧链的氢原子上。

$$RH+Cl_2 \longrightarrow RCl+HCl \tag{6-88}$$

$$CH_2=CH_2 \xrightarrow{+Cl_2} CH_2ClCH_2Cl \xrightarrow{-HCl} CH_2=CHCl \tag{6-89}$$

$$C_6H_5CH_3 \xrightarrow[-HCl]{+Cl_2} \begin{cases} C_6H_5CH_2Cl \\ ClC_6H_4CH_3 \end{cases} \tag{6-90}$$

脂肪烃和芳香烃取代氯化的共同特点是，随着反应时间的增长、反应温度的提高或通氯量的增加，氯化深度会加深，产物中除一氯产物外，还会生成多氯化物。因此，氯化的结果往往得到的是多种氯化产物。对芳香烃侧链的取代反应，为提高侧链氯化物的产率，需抑制苯环上氢原子的取代氯化反应。为此，原料烃和氯气中不允许有铁和铝等杂质以及水分存在，因为它们会催化苯环上氢原子的取代氯化反应。采用过滤方法可除去铁和铝等杂质，加入少量 PCl_3 可除去反应液中的水分。

除烃外，其他化合物也可发生取代氯化反应。例如：

$$ROH + HCl \longrightarrow RCl + H_2O \tag{6-91}$$

$$RCOOH + SOCl_2 \longrightarrow RCOCl + SO_2 + HCl \tag{6-92}$$

$$CH_3CHO + 3Cl_2 \longrightarrow CCl_3CHO + 3HCl \tag{6-93}$$

6.4.1.2 加成氯化

氯加成到脂肪烃和芳香烃的不饱和双键或三键上，生成含氯化合物。该反应可在 $FeCl_3$、$ZnCl_2$ 及 PCl_3 等非质子酸为催化剂下进行，并放出热量。

$$>C{=}C< \xrightarrow{Cl_2} >CCl{-}ClC< \tag{6-94}$$

$$-C{\equiv}C- \xrightarrow{2Cl_2} -CCl_2{-}CCl_2- \tag{6-95}$$

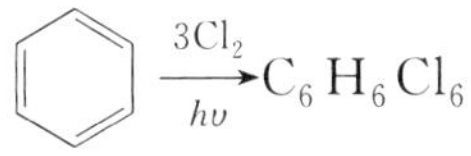

(6-96)

由于不饱和烃的反应活性比饱和烃高，故反应条件比饱和烃的取代氯化要缓和得多。因此，一些比较弱的氯化剂也能参与加成氯化反应。

$$>C{=}C< \xrightarrow{HCl} >CH{-}ClC< \tag{6-97}$$

$$-C{\equiv}C- \xrightarrow{HCl} -CH{=}ClC- \tag{6-98}$$

$$CH_2{=}CH_2 \xrightarrow{Cl_2,\ H_2O} CH_2Cl{-}CH_2OH + HCl \tag{6-99}$$

6.4.1.3 氧氯化

将烃、氯化氢和氧气（或空气）混合，在一定反应条件下通过以 $CuCl_2$ 为主的催化剂生成相应氯的衍生物的过程，称为烃类的氧氯化反应。这一方法采用氯化氢为氯化剂，能提高氯的利用率和免除氯化氢给工厂带来的销售和综合利用问题，以及对周围环境的污染问题。

$$>C{=}C< + 2HCl + \frac{1}{2}O_2 \xrightarrow{CuCl_2} \underset{\displaystyle Cl}{CH_2}{-}\underset{\displaystyle Cl}{CH_2} + H_2O \tag{6-100}$$

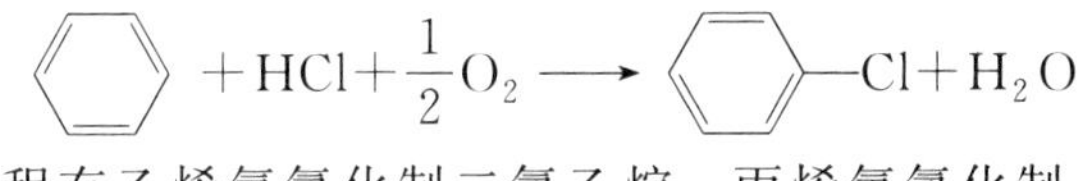

(6-101)

典型的工业生产过程有乙烯氧氯化制二氯乙烷、丙烯氧氯化制 1,2-二氯丙烷、甲烷氧氯化生产氯代甲烷化合物等。

6.4.1.4 氯化物裂解

脱氯反应：

$$Cl_3C{-}CCl_3 \longrightarrow Cl_2C{=}CCl_2 + Cl_2 \tag{6-102}$$

脱氯化氢反应：

$$ClCH_2{-}CH_2Cl \longrightarrow H_2C{=}CHCl + HCl \tag{6-103}$$

在氯气作用下 C—C 断裂（氯解）：

$$Cl_3C—CCl_3 \xrightarrow{Cl_2} 2CCl_4 \tag{6-104}$$

高温热裂解：

$$Cl_3C—CCl_2—CCl_3 \xrightarrow{高温} CCl_4 + Cl_2C=CCl_2 \tag{6-105}$$

由上列各反应式可以看出，氯化物裂解是获取氯代烯烃的重要手段。

6.4.2 氯化剂

向作用物输送氯的试剂称为氯化剂。氯化反应所采用的氯化剂有氯气、盐酸（氯化氢）、次氯酸和次氯酸盐。$COCl_2$（光气）、$SOCl_2$、$POCl_3$ 等也可作为氯化剂，但工业上较少使用，很多金属氯化物如 $SbCl_3$、$SbCl_5$、$CuCl_2$、$HgCl_2$ 等，本身既是氯化剂又可作为氯化反应的催化剂。

氯气在气相氯化中一般能直接参与反应，不需要催化剂，反应活性高，但产物比较复杂，目的产物的产率一般较低。在液相氯化中，由于受反应温度的限制，氯气需要光照或催化剂才能进行氯化反应，但目的产物的收率较高，反应条件缓和，容易控制。

氯化氢的反应活性比氯气低，一般要在催化剂存在下才能进行取代和加成反应。重要的反应有：乙炔加成氯化制氯乙烯，烷烃、烯烃和芳烃的氧氯化，甲醇取代氯化制一氯甲烷等。

次氯酸和次氯酸盐的反应活性比氯化氢强，比氯气弱，重要的反应有乙烯次氯酸化反应制氯乙醇、由乙醛与次氯酸钠反应合成三氯乙醛等。

此外，$SOCl_2$ 曾被用来制备氯苯，三氯化磷、五氯化磷和三氯氧磷（$POCl_3$）被用来由烷基酸制备烷基酰氯（RCOCl）等。它们在医药合成中常被用作氯化剂。但它们的反应性很高，遇水或遇空气反应激烈，甚至还会发生爆炸或燃烧。因此在储存和使用中要注意安全。

6.4.3 氯化反应机理

氯化反应机理大体上可以分为自由基链反应机理和离子基反应机理两种。氧氯化反应机理目前尚未有定论，将在后续的氯乙烯生产工艺中作简要介绍。

6.4.3.1 自由基链反应机理

属于这一反应机理的有热氯化和光氯化两类。反应包括链引发、链增长（链传递）和链终止 3 个阶段，是一个连串反应过程。

（1）取代氯化

脂肪烃的取代氯化反应机理可表达如下。

链引发：

$$Cl_2 \xrightarrow{热、光或催化剂} 2Cl\cdot \tag{6-106}$$

链传递：

$$Cl\cdot + RH \longrightarrow R\cdot + HCl \tag{6-107}$$

$$R\cdot + Cl_2 \longrightarrow RCl + Cl\cdot \tag{6-108}$$

链终止：

$$2R\cdot \longrightarrow R—R \tag{6-109}$$

$$R\cdot + Cl\cdot \longrightarrow RCl \tag{6-110}$$

$$2Cl\cdot \longrightarrow Cl_2 \tag{6-111}$$

$$R\cdot \text{器壁} \longrightarrow \text{非自由基产物} \tag{6-112}$$

（2）加成氯化

脂肪烃的加成氯化反应机理可表达如下。

链引发：

$$Cl_2 \xrightarrow{\text{热、光或催化剂}} 2Cl\cdot \tag{6-113}$$

链传递：

$$Cl\cdot + CH_2=CH_2 \longrightarrow ClCH_2CH_2\cdot \tag{6-114}$$

$$ClCH_2CH_2\cdot + Cl_2 \longrightarrow ClCH_2CH_2Cl + Cl\cdot \tag{6-115}$$

链终止：

$$2R\cdot \longrightarrow R—R \tag{6-116}$$

$$R\cdot + Cl\cdot \longrightarrow RCl \tag{6-117}$$

$$2Cl\cdot \longrightarrow Cl_2 \tag{6-118}$$

$$R\cdot \text{器壁} \longrightarrow \text{非自由基产物} \tag{6-119}$$

6.4.3.2 离子基反应机理

催化氯化大多属于离子基反应机理，常用的是非质子酸催化剂，如 $FeCl_3$、$AlCl_3$ 等。烃类双键和三键上的加成、烯烃的氯醇化（次氯酸化）、氢氯化（以氯化氢为氯化剂的氯化反应）以及氯原子取代苯环上的氢的催化氯化都属于这类反应机理。以苯的取代氯化反应和乙烯的液相加成氯化反应为例说明这一反应机理。

苯的取代氯化反应的历程有两种观点。第一种观点认为，可能是催化剂使氯分子极化离解成亲电试剂氯正离子，它对芳核发生亲电进攻，生成 σ 中间配合物，再脱去质子而得到环上取代的氯化产物：

$$Cl_2 + FeCl_3 \rightleftharpoons [Cl^+ FeCl_4^-] \tag{6-120}$$

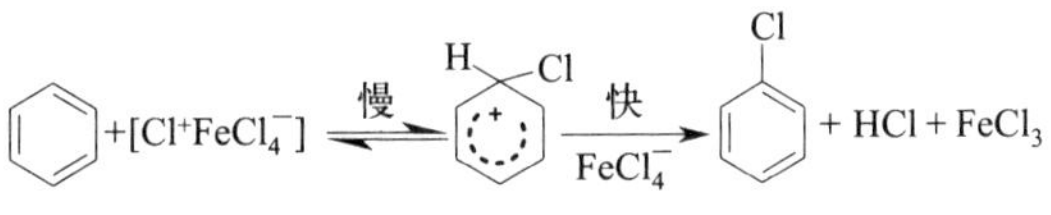

(6-121)

这种机理中，催化剂和氯形成一种极性配合物，它起到向苯分子提供 Cl^+ 的作用。

第二种观点认为，首先由氯分子进攻苯环，形成中间配合物，催化剂的作用则是从中间配合物中除去氯离子：

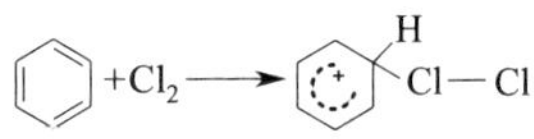

(6-122)

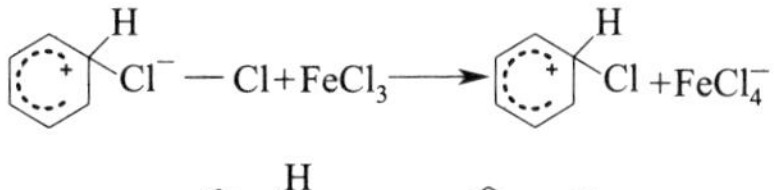

(6-123)

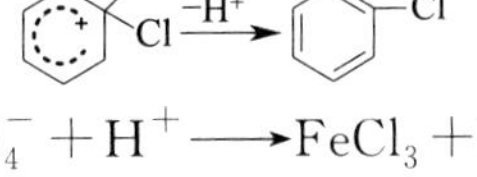

(6-124)

$$FeCl_4^- + H^+ \longrightarrow FeCl_3 + HCl \tag{6-125}$$

6.4.4 平衡型氧氯化法生产氯乙烯

6.4.4.1 氯乙烯的生产方法

氯乙烯常温常压下为无色气体，在光和催化剂的作用下易聚合。氯乙烯单体主要用于生产聚氯乙烯（PVC），聚氯乙烯是世界五大通用合成树脂品种之一。目前用于制造 PVC 的氯乙烯约占其产量的96%，仅有少量氯乙烯用于制备氯化溶剂 1,1,1-三氯乙烷和 1,1,2-三氯乙烷。

氯乙烯主要有以下 4 种生产方法，早期采用乙炔法，目前平衡型氧氯化法占主导。

（1）乙炔法

$$CH\equiv CH + HCl \xrightarrow[100\sim180^\circ C]{HgCl_2/\text{活性炭}} CH_2=CHCl \tag{6-126}$$

乙炔经精制后与氯化氢混合，干燥后进入装有氯化汞-活性炭催化剂的列管式反应器中。在常压、100～180℃下反应生成氯乙烯。此法工艺简单、投资少、收率高，但由于乙炔是从电石中获得，能耗大，原料成本高，催化剂氯化汞毒性大，难处置。

将石油或天然气进行高温裂解得到含乙炔的裂解气，经提纯后得到高浓度乙炔，与氯化氢反应生成氯乙烯，称为石油乙炔法。与电石乙炔法相比，原料来源丰富，成本低，可大规模生产，但基建投资费用较高。

（2）乙烯法

乙烯法是 20 世纪 50 年代发展起来的生产方法。乙烯与氯加成反应生成 1,2-二氯乙烷，1,2-二氯乙烷再在 500～550℃下热裂解，或在 1.0MPa、140～145℃下经碱分解制得氯乙烯：

$$CH_2=CH_2+Cl_2 \xrightarrow[40\sim50^\circ C]{FeCl_3} CH_2Cl—CH_2Cl \xrightarrow{500\sim550^\circ C} CH_2=CHCl+HCl \tag{6-127}$$

乙烯已能由石油烃热裂解大量生产，价格比乙炔便宜，催化剂毒害比氯化汞小得多。但氯的利用率只有 50%，另一半氯以氯化氢的形式从二氯乙烷热裂解气中分离出来。由于含有有机杂质，色泽和纯度都达不到国家标准，它的销售和利用问题就成为工厂必须解决的技术经济问题，虽然也可用空气或氧把氯化氢氧化成氯气重新使用，但设备费用和操作费用均较高，导致氯乙烯生产成本提高。

（3）联合法

将乙烯法与乙炔法联用，目的是用乙炔法来消耗乙烯法副产的氯化氢。该法等于在工厂中并行建立两套生产氯乙烯的装置，基建投资和操作费用明显增加，有一半烃原料采用价格较贵的乙炔，致使生产总成本上升。因此该法不能完全摆脱乙炔法的劣势。

（4）氧氯化法

乙烯与氯化氢和氧气反应生成 1,2-二氯乙烷，再裂解生成氯乙烯和氯化氢。由于该法采用氯化氢作为氯化剂，不仅价格比氯气低，而且解决了氯化氢的利用问题，因此，乙烯氧氯化反应的开发成功，使得以乙烯和氯气为原料生产氯乙烯的方法显示出极大的优越性，现已成为世界上生产氯乙烯的主要方法。

$$CH_2=CH_2+2HCl+\frac{1}{2}O_2 \xrightarrow[250\sim350^\circ C]{CuCl_2/KCl} ClCH_2—CH_2Cl+H_2O \tag{6-128}$$

乙烯转化率约95%，二氯乙烷产率超过90%。还可副产高压水蒸气，供本工艺有关设备利用或用作发电。由于在设备设计和工厂生产中始终需考虑氯化氢的平衡问题，不让氯化氢多余或短缺，故这一方法又称乙烯平衡法。很显然，这一方法原料价廉易得、生产成本低、对环境友好，但仍存在设备多、工艺路线长等缺点，需要进一步改进。

6.4.4.2 平衡型氧氯化法

平衡型氧氯化法生产氯乙烯包括以下3步反应：

$$CH_2=CH_2+Cl_2\xrightarrow{FeCl_3}CH_2Cl-CH_2Cl \qquad \Delta H=-171.5kJ/mol \tag{6-129}$$

$$CH_2=CH_2+2HCl+\frac{1}{2}O_2\xrightarrow[250\sim350^\circ C]{CuCl_2/KCl}ClCH_2-CH_2Cl+H_2O \tag{6-130}$$

$$CH_2Cl-CH_2Cl\longrightarrow CH_2=CHCl+HCl \tag{6-131}$$

总反应式：

$$2CH_2=CH_2+Cl_2+0.5O_2\longrightarrow 2CH_2=CHCl+H_2O \qquad \Delta H=-251kJ/mol \tag{6-132}$$

平衡型氧氯化法很好地将乙烯加成氯化和乙烯氧氯化结合在一起，以乙烯、氯气、氧气为原料生产氯乙烯，整个工艺过程氯可全部利用。这是目前公认的技术经济较合理的生产法，全世界93%以上的氯乙烯是采用该法生产的。下面将分别介绍上述3个生产单元工艺过程。

(1) 乙烯加成氯化反应

① 反应原理　乙烯与氯气液相加成生成1,2-二氯乙烷是一个放热反应。

$$CH_2=CH_2+Cl_2\xrightarrow{FeCl_3}CH_2Cl-CH_2Cl \qquad \Delta H=-171.5kJ/mol \tag{6-133}$$

该反应是在极性溶剂中进行的，属于离子型反应，最常用的溶剂是产物1,2-二氯乙烷，它能促进Cl^+的生成，常用三氯化铁为催化剂，主要副反应是生成多氯化物，如1,1,2-三氯乙烷、1,1,2,2-四氯乙烷。

② 生产工艺条件

a. 反应压力　乙烯与氯气液相加成是在常压下进行的气液相反应，氧化液中催化剂$FeCl_3$的浓度维持在250～300mL/L。为了确保氯能完全反应，乙烯用量略微过量。

b. 反应温度　乙烯液相加成氯化反应的工艺有低温氯化法和高温氯化法，反应温度分别控制在50℃和90℃左右。

ⅰ. 低温氯化　采用强制外循环气液相反应器，见图6-33。乙烯、氯气与催化剂溶液分别从反应器侧下方通入，在50℃下进行氯化加成反应，氯化产物从溢流口中流出，未反应的气体从反应器顶部逸出，经过冷凝器冷凝，冷凝液返回反应器中。由于该反应为强放热，部分氯化液从反应器底部抽出，经循环泵打入外循环冷却器，经冷却后返回至反应器中上部，反应温度可通过冷却水的流量来控制。

低温氯化法是液相出料，催化剂也被一同带出。反应产物需经水洗以除去带出的催化剂，洗涤水需经汽提处理，不仅能耗较大，还有污水排放，而且需经常补充催化剂。另外，反应产生的低品位热能难以回收利用，反应收率也较低。

ⅱ. 高温氯化　该工艺采用鼓泡塔式氯化反应器，见图6-34。乙烯、氯气与催化剂溶液分别从反应器侧下部通入，反应在90℃接近于1,2-二氯乙烷的沸点进行，反应放热使二氯乙烷气化，气相出料不夹带催化剂，无须用水洗涤，能耗较小，没有污水排放，反应热可以回收利用。氯化反应器的液位由产物1,2-二氯乙烷出料量来控制调节。高温氯化法产品收率高，1,2-二氯乙烷的纯度可达 99%以上。

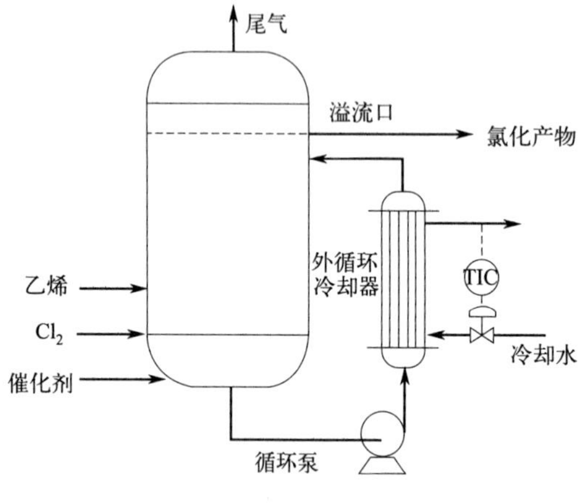

图 6-33　低温氯化反应器

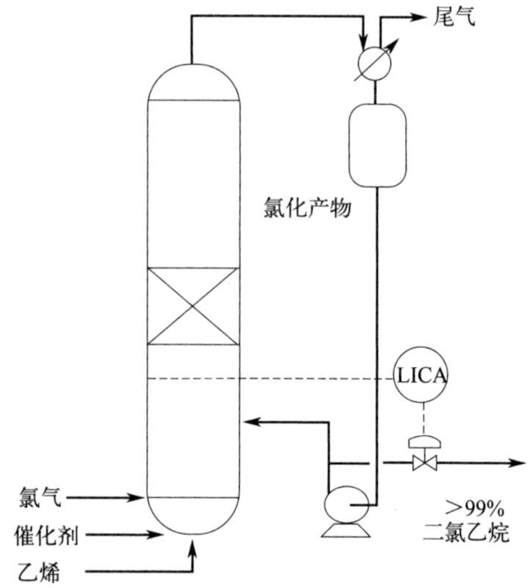

图 6-34　高温氯化反应器

（2）乙烯氧氯化反应

① 反应原理及催化剂　早在 1868 年康（Deacom）等已发现在氯化铜催化剂作用下，HCl 能被氧化为 Cl_2 和 H_2O。

$$4HCl+O_2 \xrightarrow[350\sim450℃]{CuCl_2} 2Cl_2+2H_2O \tag{6-134}$$

烃的氧氯化法是在此反应基础上研究成功的，其中最主要的是乙烯氧氯化生成 1,2-二氯乙烷。此反应在 1922 年已被提出，但直至 20 世纪 60 年代才实现工业化，现已成为生产 1,2-二氯乙烷的主要方法。

氧氯化主反应：

$$CH_2=CH_2+2HCl+\frac{1}{2}O_2 \xrightarrow[250\sim350℃]{CuCl_2/KCl} ClCH_2-CH_2Cl+H_2O \tag{6-135}$$

氧氯化的主要副反应有以下 3 种。

a. 乙烯的深度氧化

$$CH_2=CH_2+2O_2 \longrightarrow 2CO+2H_2O \tag{6-136}$$

$$CH_2=CH_2+3O_2 \longrightarrow 2CO_2+2H_2O \tag{6-137}$$

b. 生成副产物 1,1,2-三氯乙烷和氯乙烷

$$CH_2=CH_2+HCl \longrightarrow CH_3CH_2Cl \tag{6-138}$$

$$ClCH_2-CH_2Cl \xrightarrow{-HCl} CH_2=CHCl \xrightarrow{HCl+O_2} ClCH_2-CHCl_2 \tag{6-139}$$

c. 生成一氯或多氯衍生物　生成少量的各种饱和或不饱和的一氯或多氯衍生物，如三氯甲烷、四氯化碳、氯乙烯、1,1,1-三氯乙烷、顺式-1,2-二氯乙烯等。但它们的总量不多，仅为 1,2-二氯乙烷生成量的 1%以下。

乙烯氧氯化制 1,2-二氯乙烷所采用的催化剂为金属氯化物，其中以 γ-Al_2O_3 为载体的 $CuCl_2$ 催化剂最为常用。对于流化床反应器，Al_2O_3 载体的流化性能和耐磨性好，可减少催化剂粉化流失。除了单组分 $CuCl_2$/γ-Al_2O_3 外，还有双组分 $CuCl_2$-KCl/γ-Al_2O_3 及多组分

催化剂，其作用是提高催化剂的活性和降低反应温度。

② 反应机理　乙烯在 $CuCl_2/\gamma\text{-}Al_2O_3$ 催化剂上发生氧氯化反应的机理尚无定论。在此介绍由日本学者提出的氧化还原机理，认为在氧氯化反应中，通过氯化铜的价态变化向作用物乙烯输送氯。反应分以下 3 步进行。

a. 吸附的乙烯与 $CuCl_2$ 作用生成 1,2-二氯乙烷，并使 $CuCl_2$ 还原为 Cu_2Cl_2

$$C_2H_4(\text{吸附}) + 2CuCl_2 \longrightarrow C_2H_4Cl_2 + CuCl_2 \tag{6-140}$$

b. Cu_2Cl_2 被氧化为两价铜，并生成包含有 CuO 的配合物

$$Cu_2Cl_2 + \frac{1}{2}O_2 \longrightarrow CuCl_2 \cdot CuO \tag{6-141}$$

c. 配合物再与 HCl 作用，并分解为 $CuCl_2$ 和 H_2O

$$CuCl_2 \cdot CuO + 2HCl \longrightarrow 2CuCl_2 + H_2O \tag{6-142}$$

反应的控制步骤是第一步。此机理的主要依据是：乙烯单独通过 $CuCl_2$ 催化剂时有氯乙烷生成，同时 $CuCl_2$ 被还原为 Cu_2Cl_2，将空气或氧气通入被还原的 Cu_2Cl_2 时会发生氧化反应生成 $CuCl_2$。其次，乙烯的浓度对反应速率影响最大。

如图 6-35 所示，在氧氯化反应过程中，通过 $CuCl_2$ 的价态变化，向反应物 $CH_2=CH_2$ 输送氯。

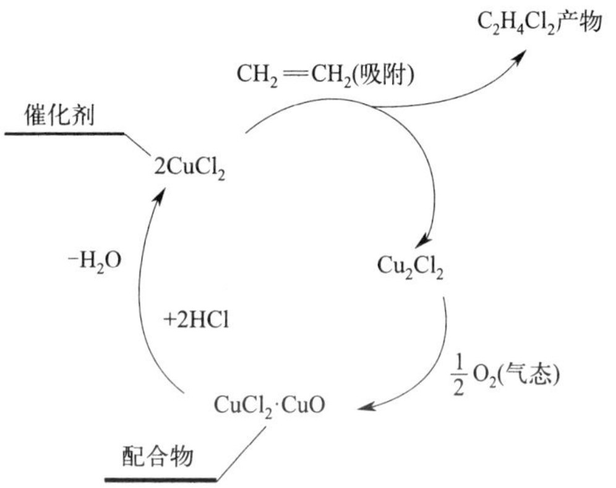

图 6-35　氧氯化反应催化剂循环

③ 生产工艺条件

a. 反应温度　乙烯氧氯化是强放热反应，反应热高达 251kJ/mol，因此反应温度的控制十分重要。在含铜量 $w(Cu)=12\%$ 的 $CuCl_2/\gamma\text{-}Al_2O_3$ 催化剂上，温度对反应速率、选择性和乙烯完全氧化副反应的影响如图 6-36～图 6-38 所示。反应速率随温度的升高而迅速上升，到 250℃逐渐减慢，到 300℃后开始下降；反应选择性也随温度的升高而提升，而在 250℃左右达到最大值。因此，就反应速率和选择性而言，有一个适宜的反应温度范围。由图 6-36 可见，温度高于 270℃后，乙烯深度氧化速率随反应温度的升高快速增长，对反应选择性不利。

从催化剂的使用角度来看，随着反应温度的升高，催化剂活性组分 $CuCl_2$ 挥发流失的量增加，催化剂失活的速率加快，使用寿命缩短。从操作安全角度来看，由于乙烯氧氯化过程是强放热反应，反应温度过高，主、副反应，特别是乙烯深度氧化副反应释放出的热量增加，若不能及时从反应系统中移走，热量的积累会促使反应温度进一步升高。如此恶性循环，导致发生爆炸或燃烧事故。因此，在满足反应活性和选择性的前提下，反应温度应当越低越好。具体的反应温度是根据选用的催化剂而定，对 $CuCl_2/\gamma\text{-}Al_2O_3$ 催化剂而言，流化床的反应温度为 205～235℃。

b. 反应压力　压力对乙烯氧氯化反应速率和选择性都有影响。增高压力可提高反应速率，而选择性则下降。如图 6-39 所示，压力增高，生成 1,2-二氯乙烷的选择性下降，但是选择性下降的幅度很小。考虑到加压可提高设备利用率及对后续的吸收和分离操作有利，工业上一般都采用常压或低压操作。

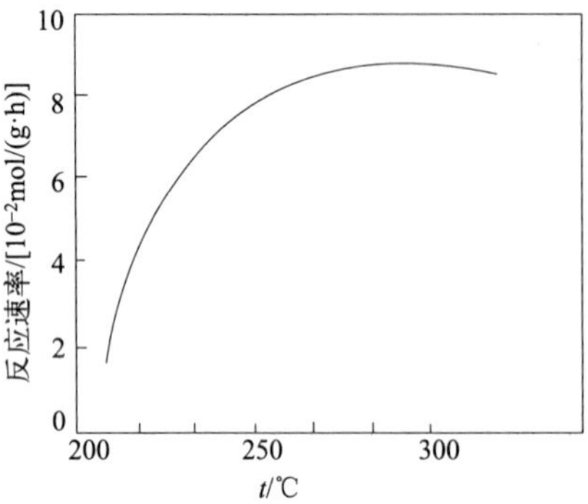

图 6-36　温度对反应速率的影响曲线

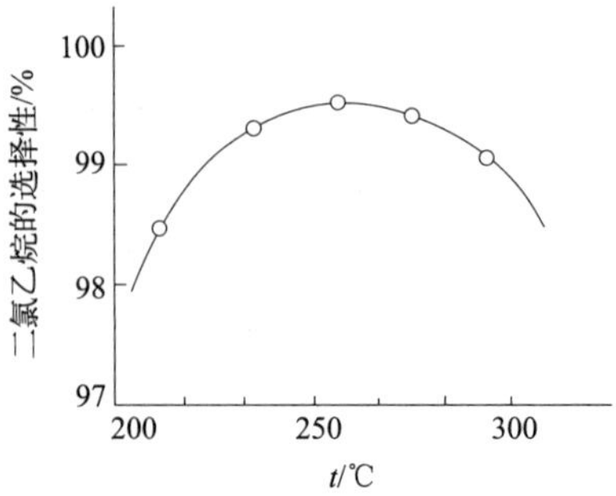

图 6-37　温度对产物 1,2-二氯乙烷选择性的影响曲线（以氯计）

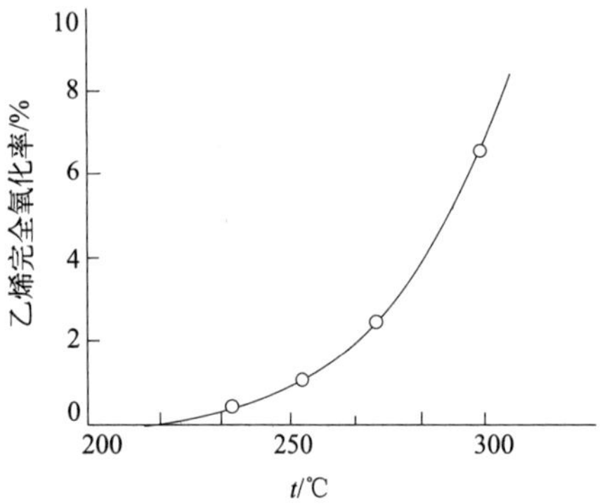

图 6-38　温度对乙烯深度氧化副反应的影响曲线

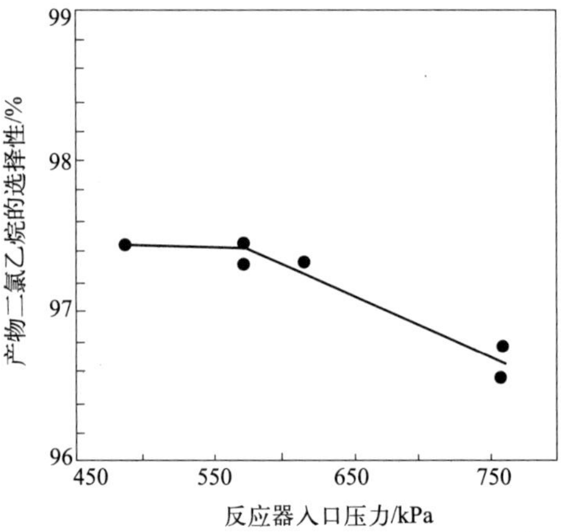

图 6-39　反应器入口压力对 1,2-二氯乙烷选择性的影响曲线

c. 原料配比　乙烯、氯化氢和氧气的理论配比为 n(乙烯)∶n(氯化氢)∶n(氧气)＝1∶2∶0.5。在正常操作情况下，采用乙烯和氧气稍过量，以保证催化剂氧化还原过程的正常进行，并且使氯化氢接近全部转化。若氯化氢过量，则会吸附在催化剂表面使催化剂颗粒胀大，造成流化床反应器床层急剧升高，甚至发生节涌现象。乙烯过量不能太多，否则会使乙烯深度氧化反应加剧，尾气中的 CO、CO_2 含量增多，反应选择性下降。同样，氧气过量太多，也会加剧乙烯深度氧化反应。在原料配比中还要求原料气的组成在爆炸极限范围外，以保证安全生产。工业上采用的原料气配比为 n(乙烯)∶n(氯化氢)∶n(氧气)＝1.05∶2∶0.75。

d. 原料气纯度　原料乙烯的浓度对氧氯化反应的影响很小，CO、CO_2、N_2 等惰性气体的存在并无影响，但原料气中乙炔、丙烯、C_4 烯烃的含量需严格控制，因为它们比乙烯活泼，也会发生氧氯化反应而生成四氯乙烯、三氯乙烯、1,2-二氯乙烷等，给后续分离工序增加难度。同时它们也易发生深度氧化反应，释放出的热量会促使反应温度升高，给反应带来不利影响。一般要求原料中乙烯含量在 w(乙烯)＝99.95%以上。另外，原料氯化氢的纯度也很重要。当采用二氯乙烷裂解产生的氯化氢时，常含有乙炔，因此，通常将氯化氢气体与氢气混合后，先在一个加氢反应器中加氢精制，控制乙炔含量在 200mL/L 以下，然后才能进入氧氯化反应器。

e. 停留时间　停留时间对氯化氢的转化率有影响。如图 6-40 所示，停留时间达 10s 时，氯化氢的转化率才能接近 100%，但停留时间过长，转化率会稍微下降，这是因为 1,2-二氯乙烷裂解产生氯化氢和氯乙烯。停留时间过长，不仅使设备生产能力下降，而且副反应也会加剧，导致副产物增多，反应选择性下降。

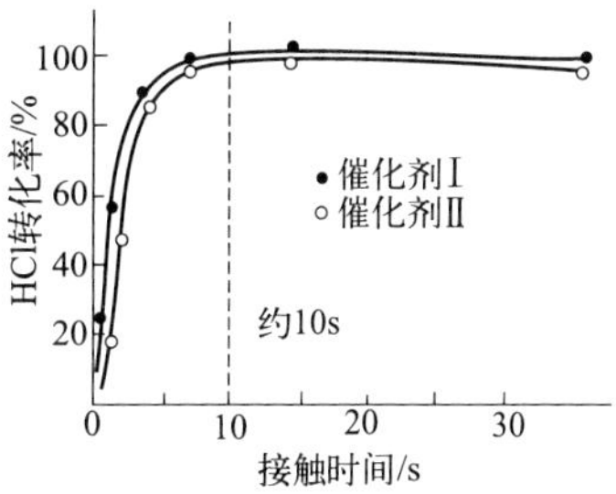

图 6-40　氯化氢转化率与停留时间的关系曲线

④ 氧氯化反应工艺流程　乙烯氧氯化生产 1,2-二氯乙烷是一个强放热气固相催化氧化反应，可分为空气法和氧气法，反应器可采用固定床或流化床。固定床反应器的优点是转化率高，但传热效果差，易产生局部温度过高使反应选择性下降，活性组分流失加快，催化剂使用寿命缩短。流化床反应器反应温度均匀，不存在热点且可通过自控装置控制进料速度，使反应器温度控制在适宜范围内，有利于提高反应选择性。反应产生的热量可用内设的热交换器及时移走。缺点是催化剂易磨损流失，物料返混严重。随着技术的进步，流化床反应器中乙烯和氯化氢的转化率分别可达到 99%，成为氧氯化反应器的发展方向。本节主要介绍在流化床反应器中进行的乙烯氧氯化反应。

流化床乙烯氧氯化反应器的构造如图 6-41 所示，反应器底部水平插入氧气进气管至中心处，管上方设置一个向下弯的拱形板式分布器，分布器上有多个由向下伸的短管及其下端开有小孔的盖帽组成的喷嘴，用以均匀分布进入的氧气。在气体分布器的上方，装有乙烯和氯化氢混合气体进气管，该管连接一套具有同样多个喷嘴的管式分布器，其喷嘴恰好插入氧气板式分布器的喷嘴内。这样的组件可使两股进料气体在进入催化剂床层之前在喷嘴内混合均匀。采用氧气与乙烯-氯化氢分别进料的方式，可防止在操作失误时有发生爆炸的危险。

在反应段内设置了一定数量的直立冷却管组，管内通入加压热水，借水的汽化移出反应热，并副产中压水蒸气。在反应器上部设置三组互相串联的三级旋风分离器，用以回收反应气流中夹带的催化剂颗粒。第一级旋风分离器分离的固体流量大，其料腿直接插入流化床的浓相段内。第二、三级旋风分离器的料腿伸至稀相段中，安装挡板加以密封。这样的三级串联可获得高的回收率。从第三级旋风分离器流出的反应气体中已基本不含有催化剂。催化剂的磨损量每天约为催化剂总量的 0.1%，需补充的催化剂自气体分布器上部用压缩空气送入反应段。

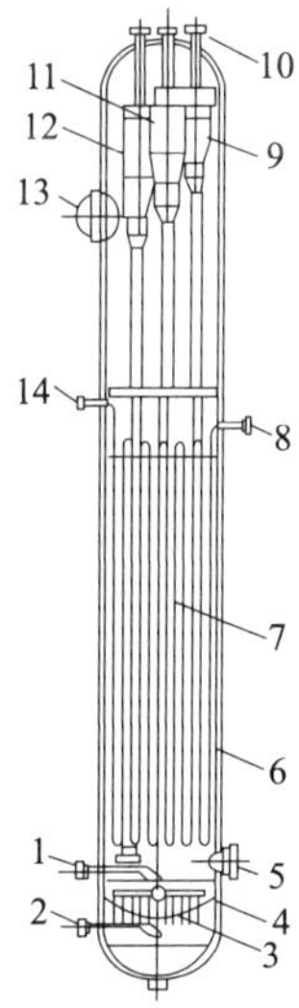

图 6-41　流化床乙烯氧氯化反应器构造示意图

1—乙烯和氯化氢入口；2—氧气入口；3—板式分布器；4—管式分布器；5—催化剂入口；6—反应器外壳；7—冷却管组；8—加压热水入口；9，11，12—旋风分离器；10—反应气出口；13—人孔；14—高压水蒸气出口

由于氧氯化反应有水生成(乙烯深度完全氧化也有水生成)，如果反应器的一些部位保温不好，温度过低，当达到露点温度时，水就会凝结出来，溶入氯化氢气体生成盐酸，将使设备受到严重腐蚀。另外，若催化剂表面黏附氧化铁时，氧化铁会转化成氯化铁，它能催化乙烯的加成氯化反应，生成副产物氯乙烷。因此，催化剂的储存和输送设备及管路不能用铁质材料。

乙烯氧氯化生产1,2-二氯乙烷工艺流程图见图6-42。

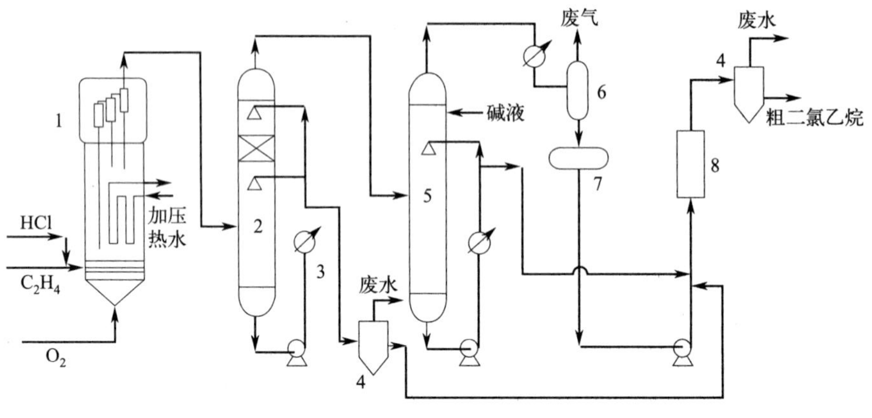

图6-42 乙烯氧氯化生产1,2-二氯乙烷工艺流程图

1—流化床反应器；2—急冷塔；3—急冷塔冷却器；4—倾析器；5—洗涤塔；6—气液分离器；7—中间储槽；8—二氯乙烷混合器

原料乙烯与来自裂解单元的氯化氢气体混合进入氧氯化反应器，氧气从反应器底部进入，在分布器上与乙烯、氯化氢混合，反应器内装有$CuCl_2/\gamma\text{-}Al_2O_3$催化剂，适宜的操作温度为230℃。反应热通过内置直立冷却管移出，通过调节副产水蒸气的压力可控制反应温度，操作压力为0.2MPa，氯化氢的转化率为99.5%，乙烯的燃烧率为1.5%。反应器顶部流出的混合气中含有二氯乙烷、水、CO、CO_2和其他少量的氯代烃类，以及未转化的乙烯、氧气、氯化氢及惰性气体，进入急冷塔，经二氯乙烷-水循环液冷却，并吸收其中的氯化氢，同时洗去少量残留的催化剂颗粒。塔釜液相出料经冷却后，大部分作为冷却液循环使用，其余送入倾析器，从中分离出少量的二氯乙烷送到二氯乙烷混合器。急冷塔顶部气相中含有产物二氯乙烷和其他氯的衍生物，进入洗涤塔，用循环碱液吸收、中和气体中的CO_2及少量的HCl，不凝气体经气液分离后去废气处理单元。洗涤塔顶部的二氯乙烷经冷凝后进入中间储槽，与从急冷塔釜和洗涤塔釜流出的部分物料一起进入混合器，然后流入倾析器分层除去水，得到的粗二氯乙烷送往二氯乙烷精制单元，废水排往废水处理单元。

来自乙烯加成氯化反应单元、氧氯化反应单元以及裂解反应单元中未反应的二氯乙烷都含有一定数量的杂质，需精制以达到符合二氯乙烷裂解生产氯乙烯的要求。工业上常用的1,2-二氯乙烷质量标准（HG/T 2662—1995）见表6-23。

表6-23 工业1,2-二氯乙烷质量标准（HG/T 2662—1995）

项目		指标	
		一等品	合格品
含量/%	≥	99.5	98.0
密度(ρ_{20})/(g/cm^3)		1.253～1.256	1.250～1.257
水分/%	≤	0.08	0.08
色度(铂-钴色号)/Hazen单位	≤	10	20
酸度(以HCl计)/%	≤	0.004	0.005

二氯乙烷最常用的精制流程是四塔流程，见图6-43。

它由脱水塔、低沸塔、高沸塔及回收塔组成。脱水塔是利用二氯乙烷和水形成共沸物的

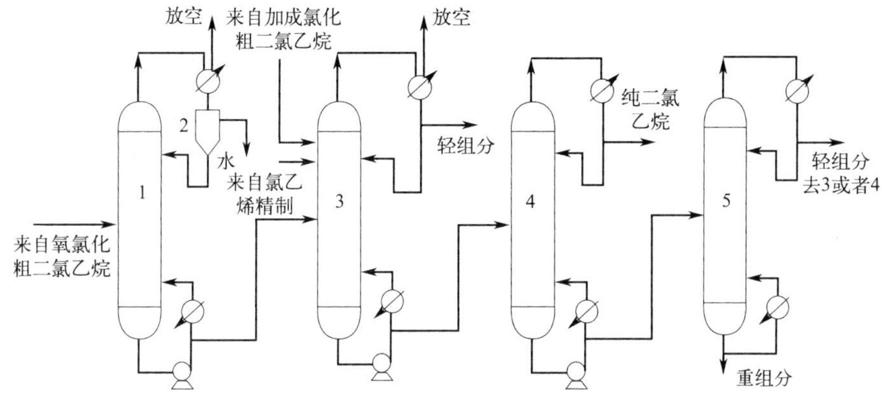

图 6-43　二氯乙烷精制部分工艺流程图

1—脱水塔；2—倾析塔；3—脱轻塔；4—脱重塔；5—回收塔

原理，将水从物料中脱除。低沸塔和高沸塔分别将二氯乙烷中的轻、重组分分离。回收塔是进一步从高沸物中回收二氯乙烷，该塔采用真空操作。

来自氧氯化反应单元的粗二氯乙烷进入脱水塔，脱除水和轻组分，塔顶气经冷凝后流入脱水塔倾析器，分去上层水分，下层液作为回流，不凝气体放空。含水量小于 20μg/g 的塔釜液和来自加成氯化反应单元、氯乙烯精制单元的粗二氯乙烷一起进入脱轻塔，塔顶馏出低沸点副产物，塔釜液送到脱重塔脱除高沸物。由脱重塔顶部得到高纯度的二氯乙烷，作为裂解反应的原料，塔釜液进入回收塔。回收塔顶部出料经冷却后送往脱轻塔或脱重塔，塔釜液的高沸物送往废液处理系统。

（3）二氯乙烷裂解反应

由 1,2-二氯乙烷裂解生产氯乙烯和副产氯化氢的反应是在高温和高压下进行，无须催化剂，1,2-二氯乙烷的热裂解在管式炉内进行。炉型构造与烃类热裂解所用管式炉构造相似，炉体由对流段和辐射段组成。1,2-二氯乙烷裂解生成氯乙烯的工艺流程图如图 6-44 所示。

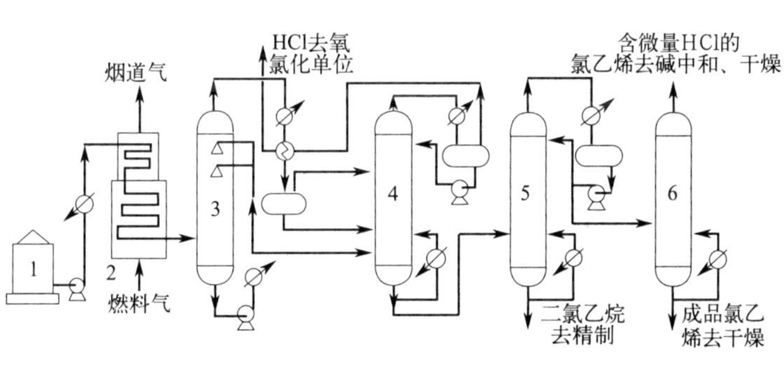

图 6-44　1,2-二氯乙烷裂解生成氯乙烯的工艺流程图

1—二氯乙烷储槽；2—裂解炉；3—急冷塔；4—HCl 回收塔；5—氯乙烯精制 1# 塔；6—氯乙烯精制 2# 塔

高纯度二氯乙烷原料泵入管式裂解炉的对流段，与烟道气热交换而被预热后，进入热辐射段进行裂解。为了减少裂解产生的副产物，一般控制裂解转化率为 50%～60%，氯乙烯选择性为 95%。主要副产物有乙烯、丁二烯、氯丁三烯、氯甲烷、丙烷、氯丙烯以及焦炭。

二氯乙烷裂解是强吸热反应，由管外燃料燃烧提供热量。每台裂解炉有上百只烧嘴，排列安装在炉的两壁。裂解温度可由控制燃料的流量或压力来调节，有时也可采用关闭部分烧嘴的方式来调节炉膛温度。

高温裂解气（约500℃）进入急冷塔，该塔操作压力为2.0MPa，为了防止盐酸对设备的腐蚀，采用约40℃的二氯乙烷直接喷淋，使裂解气降温至70℃，阻止副反应继续进行。急冷塔顶部出氯乙烯和HCl，其中含有少量二氯乙烷，经水冷和深冷将氯乙烯冷凝，未凝气体主要是HCl，然后分别以液相和气相进料方式送入HCl回收塔。急冷塔釜液主要是二氯乙烷，含有少量冷凝的氯乙烯和溶解的HCl，经冷却后，一部分进入HCl回收塔，其余用作急冷塔循环冷却液。

氯化氢回收塔有3股进料，分别是急冷塔的冷凝液（富含氯乙烯）和未凝气体（富含氯化氢），以及急冷塔釜液（富含二氯乙烷），塔顶压力为1.2MPa，塔顶温度为−24℃，塔釜温度为110℃。塔顶采出的气体经冷却冷凝后，得到99.8%的HCl用作氯化反应的原料。塔釜得到氯乙烯和二氯乙烷的混合物，送入氯乙烯精制1#塔，该塔操作压力为0.55MPa，塔顶温度为43℃，塔釜温度为163℃，塔釜馏出液返回到二氯乙烷精制单元，塔顶的氯乙烯经冷凝后部分回流，其余进入氯乙烯精制2#塔中脱除微量的（约10^{-4}）氯化氢，塔釜液经干燥得到高纯度产品氯乙烯。

6.4.5 丙烯氯化法制环氧氯丙烷

环氧氯丙烷是合成甘油的中间体，也是环氧树脂、硝化甘油炸药、玻璃钢、电绝缘制品、表面活性剂、医药、农药、涂料、黏合剂、增塑剂、离子交换树脂、甘油衍生物以及氯醇橡胶的主要原料，还可用作纤维素酯、树脂和纤维素醚的溶剂。环氧氯丙烷的生产方法主要有丙烯氯化法（氯丙烯法）和乙酸丙酯法（烯丙醇法）。此外，正在开发研究的还有美国DOW公司的丙烯醛法、日本旭川公司的丙酮法、日本三井东亚化学公司的有机过氧化氢法、索尔公司的氯丙烯直接环氧化法等。其中氯丙烯直接环氧化法因其具有较好的技术经济性，发展前景良好。

丙烯氯化法生产环氧氯丙烷（又称氯丙烯法），是在1948年由美国壳牌公司开发成功的，至今已成为世界上生产环氧氯丙烷的主要方法，它包括3个反应过程：丙烯高温氯化生成氯丙烯、氯丙烯次氯酸化生成二氯丙醇和二氯丙醇皂化生成环氧氯丙烷。

6.4.5.1 反应原理及生产工艺条件

（1）丙烯高温取代氯化生成氯丙烯

$$CH_3—CH=CH_2+Cl_2 \longrightarrow Cl—CH_2—CH=CH_2+HCl \quad (6\text{-}143)$$

研究表明，丙烯在低温气相氯化时，主要发生丙烯的加成氯化，生成1,2-二氯丙烷。但在高温时，则主要发生丙烯的取代氯化，生成氯丙烯。反应温度升高，氯丙烯分子中的氢会继续被取代，生成2,3-二氯丙烯、1-氯丙烯、2-氯丙烯等。温度过高还会发生氯丙烯的裂解反应生成炭和氯化氢，聚合、缩合生成高沸物和焦油等，易堵塞设备和管道。为保证生产的正常进行，必须定期清焦。因此，适宜的反应温度为450～550℃。

另外，丙烯的预热温度对氯丙烯的产率有明显影响。低于300℃时，会生成大量的1,2-二氯丙烷；反之温度过高，会生成很多高沸物、焦油和炭，降低氯丙烯的产率。适宜的预热温度为 380～400℃。

丙烯与氯气的原料配比十分重要，过低则易生成多氯化物，一般采用丙烯过量的方法，抑制多氯化物的生成。现在工业上普遍采用 n(丙烯)∶n(氯气)=(4～5)∶1。

提高反应压力（>0.1MPa）有利于主、副产物之间的接触，副产物明显增多，结炭现象趋于严重，因此，一般控制反应压力小于 0.1MPa。

停留时间过短，反应停留在生成 1,2-二氯丙烷阶段；停留时间过长，则增加了主、副产物之间的接触反应，两者均导致氯丙烯产率的下降。适宜的停留时间为 2～4s。

（2）氯丙烯次氯酸化生成二氯丙醇

氯气与水反应生成次氯酸，然后与氯丙烯反应生成 1,3-二氯-2-丙醇（w=30%）和 2,3-二氯丙醇（w=70%）的混合物。主要副反应是氯气直接参与反应，生成一系列副产物，如三氯丙烷和四氯丙醚（对称体和非对称体）等。

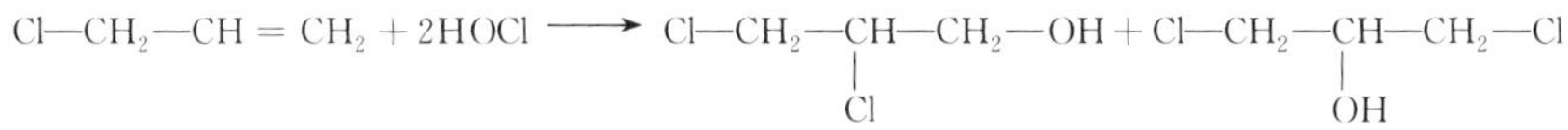
(6-144)

反应温度采用低于 50℃以下较适宜，这样可以提高氯气在液相中的溶解度，减少氯丙烯的挥发量，降低气相中的氯气和氯丙烯量，有效抑制副产物三氯丙烷的生成。因为三氯丙烷难溶于水，极易分成有机相，使溶于其中的氯丙烯、氯气及氯丙醇快速反应生成四氯丙醚。所以，在操作中应控制产物浓度，采用多级串联反应器，分段通入氯气的方式，抑制副反应，提高反应收率。

原料配比以 n(氯丙烯)∶n(氯气)=1.003∶1 比较适宜，氯气不能过量，否则会导致二氯丙醇收率下降。氯丙烯也不能过量太多，否则因参与副反应使产物收率降低。

此外，氯丙烯次氯酸化生成二氯丙醇反应过程含水和盐酸，对设备会造成腐蚀。

（3）二氯丙醇皂化生成环氧氯丙烷

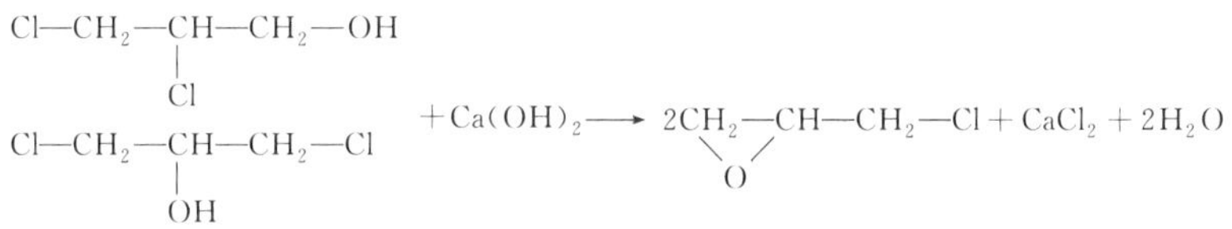
(6-145)

二氯丙醇的两个异构体在皂化（环化）中都转变为环氧氯丙烷。皂化的关键是尽量防止环氧氯丙烷的进一步水解或缩合。为此，必须尽快让生成的环氧氯丙烷以气态形式离开反应区域，采用提高温度和水蒸气汽提的办法可以达到这一目的。

加入的皂化液 $Ca(OH)_2$ 必须过量，既要用于中和盐酸，又要提供一定碱度保证二氯丙醇皂化完全。但不能过量太多，否则容易引起环氧氯丙烷水解生成丙三醇。一般控制 n（氢氧化钙）∶n(二氯丙醇+盐酸)=(1.10～1.15)∶1。皂化温度一般控制在 98～100℃。

生产中也可用 NaOH 作皂化剂，但成本较高，采用 $Ca(OH)_2$ 作皂化剂的缺点是易结垢，反应系统需定期除垢，排出的废水中含 $CaCl_2$，会沉积下来造成环境污染。氯丙烯法可副产杀虫剂 D-D 混剂，它是 96%的 1,3-二氯丙烯和少量的 1,2-二氯丙烷的混合物，可直接用作杀灭地下害虫的农药，提高了工厂的经济效益。

6.4.5.2 生产工艺流程

图 6-45 所示是日本旭硝子生产工艺流程图。它分为氯丙烯的合成与精制、二氯丙醇的

合成、环氧氯丙烷的合成与精制 3 个部分。

（1）氯丙烯的合成与精制

液态丙烯经气化和预热后，与氯气按严格的配比 $[n(C_3H_6):n(Cl_2)=4:1]$ 在一特制的混合器中高速喷射混合后进入反应器，在 400～500℃、0.08MPa（表压）的条件下进行反应。产物经与丙烯和热油 3 次换热冷却到 30℃后进入文丘里洗涤器，洗涤除去重组分后的气体，再与预馏塔顶物料换热后进入预馏塔，塔顶分离出的未反应的丙烯和 HCl，送往盐酸精制系统处理。未反应的丙烯经洗涤、压缩、冷却、干燥后循环回反应器再利用，HCl 精制后可得到 w（HCl）＝35％的盐酸副产品。

预馏塔塔釜液与文丘里洗涤器分离出的重组分一起进入分离塔，在此除去 1,2-二氯乙烷等高沸物。塔顶液送入氯丙烯精制塔，塔釜即可得到精制氯丙烯，精制塔顶的低沸物与分离塔釜的高沸物一起进入 D-D 精制塔，由该塔侧线得到副产品 D-D 混剂，塔顶和塔釜的物料送往废油焚烧装置。

（2）二氯丙醇的合成

氯丙烯与氯气按照 n(氯丙烯)：n(氯气)＝1.003：1的配比，分三段经喷嘴加入二氯丙醇循环槽的循环管线中，以使氯丙烯和氯气全部溶解在水溶液中，然后混合进入三级管式反应器中进行充分反应，三级反应器的操作温度分别为 30℃、38℃和 46℃，二氯丙醇的浓度分别控制在 w(二氯丙醇)＝1.4％、w(二氯丙醇)＝2.8％和 w(二氯丙醇)＝4.2％。反应产物经循环槽依次溢流到下一级的二氯丙醇缓冲罐，最后一级反应器的氯丙醇水溶液供制备环氧氯丙烷使用。

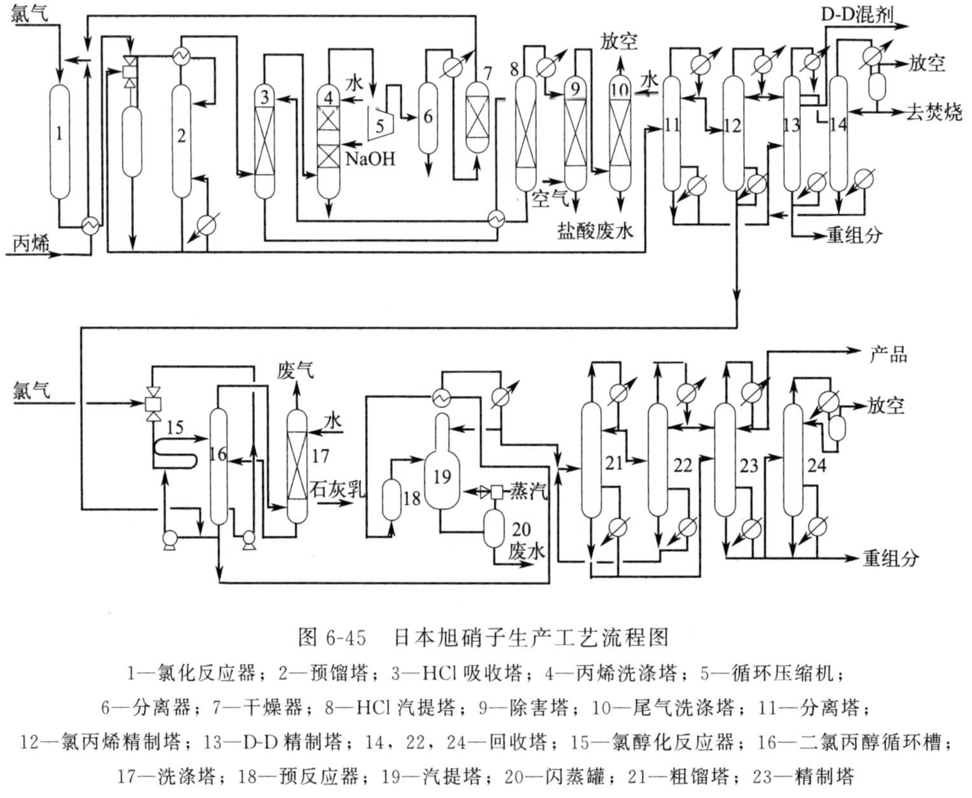

图 6-45　日本旭硝子生产工艺流程图

1—氯化反应器；2—预馏塔；3—HCl 吸收塔；4—丙烯洗涤塔；5—循环压缩机；6—分离器；7—干燥器；8—HCl 汽提塔；9—除害塔；10—尾气洗涤塔；11—分离塔；12—氯丙烯精制塔；13—D-D 精制塔；14，22，24—回收塔；15—氯醇化反应器；16—二氯丙醇循环槽；17—洗涤塔；18—预反应器；19—汽提塔；20—闪蒸罐；21—粗馏塔；23—精制塔

反应中所需要的水经计量后加入二氯丙醇循环槽，循环槽上部的气体中含有少量的氢气，为防止发生爆炸，需送入一定的空气进行稀释，经稀释的废气经水洗后送往焚烧装置，洗涤水则送回循环槽作为补充水加以利用。

（3）环氧氯丙烷的合成与精制

二氯丙醇溶液经预热后，与 w(石灰乳)≈20%的石灰乳混合，按石灰乳微过量的配比送入预反应器进行反应，然后再进入汽提塔继续反应，直至二氯丙醇全部转化为环氧氯丙烷。汽提塔底部通入新鲜水蒸气，将环氧氯丙烷迅速汽提出塔，以阻止其继续反应生成丙三醇。汽提塔的釜液进入闪蒸槽，用蒸汽喷射器回收有机物后再送往水处理装置。

汽提塔塔顶分馏出粗环氧氯丙烷，先进入粗馏塔分出低沸物，然后再进入精制塔，由精制塔塔顶得到环氧氯丙烷成品。粗馏塔分离出的低沸物进入回收塔回收环氧氯丙烷后，塔顶的轻组分送往废油焚烧装置。精制塔的釜液经分离回收环氧氯丙烷后，再送入分相器分相，其水相去二氯丙醇缓冲槽，油相送往废油焚烧装置进行处理。

练习思考题

1. 工业上氢气的来源有哪些？
2. 加氢反应的一般规律是什么？
3. 简述合成氨工艺中催化剂失活的主要原因及预防措施。
4. 工业上氨的合成有多种流程，总的包括哪些基本步骤？
5. 合成氨工艺中，如何实现能量的有效利用和回收？
6. 环氧丙烷-苯乙烯（简称 PO/SM）联产法的特点是什么？
7. 分析氧化过程的作用及其特点。
8. 非均相催化氧化和均相催化氧化的特点是什么？
9. 典型的气-固相催化氧化常见的反应器类型有哪几种？各自的优缺点是什么？
10. 比较对苯二甲酸 4 种主要精制方法的优缺点。
11. 乙烯液相直接氧化法生产乙醛进反应器的混合气组成如何确定？
12. 丁烯催化氧化脱氢制丁二烯的流程组织应考虑哪些因素？
13. 从安全角度考虑，乙烯直接氧化生产环氧乙烷的工艺流程中，原料氧气和乙烯、含抑制剂的致稳气以及循环气的混合器应如何设计？
14. 丙烯氨氧化制丙烯腈工艺流程中产生的废气与废液应如何处置？
15. 何谓爆炸极限？其主要影响因素有哪些？请列举一些化工生产中常用的防爆措施。
16. 何谓羰基合成反应？羰基合成反应有哪些类别？
17. 羰基合成催化剂的结构组成是什么？评价羰基合成催化剂性能优劣应考虑哪些因素？
18. 比较甲醇羰基化制乙酸低压法与高压法的工艺优缺点。
19. 烃类氯化反应的类型有哪些？常见的氯化剂有哪些？
20. 平衡型氧氯化法生产氯乙烯包括哪些反应单元？有何优点？

习题参考

第7章 绿色化工工艺

本章主要内容及要求

- 掌握绿色化工工艺的概念与原则；
- 熟悉清洁生产的概念和内容，掌握清洁生产的途径；
- 了解新能源的分类，了解清洁燃料、氢能等绿色能源；
- 掌握双碳目标与碳排放双控的概念，了解负碳技术原理和应用进展。

7.1 绿色化工工艺的概念与原则

7.1.1 绿色化工工艺的概念与重要性

7.1.1.1 绿色化学的概念

绿色化学刚出现时，它更多的是代表一种认识、一种理念，就是用化学去预防污染；随着研究的深入，绿色化学变成了一种行动、一种防止污染的实践，即设计对人类健康和生态环境影响较小的化学产品和过程，通过深思熟虑的分子设计，开发既保持使用功能，同时又危害最小的新物质，从源头上减少或消除化学品的危害。

绿色化学作为化学产品和化学过程的一个设计框架，它有三个要点：绿色化学要对化学产品整个生命周期的全部阶段进行设计；绿色化学要对化学产品和过程的内在特性进行设计，以减少它们的固有危害；绿色化学以一套系统的紧密结合的原则作为设计准则。由此看出，绿色化学与传统理念是不同的，传统上人们通过环境法规来控制危害物质的暴露性来降低风险，如建立“安全”浓度和接触限值等；而绿色化学通过降低或消除物质的固有危害性来降低风险，目标是在设计阶段就消除危害。与传统化学比较，绿色化学把“危害”作为化学产品和过程的性能指标，认为存在“危害”是设计的缺陷。

绿色化学专注于在分子水平上预防污染，其理念主要包括两个方面：一是资源高效利用和废物最小化；二是应对化学品制造、使用、处置或再利用过程中涉及的生态健康和安全问题。绿色化学不是化学的一个新的学科，而是由一系列原则组成的新的科学思想，是指导化学研究的一种哲学，适用于化学的所有研究领域，适用于化学产品的整个生命周期，包括它的设计、制造、使用和最终处置。我们可应用绿色化学开发在源头上预防污染的化学过程和环境友好产品。通过绿色化学实践，能创造作为原材料使用的有害物质的替代品，能设计减少废物、减少对日趋枯竭的资源的需求、使用较少能量的化学过程。通过绿色化学实践，能为我们带来诸多效益。

在人类健康方面，绿色化学能提供更清新的空气、更洁净的水，增加化工工人的职业安全性，提供更安全的消费品，如药物和食品，较少地接触有毒化学品（如内分泌干扰物）。在生态环境方面，释放到环境中的绿色化学产品可以降解为无害的物质，或为了进一步使用被回收；动植物较少遭受有毒化学品伤害；全球变暖、臭氧消耗、毒雾形成等的可能性变小；对生态系统的破坏性较小；更少的垃圾填埋。在经济方面，绿色化学反应具有更高产率，更少的合成步骤，减少了废物；产品具有更好的性能；减少石油产品的使用；改善化学品制造商的竞争力。

绿色化学通过设计更安全的化学过程和危害性较小的化学品，为可持续的未来提供了一个框架。从科学角度看，绿色化学是对传统化学思维方式的更新和发展；从环境角度看，它是从源头上消除污染、与生态环境协调发展的更高层次的化学；从经济角度看，它要求合理地利用资源和能源、降低生产成本，符合经济可持续发展的要求。绿色化学期求在分子水平上实现可持续发展，应该说绿色化学是未来的化学，是更清洁、更智慧的化学。

7.1.1.2 绿色化学的研究内容

近年来，绿色化学的研究主要是围绕化学反应、原料、催化剂、溶剂和产品的绿色化来进行的。

（1）研究内容

研究内容主要包括以下几个方面：

① 化学反应的绿色化，寻求安全有效的反应途径，如开发原子经济反应、提高反应的选择性等。

② 原料的绿色化，寻求安全有效的反应原料，如采用无毒无害的原料、以可再生资源为原料等。

③ 溶剂的绿色化，如采用无毒无害的溶剂。

④ 催化剂的绿色化，如采用无毒无害的催化剂。

⑤ 产品的绿色化，设计安全有效的目标分子、制造环境友好产品等。

⑥ 化工生产的绿色化，寻求“零排放”的工艺过程和安全有效的反应条件等。

（2）技术领域

目前绿色化学的 8 个关键技术领域如下：

① 绿色产品设计　绿色产品设计是绿色化学发展的核心之一，设计的产品要求对环境的影响最小化，包括设计过程中生命周期分析的应用和循环回收、回用设计等。设计产品过程中要考虑：高效的制造和循环回收；设计可降解和可堆肥的产品；设计固有的低毒产品；设计在制造和使用当中能储存能量的材料，如控制热量吸收和损失的温室涂料、纳米材料等。

② 原料　目前的化学工业基于矿物资源，很明显这是不能永久的，所以选择可再生资源得到持续的关注。使用非传统的原料代替不可更新的或危险的原料，如使用农作物作为制造“基块”产品乙烯、丙烯等的原料。

③ 新型反应　尽管化学家已经建立非常庞大的反应库，但是针对所需产品的特殊功能，开发新的反应路线仍有很多机会，如生物和化学过程的结合、转基因方法生产功能分子、单分子操作、制备纳米粒子较好的方法、传统反应的绿色化选择、膜反应等。

④ 新型催化剂　催化过程也是绿色化学发展的核心之一。新型催化剂能提高选择性，选择性的提高可开辟化学新领域，减少能量消耗和废物产生量。新型催化剂如生物催化剂、手性催化剂、自组装催化剂、太阳能和可见光催化剂等。

⑤ 溶剂　溶剂在传统工艺过程中呈现出最大的污染危险，因此需要限制或消除这些溶剂的使用，或者采用以环境友好型溶剂替代环境不友好型溶剂的新工艺，例如溶剂封闭循环工艺、无溶剂工艺、微波干燥技术、优化溶剂选择、使用超临界 CO_2 与离子液体等。

⑥ 工艺改进　工艺改进技术对绿色化学的发展和化学工业的可持续发展具有潜在的、非常大的影响，能够在短期内促进经济和环境的改善。新工艺路线能明显地改善原子效率和能源消耗，如微通道反应器、新型反应器技术、使用酶和细胞系统的微反应器、工艺模拟、实时测量与控制等。

⑦ 分离技术　在大部分化学品制造过程中，分离反应混合物是必需的。好的分离技术能改善这些分离过程的效率，减少能量消耗和废物的产生。从反应系统提取组分的新方法应是高效和高选择性的，如膜分离、反应分离、亲和色谱法、生物分离技术等。

⑧ 支撑技术　一些支撑绿色化学开发的技术，包括新的测量技术、信息学和预测模拟，如分析科学、化学信息和生物信息、对预测和知识管理的改良模拟、充分的非动物实验方法、纳米技术、用于原料系统的传感器等。

总之，绿色化学的核心问题是：研究新反应体系，包括新的、更安全的、对环境友好的合成方法和路线；采用清洁、无污染的化学原料，包括生物质资源；探索新的反应条件，如采用超临界流体和对环境无害的介质；设计和研究安全的、毒性更低或更环保的化学产品。

7.1.2　绿色化工工艺的设计原则与评价方法

绿色化工工艺是指将先进的科学技术、原材料、生产工艺和管理方法应用于工业化生产中，以最大限度地减少环境污染和资源耗竭，同时实现经济效益和社会效益的新型生产方法。该方法不仅满足传统的工业需求，同时也考虑了环境保护和可持续发展的重要性。因此，绿色化工工艺的设计原则与评价方法对于推动化工行业的绿色转型具有重要意义。

7.1.2.1　绿色化工工艺的设计原则

（1）预防污染原则

在化工工艺的源头防止污染产生，通过优化原料选择、改进生产工艺等方式，减少或消除有害物质的排放。

（2）效率原则

提高生产效率，减少能源消耗和废物产生。通过采用先进的生产技术和设备，优化生产流程，实现资源的最大化利用。

（3）循环原则

遵循资源循环再利用的理念，通过回收和再利用废物，将其转化为可再生资源，减少对新资源的依赖和环境污染。

（4）原子经济原则

在绿色合成工艺设计中，力求使反应物中的原子尽可能多地转化为期望的最终产物，减少废物产生。

(5) 高效合成原则

提高合成效率，降低能源消耗。通过优化反应条件、使用高效催化剂等手段，实现快速、高效的化学反应。

(6) 选择性合成原则

增加产品选择性，减少副产品的生成。通过选择性的反应路径和催化剂，提高原料的利用率和产品的纯度。

7.1.2.2 绿色化工工艺的评价方法

(1) 生命周期评价 (LCA)

这是一种对产品或工艺在其整个生命周期（从原材料获取到最终废弃处理）中潜在环境影响进行定量评估的方法。它可以帮助我们了解产品或工艺在环境方面的整体表现，包括能源消耗、废物产生、污染物排放等方面。

(2) 环境负荷评估 (EPA)

评估工艺或产品对环境造成的负荷，包括废水、废气、废渣等污染物的排放情况。通过对比不同工艺或产品的环境负荷，可以判断其优劣。

(3) 绿色化学评估

从化学的角度对工艺或产品进行评估，关注其是否使用了对环境友好的原料、溶剂和催化剂等。同时，还要评估其反应条件是否温和、是否易于控制等。

(4) 能源效率评估

评估工艺或产品的能源利用效率，包括能源消耗量、能源转化效率等方面。通过提高能源利用效率，可以减少能源消耗和碳排放，降低对环境的影响。

(5) 资源利用率评估

评估工艺或产品对原材料的利用率，包括原材料的消耗量、回收再利用情况等。通过提高资源利用率，可以减少对新资源的依赖和浪费。

(6) 工艺安全性评估

评估工艺的安全性，包括设备的安全性、操作的安全性以及应急措施的有效性等方面。确保工艺在运行过程中不会对人员和环境造成危害。

(7) 产品质量评估

评估产品的质量和性能，包括产品的纯度、稳定性、使用寿命等方面。高质量的产品对环境和人体的危害也会相对较小。

(8) 成本效益评估

考虑绿色化工工艺或产品的成本效益，包括初期投入、运行成本以及长期效益等方面。确保绿色化工工艺或产品在经济上具有可行性。

7.2 清洁生产工艺

《全球科学家对人类的警告》中指出："目前世界上大部分重要生态系统已处于崩溃状态，世界已进入一个危机四伏的新时期。"因此，改变传统的化工生产模式，实施绿色化工生产，从污染的源头防止污染的发生是从根本上解决环境污染的重要方法。用绿色的化工工艺取代传统的化工工艺；采用无毒、无害的原料；在无毒、无害的反应条件下进行；反应具有高选择性，最大限度地减少副产物的生成。要达到此目的，必须在化工行业推行清洁生产，实现零排放，把污染消灭在生产过程中。

7.2.1 清洁生产的概念和内容

7.2.1.1 清洁生产的概念

联合国环境规划署工业与环境活动中心（UNEPIE/PAC）将清洁生产定义为："清洁生产是指将综合预防的环境保护策略持续应用于生产过程和产品使用过程中，以期减少对人类和环境的风险。"

清洁生产的定义包含了两个全过程的控制：生产全过程和产品整个生命周期全过程。对生产过程而言是节约原材料、能源，尽可能不使用有毒的原材料，尽可能减少有害废物的排放和毒性；对产品而言是沿产品的整个生命周期也就是从原材料的提取直到产品最终处置的整个过程都尽可能地减少对环境的影响。

清洁生产的思想与传统思路不同：传统的观念考虑对环境的影响时，把注意力集中在污染物产生之后如何处理，以减少对环境的危害；而清洁生产则是要求把污染消除在生产过程中和污染产生之前。

清洁生产理论基础的实质是最优化理论。在生产过程中，物料按平衡原理相互转换，生产过程排出的废物越多，则投入的原材料消耗就越大。清洁生产是在特定的条件下，使物料消耗最少，产品的收率最高。

7.2.1.2 清洁生产的内容

清洁生产的内容包括清洁的生产过程、清洁的产品、清洁的能源三个方面。

（1）清洁的生产过程

清洁的生产过程是指在生产中尽量少用和不用有毒有害的原料；采用无毒无害的中间产品，采用少废、无废的新工艺和高效设备，改进常规的产品生产工艺；尽量减少生产过程中的各种危险因素，如高温、高压、低温、低压、易燃、易爆、强噪声、强震动等；采用可靠、简单的生产操作和控制；完善生产管理；对物料进行内部循环使用，对少量必须排放的污染物采取有效的设施和装置进行处理和处置。

（2）清洁的产品

清洁的产品是指在产品的设计和生产过程中，应考虑节约原材料和能源，少用昂贵的和紧缺的原料；产品在使用过程中和使用后不会危害人体健康和成为破坏生态环境的因素，易于回收、循环利用和再生，产品的使用寿命和使用功能合理，包装适宜。

（3）清洁的能源

清洁的能源是指常规能源的清洁利用、可再生能源的利用、新能源的开发，以及各种节能技术的推广，以提高能源的利用率。

总之，清洁生产是以节约能量、降低原材料消耗、减少污染物的排放量为目标，以科学管理、技术进步为手段，以提高污染防治效果、降低防治费用、减少化学工业生产对人体健康和环境的影响为目的。因此，实现无废少废的清洁工艺不是单纯从技术、经济角度出发来改造生产活动，而是从生态经济的角度出发，根据合理利用资源、保护生态环境的原则考察化工产品从研究、设计到消费的全过程，以促进社会、经济和环境的和谐发展。它所着眼的不是消除污染引起的后果，而是消除造成污染的根源。

还应该指出，清洁生产只是一个相对概念，它的清洁工艺和清洁产品只是与现有的工艺和产品相比较而言的，因此推行清洁生产是一个不断完善的过程，随着经济的发展和科学技术的进步，还需要不断提出新目标，达到更高的水平。同时，清洁生产与末端治理两者并非不相容，并不是说推行清洁生产就不需末端治理。这是由于工业生产无法完全避免污染产生，再先进的生产工艺也不可避免地会有少量污染物产生，用过的产品也必须进行处理、处置，因此清洁生产和末端治理会永远长期共存。只有共同努力，实施生产过程和治污过程的双重控制，才能使社会、经济和环境一起和谐发展。

7.2.2 清洁生产的途径

绿色化工的任务就是在生产过程中实施清洁生产。清洁生产是化学工业发展的一种新模式，它贯穿于产品生产和消费的全过程中，要实现清洁生产，必须解决在生产、储运、使用和消费过程中存在的问题。

化工行业的特点是产品众多、生产工艺繁杂、每个生产工艺过程或多或少都会产生一定的污染。所以化工产品的清洁生产和污染预防是并存的，且在生产过程中污染产生的多少与许多因素有密切关系，如产品设计、原料的选择、合成的难易、工艺技术、机械设备、生产管理以及工人操作等诸多因素，每种因素的影响程度和预防机会都有所差异。如果从产品的研究开发、设计、生产、使用全过程而言，最重要、最经济的污染预防机会应是在产品的研究开发、设计阶段，当产品、原料路线和工艺过程确定后，在以后的阶段实施废物削减和物料的循环就很困难，而且费用较高；而从另一个方面看，领导决策、政策法规对推行清洁生产也极为重要。由此可见，实施清洁生产是一个系统工程，必须全方位动员才能完成。下面从化工行业产品的生产规模、原料的选择和利用、工艺过程的闭路循环、综合利用等方面，举例分析化工清洁生产的途径。

7.2.2.1 产品的生产规模

在化工产品的生产中，合理的经济规模在投资、能源利用、管理、污染物产生与治理等方面有着明显的优越性。一般来说，生产规模较小、管理方式落后、自动化程度差、物料的收率低，产品的物耗和能耗就高。我国生产合成氨的中小型厂的生产产量占整个合成氨产量的70%以上，而中小型合成氨厂的废水排放量是大型厂的10倍以上，氨排放量是大型厂的8～13倍，能耗也比大型厂高出20%～80%。生产规模越大，原料能耗及废水排放量越小。因此，近年来化工装置走向单系列、大型化、自动化方向是必然趋势。

7.2.2.2 原料的选择

清洁生产的原则决定了在原料选择时，要考虑工艺过程中尽可能无废或少废排放，但必须将经济效益和环境效益同时考虑。20世纪60年代前，乙炔是有机合成工业的重要原料，如乙炔加氢制乙烯、乙炔与氯化氢合成氯乙烯、乙炔与乙酸合成乙酸乙烯酯等，当时工业上生产乙炔的方法是电石法，而且是唯一的方法，但此法属于典型的多废物高能耗的工艺，每生产1kg乙炔需耗电10kW·h左右，生产过程中还产生大量的粉尘、废气和废渣。

由于上述原因，1960年后随着石油工业的兴起，以乙炔为原料的产品已逐步为乙烯所替代，也使乙烯成为基本有机合成的重要原料，它的产量已成为一个国家基本有机化工发展水平的标志。

选择了不同的起始原料，生产产品的工艺路线也相应地改变。以下是由乙炔和乙烯为原料生产氯乙烯和乙酸乙烯酯的不同工艺路线。

（1）由乙炔生产氯乙烯

$$CaC_2 \xrightarrow{H_2O} CH{\equiv}CH \xrightarrow[HgCl_2]{HCl} CH_2{=}CHCl \tag{7-1}$$

$$CH{\equiv}CH \xrightarrow[OH^-]{CH_3COOH} CH_2{=}CHCOOCH_3 \tag{7-2}$$

（2）由乙烯生产乙酸乙烯酯

$$\text{石油裂解} \longrightarrow H_2C{=}CH_2 \xrightarrow[\text{空气}]{Cl_2} H_2C{=}CHCl \tag{7-3}$$

$$H_2C{=}CH_2 \xrightarrow[O_2/Pd/Au]{CH_3COOH} H_2C{=}CHCOOCH_3 \tag{7-4}$$

由上述工艺路线可以看出，由乙烯来生产氯乙烯和乙酸乙烯酯，生产过程中不再产生$Ca(OH)_2$废渣，减轻了污染物的处理负担，同时能源的消耗大幅度降低，使整个生产过程的经济效益和环境效益大为提高。这是改变原料路线，选择无废少废工艺的重要例证。

原料的选择，对生产过程中污染的产生至关重要，如果采用高污染的原料，在生产产品的同时也产生大量的污染物，不仅对环境造成威胁，也为末端治理留下很重的负担。如硫酸生产，若采用含硫品位较低的硫铁矿，则硫的烧出率低、矿耗高。表7-1列出了硫铁矿品位与硫的烧出率、矿耗和矿渣量的关系。

表7-1 硫铁矿品位与硫的烧出率、矿耗及矿渣量的关系

硫铁矿含量/%	硫的烧出率/%	矿耗/(kg/t酸)	矿渣量/(kg/t酸)
25	93.81	1390	1374
30	98.61	1150	936
35	98.88	987	772
42	99.12	820	606

由表7-1可以看出，将硫铁矿品位由25%提高到42%，生产硫酸排出的烧渣量可减少50%。另外，低品位矿中砷、氟含量往往较高，使净化系统的废水中砷、氟含量也高，增加了废水治理难度，而且砷和氟的残渣会影响催化剂的寿命。

又如氯碱生产的原料，国外采用精制盐，每生产1t烧碱，盐泥的产生量为15kg，而我国直接采用海盐作原料，盐泥的产生量达 40～50kg，一个 10 万 t/a 的烧碱装置每年要多处理 2500～3500t 盐泥。由此可见，不注重原料选择，不仅会产生大量的废物和由此引起环境污染问题，而且还会造成较大的经济损失。

7.2.2.3 原料的综合利用

无机化工的原料主要来源于自然矿物资源，属于不可再生资源，如磷灰石矿便是一种多组分矿石，其主要成分为磷灰石（氟磷钙土）、霞石、钛磁铁矿及霓石等。长期以来，对磷灰石的利用仅限于经选矿得到磷灰石精矿，用于生产磷肥，而对共生的霞石、霓石及钛磁铁矿等则作为尾矿废弃。在磷肥生产中，每生产 1t 五氧化二磷同时产生 4～7t 磷石膏废料，因此原料的利用率很低，废料量极大。

20 世纪 80 年代中期，苏联的希平矿联合企业在清洁生产思想的指导下，与不少科研院所协作，先后开发了整套矿石的加工工艺。通过选矿，将原矿分为磷灰石精矿和霞石精矿两大部分，同时将霓石精矿和钛磁铁矿也成功分离。

磷灰石精矿为 $Ca_3(PO_4)_2CaF_2$，其中 CaO 占 55.5%、P_2O_5 占 42.3%、F 占 3.8%。将磷灰石精矿用硫酸分解，利用了约 90%的磷和 50%的氟；也可用硝酸或硝酸-硫酸分解，制取复合肥料。生产过程中产生的大量磷石膏经过脱水、燃烧后制得硫酸并联产水泥，硫酸返回磷灰石精矿的分解工段。尽管氟在原料中含量仅占 3.8%，但由于原料量很大，故磷灰石是氟的巨大来源。气态的氟经过吸收处理后得到四氟化硅，用来制取氟化铵、氟化铝、冰晶石和白炭黑。

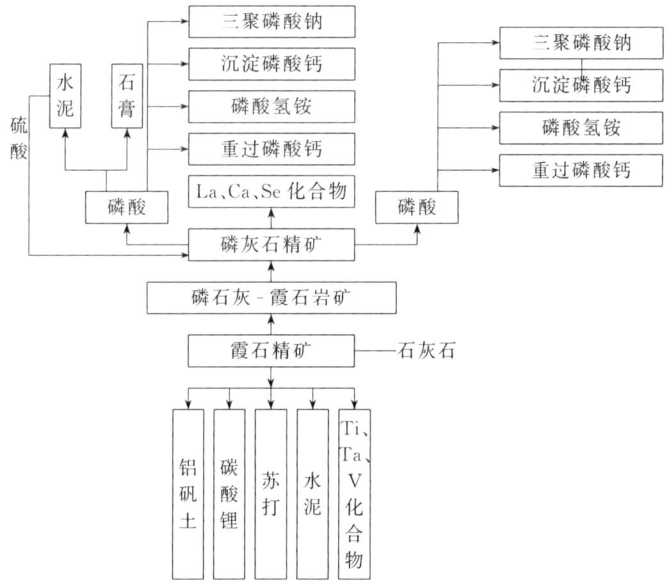

图 7-1　磷灰石-霞石矿综合利用示意图

霞石精矿的主要成分是霞石。霞石的化学式尚未得到一致的意见，其主要成分包括 44% 的 SiO_2、34%的 Al_2O_3、21%～22%的 Na_2O 和 K_2O（其中钾约占 1/3）。将霞石精矿和石灰石置于回转炉中，在 1250～1300℃下煅烧，得到的熔块主要成分是 $Na_2O\cdot Al_2O_3$、$K_2O\cdot Al_2O_3$、$CaO\cdot SiO_2$ 及 $Na_2O\cdot Fe_2O_3$。用水浸取后，碱金属铝酸盐进入溶液，$Na_2O\cdot Al_2O_3$ 水解生成 NaOH 和 $Al(OH)_3$，$CaO\cdot SiO_2$ 则与溶液作用生成霞石渣，经分离、洗涤后是生产硅酸盐水泥的上好原料。铝酸盐溶液进行脱盐处理，生成难溶的铝硅酸盐，过滤除去，净化后的溶液通入二氧化碳进行碳化，此时 NaOH 变成碳酸盐，氢氧化铝沉淀析出，分离、洗涤后在 1200～1250℃下煅烧成氧化铝。碳酸盐溶液在蒸发过程中首先析出碳酸钠，继而结晶，剩余的母液返回流程中。整个过程实现了水的闭路循环，工艺过程如图 7-1 所示。

此工艺不仅使生产原料得到了综合利用，而且生产过程中废水全部净化回用，每年由废物制得的产品超过 3 万吨，每年由于降低原材料消耗和能耗及由生产废物制得的产品取得了巨大的经济效益和社会效益。所以，该磷灰石-霞石矿综合利用生产系统已成为国际上合理使用资源的成功范例。

7.2.2.4 清洁生产工艺的开发

原料确定之后，采用的工艺技术路线就成为决定污染物产生的重要因素。因此，开发清洁生产工艺是防治化工污染的重要途径。清洁生产工艺的开发，必须从传统的生产工艺改革着手，考察工艺过程的各个环节实施闭路循环的可能性，力争废水、废气和废渣不排或少排，使之成为绿色的生产工艺。

（1）传统的生产工艺改革与创新

传统生产工艺对化工行业的发展进步发挥了重要作用，但造成的环境污染和资源浪费的副作用也逐渐显现，已成为威胁人类生存环境的主要因素。为改变这种状况，克服负面影响，实施清洁生产，重要任务是改造传统工艺。

环氧丙烷是一种重要的有机化工原料。它是丙烯四大衍生产品之一，用途广泛，市场需求量大。国外环氧丙烷的生产方法是氯醇法和共氧化法，目前氯醇法的生产能力占世界总生产能力的 51%，改良氯醇法在氯醇法中占主导地位。我国生产环氧丙烷的方法（包括引进的）是经典的氯醇法，是使氯气和水、丙烯在一定条件下直接反应生成氯丙醇，然后用 $Ca(OH)_2$ 处理氯丙醇，生成环氧丙烷。这种生产方法中，氯气并未进入产品中，而是最终转化为 $CaCl_2$ 随废水排放，所以原料消耗大，污染严重，每生产 1t 环氧丙烷要消耗 1.74t 氯气和 1.11t CaO，排放含氯离子 1%～2%的高盐废水 50～60t（含 1.5t 氯化钙），废水中还有大量的有机氯化物，是石油化工废水中难以生物降解的废水种类之一。因此，国外已逐步将传统的氯醇法改为无废或少废的共氧化法。

共氧化法是以乙苯或异丁烷的过氧化物为氧化剂，使丙烯环氧化。以异丁烷为原料的化学反应式如式（7-5）与式（7-6）所示：

$$CH_3-\underset{\displaystyle CH_2}{\overset{\displaystyle CH_3}{|}}\!\!\!\!\!\!\!\! \quad CH_2-CH(CH_3)-CH_3 + O_2 \longrightarrow (H_3C)_3-COOH \tag{7-5}$$

$$(H_3C)_3-COOH + CH_3-CH=CH_2 \longrightarrow \underset{\text{(O 桥连两个 C)}}{CH-CHCH_3} + (H_3C)_3-COH \tag{7-6}$$

第一步反应无须催化剂，第二步反应需用含钼均相催化剂。如以乙苯为原料，其化学反应式如下：

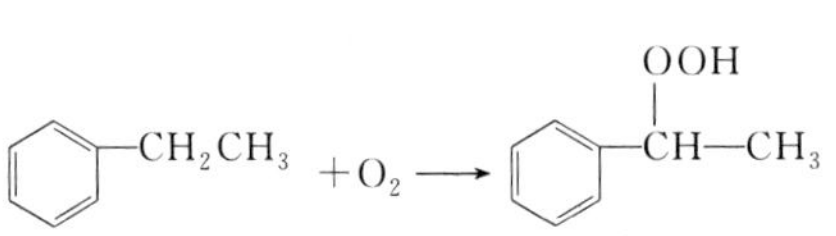

(7-7)

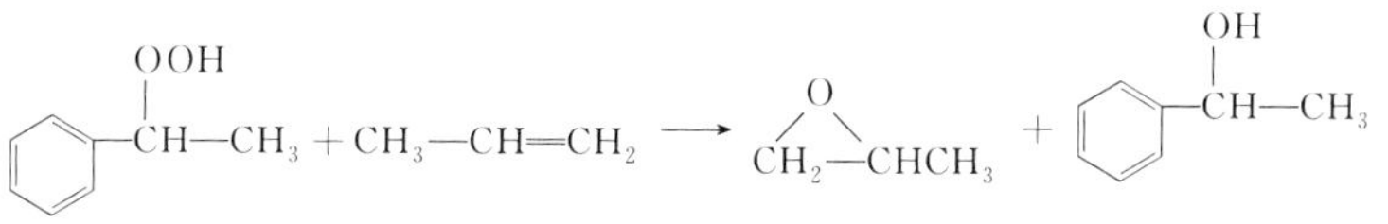

(7-8)

此法有副产物叔丁醇或苯乙醇生成，每生产 1t 环氧丙烷有 2.5t 叔丁醇或 1.8t 苯乙醇产生，它们都是重要的化工原料。此法无须依托氯碱厂，生产成本大大低于改良氯醇法，基本对设备无腐蚀，“三废”排放量很少，属清洁生产工艺，是近年来新建项目主要采取的生产方法。它约占世界总生产能力的 50%，并在不断发展。

同环氧丙烷相比，苯胺的需求虽不如前者，但它仍是一种产量较大的有机合成中间体，用于聚氨基甲酸酯树脂、染料、橡胶制品及药物等的生产。传统的生产工艺是以苯为原料，通过硝基苯-铁粉还原制得苯胺。即用混酸与苯进行硝化制取硝基苯，然后与硝基苯分离，产生的废酸用苯萃取其中夹带的硝基苯，返至硝化系统，得到的硝基苯用氨进行净化，以便除去其中溶解的酸及硝化时生成的少量硝基酚。由于用氨水进行净化后还需用水洗涤，故产生大量废水。制取 1t 硝基苯产生 0.9～1.0t 浓度为 73%～93% 的废酸液，其中含有硝酸（0.25%～0.50%）和有机物（硝基苯的含量为 1.5%～2.5%）等杂质，若将其排放会造成严重的环境污染，同时硝基苯在还原过程中产生的污染物更多，生产 1t 苯胺要产生 4t 废水（其中含有苯胺、盐酸、氯化铵等物质），还产生 2.5t 的氧化铁废渣。后来，改用硝基苯催化氢化制苯胺的新工艺，直接用氢气与硝基苯进行气相还原，使原材料的消耗和能耗有所下降，废渣、废水大大减少，且废水的组成单一，只含少量的苯胺，不含其他盐类。

尽管硝基苯还原工艺的改革取得显著效果，但仍然存在苯硝化过程中会产生大量难降解的废水和废酸问题，要使工艺过程变为少废和无废的清洁生产工艺，靠局部改革是不行的，必须从原料和工艺技术路线着手改革。图 7-2 展示了以苯酚为原料，采用氨与苯酚进行反应生成苯胺的新工艺流程图。

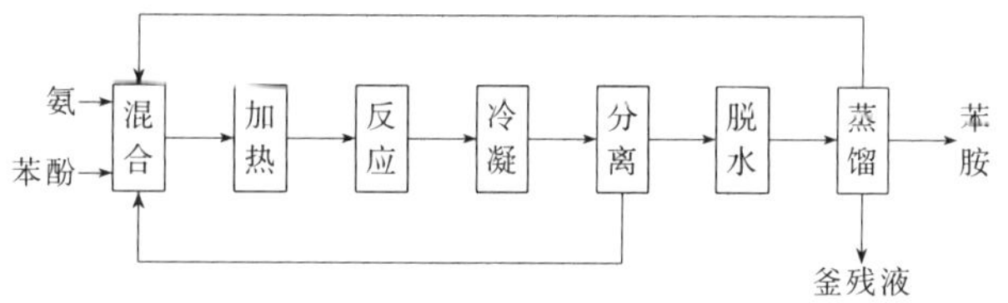

图 7-2　苯胺生产新工艺流程图

由图 8-2 可知，新工艺基本上是闭路循环的，只排出少量釜残液及反应中生成的水。

每生产 1t 苯胺仅产生 0.19m^3 废水，废水中除含有少量苯胺外不含其他污染物，经萃取后可进行生化处理。该工艺流程简单，均为一般设备，设备投资仅为原硝基苯还原装置的 25%，日产的质量明显提高，生产成本可降低 10%～15%，所以该工艺为清洁生产工艺。

由以上两个事例可知，清洁生产工艺的开发，是实现化工行业绿色化的关键。只有不断研究、开发新的生产工艺，改造传统的老工艺，才能真正实现清洁生产。

（2）生产过程的闭路循环

在化工生产过程中，尽管考虑了原子经济性等诸多因素，但生产过程中出现排放物不可避免。将生产系统排放物经过一定处理后重新返回生产系统，形成工艺过程的闭路循环，既消除了废物的排放污染，又充分利用了资源。

① 等离子体法制硝酸　制取硝酸的传统方法是采用氨在铂网上进行氧化反应，生成的

NO_2 用水吸收制得硝酸。硝酸生产的清洁工艺是利用等离子体的化学反应过程，直接利用空气中的氧和氮制取硝酸，通过闭路循环实现无废的清洁工艺，如图 7-3 所示。

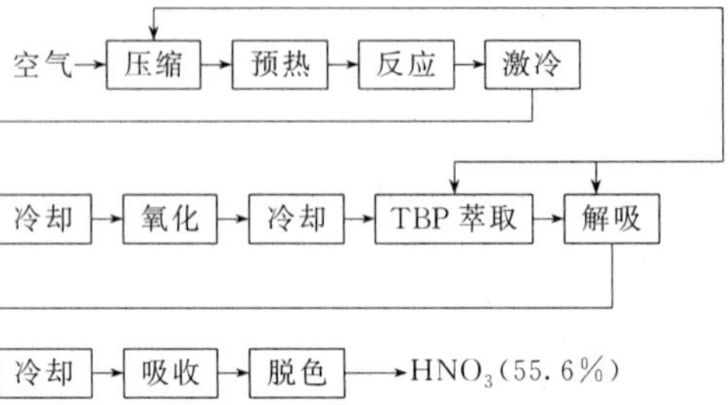

图 7-3　等离子体化学反应制硝酸工艺流程图

生产硝酸的原料空气或富氧空气，经压缩到 1.013MPa、300℃，在进入等离子体化学反应器之前先把从反应器出来的反应产物预热到 2000℃。在反应器中温度达到 3000℃，空气中的部分氧和氨反应生成 NO，氧化反应时间仅为 0.01s 左右。为了防止反应气中的 NO 分解，采用激冷过程。由于反应气中 NO 浓度很低，还要采用催化氧化，若使用铁铬催化剂，氧化率可达 90%，吸收剂选用磷酸三丁酯（TDP），吸收在较低的温度下进行，吸收率可达 97%，而在较高的温度下则发生解吸。吸收尾气返回等离子体反应器回用，此时只需补充一定量的空气，即可实现工艺过程的闭路循环。经 TDP 吸收富集后，制得浓度为 55.6%的硝酸。

此工艺采用先进的等离子体技术，无废气废水的排放，属清洁生产工艺。生产装置的基建投资显著低于传统工艺，在生产中可节约大量的燃料气。在电力比较充足和廉价的地区，生产成本低于传统的氨氧化法。

② 联合法制纯碱　传统的氨碱法制纯碱时，碳化母液过滤后，在蒸氨过程中需要排放大量的废液和废渣。反应过程中氯化钠的利用率仅为 72%～75%，其中 100%的氯未被利用，即生产 1t 碱的同时排放 1t $CaCl_2$、0.5t NaCl 和 0.2～0.3t 固渣。当前开发制碱清洁工艺主要是围绕着氨碱法进行，从改变原料路线、产品结构出发改进工艺过程，使过滤母液无须蒸氨。联合制碱法的基本原理与氨碱法相同，把纯碱工业与合成氯工业联合起来，一方面可以制得纯碱，另一方面又可制得氯化铵。从原料、中间产物和产品间的反应关系可以看到典型的闭路循环过程，如图 7-4 所示。

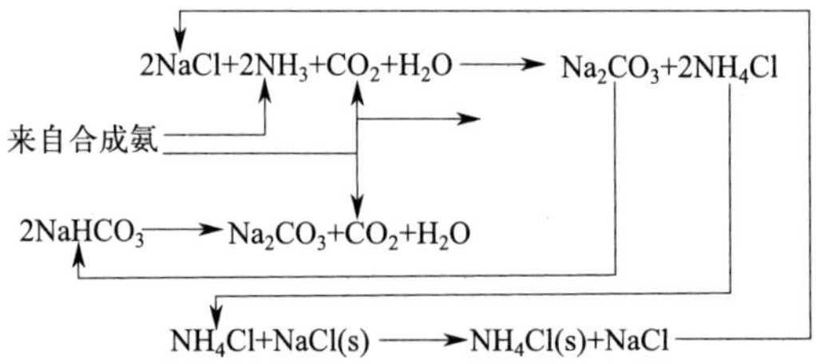

图 7-4　联合法制纯碱闭路循环过程

联合制碱法，即将滤液蒸发，使未反应的 NH_4HCO_3 分解蒸出 CO_2 和 NH_3，然后进一步蒸发浓缩（也可加入 NaCl 进行盐析），利用不同温度下 NH_4Cl 和 NaCl 溶解度的不同，使 NaCl 从溶液中析出，回用于流程，也可作为产品出厂，这样 NaCl 的利用率可接近 100%。分离 NaCl 后的溶液在真空条件下结晶析出 NH_4Cl 固体，作为氮肥也可以使 NH_4Cl 转变成优质化肥硝酸铵或磷酸铵，还可将 NH_4Cl 与 MgO 一起在 350℃下煅烧，制取氨气。

(3) 废物的资源化

在考虑清洁生产工艺的时候，如果产品生产过程中由于技术水平的限制，产生废物不可避免，就要考虑把产生的废物进行回收或综合利用，使之排出的废物最少，这也是清洁生产工艺的一个重要环节。化工生产中可综合利用的资源很多，包括水、热能等，甚至排出的废物很多都是有利用价值的。

废物的资源化可以贯穿于生产的每一过程。对苯二甲酸二甲酯（DMT）氧化反应是对二甲苯和对甲基苯甲酸在钴锰催化剂作用下，用空气进行液相氧化。反应过程中产生大量废气，经分析，废气中主要组成为 N_2、O_2、CO_2 和对二甲苯等，其中对二甲苯的含量为 $85g/cm^3$。采用活性炭吸附法回收废气中的对二甲苯，既可净化空气防止大气污染，又可回收对二甲苯，以减少对二甲苯原料的消耗。此法工艺简单，效率较高，吸附后尾气中对二甲苯的含量可降为 $10\sim100mg/cm^3$。一个年产 9 万吨 DMT 的工厂，废气排放量为 $26754m^3/h$，采用此工艺后每年可从废气中回收对二甲苯 2200t，经济效益近 400 万元，并减少了废气的排放量。

在某些化工企业尤其是无机化工企业的生产过程中，排出的废渣量大、难处理，在排出的这些废渣中，有很多成分可以转化为可再利用的资源，如硫酸生产企业中产生的硫铁矿渣、乙炔生产企业产生的电石渣等。

硫铁矿渣经分析，除含铁 30%外，还含有金、银、锌、铜、铝等元素，国外对此渣的再利用是将分选所得的精矿经过氯化焙烧得到团矿用于炼铁，氧化态的氯化物经吸收萃取后回收有色金属；尾矿用于建材生产。国内硫酸生产企业每年硫铁矿渣排放量为 300 万吨，大多废弃于自然环境中，只有少部分用于水泥的生产，少量用于硫酸亚铁和聚合硫酸铁的生产，渣中的有色金属没有得到应有的利用。

我国在氯乙烯生产中产生的电石渣每年达 100 万吨（干基）。其中主要成分为 50%的 CaO、30%的 $CaCO_3$，目前已开发利用的方法有：代替氧化钙生产氯酸钾；与盐酸反应制取氯化钙；利用氯气和电石渣生产次氯酸钙漂液，供造纸工业使用；制取水泥；与粉煤灰和炼钢渣混合作公路路基材料。

化工生产离不开水，因此，化工企业都是用水大户，同时也是排水和污染大户。由于水资源的短缺，节约水资源和水的回收利用也是亟须解决的问题。目前采取的有效措施是节约用水、减少排污、净化处理、合理利用。从改革工艺来看，采用少用和不用水的技术或使废水回收有用物质后循环利用，推广并完善废水深度处理和水质稳定技术，提高循环水的浓缩倍数，建立水道系统，使大部分废水经处理后可以通过不同的途径回用，提高工业用水的利用率。我国中、小氮肥厂采用两水（冷却水和造气废水）闭路循环供水，可使吨氨用水量从 300～500t 降至 32t。由此可见，通过改革工艺采取行之有效的措施，实施废物的资源化，其经济效益和环境效益是非常显著的。

7.3 绿色能源

人类对能源需求的日益增加和传统能源的不可再生性，使得能源问题成为当前面临的头等大事。因此，在节能的同时，开发、使用新能源，减少对传统能源的依赖势在必行。

7.3.1 新能源分类

1981年联合国在肯尼亚首都内罗毕召开的能源会议上提出了新能源和可再生能源的概念。可再生能源是指人类利用后能够再一次在自然界产生或出现的能源。它们大多为太阳能、水能、风能、地热能、海洋能等自然能源。另外，生物质由于要有其生存的适宜环境或人工的栽培才可继续萌发、繁衍，供人类继续利用，因此生物质是有条件的可再生能源。新能源是指在新技术基础上加以开发利用的可再生能源，包括太阳能、生物质能、水能、风能、地热能、波浪能、洋流能、潮汐能，以及海洋表面与深层之间的热循环等；此外，还有氢能、沼气、酒精、甲醇等。煤炭、石油、天然气、水能、核电等能源为常规能源。随着常规能源的有限性以及环境问题的日益突出，具有环保和可再生特征的新能源越来越受到各国的重视。

新能源不同于目前使用的传统能源，具有丰富的来源，几乎取之不尽、用之不竭，并且对环境的污染很小，是一种与生态环境相协调的清洁能源。根据分类方式的不同，新能源可以分为以下几种类型（表7-2）。

表7-2 能源分类

类别		常规能源	新能源
一次能源	可再生能源	水力能、生物质能	太阳能、海洋能、风能、地热能
	非可再生能源	煤炭、石油、天然气、油页岩、沥青砂、核裂变燃料	核聚变能量
二次能源		煤炭制品、石油制品、发酵酒精、沼气、氢能电力、激光、等离子体	

（1）按能源的形成和来源分类

有来自太阳辐射的能量，如太阳能、煤、石油、天然气、水能、风能、生物能等；有来自地球内部的能量，如核能、地热能；有天体引力能，如潮汐能。

（2）按开发利用状况分类

有常规能源，如煤、石油、天然气、水能、生物能等；有新能源，如核能、地热能、海洋能、太阳能、沼气、风能等。

（3）按属性分类

有可再生能源，如太阳能、地热能、水能、风能、生物能、海洋能等；有非可再生能源，如煤、石油、天然气、核能、油页岩、沥青砂等。

（4）按转换传递过程分类

有一次能源，直接来自自然界的能源，如煤、石油、天然气、水能、风能、核能、海洋能、生物能等；有二次能源，如沼气、汽油、柴油、焦炭、煤气、蒸汽、火电、水电、核电、太阳能发电、潮汐发电、波浪发电等。

7.3.2 清洁燃料

交通工具所消耗的能源占总能源消耗的比例是相当大的。国民经济的持续快速发展，带动了汽车工业的快速发展，同时也带来了汽车排气污染等问题，汽车排放的污染物对人类的身体健康造成了很大危害。著名的美国洛杉矶光化学烟雾污染事件，就是由于汽车尾气和工业废气排放造成的。在我国城市中，煤烟、工业扬尘、汽车尾气排放是危害空气的三大污染源，其中大约63%的CO（一氧化碳）、50%的NO（氮氧化物）、73%的烃类（包括有机挥发物VOC）、80%的铅（烷基铅）来自汽车尾气，汽车排放污染已成为城市大气的主要污染源之一。我国已于2000年7月1日起全国范围内停止生产、使用和销售含铅汽油。

7.3.2.1 清洁汽油

所谓无铅汽油，是指提炼过程中没有添加含铅抗爆剂的汽油，而是添加甲基叔丁基醚（MTBE）作为高辛烷值组分。这种组分沸点低，可以改善汽油的蒸发性能，对汽车的启动、加速以及提高发动机的功率都有利。无铅汽油还可以减少汽车废气中的一氧化碳和氮氧化物的含量，大大减轻了对环境的污染。无铅汽油虽然基本上消除了汽车尾气的铅污染，但并没有从根本上解决汽车尾气的其他污染问题。无铅汽油在燃烧时仍能排放有害气体、颗粒物和冷凝物三大物质，对环境、人体健康的危害依然存在。其中，以一氧化碳、碳氢化合物、氮氧化物有害气体为主。颗粒物以聚合的碳粒为核心呈分散状，60%～80%的颗粒物直径小于$2\mu m$，可长期悬浮于空气中，易被人体吸入。冷凝物指尾气中的一些有机物，包括未燃油、醛类、苯、多环芳烃、苯并［α］芘等多种污染物，在高温尾气中呈气态，遇外界冷气可凝结，通常吸附在颗粒物上，可随颗粒物吸入人体肺脏深处长期滞留，具有一定的致癌性。其次，为了维持去铅后汽油辛烷值的稳定，需对原油进行催化裂化、烷基化等精炼，由此又不可避免地造成烯烃、芳烃类物质含量的增加，从而增加了尾气中烯烃、甲醛、苯及苯环类物质的排放，而且芳烃燃烧时产生较高的温度，不仅增加了尾气中的氮氧化物，还可使汽油燃烧不完全。

当前世界各国非常重视提高燃料的质量，推荐使用清洁汽油。英国1990年通过了清洁空气法修正案，美国环境保护署提出了使用新配方汽油（RFG）的要求。RFG规定的指标：含氧量，质量分数最低2.1%；芳烃，体积分数最高25%；苯，体积分数最高1.0%；烯烃，12%（体积分数），蒸气压，44～68.9kPa。中国国家环保总局于1999年颁布了《车用汽油有害物质控制标准》，该标准要求车用汽油含氧量不小于2.7%，含硫量不大于0.08%（质量分数），苯含量不大于2.5%（体积分数），芳烃含量不大于40%（体积分数），烯烃含量不大于35%（体积分数）。新标准的实施将使我国汽车尾气污染大幅度下降。配合采用电喷发动机（电子控制汽油喷射式发动机）和三元催化装置，将使燃油更充分地燃烧，使尾气污染减少。

目前，清洁汽油生产技术主要包括催化裂化、催化重整、烷基化、异构化技术等。从近期看，催化裂化（FCC）仍是生产清洁汽油调和组分的主要手段；催化重整则是提高辛烷值的重要手段。由于未来清洁汽油对芳烃含量有所限制，催化重整生成油作为清洁汽油调和组分的比例会下降。异构烷烃，特别是多支链的异构烷烃，辛烷值高、蒸气压低、不含烯烃和芳烃，是清洁汽油的理想组分，因此，异丁烷与丁烯烷基化以及低碳烷烃的异构化在未来清洁汽油生产中将发挥日益重要的作用。

汽油调和组分中烯烃的主要来源是催化裂化汽油，因此要降低汽油的烯烃含量，采用新型催化剂后，可使催化裂化汽油中的烯烃降低8%～12%（体积分数），而且丙烯丁烯收率和汽油辛烷值不损失。而采用催化裂化轻汽油深度醚化工艺，烯烃可减少一半以上。将催化裂化汽油中的C_5以下富含烷烃馏分进行烷化也可以减少烯烃含量，但是催化裂化汽油的含硫量较高（其中85%以上的硫集中在尾端重馏分中），对总体汽油含硫量的贡献率为40%～90%。要想降低汽油的含硫量，首先就要降低催化裂化汽油的含硫量。常规催化裂化汽油加氢脱硫技术所得的汽油辛烷值已经降低很多，20 世纪 90 年代以来成功开发了 SCANfining、Prime-G、ISAL、OCTGAIN 等多种催化裂化汽油选择性加氢技术，脱硫率均可达到 90%以上，辛烷值损失较小。催化蒸馏加氢脱硫（CDHDS）技术是加氢脱硫技术的一大突破，其含硫量可降低 95%以上，而抗爆指数（RON+MON)/2 只损失 1.0 个单位。催化裂化汽油吸附脱硫技术已完成中试和工业装置设计，装置投资和操作费用都远低于加氢精制。

7.3.2.2 天然气及液化石油气

天然气、液化石油气（LPG）是常用的工业及民用燃料，也可以作为汽车代用燃料。天然气的主要成分为甲烷，纯度较高，含 80%甲烷，其他烃约占 1.5%。LPG 主要成分是丙烷、丙烯、丁烷、丁烯等化合物。利用天然气、液化石油气代替汽油作为机动车燃料具有以下优点：

（1）资源丰富，污染小。据统计，截至 2023 年年底，全世界已探明的常规天然气可开采储量为 212.5 万亿立方米，我国已探明的储量为 6.68 万亿立方米，在今后相当长的时间内，有充足的能源保障。同时，天然气或液化石油气以气态方式进入发动机，能与空气完全混合，从而使其燃烧充分，大大降低废气排放。与汽油发动机相比，其碳氢化合物的排放可下降 90%左右，CO 下降 80%，NO_x 下降 40%，且无铅污染，是一种理想的清洁能源。

（2）抗爆性能好，燃料经济。天然气、液化石油气辛烷值大于 100，高于汽油 5%～10%，具有很强的抗爆性。天然气储量丰富，开采运输方便，相同发热量情况下天然气、液化石油气价格低于汽油价格，可比燃油汽车节约燃料费约 50%。

（3）技术成熟。天然气、液化石油气汽车对发动机改动幅度不大，技术已基本成熟。

（4）使用安全。

（5）汽车发动机寿命延长。

7.3.2.3 二甲醚

二甲醚（DME）是一种较理想的汽车代用燃料。目前它主要用作溶剂、制冷剂和合成其他化工产品的中间体。由于二甲醚分子中含氧，组分单一，因此燃烧性能好，热效率高，燃烧过程中无残留物、无黑烟，CO、NO_x 排放量低，是公认的清洁能源，近年来许多国家已将其作为代替柴油、液化石油气的潜在能源来开发和应用。

（1）替代柴油发动机的燃料

使用柴油发动机的汽车的主要问题是，尾气氮氧化物的排放和颗粒物质黑烟的生成研究表明，二甲醚是柴油发动机理想的替代燃料。二甲醚十六烷值大于 55，具有优良的压缩性，非常适合压燃式发动机，可用作柴油机的代用燃料。

（2）替代液化石油气作民用清洁燃料

二甲醚的物理性质与液化石油气相似，可替代液化石油气作为民用清洁燃料。其特点如下：

① 可燃性好，燃烧充分、完全，无碳析出，几乎无残留物，废气无毒。

② 液化压力低，常温下二甲醚蒸气压力约为 0.5MPa，低于液化气和天然气，在室温下就可压缩成液体，可用液化气储罐灌装，能确保运输安全，同时因其常温下为气体，不需预

热，随用随开，快捷方便。

③ 无毒性，二甲醚对人体呼吸道、皮肤有轻微刺激作用，但对人体无毒性反应。

④ 安全、可以控制，其爆炸下限是液化气的 2.3 倍，爆炸隐患大大降低。

⑤ 燃烧值高。

7.3.3 氢能

7.3.3.1 概述

许多科学家都认为，21 世纪最有前途的能源有两种：一种是氢能；另一种是受控核聚变能。而这两种能源都与氢元素息息相关，前者直接利用氢，后者则利用同位素氘。

氢位于元素周期表之首，它的原子序数为 1，在常温常压下为气态，在超低温高压下又可成为液态。所有元素中，氢的质量最小，在标准状态下，它的密度为 0.0899g/L，在 −252.7℃时，可成为液体；若将压力增大到数百个大气压，液氢就可变为金属氢。氢广泛蕴藏于浩瀚的海洋之中。海洋的总体积约为 13.7 亿立方千米，若把其中的氢提炼出来，约有 1.4×10^{17}t，所产生的热量是地球上矿物燃料的 9000 倍。此外，氢还广泛存在于各种矿物燃料（煤、石油、天然气）及各种生物质中。

氢是一种极为优越的新能源，其主要优点如下：

(1) 燃烧热值高，每千克氢燃烧后能放出 142.35kJ 的热量，约为汽油的 3 倍，酒精的 3.9 倍，焦炭的 45 倍，是所有化石燃料、化工燃料和生物燃料中最高的。

(2) 清洁无污染，燃烧的产物是水，对环境无任何污染。

(3) 资源丰富，氢气可以由水分解制取，而水是地球上最为丰富的资源。

(4) 适用范围广，既可以通过燃烧产生热能，在热力发动机中产生机械功，又可以作为能源材料用于燃料电池。

(5) 用氢代替煤和石油，不需对现有的技术装备做重大的改造，现在的内燃机稍加改装即可使用。

虽然氢气被认为是未来最为理想的高效清洁能源，而且氢燃料电池驱动的汽车已经问世，但由于生产氢气的成本较高，无论烃类制氢还是电解制氢作为燃料使用，都缺乏竞争力，因此研究廉价获取氢的方法是解决以氢气为燃料的关键。

开发氢能的关键技术包括两方面：一方面要解决制氢问题；另一方面要解决氢的储存及运输问题。

7.3.3.2 制氢工艺

（1）电解水制氢

制氢工艺对氢气能否作为燃料广泛使用起了决定作用。由于水取之不尽，而且氢燃烧放出能量后又生成水，不会造成环境污染，通过电解水大规模生产氢无疑是最可行的。然而，水分子中的氢氧键的键能很大，电解时要消耗大量的电力，比燃烧氢气本身所产生的能量还要多。如果这些电力来自火力发电站，无论是从经济上还是对环境的影响上来看都是不可取的。

1986 年，在加拿大魁北克省启动了“水力氢试验计划”，该计划由加拿大和欧洲合作，利用魁北克省丰富的水力资源提供电力，并用高性能离子交换膜电解水，所产生的氢气吸附在一种储氢合金内，运往消费地欧洲。据报道，用该工艺方法生产氢的成本已接近天然气的生产成本。美国夏威夷大学开发了一种光电制氢工艺，用一片很薄的半导体悬于水中，仅利用太阳能就能产生出氢。

在科罗拉多州的政府氢实验室及迈阿密大学的实验室里，用光线照射过的某些微生物从水中产生出氢气和氧气。1993 年，日本通产省开始实施“氢利用清洁能源计划”，该计划将在太平洋上赤道位置建立“太阳光发电岛”，以太阳能电解水制得的氢气作为燃料，去推动燃气轮机，建成新型的火力发电站。

以水为原料，利用热化学循环分解水的制氢方法也是比较有前途的制氢方法，该法避免了水直接热分解所需的高温（4000K 以上），且可降低电耗。该方法是在水反应系统中加入中间物，经历不同的反应阶段，最终将水分解为氢和氧，中间物不消耗，各阶段反应温度均较低。如美国通用原子能公司（GA 公司）提出的碘热化学制氢循环，反应式如下：

$$2H_2O+SO_2+I_2 \xrightarrow{350K} H_2SO_4+2HI \tag{7-9}$$

$$H_2SO_4 \xrightarrow{1123\sim1223K} H_2O+SO_2+\frac{1}{2}O_2 \tag{7-10}$$

$$2HI \xrightarrow{580K} H_2+I_2 \tag{7-11}$$

净反应为：

$$H_2O \longrightarrow H_2+\frac{1}{2}O_2 \tag{7-12}$$

近年已先后研究开发了 20 多种热化学循环法，有的已进入中试阶段。

光化学制氨是以水为原料，光催化分解制取氢气的方法。光催化过程是指在含有催化剂的反应体系内，光照下促使水解制得氢气。从 1970 年开始国外就有研究报道，近年来，我国中科院感光所等单位也开展了相关研究。该方法具有开发前景，但目前尚处于基础研究阶段。

以煤、石油及天然气为原料制取氢气仍是当今制取氢气最主要的方法，但其储量有限，且制氢过程会对环境造成污染。制得的氢气主要作为化工原料，如合成氨、合成甲醇等。用矿物燃料制氢的方法包括含氢气体的制造、气体中 CO 组分变换反应及氨气提纯等。该方法在我国具有成熟的工艺，并建有工业化生产装置。近年来，煤地下气化方法制氢已为人们所重视，该技术具有资源利用率高及对地表环境破坏小等优点。

（2）生物质制氢

生物法制氢和热化学法制氢是生物质制氢的两种主要方法。生物法制氢根据所利用的产氢微生物不同，分为厌氧发酵生物制氢和光合生物制氢。生物法制氢前景广阔，但目前还只限于实验室研究。生物制氢技术主要以制糖废液、纤维素废液和污泥废液为原料，采用微生物培养法制取氢气，关键是保持氢化酶的稳定性，以便能采用通常的发酵法生产制氢。目前国外的研究主要集中于固定化微生物制氢技术，现在已发现以废丙烯酰胺将氢产生菌——丁酸梭菌包埋固定化，可用于由葡萄糖发酵生产氢气。最近又发现用琼脂固定化微生物生产氢气的速度是聚丙烯酰胺固定化菌种的 3 倍。利用这种固定化氢产生菌，可以用工业废水中的有机物有效地生产氢气。国内以厌氧活性污泥为原料的有机废水发酵法制氢技术研究取得了重要突破，实现了具有中试规模的连续非固定菌生物制氢，生产成本据称已低于电解法制氢。

生物质热化学制氢是从煤的气化-热解制氢衍生而来的，即通过施加外界影响促进生物质结构发生变化生成煤或油、气等反应，生成焦炭、液体油或生物燃气等组分。

① 生物质热化学（气化-热解）制氢原理　生物质热化学气化-热解制氢是在一定的热力学条件下，将组成生物质的碳氢化合物转化成特定比例的CO和H_2的可燃气体，并且将伴生的焦油经过催化裂化进一步转化为小分子气体，同时将CO通过蒸汽重整（水煤气反应）转化为氢气的过程。与煤相比，生物质在本质上具有更高的活性，更适合于热化学转化制氢。

生物质热化学制氢的基本方法是将生物质原料压制成型，在气化炉（或裂解炉）中进行气化或热裂解反应，获得富氢燃料气，再将富氢燃料气中的氢气与其他气体通过变压吸附或变温吸附分离，获得高品质氢气。由于变压吸附或变温吸附分离过程是很成熟的技术工艺，因此研究的重点往往放在获得理想组分与产率的富氢燃料气上。生物质热化学制氢的典型过程主要包括生物质气化过程、合成气催化交换过程和氢气分离与净化过程。这三个过程决定最终氢气的产量和质量。

② 生物质热化学制氢技术　生物质热化学制氢技术主要包括以下几种。

a. 一级气化法制氢　生物质在某一反应器内被气化介质直接气化后，获得富氢气体的过程。富氢气体再经过变压吸附分离获得满足需要的高纯度氢气。这种气化反应器结构简单，反应过程容易实现，操作方便。在相同气化温度下，生成燃料气的热值与各组分的含量随生物质种类及气化介质的不同而不同。

b. 二级气化法制氢　生物质在第一级反应器内被直接气化后，再进入第二级反应器发生裂化或蒸汽重整反应的过程。该技术的重点是对一级气化法制得的燃料气进行目前已成功开发的以谷物淀粉为原料发酵制造酒精的新方法。用酒精替代部分汽油组成的混合燃料（10%～15%的酒精和85%～90%的汽油）已用作汽车燃料。利用有机废弃物（包括农、林废弃物、垃圾、粪便等）通过细菌发酵分解方式生产甲烷的造气工厂已成功运转。据报道，美国俄克拉何马州一家回收处理工厂，已建成一套牛粪转化为沼气的生产装置。10万头牛的粪便每日可转化生成$5\times10^5 m^3$沼气，可满足当地3万户家庭使用。

科研研制人员开发了一种可将生物质转化为动物饲料、化工产品和燃料的技术，这一反应过程如图7-5所示。这些废弃的生物质包括城市固体垃圾、下水道中的污物、粪便和农作物秸秆等，这些看似废物的资源随着处理技术的不断进步，除可消除它们对环境造成的污染外，还将带来良好的经济效益。

这些废弃生物质如稻草、玉米秸秆等用石灰处理后，可用作动物饲料来取代玉米饲料。然后将石灰处理的生物质再在厌氧发酵罐中经微生物发酵可转化为挥发性的乙酸钙、丙酸钙、丁酸钙等脂肪酸（VFA）盐。这些盐经浓缩后，可经过三条路线转化为人们所需的化工产品或燃料：一是VFA盐经酸化释放出乙酸、丙酸、丁酸；二是通过将VFA盐加热转化为丙酮、甲乙酮和二乙酮等酮类物质；三是将酮加氢转化为相应的异丙醇、异丁醇和异戊醇等，它们可作为化工产品或燃料。这些工艺技术对人类健康和环境保护都是有益的。利用废弃的生物质生产化工原料既经济，又可消除城市垃圾和下水道污物等对环境造成的负面影响。此外，从生物

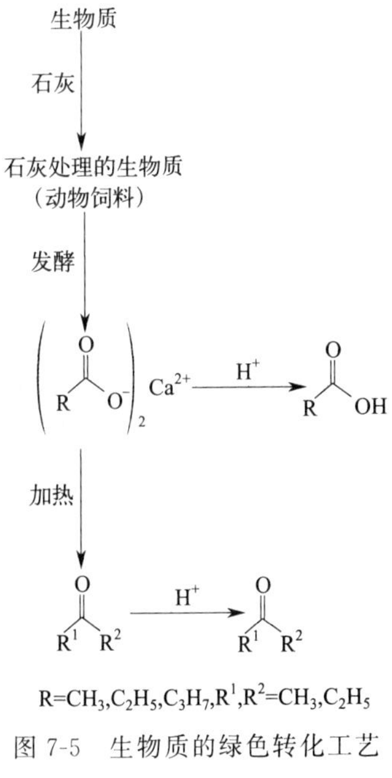

图7-5　生物质的绿色转化工艺

质制成的含氧化合物作燃料燃烧更干净、充分，不会使环境中二氧化碳含量增加，有利于减轻全球温室效应。因此，利用生物质制取化学品将不可再生的石油和天然气资源留给子孙后代是长久造福于人类的事业。

7.4 碳排放双控与负碳技术工艺

碳达峰、碳中和是全球应对气候变化进程必然要经历的阶段，我国所提出的碳达峰目标与碳中和愿景，一方面是我国应对气候变化工作绿色低碳发展和生态文明建设进入新阶段的必然要求，展示了我国应对全球气候变化作出的新努力、新贡献，体现了我国对多边主义的坚定支持，也充分展现了中国作为负责任大国，为推动构建人类命运共同体的担当。

7.4.1 双碳目标与碳排放双控

7.4.1.1 双碳目标

双碳目标是指碳达峰与碳中和的简称。

碳达峰指二氧化碳等温室气体的排放达到最高峰值后不再增长。我国承诺在2030年前实现碳达峰，即在2030年前煤炭、石油、天然气等化石能源燃烧活动和工业生产过程以及土地利用变化与林业等活动产生的温室气体排放达到峰值，不再增长。

碳中和指通过植树造林、节能减排、二氧化碳再利用、碳捕集和封存等技术形式，实现等量抵消中和必要的二氧化碳排放量，最终达到二氧化碳“零排放”。我国承诺在2060年实现碳中和。

双碳目标的提出是我国生态文明建设和高质量发展的重要抓手。它不仅要求降低碳排放，推动经济结构绿色转型，还强调降低传统污染物和温室气体排放的协同治理，改善环境质量。双碳目标有助于推动形成绿色简约的生活方式，降低物质产品消耗和浪费，实现节能减污降碳。

7.4.1.2 能耗“双控”与碳排放“双控”

能耗“双控”和碳排放“双控”是指通过对能源消耗和碳排放进行双重控制，以实现节能减排和环境保护的目标。

能耗“双控”包括对能源的使用总量和强度进行控制。一方面，要控制能源使用总量，即限制能源消耗的总量，推动节约能源的实施。另一方面，要控制能源使用强度，即单位产值或单位产品所消耗的能源量，通过技术改造、工艺优化等手段提高能源利用效率，降低单位产值或单位产品的能耗水平。

碳排放“双控”包括对碳排放总量和强度进行控制。一方面，要控制碳排放总量，即限制企业或地区碳排放的总量，采取减少化石燃料的使用、增加清洁能源的比例等措施，降低碳排放的总量。另一方面，要控制碳排放强度，即单位产值或单位产品所产生的碳排放量，通过技术创新、生产工艺改进等方式减少碳排放，提高单位产值或单位产品的碳排放效益。

能耗“双控”和碳排放“双控”是相互关联的，通过限制能源消耗和碳排放，可以实现可持续发展和环境保护的目标。这需要政府、企业和公众的共同努力，采取合理的政策和措施，推动节能减排工作的落实和持续改进。同时，科技创新和技术进步也是能耗“双控”和碳排放“双控”能够取得实质性成果的重要支撑。

7.4.2 负碳技术——碳捕集、利用和封存

在全球气候变化的背景下，碳中和已经成为国际社会的共识。而要实现这一目标，负碳技术的研发和应用至关重要。负碳技术是指能够从大气中捕获二氧化碳并将其永久储存起来，甚至转化为有价值的产品，从而实现碳负排放的技术。

这些技术涵盖了多个领域，包括直接空气二氧化碳捕集技术（DAC）、二氧化碳地质利用与封存技术（CCUS）、生物能源碳捕获和储存技术（BECCS）、生物炭土壤改良技术、生态系统碳汇技术以及其他负碳技术。直接空气二氧化碳捕集技术（DAC）是通过化学或物理方法直接从大气中捕获二氧化碳，然后将其储存或转化为其他有用物质。生物能源碳捕获和储存技术（BECCS）是通过生物能源生产过程中的碳捕获和储存，实现碳的负排放。生物炭土壤改良技术是通过将生物质转化为炭，然后将其施用于土壤中，以改善土壤质量和增加碳汇。生态系统碳汇技术是通过植树造林、恢复湿地等措施，增加自然生态系统的碳吸收能力。本节重点介绍二氧化碳捕集、利用与封存技术（CCUS）。

二氧化碳的排放主要来自发电和工业过程中化石燃料的使用。对于电力行业，根据碳捕捉与燃烧过程的先后顺序，传统碳捕获方式主要包括燃烧前捕获、富氧燃烧和燃烧后捕获等。煤化工、天然气处理、钢铁、水泥等行业中二氧化碳的工业分离过程属于燃烧前捕获方式。

7.4.2.1 碳捕捉

碳捕捉是指将二氧化碳从化石燃料燃烧产生的烟气中分离并增加至一定压力的过程。目前捕捉的对象主要集中于大型的二氧化碳排放源，如水泥厂、燃煤电站、钢铁厂、合成氨厂等，且其中燃煤电站是我国二氧化碳减排首选方向。目前传统碳捕捉方式主要包括燃烧前捕捉、富氧燃烧和燃烧后捕捉等。煤化工、天然气处理、钢铁、水泥等行业中二氧化碳的工业分离过程属于燃烧前捕捉方式。各种碳捕获方式的技术路线如图 7-6 所示。

燃烧前捕捉是在燃料燃烧前将燃料中的碳元素通过化学反应转化成二氧化碳而除去。该方法适合于联合循环发电电站。燃烧前捕捉方法的捕捉二氧化碳过程为：在化石燃料燃烧前，先将化石燃料气化转化为一氧化碳和氢气合成气；冷却后，再通过蒸汽转化反应，将合成气中一氧化碳转化为二氧化碳后将二氧化碳从混合气体中分离出来，最终实现能源与碳分离。燃烧前气体具有杂质少和压力高的优点，但捕捉二氧化碳浓度高和分压高。该方法适用工艺广泛、能耗比较小、分离设备尺寸相对小、投资低。

燃烧后捕捉是指燃烧设备在烟气通道安装二氧化碳分离单元，捕捉燃烧后烟气中二氧化碳组分。燃烧后碳捕捉特别适合于传统燃煤电站，该方法的过程为：化石燃料燃烧产生的烟气依次通过相关单元系统完成脱硝、除尘、除硫处理，最后进入吸收二氧化碳单元，利用化学吸收剂（如 MDEA、DEA）或物理吸附剂（如分子筛）吸收烟气中二氧化碳，吸附或吸收的二氧化碳经过加压脱水后通过各种途径输送和封存。但该方法燃烧后烟道气流量大，二氧化碳浓度低，能耗相对较高，分压较小，而且燃烧设备尺寸庞大，投资和运营成本高。华能上海石洞口第二电站，从 2010 年便开始应用这个技术。该技术的难度不大，但缺点是捕捉过程的能耗不低，发电站原本输出功率的 1/3 都用于捕捉碳，且这个设施的占地面积也

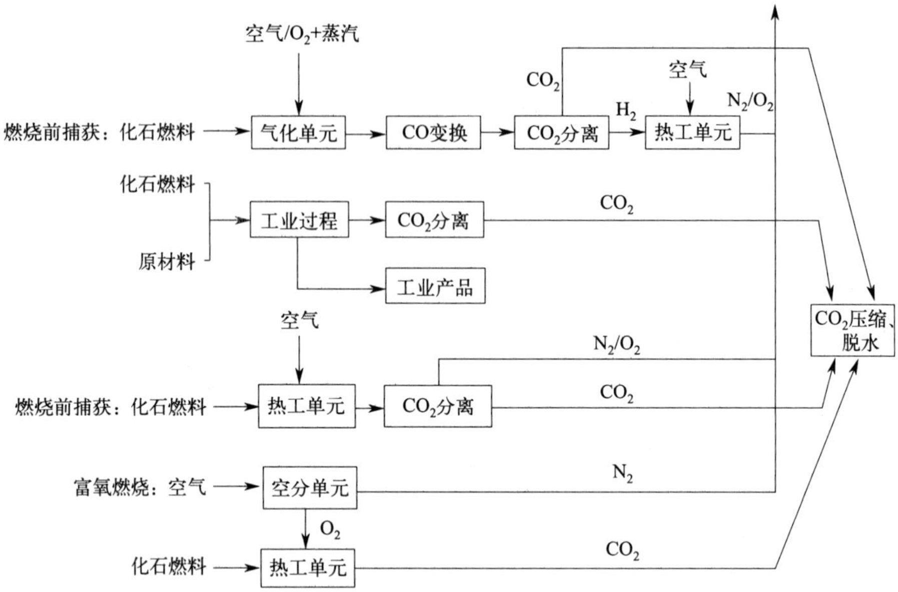

图 7-6　多种碳捕获方式的技术路线

不小。

富氧燃烧系统是用纯氧或富氧代替空气作为化石燃料燃烧的介质。燃烧产物主要是二氧化碳和水蒸气，以及燃料中所有组成成分的氧化产物、燃料或泄漏进入系统的空气中的惰性成分等，另外还有多余的氧气以保证燃烧完全。经过冷却水蒸气冷凝后，烟气中二氧化碳含量在 80%～98%之间。这样高浓度的二氧化碳经过压缩、干燥和进一步的净化可进入管道进行存储。二氧化碳在高密度超临界下通过管道运输，其中的惰性气体含量需要降低至较低值以避免增加二氧化碳的临界压力而可能造成管道中的两相流，其中的酸性气体成分也需要去除。此外，二氧化碳需要经过干燥以防止在管道中出现水凝结和腐蚀，并允许使用常规的碳钢材料。在富燃烧系统中，由于二氧化碳浓度较高，因此捕获分离的成本较低，但是供给的富氧成本较高。目前氧气的生产主要通过空气分离方法，包括使用聚合膜、变压吸附和低温蒸馏。但空气分离方法需要特殊纯氧环境燃烧设备设施和技术手段，这是一个瓶颈，纯氧燃烧温度很高，而这对燃烧材料的耐热性又是一个巨大的挑战。

7.4.2.2　碳的运输

在二氧化碳运输方面，目前最可行的办法是利用管道输送。管道是一种已成熟的市场技术，将气态的二氧化碳进行压缩可以提高密度，从而可降低运输成本。也可以利用绝缘罐将液态二氧化碳装在罐车中进行运输。在某些情况下，使用船舶运输二氧化碳从经济角度讲更具有吸引力，尤其是需要长途运输或需将二氧化碳运至海外时，但由于这种情况需求有限，故而目前运输规模较小。在技术上，公路和铁路罐车也是切实可行的方案。然而，除小规模运输之外，这类运输系统与管道和船舶相比则不经济，不大可能用于大规模运输。目前，美国等国家在管道运输技术方面已很成熟，需要解决的问题是如何降低运输成本。运输成本主要取决于管道长度和管道直径，而由于捕获（包括压缩）成本非常高，使得运输成本在整个成本中所占比例较低。因此只要捕获和封存成本较低，或为了获得其他一些收益（如提高油田采收率)，许多国家不惜长距离运输的高成本远距离输送二氧化碳。例如，美国为提高原油采收率，采用远距离输送高压液态二氧化碳，最长的输送管是绵羊山脉（Sheep Mountain）运输管道，它将南科罗拉多州的二氧化碳运至得克萨斯州的二叠纪盆地，距离为656km。

7.4.2.3 碳封存技术

碳封存是指将捕获、压缩后的二氧化碳运输到指定地点进行长期封存的过程。目前，主要的封存方式有地质封存、海洋封存和碳酸盐矿石固存等。另外，一些工业流程也可在生产过程中利用和存储少量被捕获的二氧化碳。但是，从普通电站排放、未经处理的烟道气仅含有3%～16%的二氧化碳，可压缩性比纯的二氧化碳小得多，而从燃煤电站出来经过压缩的烟道气中二氧化碳含量也仅为15%，在这样的条件下储存1t二氧化碳大约需要$68m^3$储存空间。因此，只有把二氧化碳从烟道气里分离出来，才能充分有效地对它进行地下处理。在将二氧化碳封存到地下之后，为了防止其泄漏或迁移，需要密封整个存储空间。因此，选择一个合适的具有良好封闭性能的封存盖层也十分重要，它可以起到一个“盖子”的作用，以确保能把二氧化碳长期地封存在地下。比较有效的办法是利用常规的地质圈闭构造，包括气田、油田和含水层，对于前两种，由于它们是人类能源系统基础的一部分，人们已熟悉它们的构造和地质条件，所以利用它们来储存二氧化碳就比较便利和合算：而含水层由于其非常普遍，因此在储存二氧化碳方面具有非常大的潜力。根据碳封存地点和方式的不同，可将碳封存方式分为海洋封存、地质封存、碳酸盐矿石固存及工业利用固存等。

海洋封存的基本原理是利用海洋庞大的水体体积及二氧化碳在水体中不低的溶解度，使海洋成为封存二氧化碳的容器。海水中所含碳的总量约为大气层的50倍，植物及土壤中总和的20倍。二氧化碳海洋封存的潜在容量远大于化石燃料的含量，海水能自大气层吸收二氧化碳的潜在能力，取决于大气层的二氧化碳浓度和海水的化学性质。而吸收速率的高低，则取决于表层及深层海水的混合速率。海洋每年要吸收约20×10^8t二氧化碳。受限于表层及深层海水间的缓慢对流，仅在大约1000m深的海洋水体中发现了因人类活动所排放二氧化碳的证据。就阻隔二氧化碳返回大气层而言，灌注深度越深隔离效果越好。二氧化碳的海洋封存都是把其灌注于海洋的斜温层以下，以期获得更好的封存效果。被灌注到深海中的二氧化碳，可以是气态、液态、固态或水合物形态，不同灌注形态的溶解速率会有差别。增加海水中二氧化碳的浓度，会对海洋生物造成不利的影响，例如降低生物钙化、繁殖及成长速率、迁移能力等。虽然二氧化碳海洋封存已历经近30年的理论发展、实验室试验和小规模现场测试及模式模拟研究，但尚缺乏大规模海洋封存的操作实例。地表封存的基本原理是使二氧化碳与金属氧化物进行化学反应，形成固体形态的碳酸盐及其他副产品。地表封存所形成的碳酸盐是自然界的稳定固态矿物，可在很长的时间中提供稳定的二氧化碳封存效果。二氧化碳地表封存的可行性取决于封存过程所需提供的能量成本、反应物的成本及封存的长期稳定性三个因素。每封存1t的二氧化碳需要1.6～3.7t含碱土金属的硅酸盐岩石，并会产生2.6～4.7t的废弃物。一旦二氧化碳经地表封存为碳酸盐矿物后，其封存稳定性可高达千年以上，相对于地质、海洋等其他封存机制，其封存后的监管成本较低。整体而言，二氧化碳地表封存技术尚未成熟，高操作成本、矿业开采作业对环境的影响等议题，是后续研究的重点。

地质封存是将二氧化碳注入地下地质结构，储存于岩石孔隙中，且不会随着时间推移而泄漏。通常情况，当地质纵向深度大于800m时，地层压力一般大于二氧化碳临界值，因而二氧化碳处于超临界状态。目前来说，地质封存是各国家大规模封存最有效、最经济的方法之一。地质封存机理可分为物理封存和化学封存两类，其中物理封存方法包括构造底层封存、缚气封存、水动力封存和煤层吸附封存；化学封存方法包括溶解封存和矿化封存。部分机理从二氧化碳注入就开始作用，如水动力封存、地层封存等：而另一部分机理产生作用却非常缓慢。

矿石碳化是通过碱性和碱土氧化物与二氧化碳在一定条件下反应生成碳酸钙和碳酸镁而被固化，达到长期与大气隔开。目前矿石碳化技术仍处于研究发展阶段，距离实际应用有待时日。自然界中富含钙镁硅酸盐矿物，如橄榄石、硅灰石、蛇纹石等，虽然这些碱土氧化物矿物质可以和二氧化碳自发反应生成稳定碳酸盐而将二氧化碳固化，且碱土氧化物封存泄漏风险几乎不存在，但是因其反应作用过程极为缓慢，对短期大规模减排没有明显效果。

7.4.2.4 碳利用

（1）工业

工业二氧化碳排放量每年高达80亿吨，其中钢铁、化工、建材等行业占70%。如果加上间接排放，工业排放在全球人类活动引起的二氧化碳排放总量中占比接近40%。到21世纪中叶，新增20亿人口的衣食住行和娱乐将提高对工业产品的需求。

根据目前各国提交的国家自主贡献中限制排放和提升能效的承诺，IEA估计到2060年直接工业二氧化碳排放量将从80亿t/a上升至100亿t/a。但是，要实现符合《巴黎协定》的气候成果，上述排放量应在2060年前降至47亿吨才行。

每年约有19亿吨工业二氧化碳排放都是生产工艺中化学反应的副产品。这些“工艺排放”即便使用可行的生产技术也无法避免。例如，水泥生产中65%的排放都在碳酸钙（石灰石）转化成氧化钙（生石灰）的过程中产生。虽然这一化学反应是水泥制造不可或缺的。其他二氧化碳排放量较高的工业工艺流程还有天然气处理，钢铁、氨、尿素和生物燃料的生产，以及化学制品、塑料和纤维的各种化工工艺流程。

要削减排放，必须采取多种手段，包括转换燃料，提升能效，以及部署现有最佳技术和未来创新技术。在很多情况下，缓解排放的唯一可行办法就是在生产后使用碳捕集和封存（CCS）清除二氧化碳。

据IEA估计，要实现符合《巴黎协定》的气候成果，CCS必须在2017—2060年之间帮助水泥、钢铁和化工行业削减290亿吨二氧化碳排放量。其中化工行业可在2060年前实现140亿吨减排量。

用CCS改造化石能源发电在某些情况下是一种经济的选择。对于中国、德国、法国及东南亚国家等经济体来说，可持续采用这种方式，在转向低碳经济的过程中，实现公平转型。

中石化胜利油田EOR项目是中国第一个燃煤电站大型CCUS项目。中石化胜利油田EOR项目位于山东省东营市，受到“十二五”国家科技支撑计划支持，立项名为“大规模燃煤电站烟气二氧化碳捕捉、驱油、封存（CCUS）技术开发及应用示范项目”。通过改造现有CFB锅炉电站来实现二氧化碳的燃烧后捕捉，计划于2017年投入运行，这将是中国首个燃煤电站CCUS项目。项目建成后，其二氧化碳捕捉效率为85%～90%，年捕捉量可达1.0×10^6t，这相当于101～205MW发电功率产生的二氧化碳量，而累计捕捉可达（2.1～

3.0）$\times 10^7$ t。捕捉到的二氧化碳通过管道被输送到胜利油田，用作驱油剂，可提高10%～15%的产油率。脱碳后烟气中的质量浓度降低至6%以下，氮气的质量浓度超过91%。这种脱碳后的烟气可用于氮气泡沫驱油，从而进一步降低驱油成本。

（2）产品

CNF 和 MWCNT 是纳米级的碳纤维和碳管，由多个石墨薄片组成。

CNF 以二氧化碳为原料生产。电解过程破坏了化学结合，碳可以从生产模块中取出，转移到过滤模块，氧气通过生产模块中的通风管道排出。碳在一个专利过滤模块中过滤，然后碳纳米纤维就可以作为最终产品。这两种材料具有独特的强度、耐久性、导热性和导电性，比塑料更轻，比钢铁更强韧。另外，CNF 和 MWCNT 在电池、塑料和混凝土中还具有潜在二氧化碳减排效果。

二氧化碳捕集、利用与封存（CCUS）作为一种大规模的温室气体减排技术，不仅仅是我国化石能源低碳利用的唯一技术选择，保持电力系统灵活性的主要技术手段，而且是钢铁、水泥等难减排行业深度脱碳的可行技术方案，是支撑碳达峰、碳中和目标不可或缺的重要技术选择。根据 IEA 最新数据统计，截至2024年中期，全球投产大规模 CCUS 项目51个（注：大规模项目指能够从工业碳源中捕集二氧化碳的设施，捕集能力不低于40万 t/a；能够从发电站捕集二氧化碳的设施，捕集能力不低于80万 t/a），未来 CCUS 产业将迎来井喷式增长。

近年来，中国 CCUS 技术和示范取得长足发展。首个百万吨级 CCUS 项目——齐鲁石化-胜利油田百万吨级 CCUS 项目正式注气运行；包钢集团拟建成钢铁行业200万吨 CCUS 全产业链示范工程。据统计，截至2024年11月底，我国在运营、在建和规划的商业 CCUS（包括 CCU、CCS、CCUS、其他碳消纳）项目共30个，其中，已投入运营和在建的项目16个（在运营的11个，在建的5个），正在规划建设的项目14个。

练习思考题

1. 绿色化学作为化学产品和化学过程的一个设计框架，它的要点是什么？
2. 绿色化工工艺的定义是什么？其设计原则是什么？
3. 清洁生产的定义是什么？
4. 为何化工产品的清洁生产和污染预防是并存的？请举例说明化工产品清洁生产的途径有哪些。
5. 可再生能源与新能源的定义是什么？
6. 清洁汽油生产技术主要包括哪些？
7. 利用天然气、液化石油气代替汽油作为机动车燃料具有哪些优点？
8. 氢能的主要优点有哪些？
9. 何为双碳目标？
10. 何为能耗“双控”和碳排放“双控”？二者之间有何联系？
11. 何为负碳技术？请简要介绍目前有哪些负碳技术。

习题参考

参考文献

[1] 陈冠荣，等．化工百科全书（1-19卷）［M］．北京：化学工业出版社，1990-1998.

[2] 李静海，欧阳平凯，费维扬，等．化学工程手册［M］．北京：化学工业出版社，2019.

[3] 张翔，田伟军．化工与美好生活［M］．北京：化学工业出版社，2024.

[4] Keim W. 工业化学基础：产品和过程［M］．金子林，等译．北京：中国石化出版社，1992.

[5] 赵晨阳．化工产品手册·有机化工原料［M］．6版．北京：化学工业出版社，2016.

[6] 陈敏恒，丛德滋，齐鸣斋，等．化工原理［M］．5版．北京：化学工业出版社，2022.

[7] 任永胜，王淑杰，田永华，等．化工原理［M］．2版．北京：清华大学出版社，2023.

[8] 吴指南．基本有机化工工艺学（修订版）［M］．北京：化学工业出版社，2012.

[9] 陈建峰，陈甘棠．化学反应工程［M］．5版．北京：化学工业出版社，2024.

[10] 薛为岚，朱志庆，唐黎华．化工工艺学［M］．3版．北京：化学工业出版社，2022.

[11] 刘晓勤．化工工艺学［M］．3版．北京：化学工业出版社，2022.

[12] 朱志庆．化工工艺学［M］．2版．北京：化学工业出版社，2019.

[13] 范辉，李平，张鹏飞．化工设计［M］．北京：清华大学出版社，2023.

[14] 都健，董亚超．化工智能制造概论［M］．北京：化学工业出版社，2024.

[15] 范辉，李平，张晓瑞．化工仿真实训［M］．北京：化学工业出版社，2023.

[16] 林世雄．石油炼制工程（上册）［M］．2版．北京：石油工业出版社，2000.

[17] 林世雄．石油炼制工程（下册）［M］．2版．北京：石油工业出版社，2000.

[18] 邹长军，张辉，张海娜．石油化工工艺学［M］．2版．北京：化学工业出版社，2024.

[19] 舒均杰．基本有机化工工艺学［M］．3版．北京：化学工业出版社，2019.

[20] 邱泽刚，徐龙．能源化工工艺学［M］．北京：化学工业出版社，2022.

[21] 魏顺安．天然气化工工艺学［M］．北京：化学工业出版社，2018.

[22] 魏顺安，谭陆．化工工艺学［M］．5版．重庆：重庆大学出版社，2023.

[23] 谢克昌．新型能源体系发展背景下煤炭清洁高效转化的挑战及途径［J］．煤炭学报，2024，49（1）：47-56.

[24] 郭树才，胡浩权．煤化工工艺学［M］．3版．北京：化学工业出版社，2012.

[25] 申俊．煤化工工艺学［M］．北京：化学工业出版社，2020.

[26] 宋永辉，汤洁莉．煤化工工艺学［M］．北京：化学工业出版社，2016.

[27] 王永刚，周国江．煤化工工艺学［M］．北京：化学工业出版社，2014.

[28] 鄂永胜，刘通．煤化工工艺学［M］．北京：化学工业出版社，2015.

[29] Xie Ke-Chang. Structure and Reactivity of Coal［M］. Berlin：Springer，2015.

[30] 何秋生．煤焦化过程污染排放及控制［M］．北京：化学工业出版社，2014.

[31] 王辅臣．煤气化技术在中国：回顾与展望［J］．洁净煤技术，2021，27（1）：1-33.

[32] 于遵宏，王辅臣．煤炭气化技术［M］．北京：化学工业出版社，2010.

[33] 肖钢，侯建国，宋鹏飞．煤制天然气技术［M］．武汉：武汉大学出版社，2017.

[34] 吴秀章．煤制低碳烯烃工艺与工程［M］．北京：化学工业出版社，2014.
[35] 孙启文．煤炭间接液化［M］．北京：化学工业出版社，2010.
[36] 王峰，郭中山，王铁峰．工业浆态床中温费托合成产品分析与产品加工方案优化［J］．煤炭学报，2020，45（4）：1267-1274.
[37] 谢克昌．煤化工发展与规划［M］．北京：化学工业出版社，2005.
[38] 孙宏伟，张国俊．化学工程——从基础研究到工业应用［M］．北京：化学工业出版社，2015.
[39] 王倜，刘培，麻林巍，等．我国煤基多联产系统的发展潜力及技术路线研究［J］．中国工程科学，2015，17（9）：75-81.
[40] Yi Qun，Feng Jie，Wu Yanli，et al. 3E（energy，environmental，and economy）evaluation and assessment to an innovative dual-gas polygeneration system［J］. Energy，2014，66：285-294.
[41] 刘景良．化工安全技术［M］. 4版．北京：化学工业出版社，2019.
[42] 阳国军，刘会友．现代煤化工与绿电和绿氢耦合发展现状及展望［J］．石油学报，2022，4：995-1000.
[43] 王如竹，李勇．新能源系统［M］．北京：机械工业出版社，2021.
[44] 舒均杰．基本有机化工工艺学［M］. 3版．北京：化学工业出版社，2019.
[45] 陈五平．无机化工工艺学［M］. 3版．化学工业出版社，2002.
[46] 米镇涛．化学工艺学［M］. 2版．北京：化学工业出版社，2011.
[47] 陈钟秀，顾飞燕．化工热力学［M］．北京：化学工业出版社，2012.
[48] 夏淑倩，马沛生，李永红．化工热力学［M］．北京：化学工业出版社，2023.
[49] 何盛宝，侯雨璇，王红秋．双碳目标下乙烯生产技术发展趋势［J］．现代化工，2022，42（8）：60-64.
[50] Nyhus A H，Yli Ruka M，Shah N，et al. Green ethylene production in the UK by 2035：A techno-economic assessment［J］. Energy & Environmental Science，2024，17：1931-1949.
[51] 王子宗，刘罡，王振维．乙烯丙烯生产过程强化技术进展及思考［J］．化工进展，2023，42（4）：1669-1676.
[52] 张博，苗鹏杰，郭勤，等．丙烯生产工艺的技术现状与进展［J］．化工技术与开发，2023，52（Z1）：45-49.
[53] 刘玲，王玉瑛．丁二烯技术进展及市场分析［J］．化学工业，2024，42（3）：51-57.
[54] Li X，Zhang X. Selective electroreduction of acetylene to 1，3-butadiene on iodide-induced $Cu^{\delta+}$-Cu^{0} sites［J］. Nature Catalysis，2024，7（4）：332-340.
[55] Wang K，Chun F，Nakaji-Hirabayashi T，et al. Carbon-neutral butadiene rubber from CO_2［J］. Chem，2024，10（3）：663-681.
[56] 邢跃军，夏慧敏，卞政，等．精对苯二甲酸生产中的乙酸脱水工艺技术进展［J］．石油化工技术与经济，2022，38（4）：57-62.
[57] 李晓莲．对苯二甲酸生产工艺技术及行业发展现状［J］．化工管理，2022，（32）：59-62.
[58] Lapa H M，Martins L M D R S. p-Xylene oxidation to terephthalic acid：New trends［J］. Molecules，2023，28（4）：1922.
[59] 陈海洋．节能问题下硫酸工艺和设备选择分析［J］．化工设计通讯，2023，49（11）：81-83.
[60] 李俊皓，高军雷．硫酸生产工艺及通用机械设备［J］．化学工程与装备，2023，（11）：33-35.
[61] 常馨月，陈颖，刁翠莲，等．我国环氧乙烷生产及市场分析预测［J］．化学工业，2024，42（4）：73-80.
[62] 谭捷．我国环氧乙烷生产技术研究进展［J］．精细与专用化学品，2024，32（4）：40-42.
[63] 蒲发源，陈臣举，杨志彬，等．丙烯腈的合成路线及催化剂研究进展［J］．化学世界，2024，65（3）：143-151.
[64] 袁海琴，陈臣举，张春雷．丙烯腈生产工艺［J］．上海化工，2022，47（1）：50-54.

[65] 于江文．丙烯腈生产过程中原料优化及产品质量提升研究［J］．石化技术，2024，31（12）：60-63.

[66] Li X Q，pang J F，Zhao Y J，et al. Ethanol dehydrogenation to acetaldehybe over a $Cu^{\delta+}$ -based Cu-MFI catalyst［J］. Chinese Journal of Catalysis，2023，49（6）：91-101.

[67] 袁航空，黄永吉，王斌，等．高活性铜催化剂无受体乙醇催化脱氢制乙醛研究［J］．分子催化，2023，37（1）：1-11.

[68] Zhang Y，Wu J. Efficiently enhanced selectivity of electrocatalyzing ethanol to high value-added acetaldehdyde through tuning the cobalt valence state［J］. ACS Catalysis，2024，14（3）：1706-1713.

[69] Cheng S Q，weng X F，Wang Q N，et al. Defect-rich BN supported Cu with superior dispersion for ehtanol conversion to aldehyde and hydrogen［J］. Chinese Journal of Catalysis，2022，43（4）：1092-1100.

[70] 何双荣．醋酸生产技术及对比［J］．化工设计通讯，2024，50（1）：22-24.

[71] 刘炜．醋酸生产工艺三大问题的原因分析与处理措施［J］．化学工程与装备，2023，（8）：32-33，38.

[72] 林德工程公司开发乙烷氧化脱氢制乙烯/醋酸工艺［J］．石油炼制与化工，2024，55（7）：105.

[73] 张玲．氯乙烯生产工艺技术的优化策略［J］．化工设计通讯，2023，49（9）：145-147.

[74] 郭良程．氯乙烯生产工艺技术的优化［J］．化工管理，2021，（6）：79-80.

[75] Medrano-García J D，Pérez-Ramírez J，Guillén-Gosálbez G. Ethane-to-vinyl chloride synthesis：Assessing the economic and environmental competitiveness of emerging technologies［J］. ACS Sustainable Chemistry & Engineering，2023，11（38）：12993-13002.

[76] 沈娜娜，吴红忠．环氧氯丙烷生产现状及发展方向［J］．氯碱工业，2024，60（1）：27-30，34.

[77] 王玉瑛，曲茵．环氧氯丙烷生产技术及国内市场分析［J］．化学工业，2022，40（4）：88-91，108.

[78] 王志琰，许金玉，何君洁，等．环氧氯丙烷生产技术及发展趋势［J］．山东化工，2020，49（7）：70-71.

[79] 周淑晶，冯艳茹，李淑贤．绿色化学［M］. 2 版．北京：化学工业出版社，2023.

[80] 朱宪，张彰．绿色化工工艺导论［M］. 2 版．北京：中国石化出版社，2019.

[81] 董炎明，熊晓鹏．高分子科学简明教程［M］. 3 版．北京：科学出版社，2021.